普通高等教育风景园林类专业系列教材

风景园林工程

（第2版）

主　编　韩玉林　张万荣

副主编　吴国训　付佳佳　肖瑞龙　赵春仙

　　　　周兵　李强

主　审　俞东波

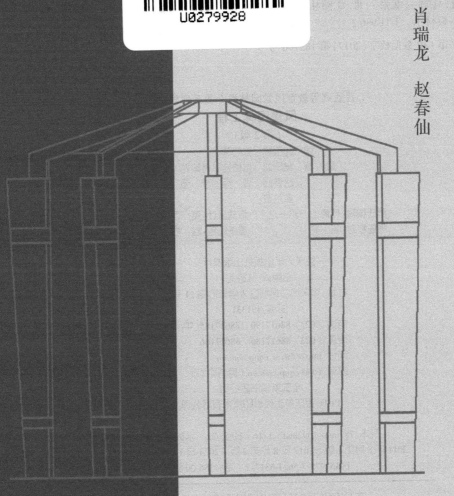

重庆大学出版社

U0279928

内 容 提 要

本书主要介绍风景园林工程施工过程中的技术及其相关的工程管理。全书共分 11 章,主要有园林工程施工准备、土方工程、给排水工程、水景工程、园路及铺装工程、假山工程、种植工程、园林用电及照明工程、园林机械、园林工程的竣工验收及园林工程施工管理与监理等方面的内容。

图书在版编目(CIP)数据

风景园林工程 / 韩玉林,张万荣主编. -- 2 版. --
重庆:重庆大学出版社,2017.8(2024.1 重印)
普通高等教育风景园林专业系列教材
ISBN 978-7-5624-6317-7

Ⅰ.①风… Ⅱ.①韩… ②张… Ⅲ.①园林—工程施工—高等学校—教材 Ⅳ.①TU986.3

中国版本图书馆 CIP 数据核字(2017)第 182100 号

普通高等教育风景园林类专业系列教材

风景园林工程

（第 2 版）

主 编 韩玉林 张万荣
副主编 吴国训 付佳佳 肖瑞龙
　　　 赵春仙 周 兵 李 强
主 审 俞东波
责任编辑:林青山 郭一之　　版式设计:莫 西 林青山
责任校对:邬小梅　　　　　　责任印制:赵 晟

*

重庆大学出版社出版发行
出版人:陈晓阳
社址:重庆市沙坪坝区大学城西路 21 号
邮编:401331
电话:(023)88617190　88617185(中小学)
传真:(023)88617186　88617166
网址:http://www.cqup.com.cn
邮箱:fxk@cqup.com.cn(营销中心)
全国新华书店经销
POD:重庆新生代彩印技术有限公司

*

开本:787mm×1092mm　1/16　印张:22　字数:549 千
2011 年 8 月第 1 版　2017 年 8 月第 2 版　2024 年 1 月第 8 次印刷
ISBN 978-7-5624-6317-7　定价:55.00 元

编委会名单

主　任　杜春兰

副主任　陈其兵

编　委　（按姓氏笔画排序）

丁绍刚　文彤　王绍增　王霞　毛洪玉　冯志坚　罗时武　申晓辉

许大为　胡长龙　刘扬　祁承经　刘骏　齐康　朱捷　朱晓霞

刘磊　刘福智　陈宇　谷达华　张建林　李晖　李宝印

宋钰红　周恒　武涛　房伟民　杨学成　杨瑞卿　杨滨章

林墨飞　赵九洲　段渊古　陶本藻　唐红　唐建　唐贤巩

徐海顺　黄凯　曹基武　韩玉林　雍振华　管旸

总　序

风景园林学,这门古老而又常新的学科,正以崭新的姿态迎接未来。

"风景园林学(Landscape Architecture)"是规划、设计、保护、建设和管理户外自然和人工环境的学科。其核心内容是户外空间营造,根本使命是协调人与自然之间的环境关系。回顾已经走过的历史,风景园林已持续存在数千年,从史前文明时期的"筑土为坛""列石为阵",到21世纪的绿色基础设施、都市景观主义和低碳节约型园林,都有一个共同的特点:就是与人们对生存环境的质量追求息息相关。无论中西,都遵循一个共同的规律,当社会经济高速发展之时,就是风景园林大展宏图之势。

今天,随着城市化进程的飞速发展,人们对生存环境的要求也越来越高,不仅注重建筑本身,更多的是关注户外空间的营造。休闲意识和休闲时代的来临,对风景名胜区和旅游度假区的保护与开发的矛盾日益加大;滨水地区的开发随着城市形象的提档升级愈来愈受到高度关注;代表城市需求和城市形象的广场、公园、步行街等城市公共开放空间的大量兴建;设计要求越来越高的居住区环境景观设计;城市道路满足交通需求的前提下景观功能逐步被强调……这些都明确显示,社会需要风景园林人才。

自1951年,清华大学与原北京农业大学联合设立"造园组"开始,中国现代风景园林学科已有58年的发展历史,据统计,2009年我国共有184个本科专业培养点。但是由于本学科的专业设置分属工学门类下的建筑学一级学科中城市规划与设计二级学科的研究方向和农学门类林学一级学科下的园林植物与观赏园艺二级学科;同时本学科的本科名称又分别有:园林、风景园林、景观建筑设计、景观学,等等,加之社会上从事风景园林行业的人员复杂的专业背景,从而使得人们对这个学科的认知一度呈现较为混乱的局面。

然而,随着社会的进步和发展,学科发展越来越受到高度关注,业界普遍认为应该集中精力调整发展学科建设,培养更多更好的适应社会需求的专业人才为当务之急,于是"风景园林(Landscape Architecture)"作为专业名称得到了普遍的共识。为了贯彻《中共中央国务院关于深化教育改革,全面推进素质教育的决定》精神,促进风景园林学科人才培养走上规范化的轨道,推进风景园林类专业的"融合、一体化"进程,拓宽和深化专业教学内容,满足现代化城市建设的具体要求,编写一套适合新时代风景园林类专业本科教学需要的系列教材是十分必要的。

重庆大学出版社从2007年开始跟踪、调研全国风景园林专业的教学状况,2008年决定启动《普通高等教育风景园林类专业系列教材》的编写工作,并于2008年12月组织召开了"普通

高等院校风景园林类专业系列教材编写研讨会"。研讨会汇集南北各地园林、景观、环境艺术领域的专业教师，就风景园林类专业的教学状况、教材大纲等进行交流和研讨，为确保系列教材的编写质量与顺利出版奠定了基础。经过重庆大学出版社和主编们两年多的精心策划，以及广大参编人员的精诚协作与不懈努力，《普通高等教育风景园林类专业系列教材》将于2011年陆续问世，真是可喜可贺！

这套系列教材的编写广泛吸收了有关专家、教师及风景园林工作者的意见和建议，立足于培养具有综合创新能力的普通本科风景园林专业人才，精心选择内容，既考虑到了相关知识和技能的科学体系的全面系统性，又结合了广大编写人员多年来教学与规划设计的实践经验，吸收国内外最新研究成果编写而成。教材理论深度合适，注重对实践经验与成就的推介，内容翔实，图文并茂，是一套风景园林学科领域内的详尽、系统的教学系列用书，具较高的学术价值和实用价值。这套系列教材适应性广，不仅可供风景园林类及相关专业学生学习风景园林理论知识与专业技能使用，也是专业工作者和广大业余爱好者学习专业基础理论、提高设计能力的有效参考书。

相信这套系列教材的出版，能为推动我国风景园林学科的建设，提高风景园林教育总体水平，更好地适应我国风景园林事业发展的需要起到积极的作用。

愿风景园林之树常青！

编委会

2010年9月

第 2 版前言

  《风景园林工程》问世(2011 年第 1 版)已经有 6 年多了,这本教材对风景园林专业的发展,景观工程施工技术的普及人才的培养起到了积极的作用。随着我国经济的发展,对环境要求越来越高,风景园林学科的地位也随之提高,社会对风景园林工程专业技术人员和工程管理人员的要求也越来越高,为满足风景园林专业、环境艺术专业及园林专业对教材的需求,我们对第 1 版教材进行了修订。

  《风景园林工程》第 2 版是在第 1 版《风景园林工程》的基础上修订完善而成的,它继承了第 1 版《风景园林工程》的学科体系和大部分内容。第 2 版《风景园林工程》在应用技术方面进一步提高,对土方工程、给排水工程和园林用电部分在适用范围上进行了相应的补充和完善,使之能够满足教学和社会实践的需要。在本书的编写过程中,我们力求做到概念明确,内容详实,资料可靠,文字简练,并突出实用性。

  在第 2 版《风景园林工程》完稿之时,我们衷心感谢第 1 版《风景园林工程》的作者们,是他们的辛勤劳动为我们打下了坚实的基础。第 2 版《风景园林工程》仍由韩玉林和张万荣任主编,江西财经大学景观学系的吴国训老师和南昌工学院艺术学院园林系的付佳佳老师在第 2 版的修改中做了大量的工作,其他作者也对书稿进行了认真核对,全书由韩玉林统稿并整理。参与修改工作的教师都发挥了协作努力的团队合作精神,以渊博的知识、丰富的经验、严谨科学的态度,在较短的时间内完成了该书的编写任务,对他们的辛勤劳动和真诚的合作精神表示感谢!

  本书在编写的过程中参考了大量的资料,在此向相关作者深表谢意!

编者

2017 年 6 月

前　言

随着我国经济持续快速的发展,人们对环境的要求越来越高,园林建设队伍随之而迅速壮大,对园林工程技术人员和工程管理人员的需求量也越来越大。为了满足风景园林专业本科教育对教材的需要,我们在重庆大学出版社的组织下编写了《风景园林工程》教材。

风景园林工程是园林专业的主要专业课之一。在编写过程中,在总结传统的园林工程施工技术的基础上,我们增加了一些新材料和新技术方面的内容。同时,随着社会的发展,现在的风景园林工程师不仅需要知道如何建造园林景观,还需要既懂技术又懂管理,善经营的复合型人才,才能更好地适应现代园林景观建设的需要。因此,本教材中又增加了园林工程施工准备、园林工程竣工验收及施工组织管理等方面的内容。力求使学生通过本门课程的学习,跟上我国现代化城市发展和风景园林施工技术和管理发展的需要。

本教材共分11章,由韩玉林、张万荣担任主编,肖瑞龙、赵春仙、李强和周兵担任副主编。其中韩玉林制订编写提纲、绪论、第6章、第11章和实训部分;张万荣编写第3章和第5章;肖瑞龙编写第4章,赵春仙编写第8章,周兵编写第7章,李强编写第4章和第11章的部分内容,第1章由李峰编写,第2章由纪易凡编写,李东升编写第9章及第7章部分内容,第10章由杨德威编写,陆金森参与了第6章的编写。全书由韩玉林负责统稿,江西省绿委办公室常务副主任俞东波博士负责全书的主审工作。

本书可供风景园林专业本科教材,也可作为从事风景园林专业的工程技术人员参考。

本书在编写的过程中参考了大量的有关著作和资料,在此向有关作者深表谢意。同时,在该书的编写过程中,得到了南京林业大学汤庚国教授、南京园林研究所王军所长、南京园林建设总公司李强总经理的鼎力帮助和指点,在此表示感谢。

在本书的编写过程中,我们力求做到概念明确,内容翔实,资料可靠,文字简练,并突出实用性。由于时间仓促和编者水平有限,书中难免有不妥之处,敬请广大读者批评指正并提出宝贵意见。

编　者

2011 年 6 月 5 日

目 录

0 绪 论 ……………………………………………………………… 1
0.1 风景园林工程的概念 …………………………………………… 1
0.2 现代园林的发展趋势 …………………………………………… 1
0.3 风景园林工程的特点 …………………………………………… 2
0.4 风景园林工程与其他学科的关系 ……………………………… 3
0.5 风景园林工程的教学及学习方法 ……………………………… 4

1 园林工程施工准备 ……………………………………………… 6
1.1 施工计划的制订 ………………………………………………… 6
1.2 施工准备 ………………………………………………………… 9
1.3 施工总平面设计 ……………………………………………… 13
1.4 临时设施 ……………………………………………………… 14
复习思考题 ……………………………………………………… 16

2 园林土方工程 …………………………………………………… 17
2.1 风景园林地形改造与设计 …………………………………… 17
2.2 竖向设计 ……………………………………………………… 21
2.3 土方工程量计算 ……………………………………………… 25
2.4 土方施工 ……………………………………………………… 41
复习思考题 ……………………………………………………… 49

3 园林给排水工程 ………………………………………………… 50
3.1 园林给水工程 ………………………………………………… 51
3.2 园林排水工程 ………………………………………………… 65
3.3 给排水管道的施工 …………………………………………… 77
复习思考题 ……………………………………………………… 86

4 水景工程 ·· 87

4.1 水景概述 ·· 87
4.2 人工湖工程 ·· 90
4.3 水池工程 ·· 94
4.4 溪流、瀑布及叠水工程 ······························· 102
4.5 驳岸、护坡及水闸工程 ······························· 110
4.6 喷泉工程 ·· 116
复习思考题 ··· 127

5 园路与铺装工程 ·· 128

5.1 园路概述 ·· 128
5.2 园路设计 ·· 130
5.3 园路铺装 ·· 154
5.4 园路施工 ·· 163
5.5 广场工程 ·· 164
5.6 台阶工程 ·· 173
复习思考题 ··· 176

6 园林假山 ·· 178

6.1 概述 ·· 178
6.2 假山的材料 ·· 181
6.3 置石和假山布置 ··· 184
6.4 塑山、塑石工艺 ··· 203
复习思考题 ··· 207

7 种植工程 ·· 208

7.1 园林种植工程概述 ······································ 208
7.2 乔灌木种植工程 ··· 211
7.3 草坪建植工程 ·· 216
7.4 大树移植 ·· 228
7.5 立体绿化 ·· 237
复习思考题 ··· 246

8 园林供电与照明 ·· 247

8.1 供电的基本知识 ··· 247
8.2 施工现场临时电源设施的安装与维护 ··············· 249
8.3 园林照明 ·· 252

8.4 园林供电设计及施工 ……………………………………………………… 259
复习思考题 …………………………………………………………………… 268

9 园林机械 …………………………………………………………………………… 269
9.1 园林机械及其分类 ………………………………………………………… 269
9.2 园林工程机械 ……………………………………………………………… 270
9.3 种植养护机械 ……………………………………………………………… 278
9.4 园林机械维修与养护 ……………………………………………………… 284
复习思考题 …………………………………………………………………… 288

10 园林工程竣工验收与养护期管理 …………………………………………… 289
10.1 园林工程竣工验收概述 …………………………………………………… 289
10.2 园林工程竣工验收的准备工作 …………………………………………… 290
10.3 竣工验收程序 ……………………………………………………………… 293
10.4 园林工程项目的交接 ……………………………………………………… 296
10.5 园林工程的养护及保修、保活 …………………………………………… 298
复习思考题 …………………………………………………………………… 307

11 风景园林工程项目的组织与管理 …………………………………………… 308
11.1 园林施工组织设计 ………………………………………………………… 308
11.2 园林工程项目管理概述 …………………………………………………… 312
11.3 施工进度控制与管理 ……………………………………………………… 316
11.4 施工质量控制与管理 ……………………………………………………… 319
11.5 施工项目成本控制 ………………………………………………………… 323
11.6 施工项目安全控制与管理 ………………………………………………… 324
11.7 施工项目劳动管理 ………………………………………………………… 325
11.8 施工项目材料管理及现场管理 …………………………………………… 326
11.9 园林工程施工合同的管理 ………………………………………………… 328
复习思考题 …………………………………………………………………… 331

附录 风景园林工程实训教学 …………………………………………………… 332

参考文献 …………………………………………………………………………… 339

0 绪 论

0.1 风景园林工程的概念

　　风景园林工程是指在一定的地段范围内,利用并改造自然山水地貌,或者人为地开辟山水地貌,结合植物的栽植和建筑的布置,从而构成一个供人们观赏、游息、居住的园林景观环境的全过程一般称之为风景园林工程,过去也称为造园。研究风景园林的工程设计,施工技术及原理,工程管理,园林中新材料、新技术的利用,以及如何创造优美宜人的园林景观环境的学科就是风景园林工程学。风景园林工程是以市政工程原理为基础,以风景园林美学和园林艺术理论为指导,研究园林景观建设技艺及管理的一门课程。

　　园林在中国古籍里根据不同性质也称作囿、苑、园、庭园、别业、山庄等,欧美各国则称之为Garden、Park、Landscape Garden,现代园林的概念与传统的园林相比要大得多。100 年前,奥姆斯特德提出的“Landscape Architecture”被广泛采纳,翻译成中文为“景观建筑学”“园林学”“造园学”“风景园林”或“景观规划与设计”,后两种翻译被专业人士认可。随着风景园林研究的进一步深入,并根据理论和实践的发展,刘滨谊教授提出了一个新的概念“Landscape Studies”,即“景观学”,使风景园林从景观规划设计与建造,扩展为包括景观资源的管理、遗产的保护等方面的研究,甚至包括纯理论方面的研究,应该说这一概念符合社会发展的需要。

0.2 现代园林的发展趋势

　　中国园林经过 3 000 多年的发展,在世界园林艺术史上留下了辉煌的功绩,对西方园林的发展起了巨大的推动作用。如 18 世纪英国出现的风景式园林,无论在设计思想,还是在设计手法上,都可以看到中国园林的巨大影响。一些中国园林典型的设计手法,如采用环形游览线路的布局方式,散点式景点布局和视点的移动转换等,已完全融入西方园林的设计手法之中。同时,我们在继承我国造园传统的同时,也逐渐接受了很多优良的西方造园艺术,吸取其精华,补中国园林之短,融中国文化思想之内涵与西方现代之观念,创造中国特色的现代园林。具体说

来,现代园林的发展主要表现在以下几个方面:

①现代园林不断向开敞、外向型发展。逐渐从城市中的花园转变为花园城市,而且乡镇和农村也逐渐重视生态环境的建设。强调开放性与外向性,使城市景观相互协调并融为一体,便于公众游览,其形式适合于现代人的生活、行为和心理,体现鲜明的时代感。

②在现代园林中,园林建筑密度减少,以植物为主组织景观代替了以建筑为主组织景观。起伏地形和林间草地代替了大面积挖湖堆山,减少了土方量和工程成本,同时也减少了对自然环境的破坏。重视植物造景,充分利用自然形态的植物进行构图,通过平面与立面的变化,造成抽象的图形美与色彩美,使作品具有精致的舞台效果。

③在园林规划建设中,越来越强调园林的功能性和增加园林的科学品位。园林绿化已成为现代城市空间的优化者,是制约城市环境质量的一项重要建设,其内涵、功能和技术都具有独立的行业特征。

④随着生态环境的破坏,环境保护意识的不断增强,人性化和生态园林也越来越受到重视。以人为本、以美化生态环境、改造生态环境和恢复生态环境,已成为园林工作者在园林设计和园林建设中的主要课题。用生态学的观点去进行植物配置,将使未来的园林密切联系着生态与环境科学。

⑤新材料、新技术不断应用于园林建设,体现时代精神的雕塑,在园林中应用也日益增多。

0.3 风景园林工程的特点

1)综合性强

风景园林工程是一门涉及广泛、综合性很强的综合学科,园林工程所涉及的不仅仅是简单的建筑和种植,更重要的是在建造的过程中:a.要遵循美学的观点,对所建工程进行艺术加工;b.园林施工人员必须要看懂园林景观设计图纸,还要理会景观设计师的意图,所建工程才能符合设计的要求,甚至还能使所建景观锦上添花;c.园林工程还涉及施工现场的测量、园林建筑及园林小品、园林植物的生长发育规律,及生态习性、种植与养护等方面的知识。随着社会的进步、人类对环境要求的提高,要求园林景观具备多重功能,最大程度地满足人们的日常生活使用功能和一切审美意识的需求。

2)艺术性特征明显

风景园林工程不仅是技术工程,而且是艺术工程,具有明显的艺术性特征。园林艺术涉及景观造型艺术、园林建筑艺术、绘画艺术、雕刻艺术、文学艺术、植物造景艺术等诸多艺术领域。假山与水景的建造、园林建筑的施工、园路和广场的铺装及植物造景都需要采用特殊的艺术处理才能得以实现。

3)风景园林建设的时代性

风景园林工程是随着社会生产力的发展而发展的,在不同的社会时代条件下,总会形成与其时代相适应的建设内容。随着社会的发展,科学的进步,人民生活水平的提高,人们对环境质量要求不断提高,对城市的园林建设要求亦多样化,新理念、新技术、新材料已深入到风景园林工程的各个领域,形成了现代风景园林工程的又一显著特征。

4) 施工及工程管理的复杂性:

(1)园林工程的复杂性 如上所述,园林工程施工涉及广泛,即涉及园林美学与园林艺术、土建和植物的种植与养护、气候、土壤及植物的病虫害防治等方面的知识;在施工过程中园林建造师还需要有一定的组织管理能力,才能使工程以较低成本,高质量,按期交工。

(2)管理的复杂性 由于园林工程施工过程中,涉及施工队伍内部人员的管理,还涉及与建设单位、监理单位进行协调。因此,园林建造师在园林工程的施工过程中,不仅要掌握熟练的园林施工技能,还要有相应的管理及社交能力,才能保证施工的顺利进行。

5) 时效性强

一般来说,园林建设项目都有工期限制,在园林工程施工过程中,施工进度控制也是相当重要的一项管理内容,只有制定完善的施工组织设计和施工中适当的工期控制,才能保证工程如期完工。由于园林植物的生长发育受到气候的影响,因此,园林施工也受到季节限制,在不适宜季节种植园林植物就要增加相应的种植和养护管理费用。

0.4　风景园林工程与其他学科的关系

1) 园林美学及园林艺术

要想创造优美的园林景观环境,给人以美的享受,作为园林工作者首先必须懂得什么是美。古希腊的毕达哥拉斯学派认为:"美就是一定数量的体现,美就是和谐,一切事物凡是具备和谐这一特点的就是美"。美是事物现象与本质的高度统一,或者说美是形式与内容的高度统一,是通过最佳形式将它的内容表现出来。美包括自然美、生活美和艺术美。自然美如泰山日出、黄山云海、云南石林、黄果树瀑布等,凡其声音、色泽和形状都能令人身心愉悦,产生美感,并能寄情于景的,都是自然美。园林作为景观环境,在为人们创造接近大自然的机会,接受大自然的爱抚,享受大自然的阳光、空气的同时,还必须保证游人游览时,感到生活上的方便和心情舒畅,即园林的生活美。人们在欣赏和研究自然美、创造生活美的同时,孕育了艺术美。艺术美应是自然美和生活美的提高和升华。园林艺术是融汇多种艺术于一体的综合艺术,是融文学、绘画、建筑、雕塑、书法、工艺美术等艺术于自然的一种独特艺术。同时,园林艺术利用植物的形态、色彩和芳香等为园林造景,利用植物的季相变化构成奇丽的景观。因而,园林艺术具有生命的特征,是有生命的艺术。风景园林工程就是利用园林美学的观点,通过园林艺术的手法,包括园林作品的内容和形式,园林设计的艺术构思和总体布局,形式美与内涵美相结合等,创造出优美的园林景观环境。

2）园林景观规划设计

园林景观规划设计是园林景观的布局,起战略性的作用,布局合理与否影响全局。园林工程施工是实现设计意图的过程,园林建造师必须了解景观规划设计图的要求,通晓景观设计师的意图,通过利用构成园林的各种素材,对地形、地貌、园林建筑、假山水景、植被等的精心加工制作,实现优美的园林景观。优秀的景观规划设计必须由高水平的施工队伍的精心制作才能实现,优秀的施工队伍在施工过程中还能对设计中的不足进行补充和完善。因此,两者之间是相辅相成的关系。

3）园林树木学、花卉学、草坪学、园林苗圃学及园林植物遗传育种学

园林植物是园林景观的主要组成成分,是园林中具有生命的部分,通过明显的花色、叶色及季相变化赋予园林景观以不同的外貌和活力。园林树木学、花卉学、草坪学、园林苗圃学主要研究的是园林植物的形态特征、观赏特性、生态适应性、园林用途、繁殖及栽培、养护管理等方面内容,园林植物育种学则是研究新优园林植物种质资源、新优园林植物种及品种的引种、选种及育种。因此,这些课程是园林工程学的基础。

4）生态学

随着工业化的不断发展和社会的不断进步,环境污染、破坏日趋严重,人们越来越重视生态环境的改善,在园林规划设计和园林景观建造的过程中引入生态学观点,即生态园林设计和建造生态园林景观。斯坦利·怀特认为,"如果我们的设计能含纳草地、森林和山,那我们能占据的景观将富含原土地之奥妙。景观特征应被加强而不是被削弱,而最终和谐应存在于一个复合体上,这些人为化的景观是最动人、最可爱的,只要景观的结构和灵魂能被保留,我们就会感到快乐和兴奋"。现在的园林景观应包含为满足大众需求的园林景观美化,生态环境的改善、修复与保护。

5）其他

筑山、理水、植物配置、建筑营造称为造园的四大要素。筑山、理水、建筑营造都需要有建筑学知识和建筑材料,园林植物更需要养护管理。因此,在园林工程的学习过程中,要注重园林建筑、建筑材料、工程学等方面知识的学习。

0.5　风景园林工程的教学及学习方法

风景园林工程是园林专业的一门主要的专业课,是造园活动的理论基础和实践技能课,实践性和综合性很强。园林工程的教学环节包括课堂教学、课程设计及园林模型的制作、实践教学等方面。实践教学最好能结合园林工程现场施工和重点园林景观景点的评价进行。在园林工程的学习过程中要注意以下几个方面:

(1)注重理论和实践的结合　风景园林工程是一门技术性很强的课程,主要包括园林工程

中的相关施工技术、园林工程的预决算、工程的施工管理与监理。在学习的过程中,必须掌握所学内容,并结合实践加深对理论知识的认识。在实习过程中并非仅仅观看园林美景,而应重视施工技术,同时还要运用园林美学和园林艺术的观点,对所见园林景观和景观要素如假山、园路、水景、园林建筑等进行评价,包括对某一园林景观与周围环境的协调程度,景观内部的设计,园林中各景点与整个园林景观的和谐,个体的造型艺术,制作手法及选材是否恰当及施工技术的好坏等方面进行评价,寻找景观之优异之处,探询不足之点,从而在提高自己的审美及艺术水平的同时,又能加深对施工技术的掌握。预决算、施工管理与监理也只有在实际操作过程中才能更加熟练。

(2)注重多学科的综合运用　前已述及园林工程是一门涉及广泛的学科,不仅要学园林美学、园林艺术、园林制图、园林规划设计、园林建筑设计、生态学、城市生态学、气象学、园林植物等有关方面的课程,还要掌握园林的经营管理、园林工程的概预算与招投标、园林工程的施工管理与监理,并且这些知识在园林工程的施工及管理中要能够加以综合运用。随着社会的发展,园林工程施工单位必须紧跟时代的步伐,适应市场运作方式,园林工程施工技术和管理人员也必须有经济学、社会学等方面的知识,同时也要了解国家相关的法律法规。

(3)注重新知识、新材料、新技术的学习和运用　风景园林建设水平是随社会的发展进步而不断提高的。因此在园林工程的学习过程中要紧跟时代发展的潮流,熟知园林的发展方向,掌握园林中新材料和新技术的应用,灵活运用于园林建设之中。

1 园林工程施工准备

本章导读 园林工程的施工准备是园林工程项目建设顺利进行的必要前提和重要保证。施工前应对工程建设进行认真、周全的准备,合理组织和安排工程建设。本章作为园林工程的入门,主要是介绍施工计划的制订,施工准备的重要性、主要内容及临时设施的类型、安排等,本章学习的目的使读者对施工准备有初步的认识和了解。

1.1 施工计划的制订

1.1.1 施工计划制订的原则

园林工程施工计划是对拟建园林工程项目进行调查、论证、决策,确定建设地点和规模,写出项目可行性报告,编制计划任务书,报主管部门论证审核,送计委或建委审批,经批准后纳入正式的建设计划。因此,项目计划是项目建设确立的前提,是重要的指导性文件。其内容主要包括:建设单位、建设性质、建设项目类别、项目建设负责人、建设地点、建设依据、建设规模、工程内容、建设期限、投资概算、效益评估、协作关系及环境保护等内容。

园林工程施工计划的制订应在满足工程质量与工期要求的前提下,根据园林工程施工的具体情况制订,并符合以下各项原则。

①认真贯彻执行国家现行有关园林施工规范、标准、规程,省市有关规定,做到有法可依,执法必严,违章必纠、一抓到底的原则。

②制订合理的施工方案、科学的技术措施,可行的工程进度。

③组织强有力的施工领导机构和人员,运用科学的管理模式进行管理。

④配备过硬的施工队伍,足够的技术力量,齐全的施工机械。

⑤确保物资、材料的供应与各工种的密切配合。

⑥合理安排临时设施和制定施工现场文明管理措施。

⑦做好与周边单位和居民的协调工作,提供一切尽可能提供的方便服务。

1.1.2　施工计划的基础工作计划

在对园林工程制订施工计划前,应先建立完善的领导机构和人员,同时组织技术管理人员、项目部组成人员认真学习领会招标文件内容,认清施工重要性,明确指导思想,为项目的施工作准备。

1.1.3　施工计划的类型

工程项目施工准备分为技术准备、物资准备、劳动力组织准备和施工现场准备。为了落实各项施工准备工作,加强对其检查、必须根据各项施工准备的内容、时间和人员,编制施工工作计划。

施工计划按内容可分为施工企业的施工生产计划和建设工程项目的施工进度计划。施工企业的施工生产计划属于企业企划的范畴,它以整个施工企业为系统,根据施工任务量、企业经营的需求和资源利用的可能性等,合理安排计划周期内的施工生产活动,如年度生产计划、季度生产计划、月度生产计划和旬生产计划等。

建设工程项目的施工进度计划属于项目管理的范畴,它以每个建设工程项目的施工为系统,依据企业的施工生产计划的总体安排和履行施工合同的要求,以及施工的条件(包括设计资料提供的条件、施工现场的条件、施工的组织条件、施工的技术条件和资源)和资源利用的可能性,合理安排一个项目施工的进度,如:a.整个项目施工总进度方案、施工总进度规划、施工总进度计划;b.子项目施工进度计划、单体工程施工进度计划;c.项目施工的年度施工计划、项目施工的季度施工计划、项目施工的月度施工计划和旬施工作业计划等。建设工程项目施工进度计划若按计划的功能区分,可分为控制性施工进度计划、指导性施工进度计划和实施性施工进度计划。具体组织施工的进度计划是实施性施工进度计划,它必须非常具体。控制性进度计划和指导性进度计划的界限并不十分清晰,简单说按定额工期编制的进度计划就是指导性计划;按签订的管理目标工期编制的计划就是控制性计划;控制性计划分解后,变成月、旬、周计划就是实施性计划。大型和特大型建设工程项目需要编制控制性施工进度计划、指导性施工进度计划和实施性施工进度计划,而小型建设工程项目仅编制两个层次的计划即可。

1.1.4　施工计划制订的依据

①建设单位园林工程施工招标文件内容。
②施工图纸及建设单位对施工的要求。
③施工现场条件和勘察资料。
④国家或省市对安全文明施工、环境保护、交通疏通等方面的规定。
⑤《绿化设计施工规范》《市政园林工程验收规范》等。

⑥企业目前所具备的实力。

⑦以往施工过程中所总结的施工经验。

⑧工程的重点、难点、特殊部位、主要部位的施工方法和质量、技术保证措施。

1.1.5　施工计划的制订

园林施工生产活动的全过程是非常复杂的物质财富再创造的过程,为了正确处理人与物、主体与辅助、工艺与设备、专业和协作、供应与消耗、生产与储存、使用与维修,以及它们在空间布置和时间排列之间的关系,必须根据拟建工程规模、结构特点和建设单位的要求,在原始资料调查分析的基础上,制订出一份能切实指导工程全部施工活动的施工计划。

园林工程施工计划以拟建工程为对象,规定各项工程的施工顺序和开工、竣工时间的重要施工文件,其中包括对工作任务的细化和分解,各项施工的进度计划,相应的材料、机械、劳务供应及配置计划,乃至资金计划等。合理的施工计划能具体指导施工过程,并用做项目部人员业绩考核的准绳。

编制计划一般分为如下几个步骤:建立计划框架→定义活动→确定活动的工期→确定活动间的逻辑关系→估计资源需求→制订和优化进度计划→建立预算和基线计划。

1)建立计划的框架

工作分解结构(WBS)就是将全部工作逐级分解,无论是生产有形实体的操作,还是无形的管理工作。对施工项目而言,分解主要是识别出独立的工作区域。工作分解结构是计划的框架,它支持成本、进度、员工绩效的管理。分解结构的最底层是项目经理部分派工作的基础。

2)定义活动

工作分解结构完成后,就可以开始定义"活动"。活动是一个可由项目经理部某一成员具体指挥所属人员实施的行动。活动代表了支持项目目标的基础工作——细微的或偶发的活动不包括在内。定义活动不像想象中那么容易,在很多情况下,正是由于活动没有充分定义,导致了施工过程中的混乱、忙乱或者偏差。因此定义活动是极其重要的,它是项目计划和控制的基石。

3)确定逻辑关系

给各项"活动"安排次序、定义逻辑关系。可以采用单代号网络图的方式确定工作间的逻辑关系。

4)活动的工期估计

园林工程中各项活动的工期有比较多的经验支撑,一般不难获得。但消耗时间有其客观规律,因此,由一线的人员做出估计,并由经验丰富的技术人员审核是推荐的模式。

5)估计资源需求

园林工程中各项活动分配资源的工作量非常大。在项目上常以定期编制"需用计划"的方式来完成这一工作。

6)制订和优化进度计划

制订进度计划,就是要确定项目所有活动的开始和完成时间。

7)建立预算和基线计划

制订计划的最后一步,是与项目各相关者沟通这份完整的计划,包括工作分解结构、进度计划、资源需用计划、预算等。一套得到一致认可的计划文件,将用于工作授权和过程控制。

1.2 施工准备

1.2.1 施工准备的重要性

园林工程建设是创造物质财富和精神财富的重要途径,园林建设发展到今天,其含义和范围有了新的拓展。建设工程项目总的程序是按照决策(计划)、设计和施工三个阶段进行。施工阶段又分为施工准备、项目施工、竣工验收、养护与保修等阶段。

由此可见,施工准备工作的基本任务是为拟建工程的施工创造必要的技术和物质条件,统筹安排施工力量和施工现场,使工程建设得以顺利进行。因此,认真做好施工准备工作,对于发挥企业优势、合理供应资源、加快施工进度、提高工程质量、降低工程成本、增加企业利润、赢得社会信誉、实现企业管理现代化具有十分重要的意义。

实践证明,凡是重视施工准备工作,积极为拟建工程创造一切施工条件,项目的施工就会顺利进行;反之,就会给项目施工带来麻烦或不便,甚至造成无可挽回的损失。

1.2.2 施工准备的分类

1)按工程项目施工准备工作的范围不同分类

按工程项目施工准备工作的范围不同可分为:全场性施工准备、单位工程施工条件准备和分部分项工程作业条件准备。

(1)全场性施工准备 全场性施工准备是以一个施工工地为对象而进行的各项施工准备,其特点是施工准备工作的目的、内容都是为全场性施工服务的。它不仅要为全场性的施工活动

创造条件,而且要兼顾单位工程施工条件的准备。

(2)单位工程施工条件准备 单位工程施工条件准备是以一个建筑物、构筑物或种植施工为对象,进行施工条件的准备工作。其特点是它的准备工作的目的、内容都是为单位工程施工服务的,它不仅为该单位工程的施工做好一切准备,而且要为分部分项工程做好施工准备工作。

(3)分部分项工程作业条件准备 分部分项工程作业条件的准备是以一个分部分项工程,或冬、雨季施工项目为对象而进行的作业条件准备。

2)按拟建工程所处的施工阶段的不同分类

按拟建工程所处的施工阶段的不同可分为:开工前的施工准备和各施工阶段的施工准备。

(1)开工前的施工准备 开工前的施工准备是在拟建工程正式开工之前所进行的一切施工准备工作,其目的是为拟建工程正式开工创造必要的施工条件。它既可能是全场性的施工准备,又可能是单位工程施工条件的准备。

(2)各施工阶段前的施工准备 各施工阶段前的施工准备是在拟建工程开工之后,每个施工阶段正式开工之前所进行的一切施工准备工作。其目的是为施工阶段正式开工创造必要的施工条件。

综上所述,施工准备工作既要有阶段性,又要有连贯性,必须有计划、有步骤、分期分阶段进行,要贯穿施工项目整个建造过程。

3)按施工准备工作的性质及内容不同分类

施工准备工作按其性质及内容的不同通常可分为:技术准备、物资准备、劳动组织准备、施工现场准备和施工场外准备。

1.2.3 施工准备的主要内容

1)技术准备

技术准备是核心,因为任何技术的差错或隐患都可能导致人身安全和质量事故。

(1)熟悉审查施工图纸和有关资料 园林建设工程在施工前应熟悉设计图纸的详细内容,并审查施工图纸和有关的设计资料是否符合现场实际和施工要求。图纸审查一般有自审、会审两种形式。而自审记录、会审纪要都将作为指导施工、竣工验收和结算的依据。在研究图纸时,需要注意的是特殊施工说明书的内容,包括施工方法、工期以及所确认的施工界限等。同时进一步熟悉、审查设计图纸的内容,包括审查设计图纸是否完整、齐全;审查设计图纸与说明书在内容上是否一致,以及设计图纸与其各组成部分之间有无矛盾和错误;审查设备安装图纸与其相配合的土建施工图纸在坐标、标高上是否一致等。

(2)原始资料调查分析 为了做好施工准备工作,除要掌握有关拟建工程的书面资料外,还应该进行拟建工程的实地勘测和调查,获得有关数据的第一手资料,这对于拟订一个切合实

际的施工组织设计是非常必要的,因此应该做好以下两方面的调查分析:

一是自然条件的调查分析,主要包括工程区气候、土壤、水文、地质等,尤其是园林绿化工程,要充分了解和掌握工程区的自然条件。

二是技术经济条件的调查分析,内容包括:工程所在地的园林工程现状与园林施工企业的状况;施工现场的动迁状况;当地可利用的地方材料状况;建材、苗木供应状况;地方能源、运输状况;劳动力和技术水平状况;当地生活供应、教育和医疗状况;消防、治安状况和参加施工单位的力量状况。

(3)编制施工图预算和施工预算 施工图预算应按照施工图纸所确定的工程量、施工组织设计拟订的施工方法、建设工程预算定额和有关费用定额,由施工单位编制。施工图预算是建设单位和施工单位签订工程合同的主要依据,是拨付工程款和竣工决算的主要依据,也是实行招投标和建设包干的主要依据,还是施工单位安排施工计划、考核工程成本的依据。

施工预算是施工单位内部编制的一种预算,是在施工图预算的控制下,结合施工组织设计中的平面布置、施工方法、技术组织措施以及现场施工条件等因素编制而成的施工文件,主要用于企业内部的经济核算和班组考核。

(4)编制施工组织设计 拟建工程应根据其规模、特点和建设单位要求,编制指导该工程施工全过程的施工组织设计。

2)物质准备

园林建设工程的物质准备工作内容主要包括土建材料准备、电气照明材料准备、绿化材料准备、构(配)件和制品加工准备、园林施工机具准备等。

3)劳动组织准备

(1)劳动组织准备的范围 按范围分,有整个园林施工企业的劳动组织准备,又有大型综合的拟建建设项目的劳动组织准备,也有小型简单的拟建单位工程的劳动组织准备。

(2)建立拟建工程项目的领导机构

①施工组织机构的建立应遵循以下原则:根据拟建工程项目的规模、特点和复杂程度,确定拟建工程项目施工的领导机构人员和名额,坚持合理分工与密切协作相结合,把有施工经验、有敬业精神、有工作效益的人选入领导机构,认真执行因事设职、因职选人的原则。

②建立精干的施工队伍。施工队伍的建立要认真考虑专业、工种合理搭配,技工、普工的比例满足施工要求,要坚持合理、精干的原则。

4)施工现场准备

大中型的综合园林建设项目应做好完善的施工现场准备工作。

(1)施工现场控制网测量 根据给定永久性坐标和高程,按照总平面图要求,进行施工场地控制网测量,设置场区永久性控制测量标桩。

(2)做好"四通一清" 确保施工现场水通、电通、道路畅通、通讯畅通和场地清理完毕,并应按消防要求,设置足够数量的消防栓。园林建设中的场地平整要因地制宜,合理利用竖向条

件,既要便于施工,又要保留良好的地形景观。

(3)做好施工现场的补充勘探　对施工现场做补充勘探是为了进一步寻找隐蔽物。城市园林建设工程尤其要清楚地下管线的分局,以便及时拟订处理隐蔽物的方案和措施,为基础工程施工创造条件。

(4)建造临时设施　按照施工总平面图的布置,建造临时设施,为正式开工准备好生产、办公、生活、居住和储存等临时用房。

(5)安装调试施工机具　根据施工机具需要计划,按施工平面图要求,组织施工机械、设备和工具进场,按规定地点和方式存放,并进行相应的保养和试运转等工作。

(6)组织施工材料进场　根据各项材料需要计划,组织进场,按规定地点和方式储存和堆放;植物材料一般随到随栽,不需提前进场,若进场后不能立即栽植的,要选择好假植地点和养护方式。

(7)其他　如做好冬季、雨季施工安排,保护保存树木等。

5)施工场外协调

(1)材料选购、加工和订货　根据各项材料需要量计划,同建材生产加工、设备设施制造、苗木生产单位取得联系,必要时签订供货合同,保证按时供应。植物材料属非工业产品,一般要到苗木场(圃)选择符合设计要求的质优的苗木;园林中特殊的景观材料如山石等需要事先根据设计需要进行选择以备用。

(2)施工机具租赁或订购　对本单位缺少且需用的施工机具,应根据需要量计划,同有关单位签订租赁合同或订购合同。

(3)明确各施工单位间的关系　选定转、分包单位,并签订合同,理顺转、分、承包的关系,但应防止出现将整个工程全部转包的现象。

1.2.4　施工准备的工作计划制订

为了落实各项施工准备工作,加强对其检查和监督,必须根据各项施工准备工作的内容、时间和人员,编制施工准备工作计划,见表1.1。

表 1.1　施工准备工作计划

序号	施工准备项目	简要内容	负责单位	起止时间		备注
				月、日	月、日	

综上所述,各项施工准备工作不是分离的、孤立的,而是互为补充,相互配合的。为了提高施工准备工作的质量,加快施工准备工作的速度,必须加强建设单位、设计单位和施工单位之间的协调工作,建立健全施工准备工作的责任制度和检查制度,使施工准备工作有领导、有组织、

有计划和分期分批地进行,并贯穿施工全过程。

1.3 施工总平面设计

施工总平面图是拟建项目施工场地的总布置图。它按照施工方案和施工进度的要求,对施工现场的道路交通、材料仓库、临时房屋、临时水电管线等做出合理的规划布置,从而正确处理全工地施工期间所需各项设施和永久建筑、拟建工程之间的空间关系。绘制的比例一般为1∶1 000或者1∶2 000。

1.3.1 施工总平面图设计的原则

施工总平面图设计应坚持以下原则:
①临时设施和道路不能占用园林建筑、假山水景及园路用地。
②在满足施工要求的前提下,要求尽量少占地,不挤占交通道路。
③最大限度地压缩场内运输距离,尽可能避免二次搬运。
④在满足施工需要的前提下,临时工程越小越好,以降低临时工程费。
⑤临时设施的布置有利于员工的生活和施工,减少工人从施工场地到住处的往返距离。
⑥取土和弃土位置要充分考虑劳动保护、环境保护、技术安全、防火要求等。

1.3.2 施工总平面布置图的设计步骤

1)场外交通道路和内部道路的布置

当大量物资由场外运进现场时,一般先将仓库、办公及宿舍等生产性临时设施布置在最经济合理的地方,再布置通向场外的公路线。

2)布置仓库、临时房屋及其他临时设施

一般中心仓库布置在工地中央或靠近使用的地方,也可以布置在靠近外部交通连接处。砂石、水泥、石灰、木材等仓库或堆场宜布置在施工对象附近,以免二次搬运。一般笨重设备应尽量放在车间附近,其他设备仓库可布置在外围或其他空地上。

3)布置预制件加工场和混凝土搅拌站

一般应将预制件加工场和混凝土搅拌站集中布置在同一个地区,且多处于工地边缘。各种预制件加工场和混凝土搅拌站应与相应仓库或材料堆场布置在同一地区。

4) 临时水电管网及其他动力设施的布置

水电从外面接入工地,沿主要干道布置干管、主线,然后与各使用点接通;临时总变电站应设置在高压电引入处,不应放在工地中心;临时水池应放在地势较高处,并设置在工地中心或工地中心附近;临时发电设备,沿干道布置主线;施工现场供水管网有环状、枝状和混合式 3 种形式。

根据工程防火要求,应设立消防站。一般设置在易燃物(木材、仓库等)附近,并须有通畅的出口和消防车道,其宽度不宜小于 6 m。沿道路布置消防栓时,其间距不得大于 100 m,消防栓到路边的距离不得大于 2 m。

5) 绘制正式的施工总平面图

根据以上的布局绘制施工总平面图。

1.4 临时设施

1.4.1 规划原则

临时设施的规划与设计,要在遵循国家及相关省市有关工程建设和临时设施建立的规定和要求的前提下,充分利用现有场地,重点保障施工现场,保证职工生活,符合施工现场卫生及安全设计要求和防火规范,同时体现企业形象。在施工之前应做好详细的平面规划,施工时应严格按照规划图施工。工程开工后不得随意增建有关临时设施,确需增加或迁建的,应另行设计方案。临时供电、供水最好能结合永久施工。

1.4.2 临时设施的类型及设立的注意事项

1) 临时房屋设施

房屋设施一般包括工地加工厂、工地仓库、办公用房(含施工现场指挥部、办公室、项目部、财务室、传达室、车库等)以及居住生活用房等。

行政与生活临时设施应尽量利用建设单位的生活基地或其他永久性建筑,不足部分另行建造。一般全工地性行政管理用房宜设在全工地入口处,以便对外联系,也可设在工地中间,便于全工地管理;工人用的福利设施应设置在工人较集中的地方,或工人必经之处;生活基地应设在场外,距工地 500~1 000 m 为宜;食堂可布置在工地内部或工地与生活区之间。临时房屋设施的建立应注意以下事项:办公、生活临时房屋应集中布置,且与施工作业区分开设置;要与周边堆放的建筑材料、设备、建筑垃圾以及施工围墙、高压线保持安全距离;多家施工单位的工程施工现场,建设单位应划出专门地块,供施工单位建造临时房屋。

2)临时道路

工地运输方式有:铁路运输、水路运输、汽车运输和非机动车运输等。在规划临时道路时,应充分利用拟建的永久性道路,即提前修建永久性道路或者先修路基和简易路面作为施工所需的道路,以达到节约投资的目的。若地下管网的图纸尚未出全,而又必须采取先施工道路、后施工管网的顺序时,临时道路就不能完全建造在永久性道路的位置,而应尽量布置在无管网地区或扩建工程范围的地段上,以免开挖管道沟时破坏路面。

3)临时供水

施工工地临时供水主要包括生产用水、生活用水和消防用水 3 种。需根据用水的不同要求确定用水量和选择水源。

4)临时供电

工地临时供电包括:计算用电总量、选择电源、确定变压器、确定导线截面积并布置配电线路。

工程临时用电应注意以下事项:施工现场临时用电必须有施工组织设计,并经审批;安装、维修或拆除临时用电工程,必须由电工完成,并做好记录,电工必须有电工操作证;必须使用五芯电缆线,电缆干线应采用埋地或架空敷设,严禁沿地面明设,并应避免机械损伤和介质腐蚀;架空线必须设在专用电杆上,严禁架设在树木、脚手架上;电力线路必须采用 TN-S 接零保护系统,保护零线的设置必须符合技术规范;电箱必须符合“三级配电两级保护”和“一机、一闸、一箱”的要求,必须同时装设漏电保护器;施工现场临时用电必须经过监理人员组织验收,并由监理人员签发准许使用意见。

5)临时通讯

现代施工企业为了高效快捷获取信息,提高办事效率,在一些稍大的施工现场都配备了固定电话、对讲机、电脑等设施。

6)材料堆放场地

材料堆放主要包括施工现场工具、构件、材料的堆放位置及标牌的设置,易燃易爆物品的分类摆放。同时注意防火、防盗。

复习思考题

1.1 施工计划制订的原则有哪些?

1.2 施工计划的制订步骤有哪些?

1.3 为什么说施工准备工作贯穿于整个工程施工的全过程?

1.4 施工准备工作如何分类? 施工准备工作的内容主要有哪些?

1.5 施工计划中技术准备的主要内容有哪些?

1.6 为什么要进行施工总平面设计? 施工总平面设计的原则有哪些?

2 园林土方工程

本章导读 主要阐述竖向设计的概念和方法,介绍土方工程量的意义及土方工程量的计算,讲述土方施工的基本知识和土方施工内容。通过本章内容的学习,学生应掌握如何进行竖向设计和土方计算的方法,了解土方施工的步骤,并为其他章节的学习打下良好的基础。

风景园林工程施工,必先动土,对施工场地地形进行整理和改造。土方工程是风景园林建设工程中的主要工程项目,尤其是大规模的挖湖堆山、整理地形的工程,这些项目工期长、工程量大,投资大且艺术要求高。土方工程施工质量的好坏直接影响到工程的顺利进行、景观质量、施工成本和以后的日常维护管理。

2.1 风景园林地形改造与设计

地形是构成园林实体的四要素之一,它是指地球表面起伏的形态,具有三维特性。园林景观建设离不开地形设计,因其为园林景观元素的载体,同时也是园林景观的构成。地形的设计和改造是园林工程首要解决的问题,也是园林建设成功与否的关键所在。

2.1.1 地形的作用

1)骨架作用

园林景观在不同程度上都与地面相接触,因而地形便成了园林景观不可缺少的基础和依赖。地形是连接景观因素和空间的主线,它的结构作用可以一直延续到地平线的尽头或水体的边缘。地形为所有景观与设施提供了赖以存在的基面,它是园林各组成元素的载体。地形如同骨架一样,为园林各景物提供平面及立面的依据。可见地形对景观的决定作用和骨架作用,是不言而喻的。

2) 空间作用

园林空间设计的素材可以是建筑、植物和道路等,也可以是地形。地形具有构成不同形状、不同特点园林空间的作用。园林空间的形成,也可由地形因素直接制约。地块的平面形状如何,园林空间在水平方向上的形状也就如何。地块在竖向有什么变化,空间的立面形式也就会产生相应的变化。

3) 景观作用

园林地形本身就是景观元素之一,具有重要的景观作用,具体体现在背景作用和造景作用两个方面。

地形一方面是造园诸要素的基础,另一方面为其他造园要素承担背景角色,例如一块平地上草坪、树木、道路、建筑和小品形成地形上的一个个景点,而整个地形构成此园林空间诸景点要素的共同背景。

地形还具有许多潜在的视觉特性,对地形可以进行改造和组合,以形成不同的形状,产生不同的视觉效果。近年来,一些设计师尝试如雕塑家一样,在户外环境中,通过地形造型而创造出多样的大地景观艺术作品,我们将其称为"大地艺术"。

图 2.1 地形的工程作用

4) 工程作用

地形对于地表排水亦有着十分重要的意义,园林排水的主要形式即地面排水。由于地表的径流量、径流方向和径流速度都与地形有关,因而园林中地形过于平坦时就不利于排水,容易积涝。而当地形坡度太陡时,径流量就比较大,径流速度也快,从而引起地面冲刷和水土流失。因此,创造一定的地形起伏,合理安排地形的分水和汇水线,使地形具有较好的自然排水条件,是充分发挥地形排水工程作用的有效措施。

地形也可以改善局部地区的小气候(图 2.1)。如地形设计可改善小环境的通风透光;起伏的地形在受光照的情况下形成阴面和阳面,可营造不同的光环境。

2.1.2 地形的类型

从园林造景角度来说,坡度是涉及地形的视觉和功能特征最重要的因素之一。从这一点上可将地形分为平地、坡地、山地三大类。

1）平地

自然环境中绝对平坦的地形是不存在的,所有的地面都或多或少存在一些明显或难以觉察的坡度。园林中的"平地"指的是相对平坦的地面,更为确切的描述是指园林地形中坡度小于4%的较平坦土地。

园林中,平地适于作任何种类的活动场所。平地亦适于建造建筑,铺设广场、停车场、道路,建设游乐场,铺设草坪草地,建设苗圃等。因此,现代公共园林中必须设有一定比例的平地以满足人流集散以及交通、游览的需要。

园林中对平地应适当加以地形调整,一览无余的平地不加处理容易流于平淡。适当地对平地挖低堆高,造成地形高低变化,或结合这些高低变化设计台阶、挡墙,并通过景墙、植物等景观元素对平地进行分隔与遮挡,可以创造出不同层次的园林空间。

2）坡地

坡地指倾斜的地面,按照其倾斜程度的大小可以分为缓坡、中坡、陡坡3种。园林中进行坡地设计,使地面产生明显的起伏变化,可增加园林艺术空间的生动性。

坡地地表径流速度快,不会产生积水,但是若地形起伏过大或坡度不大,但同一坡度的坡面延伸过长,则容易产生滑坡现象,因此,地形起伏要适度,坡长应适中。

(1)缓坡　坡度在4%～10%,地面起伏相对平缓,可用于运动和非正规的活动场地。在缓坡地,布置道路和建筑基本不受地形限制。园林中通常结合缓坡地修建活动场地、游憩草坪、疏林草地等,形成舒适的园林休息环境。缓坡地不宜开辟面积较大的水体,如要开辟大面积水体,可以采用不同标高水体叠落组合形成,以增加水面层次感。缓坡地植物种植不受地形约束。

(2)中坡　坡度在10%～25%的中坡地形中,建筑和道路的布置会受到限制,垂直于等高线的道路常做成梯道,建筑一般要顺着等高线布置并结合现状进行地形改造才能修建(如图2.2),并且占地面积不宜过大。对于中坡地形,除溪流外不宜开辟河湖等较大面积的水体。中坡地植物种植基本不受限制。

(3)陡坡　坡度在25%～50%的坡地为陡坡。陡坡的稳定性较差,容易造成滑坡甚至塌方,因此,在陡坡地段的地形改造一般要考虑加固措施,如建造护坡、挡墙等。陡坡上布置较大规模建筑会受到很大限制,并且土方工程量很大。如布置道路,一般要做成较陡的梯道;如要通车,则要顺应地形起伏做成盘山道。陡坡地形更难设计较大面积水体,只能布置小型水池。陡坡地上土层较薄,水土流失严重,植物生根困难,因此陡坡地种植树木较困难。如要对陡坡进行绿化可以先对地形进行改造,改造成小块平整土地,或在岩石缝隙中种植树木,必要时可以对岩石打眼处理,留出种植穴并覆土种植。

3）山地

同坡地相比,山地的坡度更大,其坡度在50%以上。山地根据坡度大小又可分为急坡地和悬坡地两种:急坡地地面坡度为50%;悬坡地是坡度在100%以上的坡地。由于山地尤其是石山地的坡度较大,因此在园林地形中往往能表现出奇、险、雄等造景效果。山地上不宜布置较大建筑,只能通过地形改造点缀亭、廊等单体小建筑。山地上道路布置亦较困难,在急坡地上,车

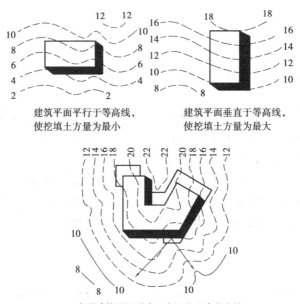

建筑平面平行于等高线，
使挖填土方量为最小

建筑平面垂直于等高线，
使挖填土方量为最大

U字形建筑平面适合于布置在山脊的末端

图 2.2　建筑布置与地形

道只能曲折盘旋而上，游览道需做成高而陡的爬山磴道；而在悬坡地上，布置车道则极为困难，爬山磴道边必须设置攀登用扶手栏杆或扶手铁链。山地上一般不能布置较大水体，但可结合地形设置瀑布、叠水等小型水体。山地与石山地的植物生存条件比较差，适宜抗性好、生性强健的植物生长。但是，利用悬崖边、石壁上、石峰顶等险峻地点的石缝石穴，配植形态优美的青松、红枫等风景树，却可以得到非常诱人的犹如盆景树石般的艺术景致。

2.1.3　地形设计的原则和要求

　　园林地形设计是园林竖向设计的内容之一，是在园林总体设计的指导下进行的。地形设计关乎园林景观的成败和园林诸多功能的实现，在具体设计时须遵循如下原则：

　　①从使用功能出发，兼顾实用与造景，发挥地形的应用性。用地的功能性质决定了用地的类型，不同类型、不同使用功能的园林绿地对地形的要求各异。如传统的自然山水园和安静休息区均需地形较复杂、有一定的地貌变化。现代开放式园林则要求地形相对平坦，起伏小。

　　②要因地制宜，利用与改造相结合，在利用的基础上，进行合理的改造。园林地形改造需充分了解原地形状况，在原地形基础上合理地进行地形设计和改造，有助于降低地形改造难度，减少土方量，创造优质景观。

　　③必须遵守城市总体规划中对园林的各种要求。

　　④注意节约原则，降低工程费用，就地就近，维持土方平衡。地形改造往往涉及大量土方，而土方工程费用通常占造园成本的30%～40%，有时高达60%。为此在地形设计时需尽量缩短土方运距，就地挖填，保持土方平衡以节省建园资金。

2.2 竖向设计

在建园过程中,原地形往往不能完全符合建园的要求,所以在充分利用原有地形的情况下必须进行适当的改造。竖向设计的任务就是从最大限度地发挥园林的综合功能出发,统筹安排园内各种景点、设施和地貌景观,使地上的设施和地下设施之间、山水之间、园内与园外之间在高程上有合理的关系。因此园林竖向设计是指在一块场地上进行垂直于水平面的布置和处理,使园林中各个景点、各种设施及地貌等在高程上创造出高低变化和协调统一的景观的设计。

2.2.1 竖向设计的内容

1)地形设计

地形的设计和整理是竖向设计的一项主要内容。地形骨架的"塑造",山水布局,峰、峦、坡、谷、河、湖、泉、瀑等地貌小品的设置,它们之间的相对位置、高低、大小、比例、尺度、外观形态、坡度的控制和高程关系等都要通过地形设计来确定。

2)园路、广场、桥涵和其他铺装场地的设计

图纸上应以设计等高线表示出道路(或广场)的纵横坡和坡向,道桥连接处及桥面标高。在小比例图纸中则用变坡点标高来表示园路的坡度和坡向。

在寒冷地区,冬季冰冻、多积雪。为安全起见,广场的纵坡应小于 7%,横坡不大于 2%;停车场的最大坡度不大于 2.5%;一般园路的坡度不宜超过 8%。如园路坡度过大时应设台阶,且台阶应集中设置。为了游人行走安全,避免设置单级台阶。另外,为方便伤残人员使用轮椅和游人推童车游园,在设置台阶处应附设坡道。

3)建筑和其他园林小品

建筑和其他园林小品(如纪念碑、雕塑等)应标出其地坪标高及其与周围环境的高程关系,大比例图纸建筑应标注各角点标高。例如:在坡地上的建筑,是随形就势还是设台筑屋;在水边上的建筑物或小品,则要标明其与水体的关系。

4)植物种植在高程上的要求

园林基地上可能会有些有保留价值的老树。其周围的地面依设计如需增高或降低,则在规划时,应在图纸上标注出保护老树的范围、地面标高和适当的工程措施。

植物对地下水很敏感,有的耐水,有的不耐水。规划时应为不同树种创造其适宜的生活环境。

不同的水生植物对水深有不同要求,有湿生、沼生、水生等多种。例如荷花适宜生活于水深

0.6~1 m 的水中,设计时应予以考虑。

5)排水设计

在地形设计的同时要考虑地面水的排除。一般规定无铺装地面的最小排水坡度为 1%,而铺装地面则为 5%,但这只是参考限值,具体设计还要根据铺装类型、土壤性质、汇水区的大小和植被情况等因素而定。

6)管道综合

园内各种管道(如供水、排水、供暖及煤气管道等),难免有些地方会出现交叉,在规划上就需按一定原则,统筹安排各种管道,合理处理交叉时的高程关系,以及它们和地面上的建筑物、构筑物、园内乔灌木的关系(参考第 3 章)。

2.2.2 竖向设计的方法

竖向设计的方法有多种,如等高线法、断面法、模型法等。园林建设中常用等高线法。

1)等高线法

等高线法在园林设计中使用最多,一般地形测绘图都是用等高线或点标高表示的。在绘有原地形等高线的底图上用设计等高线进行地形改造或创作,在同一张图纸上便可表达原有地形、设计地形状况及园林的平面布置、各部分的高程关系,大大方便了设计过程中进行方案比较及修改,也便于进行下一步的土方量计算工作,因此,它是一种比较好的设计方法。

应用等高线进行园林景观的竖向设计时,首先应了解等高线的基本性质。

(1)等高线的概念 等高线是一组垂直间距相等、平行于水平面的假想面与自然地貌相交,所得到的交线在平面上的投影。给这组投影线标注上数值,便可用它在图纸上表示地形的高低陡缓、峰峦位置、坡谷走向及溪池的深度等内容。

(2)等高线的性质

①在同一条等高线上的所有的点,其高程都相等。

②每一条等高线都是闭合的。由于图界或图框的限制,在图纸上不一定每根等高线都能闭合,但实际上它们还是闭合的。

③等高线的水平间距的大小表示地形的缓或陡,如疏则缓,密则陡。等高线的间距相等,表示该坡面的角度相同,如果该组等高线平直,则表示该地形是一处平整过的同一坡度的斜坡。

④等高线一般不相交或重叠,只有在悬崖处等高线才可能出现相交情况。在某些垂直于地平面的峭壁、地坎或挡土墙驳岸处等高线才会重合在一起。

⑤等高线在图纸上不能直接穿过河谷、堤岸和道路等。由于以上地形单元或构筑物在高程上高出或低于周围地面,所以等高线在接近低于地面的河谷时转向上游延伸,而后穿越河床,再向下游走出河谷;如遇高于地面的堤岸或路堤时等高线则转向下方,横过堤顶再转向上方而后走向另一侧。

(3)用设计等高线进行竖向设计 用设计等高线进行设计时,经常要用到两个公式:一是

用插入法求两相邻等高线之间任意点高程的公式,其二是坡度公式。其中,坡度公式为:

$$i = h/L$$

式中　　i——坡度,%;

　　　　h——高差,m;

　　　　L——水平间距,m。

以下是设计等高线在设计中的具体应用:

①陡坡变缓坡或缓坡改陡坡。等高线间距的疏密表示着地形的陡缓。在设计时,如果高差 h 不变,可用改变等高线间距 L 来减缓或增加地形的坡度。

②平垫沟谷。在园林建设过程中,有些沟谷地段需垫平。平垫这类场地的设计,可以用平直的设计等高线和拟平垫部分的同值等高线连接。其连接点就是不挖不填的点,也叫"零点",这些相邻零点的连线,叫作"零点线",也就是垫土的范围。如果平垫工程不需按某一指定坡度进行,则设计时只需将拟平垫的范围在图上大致框出,再以平直的同值等高线连接原地形等高线即可。如要将沟谷部分依指定的坡度平整成场地时,则设计等高线应互相平行,间距相等。

③削平山脊。将山脊铲平的设计方法和平垫沟谷的方法相同,只是设计等高线所切割的原地形等高线方向正好相反。

④平整场地。园林中的场地包括铺装广场、建筑地坪、各种文体活动场地和较平缓的种植地段,如草坪、较宽的种植带等。非铺装场地对坡度要求不那么严格,目的是垫洼平凸,将坡度理顺,而地表坡度则任其自然起伏,排水通畅即可。铺装地面的坡度则要求严格,各种场地因其使用功能不同对坡度的要求也各异。通常为了排水,最小坡度大于5%,一般集散广场坡度在1%~7%,足球场3%~4%,篮球场2%~5%,排球场2%~5%,这类场地的排水坡度可以是沿长轴的两面坡或沿横轴的两面坡,也可以设计成四面坡,这取决于周围环境条件。一般铺装场地都采取规则的坡面。

⑤园路设计等高线的计算和绘制。园路的平面位置,纵、横坡度,转折点的位置及标高经设计确定后,便可按坡度公式确定设计等高线在图面上的位置、间距等,并处理好它与周围地形的竖向关系。

2) 断面法

断面法是用许多断面表示原有地形和设计地形状况的方法,此法便于计算土方量。应用断面法设计园林用地,首先要有较精确的地形图。

断面的取法可以沿所选定的轴线取设计地段的横断面,断面间距视所要求精度而定,也可以在地形图上绘制方格网,方格边长可依设计精度确定。设计方法是在每一方格角点上,求出原地形标高,再根据设计意图求取该点的设计标高。各角点的原地形标高和设计标高进行比较,求得各点的施工标高,依据施工标高沿方格网的边线绘制出断面图,沿方格网长轴方向绘制的断面图叫纵断面图;沿其短轴方向绘制的断面图叫横断面图。

从断面图上可以了解各方格点上的原地形标高和设计地形标高,这种图纸便于土方量计算,也方便施工。

3) 模型法

采用泥土、沙、泡沫等材料制作成缩小的模型的方法。此方法直观形象、具体,但制作费工费时,投资较多,且大的模型不便搬动。如需保存,还需要专门的放置场所。

2.2.3 竖向设计和土方工程量

竖向设计是否合理,不仅影响着整个园林的景观和建成后的使用管理,而且直接影响着土方工程量,和园林的基建费用息息相关。一项好的竖向设计应该是既能充分体现设计意图,又能使土方工程量最少的设计。影响土方工程量的因素很多,大致有以下几方面:

①整个园基的竖向设计是否遵循"因地制宜"这一至关重要的原则。园林地形设计应顺应自然,充分利用原地形,宜山则山,宜水则水。《园冶》说:"高阜可培,低方宜挖",其意就是要因高堆山,就低凿水。能因势利导地安排内容,设置景点,必要之处也可进行一些改造。这样做才可以减少土方工程量,从而节约工力,降低基建费用。

②园林建筑和地形的结合情况。园林建筑、地坪的处理方式,以及建筑和其周围环境的联系,直接影响着土方工程,从图2.3看,a的土方工程量最大,b其次,而d又次之,c最少。可见园林中的建筑如能紧密结合地形,建筑体型或组合能随形就势,就可以少动土方。北海公园的庙鉴室、酣古堂、颐和园的画中游等都是建筑和地形结合的佳例。

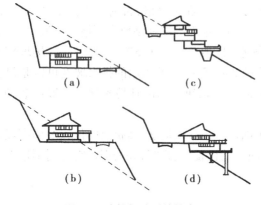

图2.3 建筑与地形的结合

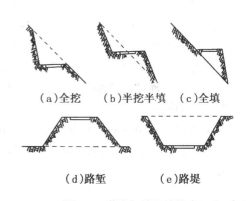

（a)全挖 （b)半挖半填 （c)全填

（d)路堑 （e)路堤

图2.4 道路与地形的结合

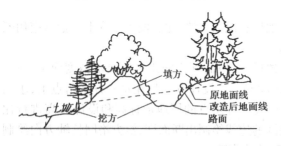

图2.5 用降低路面标高的方法丰富地形

③园路选线对土方工程量的影响。园路路基一般有几种类型,在山坡上修筑路基,大致有3种情况(图2.4):a.全挖式,b.半挖半填式,c.全填式。在沟谷低洼的潮湿地段或桥头引道等处道路的路基需修成路堤;道路通过山口或陡峭地形时,为了减少道路坡度,路基往往做成路堑。

④多做小地形,少做或不做大规模的挖湖堆山。杭州植物园分类区小地形处理,就是这方面的佳例(图2.5)。

⑤缩短土方调配运距,减少二次搬运。前者是设计时可以解决的问题,即在绘制土方调配图时,考虑周全,将调配运距缩到最短;而后者则属于施工管理问题,往往是由于运输道路不好或施工现场管理混乱等原因,卸土不到位,或者卸错地方而造成的。

⑥管道布线和埋深合理,重力流管要避免逆坡埋管。

2.3 土方工程量计算

土方量计算一般是根据附有原地形等高线的设计地形图来进行的。通过计算,有时反过来又可以修订设计图中不合理之处,使图纸更臻完善。另外土方量计算所得资料又是基本建设投资预算和施工组织设计等的重要依据。所以土方量的计算在园林设计工作中,是必不可少的。土方量的计算工作,根据要求精确程度,可分为估算和计算。在规划阶段,土方量的计算无须过分精细,只作毛估即可;而在作施工图时,土方工程量则要求比较精确。

计算土方体积的方法很多,常用的大致可归纳为4类:用求体积公式估算法、断面法、方格网法、土方工程量软件计算。

2.3.1 用求体积的公式进行估算

在建园过程中,不管是原地形或设计地形,经常会见到一些类似锥体、棱台等几何形体的地形单体。这些地形单体的体积可用相近的几何体体积公式来计算(表 2.1)。此法简便,但精度较差,多用于估算。

表 2.1 几何体的体积公式

序号	几何体名称	几何体形状	体 积
1	圆锥		$V = \dfrac{1}{3}\pi r^2 h$
2	圆台		$V = \dfrac{1}{3}\pi h(r_1^2 + r_2^2 + r_1 r_2)$
3	棱锥		$V = \dfrac{1}{3} S \cdot h$
4	棱台		$V = \dfrac{1}{3}h(S_1 + S_2 + \sqrt{S_1 S_2})$
5	球缺		$V = \dfrac{\pi h}{6}(h^2 + 3r^2)$

V——体积 r——半径 S——底面积

h——高 r_1, r_2——分别为上、下底半径 S_1, S_2——分别为上、下底面积

2.3.2 断面法

断面法是以一组等距(或不等距)的互相平行的截面将拟计算的地块、地形单体(如山、溪涧、池、岛等)和土方工程(如堤、沟渠、路堑、路槽等)分截成"段"。分别计算这些"段"的体积。再将各段体积累加,以求得该计算对象的总土方量。

其计算公式如下:

$$V = \frac{S_1 + S_2}{2} \times L$$

当 $S_1 = S_2$ 时,

$$V = S \times L$$

式中 V——单体分段体积;

　　S_1, S_2——单位分段的两端断面面积;

　　L——单体分段长度。

此法计算精度取决于截取断面的数量,多则精,少则粗。

断面法根据其取断面的方向不同可分为垂直断面法、水平断面法(或等高面法)及与水平面成一定角度的成角断面法。园林工程建设中常采用前两种方法,下面详细介绍这两种方法。

1)垂直断面法

此法适用于带状地形单体或土方工程(如带状山体、水体、沟、堤、路堑、路槽等)的土方量计算(图 2.6)。

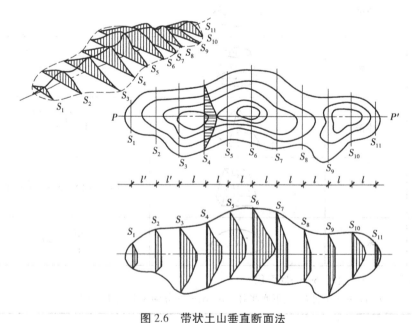

图 2.6　带状土山垂直断面法

在 S_1 和 S_2 的面积相差较大或两相邻断面之间的距离大于 50 m 时,其计算结果的误差较

大,遇上述情况,可改用以下公式计算:

$$V = \frac{L}{6}(S_1 + S_2 + 4S_0)$$

式中　S_0——中间断面面积。

S_0 的面积有两种求法:

①用求棱台中截面面积公式:

$$S_0 = \frac{1}{4}(S_1 + S_2 + 2\sqrt{S_1 \cdot S_2})$$

②用 S_1 及 S_2 各相应边的算术平均值求 S_0 的面积(图2.7)。

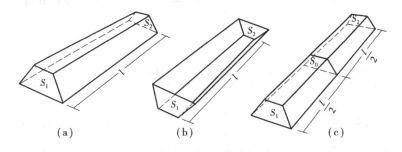

(a)　　　　　　(b)　　　　　　(c)

图2.7　土堤截面

[**例**]　设有一土堤,计算段两端断面呈梯形,各边数如图2.8所示。二断面之间的距离为 60 m,试比较用算术平均法和拟棱台公式计算所得结果。

解:先求 S_1、S_2 面积:

$$S_1 = \frac{[1.85 \text{ m} \times (3 + 6.7) \text{ m} + (2.5 - 1.85) \text{ m} \times 6.7 \text{ m}]}{2} = 11.15 \text{ m}^2$$

$$S_2 = \frac{[2.5 \text{ m} \times (3 + 8) \text{ m} + (3.6 - 2.5) \text{ m} \times 8 \text{ m}]}{2} = 18.15 \text{ m}^2$$

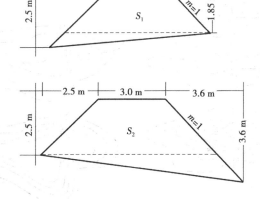

图2.8　截面尺寸

①用算术平均法求土堤土方量:

$$V = \frac{S_1 + S_2}{2} \times L$$

$$V = \left(\frac{11.15 \text{ m}^2 + 18.15 \text{ m}^2}{2} \times 60 \text{ m} \right) = 879 \text{ m}^3$$

②用拟棱台公式求土堤土方量：

a.用求棱台中截面面积公式求截面面积：

$$S_0 = \frac{11.15 \text{ m}^2 + 18.15 \text{ m}^2 + 2\sqrt{11.15 \times 18.15} \text{ m}^2}{4} = 14.44 \text{ m}^2$$

$$V = \frac{(11.15 \text{ m}^2 + 18.15 \text{ m}^2 + 4 \times 14.44 \text{ m}^2) \times 60 \text{ m}}{6} = 870.6 \text{ m}^3$$

b.用 S_1 及 S_2 各对应边的算术平均值求取 S_0：

$$S_0 = \frac{21.75 \times (3 + 7.35) \text{ m}^2 + (3.05 - 2.18) \times 7.35 \text{ m}^2}{2} = 14.465 \text{ m}^2$$

$$V = \frac{(11.15 \text{ m}^2 + 18.15 \text{ m}^2 + 4 \times 14.465 \text{ m}^2) \times 60 \text{ m}}{6} = 871.6 \text{ m}^3$$

由上述计算可知，两种计算 S_0 面积的方法其所得结果相差无几，而二者与算术平均法所得结果相比较，则相差较多。

垂直断面法也可以用于平整场地的土方量计算。

用垂直断面法求土方体积，比较繁琐的工作是断面面积的计算。计算断面面积的方法多种多样，对形状不规则的断面既可用求积仪求面积，也可用"方格纸""平行线法"或"割补法"等方法进行计算，但这些方法都费时间。目前可利用计算机求截面面积，较为方便。

2)等高面法(水平断面法)

等高面法是沿等高线取断面，等高距即为两相邻断面的间距，计算方法同垂直断面法。

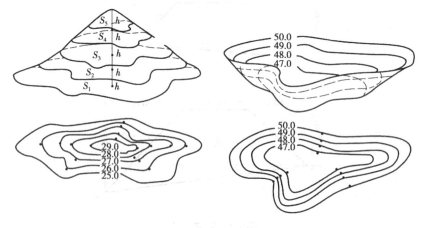

图 2.9　水平断面法图示

其计算公式如下：

$$V = \frac{S_1 + S_2}{2} \times h + \frac{S_2 + S_3}{2} \times h + \cdots + \frac{S_{n-1} + S_n}{2} \times h + \frac{S_n}{3} \qquad (1.5)$$

式中 V——土方体积,m^3;

  S——断面面积,m^2;

  h——等高距,m。

等高面法最适于大面积的自然山水地形的土方计算。我国园林设计向来崇尚自然,园林中山水布局、地形的设计要求因地制宜,充分利用原地形,以节约工力,同时为了造景又要使地形起伏多变。总之,挖湖堆山的工程是在原有的崎岖不平的地面上进行的,所以计算土方量时必须考虑到原有地形的影响,这也是自然山水园土方计算较繁杂的原因。由于园林设计图纸上的原地形和设计地形均用等高线表示,因而采用等高面法进行计算最为便当。

2.3.3 方格网法

方格网法是把平整场地的设计工作和土方量计算工作结合在一起进行的。园林中有许多各种用途的地坪需要整平。平整场地就是将原来高低不平,比较破碎的地形按设计要求整理为平坦的具有一定坡度的场地,这时用方格网法计算土方量较为精确。

其方法是:第一,在附有等高线的施工现场地形图上作方格网控制,方格边长数值取决于所要求的计算精度和地形变化的复杂程度,园林中一般采用 20~40 m;第二,在地形图上用插入法求出各角点的原地形标高,注记在方格网角点的右下;第三,根据设计意图,确定各角点的设计标高,注记在角点的右上;第四,比较原地形标高和设计标高,求得施工标高,注记在角点的左上;第五,根据施工标高,计算零点的位置,确定挖填方范围;第六,根据公式计算土方量。

某公园为了满足游人游园活动的需要,拟将园中的一块地平整为三坡向两面坡的"T"字形广场,要求广场具有 1.5% 的纵坡和 2% 横坡,土方就地平衡,试求其设计标高并计算其土方量(图 2.10)。

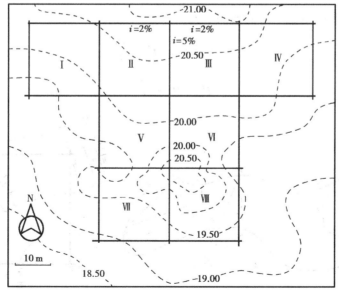

图 2.10 某广场的方格控制网

1)绘制方格网

按正南北方向(或根据场地具体情况决定)做边长为 20 m 的方格网,将各方格角点测设到地面上,同时根据测量角点的地面标高并将标高值标记在图纸上,这就是该点的原地形标高(一般是在方格角点的右下方,标注原地形标高,在右上方标注设计标高,左上方标注施工的地形标高,左下方标注该角点编号)。如果有较精确的地形图,可用插入法在图上直接求得各角点的原地形标高。插入法求标高的方法如下:

设 H_x 为欲求角点的原地面高程,过此点作相邻两等高线间最小距离 L。则

$$H_x = H_a \pm \frac{x \cdot h}{L}$$

式中　H_x——位于低边等高线的高程;

　　　x——角点至低边的距离;

　　　h——等高差。

插入法求某地面高程通常会有 3 种情况:

(1)待求点标高 H_x 在二等高线之间

$$H_x : h = x : L \quad H_x = \frac{xh}{L}$$

$$H_x = H_a + \frac{xh}{L}$$

(2)待求点标高 H_x 在低于等高线的下方

$$H_x : h = x : L \quad H_x = \frac{xh}{L}$$

$$H_x = H_a - \frac{xh}{L}$$

(3)待求点标高 H_x 在高于等高线的上方

$$H_x : h = x : L \quad H_x = \frac{xh}{L}$$

$$H_x = H_a + \frac{xh}{L}$$

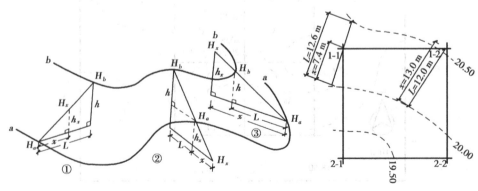

图 2.11　插入法求任意点高程图示

实例图 2.11 中角点 1-1 属于上述第一种情况,过点 1-1 作相邻等高线间的距离最短的线段。用比例尺量得 $L=12.6$ m,$x=7.4$ m 等高线高差 $h=0.5$ m,代入公式

$$H_x = 20.00 \text{ m} + \frac{7.4 \times 0.5}{12.6} \text{ m} = 20.29 \text{ m}$$

依次将其余各角点求出,并标记在图上,如图 2.12 所示。

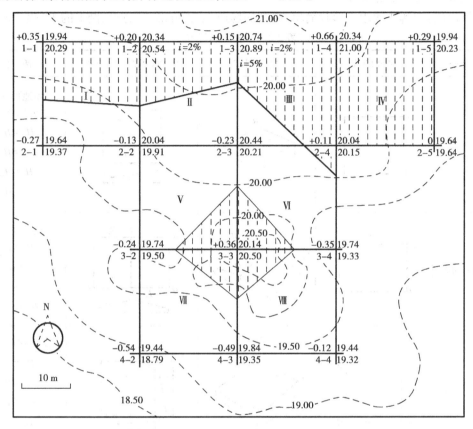

图 2.12　某广场的土方计算

2)求设计标高

在土方工程中平整就是把一块高低不平的地面在保证土方平衡的前提下,挖高垫低,使地面水平。假设水平地面的高程是平整标高 H_0。

(1)先求 H_0

$$H_0 = \frac{1}{4N}\left(\sum h_1 + 2\sum h_2 + 3\sum h_3 + 4\sum h_4\right)$$

式中　h_1——计算时使用 1 次的角点高程,如图 2.12 中的角点 1-1、1-5、2-1、2-5、4-2 和 4-4;

h_2——计算时使用 2 次的角点高程,如图 2.12 中的角点 1-2、1-3、1-4、3-2、3-4 及 4-3;

h_3——计算时使用 3 次的角点高程,如图 2.12 中的角点 2-2 和 2-4;

h_4——计算时使用 4 次的角点高程,如图 2.12 中的角点 2-3 和 3-3。

设计中通常根据规划的需要确定某一个点的高程作为该点的设计高程。

（2）确定 H_0 的位置,求各点的设计标高

H_0 的位置确定是否正确,不仅直接影响着土方计算的平衡(虽然通过不断调整设计标高,最终也能使挖方、填方达到或接近平衡,但这样做必然要花许多时间),而且也会影响平整场地设计的准确性。

确定 H_0 位置的方法有两种。

①图解法:图解法适用于形状简单、规则的场地,如正方形、长方形、圆形的等(表2.2)。

表 2.2 图解法确定 H_0

坡地类型	平面图式	立体图式	H_0 点(或线)的位置	备 注
单坡向一面波	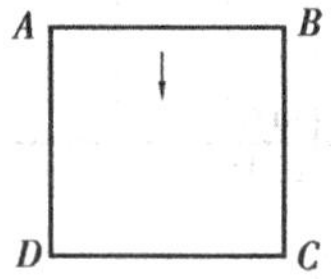	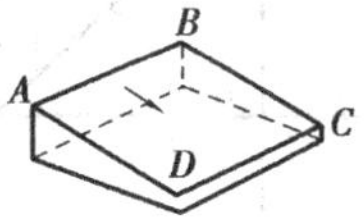	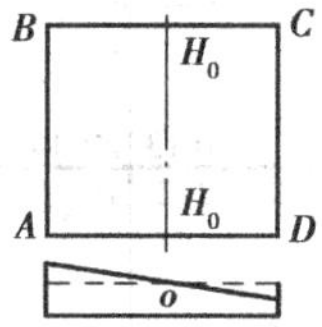	场地形状为正方形或矩形 $H_A = H_B$ $H_C = H_D$ $H_A > H_D$ $H_B > H_C$
双坡向双面坡	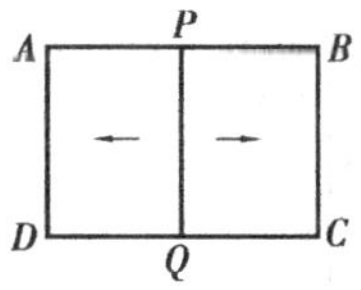	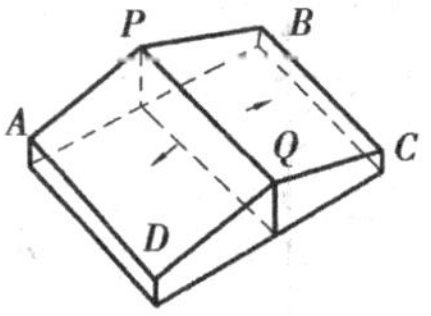	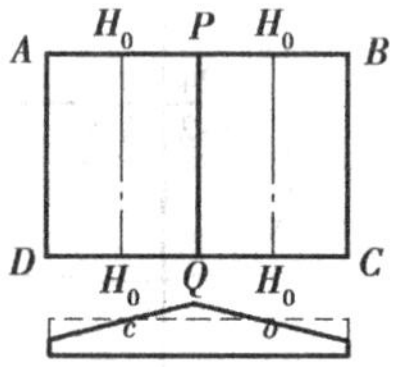	场地形状同上 $H_P = H_Q$ $H_A = H_B =$ $H_C > H_D$ $H_P(或 H_Q) > H_A$ 等
双坡向一面坡	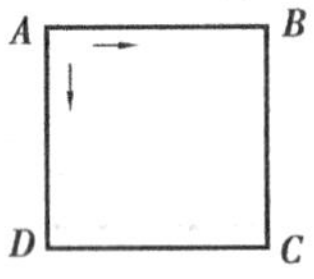	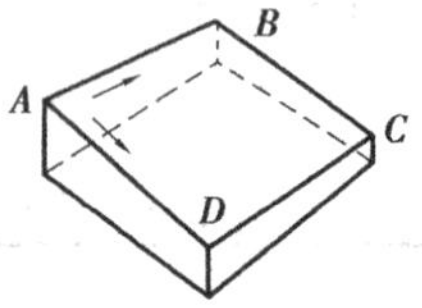	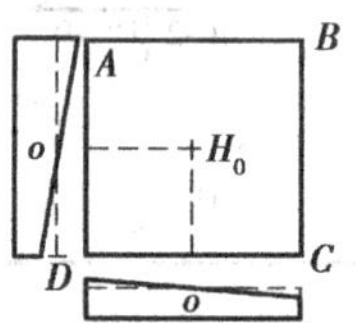	场地形状同上 $H_A = H_B$ $H_A = H_D$ $H_B \lessgtr H_D$ $H_B > H_C$ $H_D > H_C$
三坡向双面坡	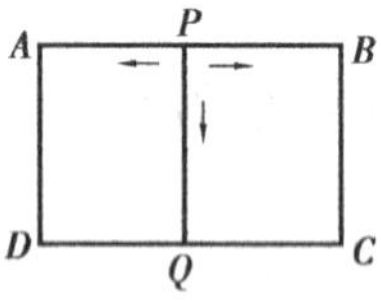	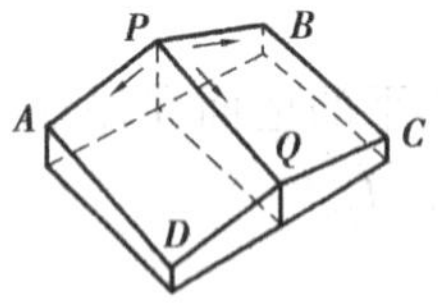	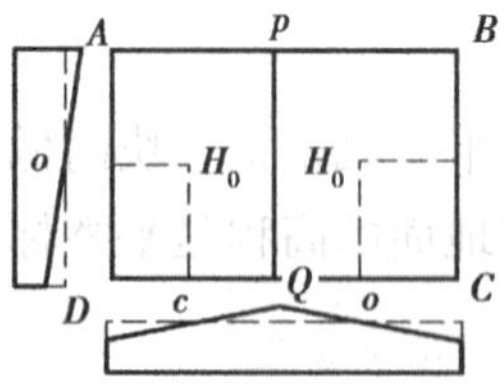	场地形状同上 $H_P > H_Q, H_P > H_A$ $H_P > H_B$ $H_A \lessgtr H_Q \lessgtr H_B$ $H_A > H_D, H_B > H_C$ $H_Q > H_C(或 H_D)$
四坡向四面坡	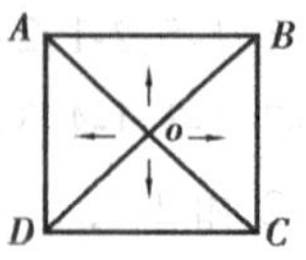	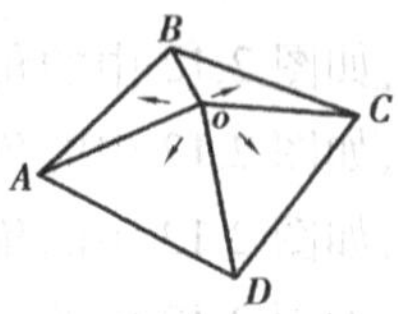	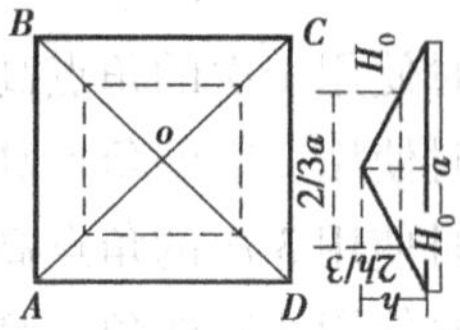	场地形状同上 $H_A = H_B =$ $H_C = H_D$ $H_P > H_A$

坡地类型	平面图式	立体图式	H_0点(或线)的位置	备　注
圆锥状				场地形状为圆形,半径为 R,高度为 h 的圆锥形

场地中其他点的高程可根据坡度公式用已知点设计高程计算,如图 2.12 所示。

②数学分析法:此法可适应任何形状场地 H_0 的定位。数学分析法是假设一个和我们所要求的设计地形完全一样(坡度、坡向、形状、大小完全相同)的土体,再从这块土体的假设标高,反求其平整标高的位置。

设最高点 1—3 的设计标高为 x,则:

点 1—2、1—4 的设计标高为 x-0.4;

点 1—1 和 1—5 的设计标高为 x-0.8;

点 2—3 的设计标高为 x-0.3;

点 2—2、2—4 的设计标高为 x-0.7;

点 2—1、2—5 的设计标高为 x-1.1;

点 3—3 的设计标高为 x-0.6;

点 3—2、3—4 的设计标高为 x-1.0;

点 4—3 的设计标高为 x-0.9;

点 4—2 和 4—4 的设计标高为 x-1.3。

假设设计标高的平整标高为 H'_0,而且:

$$H_0 = H'_0$$

H_0 为根据各角点原地形高程所计算出的假想平整标高,按求 H_0 的公式:

$$H'_0 = \frac{1}{4N}(\sum h_1 + 2\sum h_2 + 3\sum h_3 + 4\sum h_4)$$

即可计算出 1—3 点的 x 值,进而计算出各角点的设计标高(见图 2.12)。

其中:$\sum h_1 = 2(x - 0.8) + 2(x - 1.1) + 2(x - 1.3)$

$\sum h_2 = x + 2(x - 0.4) + 2(x - 1.0) + (x - 0.9)$

$\sum h_3 = 2(x - 0.7)$

$\sum h_4 = (x - 0.3) + (x - 0.6)$

3)求施工标高

施工标高=原地形标高-设计标高

得数"+"者为挖方;"-"者为填方,如图 2.12 所示。

4) 求零点线

所谓零点线是指每个方格网中不挖不填的点,零点的连线就是零点线,它是挖方和填方区的分界线,因而零点线成为土方计算的重要依据之一。

在相邻二角点之间,如若施工标高值一为"+",一为"−",则它们之间必有零点存在,其位置可用下式求得:

$$x = \frac{h_1}{h_1 + h_2} \times a$$

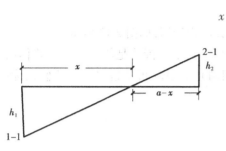

图 2.13 零点计算示意图

式中 x —— 零点距 h_1 一端的水平距离,m;

h_1, h_2 ——方格相邻二角点的施工标高绝对值,m;

a ——方格边长,m。

例题中,以方格Ⅰ的点 1-1 和 2-1 为例,求其零点,1-1 点施工标高为 +0.35 m,2-1 点的施工标高为 −0.27 m,取绝对值代入公式。

$$h_1 = 0.35 \text{ m} \quad h_2 = 0.27 \text{ m} \quad a = 20 \text{ m}$$

$$x = \frac{0.35 \text{ m}}{0.35 \text{ m} + 0.27 \text{ m}} \times 20 \text{ m} = 11.3 \text{ m}$$

零点位于距点"1-1"11.3 m 处(或距点"2-1"8.7 m 处),同法可求出其余零点,并依地形特点将各零点连接成零点线,按零点线将挖方区和填方区分开,以便计算其土方量,如图 2.13 所示。

5) 土方计算

零点线为计算提供了填方、挖方的区域,而施工标高又为计算提供了挖方和填方的高度。依据这些条件,便可选择相应的公式求出各方格的土方量。由于零点线切割的位置不同,会形成各种形状的棱柱体,以下是各种常见的棱柱体及其计算公式列表(表 2.3)。

表 2.3 土方量计算公式图式

		零点线计算	
$+h_1 \quad +h_2 c_1$ $b_1 \quad o$ $-h_3 b_2 \quad -h_4 c_2$		$b_1 = a \cdot \dfrac{h_1}{h_1 + h_3} \qquad b_2 = a \cdot \dfrac{h_3}{h_3 + h_1}$ $c_1 = a \cdot \dfrac{h_2}{h_2 + h_4} \qquad c_2 = a \cdot \dfrac{h_4}{h_4 + h_2}$	
		四点挖方或填方	
$h_1 \quad h_2$ $h_3 \quad h_4$	$h_1 \quad h_2$ $h_3 \quad h_4$	$V = \dfrac{a^2}{4}(h_1 + h_2 + h_3 + h_4)$	

续表

		二点挖方或填方
		$$V = \frac{b+c}{2} \cdot a \cdot \frac{\sum h}{4}$$ $$= \frac{(b+c) \cdot a \cdot \sum h}{8}$$
		三点挖方或填方
		$$V = \left(a^2 - \frac{b \cdot c}{2}\right) \cdot \frac{\sum h}{5}$$
		一点挖方或填方
		$$V = \frac{1}{2} \cdot b \cdot c \frac{\sum h}{3}$$ $$= \frac{b \cdot c \cdot \sum h}{6}$$

在例题中方格Ⅳ四个角点的施工标高全为"+"号,是挖方,用下面公式计算:

$$V_{Ⅳ} = \frac{a^2 \times \sum h}{4} = \frac{400 \text{ m}^2}{4} \times (0.66 + 0.29 + 0.11 + 0) \text{ m} = 106 \text{ m}^3$$

方格 Ⅰ 中二点为挖方,二点为填方,用下面公式计算,则

$$+ V_1 = \frac{a(b+c) \times \sum h}{8}$$

其中

$$a = 20 \text{ m} \qquad b = 11.25 \text{ m} \qquad c = 12.25 \text{ m}$$

$$\Delta h = \frac{\sum h}{4} = \frac{0.55 \text{ m}}{4}$$

所以

$$+ V_1 = \frac{20(11.25 + 12.35) \text{ m}^2 \times 0.55 \text{ m}}{8} = 32.3 \text{ m}^3$$

$$- V_1 = \frac{20(8.75 + 7.75) \text{ m}^2 \times 0.4 \text{ m}}{8} = 16.5 \text{ m}^3$$

同法可将其余各个方格的土方量逐一求出,并将计算结果逐项填入土方计算表。

6)绘制土方平衡表及土方调配图

土方平衡表和土方调配图是土方施工中必不可少的技术资料,是编制施工组织设计的重要依据。从土方平衡表中我们可以看清楚各调配区的进出土量、调拨关系和土方平衡情况。在调配图(图2.14)上则能更清楚地看到各区的土方盈缺情况,土方的调拨方向、数量及距离。

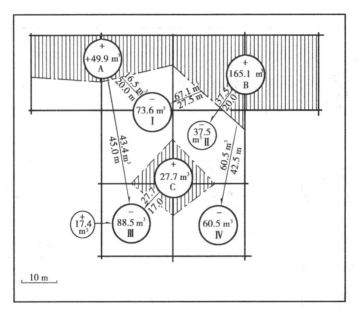

图 2.14　土方平衡表和土方调配图

2.3.4　土方工程量软件计算

随着计算机水平的发展,土方工程量计算软件被开发并广泛应用于园林土方工程。土方工程量计算软件一般基于 AutoCAD 平台上开发,依据方格网或断面法求土方量原理制作而成。土方量计算软件具有良好的交互性、友好的界面和快捷的计算速度,可针对园林土方工程中各种复杂的地形,采用方格网法或者断面法计算土方量。

目前国内外已有多款土方量计算软件,这些软件基本原理和操作方法相似。下面以土方工程量计算软件 HTCAD V6.0 为例,介绍利用软件进行土方量计算的方法。

HTCAD 是一款基于 AutoCAD 平台开发的软件,目前可支持 AutoCAD2000—2009 各版本。该软件具有较完善的地形处理功能,可便捷地对地形数据进行识别和修改,能智能转换地形数据,建立三维模型。利用该软件进行土方量计算,首要条件是具备详细的地形图(图 2.15),其次应已完成竖向设计。

1)准备知识

使用 HTCAD 进行土方量计算,大致可分为 4 个步骤:分别为地形图的处理,设计标高的处理,方格网的布置和采集、调整标高,土方填挖方量的计算和汇总。

(1)地形图的处理　大部分地形图上的地形等高线和标高离散点基本上都没有真实的高程信息,或有高程信息而软件并不识别,这就需要做一定的转换工作,通过 HTCAD“自然地形采集”模块自动读取标高数据。

①定义自然标高点:对于没有地形图,直接根据要求在相应坐标点上输入自然标高值。

②转换离散点标高:对于已有高程信息的离散点(有 Z 值的点),经转换程序可自动识别标

高信息。

③采集离散点标高:对于现有离散点仅有文字标识而无标高信息,程序可分析文字标识自动提取和赋予标高信息。

④导入自然标高:对于全站仪生成的数据文件,自动导入转化为图形文件。

⑤采集等高线标高:对于现有地形等高线仅有文字标识,而无标高信息,程序可自动提取和赋予标高信息。

⑥离散地形等高线:将等高线的高程信息扩散至面,构筑三维地表高程信息模型(不可视)。如果不做此步骤,后续工作将无法进行。

(2)设计标高的处理　设计标高以设计等高线或标高离散点来表示,程序需经过一定的处理,软件可自动读取设计标高的数据。

①定义设计标高点:对于设计标高已定的情况,程序可直接在相应坐标点上输入设计标高值。

②采集设计点标高:对于某些点的设计标高值已在图中表示,但仅有文字标识而实无高程信息,程序自动赋予标高信息。

③导入设计标高:对于某些坐标点的设计标高以文本文件的形式表示,程序可自动读取该文本文件,获取标高信息。

④定义设计等高线:对于设计等高线仅有文字标识而无标高信息,程序则自动赋予标高信息。

⑤离散设计等高线:将设计等高线的标高信息扩散至面,构筑三维地表标高信息模型(不可视)。如果不做此步骤,后续工作将无法进行。

(3)方格网的布置和采集、调整标高　布置方格网后,程序可根据处理过的自然标高和设计标高自动采集,或直接在方格点上输入自然标高和设计标高,从而进行土方量计算。

①划分场区:根据设计需要,布置土方计算的设计范围。

②布置方格网:根据设计需要确定网格大小和角度,程序自动布置方格网。

③计算自然标高:根据处理过的地形,程序自动计算每个方格点的自然标高。

④计算设计标高:根据处理过的设计标高,程序自动计算每个方格点的设计标高。

⑤输入自然标高:也可直接输入每个方格点上的自然标高(如无高程信息、原始标高相同或等高面等情况)。

⑥输入设计标高:也可直接输入每个方格点上的设计标高(如无高程信息、设计标高相同或等高面等情况)。

⑦输入台阶标高:如要计算有台阶的地势(如梯田),可采用此功能。

⑧调整标高:可以对方格点的标高值作调整,以求得到最优的土方填挖量。

⑨优化设计标高:程序采用最小二乘法优化场地的土方量,在满足设计要求的基础上力求土方平衡,土方总量最小。

(4)土方填挖方量的计算和汇总

①计算方格土方:根据已得到的自然标高和设计标高,程序自动计算每个方格网的填方量和挖方量。

②汇总土方量:程序根据每个方格的土方的填挖方量,自动计算出总的填挖方量。

③绘制土方零线:程序自动绘制土方零线。

④绘制剖面图:程序自动根据所截断面情况,绘制剖面图。

⑤边坡设计:根据条件程序自动绘制边坡并计算边坡土方量。

2)计算实例

(1)采集离散点标高　即采集原地形标高。离散点标高采集是通过选择图纸上标高的文字标注,由软件分析这些文字,然后转换成标高数值。HTCAD 提供四种方式采集离散点标高,分别是图层采集、框选采集、当前图采集和高级条件组合采集。

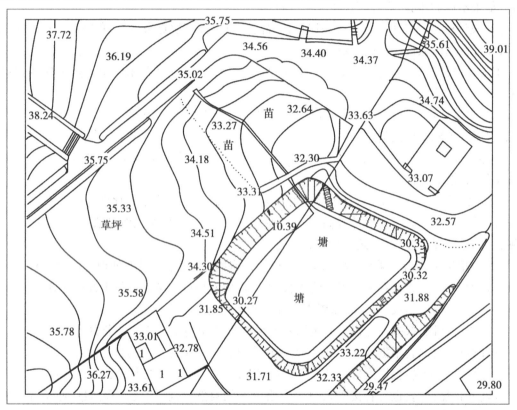

图 2.15　原地形图图示

当地形图上标高文字放置在同一层上,可以选择图层采集方式。如果仅仅是对局部地形进行土方量计算可选择框选方式采集。

完成采集方式选择后(图 2.16),需要判断数字文字是否存在标识点(即地形图高程标识点)。命令完成,软件提示采集数据(图 2.18)。

(2)采集等高线标高　原则上只需要采集离散点或者等高线就可以计算土方工程量,但为求计算精确,在已经采集了离散点的基础上再采集等高线(计曲线)的信息。

选择"采集等高线标高"命令(图 2.17),选择采集计曲线命令,然后用鼠标选择地形图上的一条计曲线,依据软件提示,设置计曲线等高差。命令执行完毕,软件提示采集数据(图 2.19)。

(3)离散地形等高线　软件通过选择的计曲线获取由线组成的高程信息,这部分信息需转

```
命令: GATHERSCATTERPOINT
采集离散点标高:
选择数字文字[选某层<1>/框选<2>/当前图<3>/高级<4>]<1>:1
选择数字文字:
选择对象: 找到 1 个
选择对象:
数字文字是否存在标识点[Y/N]<Y>? Y
指定窗口的角点, 输入比例因子 (nX 或 nXP), 或者
[全部(A)/中心(C)/动态(D)/范围(E)/上一个(P)/比例(S)/窗口(W)/对象(O)] <实时>: E
命令:
命令:
```

图 2.16 采集离散点标高命令

```
命令: GATHERCONTOURLINE
采集等高线标高:
选择[截取等高线<1>/逐条等高线<2>/采集计曲线<3>/转换等高线<4>/退出<0>]<1>:3
选择一条计曲线:
选择对象: 找到 1 个
选择对象:
指定计曲线等高差<5>:
命令:
```

图 2.17 采集等高线标高命令

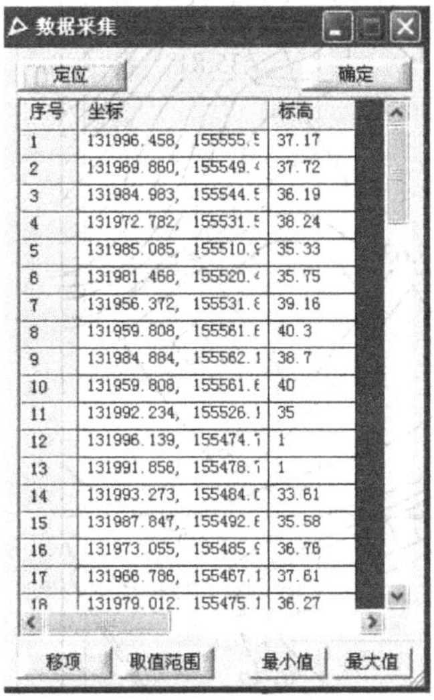

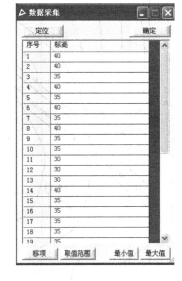

序号	坐标	标高
1	131996.458, 155555.5	37.17
2	131969.860, 155549.4	37.72
3	131984.983, 155544.5	36.19
4	131972.782, 155531.5	38.24
5	131985.085, 155510.9	35.33
6	131981.468, 155520.4	35.75
7	131956.372, 155531.8	39.16
8	131959.808, 155561.6	40.3
9	131984.884, 155562.1	38.7
10	131959.808, 155561.6	40
11	131992.234, 155526.1	35
12	131996.139, 155474.7	1
13	131991.856, 155478.7	1
14	131993.273, 155484.0	33.61
15	131987.847, 155492.6	35.58
16	131973.055, 155485.9	36.76
17	131966.786, 155467.1	37.61
18	131979.012, 155475.1	36.27

图 2.18

序号	标高
1	40
2	40
3	35
4	40
5	35
6	40
7	35
8	40
9	35
10	35
11	30
12	30
13	30
14	40
15	35
16	35
17	35
18	35
19	35

图 2.19

换成高程数值(模型),因此采集等高线标高后,还需设置离散地形等高线布置间距,即设置计算精度(图 2.20)。

```
命令: SCATTERCONTOURLINE
离散地形等高线:
离散点布置间距(图面距离)<10>:
命令:
```

图 2.20 离散地形等高线命令

(4)划分场区　划分场区是确定土方工程施工区域,即在图上标识出土方施工范围。场区可以根据具体施工情况和图纸内容进行设置,具体方式有三种:绘制、选择、构造。场区划分完成后须对其编号,以便在多个场区土方计算完成以后汇总土方量(图 2.21)。

```
命令: DISPOSEFIELD
划分场区:
指定场区边界[绘制<1>/选择<2>/构造<3>]<1>:2
选择一封闭多边形:
指定挖去区域[绘制<1>/选择<2>/构造<3>/无<4>/退出<0>]<4>:
输入场区编号<1>:1

命令:
```

图 2.21 划分场区命令

（5）布置方格网 场区内需要划分方格网,园林土方工程方格网间距一般设置为 10 m 或 20 m。设置方法是在菜单中选择"布置方格网",依据提示,选择要划分方格网的场区,再选择对准点,使控制方格网与施工控制方格一致,最后设置方格间距(图 2.22)。

```
命令: DISPOSEPANE
布置方格网:
选择场区:
方格对准点: <对象捕捉 开>
方格倾角[I-与指定线平行]<0.0>:
指定方格间距[矩形布置(R)]<20>:

命令:
```

图 2.22 布置方格网命令

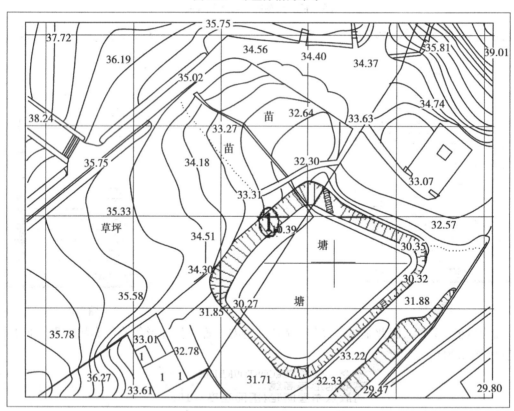

图 2.23 场区及方格网布置示意

（6）计算自然标高 由于前面步骤中已经完成原地形数据采集,因此只需要选择菜单命令"计算自然标高",并依据提示选择需要计算土方量的场区,即可自动将方格网各角点原地形标高计算并标注(图 2.24)。

（7）输入设计标高 设计标高可采取与自然标高相同的方法,即采集竖向设计数据,由软

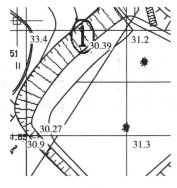

图 2.24　计算自然标高

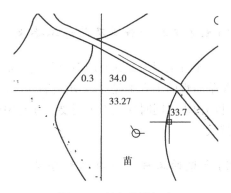

图 2.25　输入设计标高

件自动计算各角点设计坐标。或者采取手工输入的方式,即计算出各角点设计标高后,手工逐点输入到各个角点。对于平整场地,也可以指定等高面的方式输入,软件会自动计算各角点设计标高(图 2.25、图 2.26)。

```
命令: INPUTDESIGNELE
输入设计标高:
选择方格[框选<1>/场区<2>]<1>: <对象捕捉 开> 2
选择计算场区:
指定设计标高[一点坡度面<1>/二点坡度面<2>/三点面<3>/等高面<4>/逐点输入<5>/范围采集<6>]<1>: 5
指定点:
该点设计标高<0>: 32.00

指定点:
```

图 2.26　输入设计标高命令

(8)计算方格网土方量　选择菜单命令"计算方格网土方量",软件自动计算并在各方格内显示挖填土方量。

(9)汇总土方量　选择菜单命令"汇总土方量",软件自动生成土方量汇总表,完成土方量计算。

2.4　土方施工

2.4.1　土方施工的基本知识

任何园林建筑物、构筑物、道路及广场等工程的修建,都要在地面作一定的基础,挖掘基坑、路槽等;园林中地形的利用、改造或创造,如挖湖堆山,平整场地都要依靠动土方来完成。土方工程量,一般来说,在园林建设中是一项大工程,而且在建园中它又是先行的项目。它完成的速度和质量,直接影响着后继工程,所以它和整个建设工程的进度关系密切。土方工程的投资和工程量一般都很大。有的大工程施工期很长,如上海植物园,由于地势过低,需要普遍垫高,挖湖堆山,动土量近百万方,施工期从 1974—1980 年断断续续前后达 6~7 年之久。由此可见土方工程在城市建设和园林建设工程中都占有重要地位。为了使工程能多快好省地完成,必须做好土方工程的设计和施工的安排。

1)土方工程的种类及其施工要求

土方工程根据其使用期限和施工要求,可分为永久性和临时性两种,但是不论是永久性还是临时性的土方工程,都要求具有足够的稳定性和密实度,使工程质量和艺术造型都符合原设计的要求。同时在施工中还要遵守有关的技术规范和原设计的各项要求,以保证工程的稳定和持久。

2)土壤的工程性质及工程分类

土壤的工程性质与土方工程的稳定性、施工方法、工程量及工程投资有很大关系,也涉及工程设计、施工技术和施工组织的安排。因此,要研究并掌握土壤的一些性质。以下是土壤的几种主要工程性质:

(1)土壤的密度 土壤的密度是单位体积内天然状况下的土壤质量,单位为 kg/m³。土壤密度的大小直接影响着施工的难易,容重越大挖掘越难。在土方施工中把土壤分为松土、半坚土、坚土等类,所以施工中施工技术和定额应根据具体的土壤类别来制定。

(2)土壤的自然倾斜角(安息角) 土壤自然堆积,经沉落稳定后的表面与地平面所形成的夹角,就是土壤的自然倾斜角,以度(°)表示。在工程设计时,为了使工程稳定,其边坡坡度数值应参考相应土壤的自然倾斜角的数值。土壤自然倾斜角的大小与土壤含水率、土壤颗粒大小等因素有关。

土方工程不论是挖方或填方都要求有稳定的边坡。进行土方工程的设计和施工时,应该结合工程本身的要求(如填方或挖方,永久性或临时性),以及当地的具体条件(如土壤的种类及分层情况、压力情况等)使挖方或填方的坡度合乎技术规范的要求,如超出规范要求,则须进行实地测试来决定。

(3)土壤含水率 土壤的含水率是土壤孔隙中水的质量和土壤颗粒质量的比值。土壤的含水率多少对土方施工的难易有直接的影响,还影响到土壤的稳定性。土壤含水率过小,土质过于坚实,不易挖掘;含水率过大,土壤易泥泞,土壤稳定性降低,也不利于施工。一般土壤含水率在5%以下称干土,在5%~30%以内称潮土,大于30%的称湿土。

(4)土壤相对密实度 用来表示土壤填筑后的密实程度。设计要求的密实度可以采用人力夯实或机械夯实达到。一般采用机械压实,其密实度可达95%,人力夯实在87%左右。大面积填方如堆山等,通常不加夯压,而是借土壤的自重慢慢沉落,久而久之也可达到一定的密实度。

(5)土壤的可松性 土壤的可松性是土壤经挖掘后,其原有紧密结构遭到破坏,土体松散而使体积增加的性质。这一性质以土方工程的挖土和填土量的计算以及运输等都有很大关系。

2.4.2 土方施工准备

在园林工程施工中,由于土方工程是一项比较艰巨的工作,所以准备工作和组织工作不仅应该先行,而且要做到周全仔细,否则因为场地大或施工点分散,容易造成窝工,甚至返工而影响工效。准备工作主要包括清理场地、排水、定点放线等。

1)清理场地

在施工地范围内,凡有碍工程的开展或影响工程稳定的地面物或地下物都应该清理,例如不需要保留的树木,废旧建筑物或地下构筑物等。

①伐除树木,凡土方开挖深度大于50 cm,或填方高度较小的土方施工,现场及排水沟中的树木必须连根拔除,清理树墩。直径在50 cm以上的大树应慎重处理,凡能保留者尽量设法保留。

②建筑物和地下构筑物的拆除,应根据其结构特点进行工作,并遵照《建筑工程安全技术规范》的规定进行操作。

③如果施工场地内的地面或地下发现有管线通过或其他异常物体时,应事先请有关部门协同查清,未查清前,不可动工,以免发生危险或造成其他损失。

2)排水

场地积水不仅不便于施工,而且也影响工程质量,因此在施工之前,应设法将施工场地范围内的积水或过高的地下水排走。

①排除地面积水。在施工之前,根据施工区地形特点,在场地周围挖好排水沟(在山地施工为防山洪,在山坡上应做截洪沟),使场地内排水通畅,而且场外的水也不致流入。

②排除地下水。排除地下水方法很多,但多采用明沟引至集水井,并用水泵排出。一般按排水面积和地下水位的高低来安排排水系统,先定出主干渠和集水井的位置,再定支渠的位置和数目,土壤的含水量大要求排水迅速的,支渠分布应密些,其间距为1.5 m左右,反之可疏些。

③在挖湖施工中应先挖排水沟,排水沟的深度,应深于水体挖深。沟可一次挖掘到底,也可以依施工情况分层下挖,采用哪种方式可根据出土方向决定。

3)定点放线

在清场之后,为了确定施工范围及挖土或填土的标高,应按设计图纸的要求,用测量仪器在施工现场进行定点放线工作。这一步工作很重要,为使施工充分表达设计意图,测设时应尽量精确。

①平整场地的放线。用经纬仪将图纸上的方格测设到地面上,并在每个交点处立桩木,边界上的桩木依图纸要求设置。

桩木应侧面平滑,下端削尖,以便打入土中,桩上应标出桩号(施工图上方格网的编号)和施工标高(挖土用"+"号,填土用"-"号)。

②自然地形的放线。挖湖堆山,首先要确定堆山或挖湖的边界线。直接将自然地形边界线放样到地面上去是较难的,特别是在缺乏永久性地面物的空旷地上。这种情况下应先在施工图上画方格网,再把方格网放大到地面上,而后将设计地形等高线和方格网的交点一一标到地面上并打桩,桩上也要标明桩号及施工标高。堆山时由于土层不断升高,木桩可能被土埋没,所以桩的长度应大于每层的标高,不同层可用不同颜色标志,以便识别。另一种方法是分层放线、分层设置标高桩,这种方法适用于较高的山体。

③挖湖工程的放线工作和山体的放线基本相同,但由于水体挖深一般较一致,而且池底常年隐没在水下,放线可以粗放些,但水体底部应尽可能整平,不留土墩。岸线和岸坡的定点放线应该准确,这不仅因为它是水上部分而影响造景,而且和水体岸坡的稳定有很大关系。为了精

确施工,可以用边坡样板来控制边坡坡度。

④开挖沟槽时,用打桩放线的方法,容易被移动甚至被破坏,从而影响了校核工作,所以,应使用龙门板。龙门板的构造简单,使用也很方便。每隔30~100 m设龙门板一块,其间距视沟渠纵坡的变化情况而定。板上应标明沟渠中心线位置,沟上口、沟底的宽度等。另外还要设坡度板,用坡度板来控制沟渠纵坡。

2.4.3　土方施工技术环节

土方施工包括挖、运、填、压4个技术环节,其施工方法可采用人力施工,也可用机械化或半机械化施工。这要根据场地条件、工程量和当地施工条件决定。在规模较大,土方集中的工程中,采用机械化施工较经济;但对工程量不大,施工点较分散的工程或因受场地限制,不便采用机械施工的地段,应该用人力施工或半机械化施工。

1)土方开挖

(1)人力施工　施工工具主要是锹、镐、钢钎等。人力施工不但要组织好劳动力,而且要注意安全和保证工程质量。在挖土方时施工者要有足够的工作面,一般平均每人应有4~6 m²,附近不得有重物及易塌落物,要随时注意观察土质情况,采用合理的边坡。必须垂直下挖者,松软土不得超过0.7 m,中等密度者不超过1.25 m,坚硬土不超过2 m,超过以上数值的需要设支撑板。挖方时工人不得在土壁下向里挖土,以防坍塌。在坡上或坡顶施工者,要注意坡下情况,不得向坡下滚落重物。施工过程中应注意保护基桩、龙门板或标高桩。

(2)机械施工　主要施工机械有推土机、挖土机等。在园林施工中推土机应用较广泛。例如,在挖掘水体时,以推土机推挖,将土推至水体四周,然后再运走或就地堆置地形,最后岸坡用人工修整。

用推土机挖湖堆山,效率高,但应注意以下几个方面:

①推土机手应会识图并了解施工对象的情况。在动工之前应向推土机手介绍拟施工地段的地形情况及设计地形的特点,最好结合模型讲解,使之一目了然。另外,施工前还要了解实地定点放线情况,如桩位、施工标高等。这样施工起来司机心中有数,施工时就能得心应手地按照设计意图去塑造地形。这样对提高施工效率大有好处。这一步工作做得好,在修饰山体或水体时便可以省去许多劳力和物力。

②注意保护表土。在挖湖堆山时,先用推土机将施工地段的表层熟土(耕作层)推到施工场地外围,待地形整理停当,再把表土铺回,这样做虽然比较麻烦,但对今后的植物生长却有很大好处。有条件之处都应该这样做。

③桩点和施工放线要明显。因为推土机施工进进退退,其活动范围较大,施工地面高低不平,加上进车或退车时司机视线存在某些死角,所以桩木和施工放线容易受破坏。因此应加高桩木的高度,桩木上可做醒目标志,如挂小彩旗或木桩上涂明亮的颜色,以引起施工人员的注意。另外,施工期间,测量人员应经常到现场,随时随地用测量仪器检查桩点和放线情况,掌握全局,以免挖错(或堆错)位置。

2）土方运输

一般竖向设计都力求土方就地平衡，以减少土方的搬运量。土方运输是较艰巨的劳动，人工运土一般都是短途的小搬运。车运人挑，这在有些局部或小型施工中还经常采用。

运输距离较长的，最好使用机械或半机械化运输。不论是哪种运输方式，运输路线的选择都很重要，卸土地点要明确，施工人员随时指点，避免混乱和窝工。如果使用外来土围地堆山，运土车辆应设专人指挥，卸土的位置要准确，乱堆乱卸必然会给下一步施工增加许多不必要的二次搬运，造成人力物力的浪费。

3）土方填筑

填土应该满足工程的质量要求，土壤的质量要根据填方的用途和要求加以选择，在绿化地段土壤应满足种植植物的要求，而作为建筑用地的土壤则以要求将来地基的稳定为原则。利用外来土壤围土堆山时，对土质应该先验定后放行，劣土及受污染的土壤不应放入园内以免将来影响植物的生长和妨害游人的健康。

大面积填方应该分层填筑，一般每层20～50 cm，有条件的应层层压实。在斜坡上填土，为防止新填土滑落，应先把土坡挖成台阶状，然后再填方。这样可以保证新填土方的稳定。

推土或挑土堆山时，土方的运输路线和下卸地点，应以设计的山头为中心并结合来土方向进行安排，一般以环形为宜。车辆或人满载上山，土卸在路两侧，空载的车（人）沿路线继续前行下山，车（人）不走回头路，不交叉穿行，所以不会顶流拥挤。如果土源有几个来向，运土路线可根据设计地形特点安排几个小环路，小环路以人流车辆不相互干扰为原则。

4）土方压实

人力夯压可用夯、碾等工具，机器碾压可用碾压机或用拖拉机带动的铁碾碾压。小型的夯压机械有内燃夯、蛙式夯等。为保证土壤的压实质量，土壤应该具有最佳含水率。如土壤过分干燥，需先洒水湿润后再行压实。在压实工作中应该注意以下几点：

①压实工作必须分层进行。

②压实工作要注意均匀压实。

③压实松土时夯压工具应先轻后重。

④压实工作应自边缘开始逐渐向中间收拢，否则边缘土方外挤易引起坍落。

土方工程，施工面较宽，工程量大，施工组织工作很重要，大规模的工程应根据施工力量和条件决定，工程可全面铺开也可以分区分期进行。施工现场要有人指挥调度，各项工作要有专人负责，以确保工程按期按计划高质量地完成。

2.4.4　土方施工工艺

1）场地平整

场地平整施工的关键是测量，随干随测，最终测量成果应作好书面记录，并在实地测点上标

识,作为检查、交验的依据。在填方时应选用符合要求的土料,边坡施工应按填土压实标准进行水平分层回填压实。平整场地后,表面应逐点检查,检查点的间距不宜大于 20 m。平整区域的坡度与设计相差不应超过 0.1%,排水沟坡度与设计要求相差不超过 0.05%,设计无要求时,向排水沟方向作不小于 2% 的坡度。

场地平整中常会发生一些质量问题,对于这些施工质量问题我们应该采取相应的措施进行预防:

(1)场地积水

①平整前,对整个场地进行系统设计,本着先地下后地上的原则,做排水设施,使整个场地水流畅通。

②填土应认真分层回填碾压,相对密实度不低于 85%,以防积水渗漏。

(2)填方边坡塌方

①根据填方高度、土的种类和工程重要性按设计规定放坡。当填方高度在 10 m 内,宜采用 1:1.5,高度超过 10 m,可做成折线形,上部为 1:1.5,下部采用 1:1.75。

②土料应符合要求。对于不良土质可随即进行坡面防护,保证边缘部位的压实质量;对要求边坡整平拍实的,可以宽填 0.2 m。

③在边坡上下部作好排水沟,避免在影响边坡稳定的范围内积水。

(3)填方出现橡皮土 橡皮土是填土受夯打(碾压)后,基土发生颤动,受夯打(碾压)处下陷,四周鼓起,这种土使地基承载力降低,变形加大,长时间不能稳定。

主要预防措施有:

①避免在含水率过大的腐殖土、泥炭土、黏土、亚黏土等厚状土上进行回填。

②控制含水率,尽量使其在最优含水率范围内,手握成团,落地即散。

③填土区设置排水沟,以排除地表水。

(4)回填土密实度达不到要求

①土料不符合要求时,应挖出换土回填或掺入石灰、碎石等压(夯)实回填材料。

②对于含水率过大的土层,可采取翻松、晾晒、风干或均匀掺入干土。

③使用大功率压实机械碾压。

2)基坑开挖

开挖基坑关键在于保护边坡,并控制坑底标高和宽度,防止坑内积水。实际施工中,具体应注意以下几方面:

(1)保护边坡

①土质均匀,且地下水位低于基坑底面标高,挖方深度不超过下列规定时,可不放坡、不加支撑:对于密实、中等密实的砂土和碎石类土挖方深度为 1 m;硬塑、可塑的轻亚黏土及亚黏土挖方深度为 1.25 m;硬塑、可塑的黏土挖方深度为 1.5 m;坚硬的黏土挖方深度为 2 m。

②土质均匀,且地下水位低于基坑底面标高,挖土深度在 5 m 以内,不加支撑。定额规定高:宽为 1:0.33,放坡起点 1.5 m,实际施工时可参照表 2.4。

表 2.4 基坑土类与坡度的关系

土的类别	中密度砂土	中密碎石类土	黏　土	老黄土
坡度(高、宽)	1:1	1:(0.5~0.75)	1:(0.33~0.67)	1:0.10

(2)基坑底部开挖宽度　基坑底部开挖宽度除基础的宽度外,还必须加上工作面的宽度,不同基础的工作面宽度见表 2.5。

表 2.5 不同基础的工作面宽度

基础材料	砖基础	毛石、条石基础	混凝土基础支模	基础垂直、面做防水
工作面宽度/mm	200	150	300	800

在原有建筑物邻近挖土,如深度超过原建筑物基础底标高,其挖土坑边与原基础边缘的距离必须大于两坑底高差的 1~2 倍,并对边坡采取保护措施。机械挖土时,应在基底标高以上保留 10 cm 左右用人工挖平清底。在挖至基坑底时,应会同建设、监理、质安、设计、勘察单位验槽。

(3)基坑排水、降水

①浅基础或地下水量不大的基坑,在基坑底做成一定的排水坡度,在基坑边一侧、两侧或四周设排水沟,在四角或每 30~40 m 设一个长 70~80 cm 的集水井。排水沟和集水井应在基础轮廓线以外,排水沟底宽不小于 0.3 m,坡度为 0.1%~0.5%,排水沟底应比挖土面低 30~50 cm,集水井底比排水沟低 0.5~1.0 m,渗入基坑内的地下水经排水沟汇集于集水井内,用水泵排出坑外。

②较大的地下构筑物或深基础,在地下水位以下的含水层施工时,采用一般大开口挖土,明沟排水方法,常会遇到大量地下水涌水或较严重的流砂现象,不但使基坑无法控制和保护,还会造成大量水土流失,影响邻近建筑物的安全。遇此情况一般需用人工降低地下水位。人工降低地下水位,常用井点排水方法。它是沿基坑的四周或一侧埋入深入坑底的井点滤水管或管井,以总管连接抽水,使地下水低于基坑底,以便在无水状态下挖土,不但可以防止流砂现象或增加边坡稳定,而且便于施工。

(4)质量通病的预防与消除

①基坑超挖。防治:基坑开挖应严格控制基底的标高,标桩间的距离宜≤3 m,如超挖,用碎石或低标号混凝土填补。

②基坑泡水。预防:基坑周围应设排水沟,采用合理的降水方案,如建设单位同意,尽可能采用保守方案,但必须得到签字认可;通过排水、晾晒后夯实即可消除。

③滑坡。预防:保持边坡有足够的坡度;尽可能避免在坡顶有过多的静、动载。

3)填土

填土施工首先是清理场地,应将基底表面上的树根、垃圾等杂物都清除干净。然后进行土质的检验,检验回填土的质量是否符合规定,以及回填土的含水率是否在控制的范围内。如含水率偏高,可采用翻松、晾晒或均匀掺入干土等措施;如含水率偏低,可采用预先洒水润湿等措施。如果土料符合要求,即可进行分层铺土且分层夯打,每层铺土的厚度应根据土质、密实度要求和机具性能确定。碾压时,轮(夯)迹应相互搭接,防止漏压或漏夯。最后检验密实度和修整找平。

填土施工应注意以下问题:

①严格控制回填土选用的土料质量和土的含水率。

②填方必须分层铺土压实。

③不许在含水率过大的腐殖土、亚黏土、泥炭土、淤泥等原状土上填方。

④填方前应对基底的橡皮土进行处理,处理方法是:a.翻晒、晾干后进行夯实;b.将橡皮土挖除,换上干性土或回填级配砂石;c.用干土、生石灰粉、碎石等吸水性强的材料掺入橡皮土中,吸收土中的水分,减少土的含水率。

4) 安全施工

施工过程中,施工安全是工程管理中的一个重要内容,是施工人员正常进行施工的保证,是工程质量和工程进度的保证。在施工中要注意以下几点:

①挖土方应由上而下分层进行,禁止采用挖空底脚的方法。人工挖基坑基槽时,应根据土壤性质、湿度及挖掘深度等因素,设置安全边线或土壁支撑,在沟、坑侧边堆积泥土、材料时,距离坑边至少 1 m,高度不超过 1.5 m。对边坡和支撑应随时检查。

②土壁支撑宜选用松木和杉木,不宜采用质脆的杂木。

③发现支撑变形应及时加固,加固办法是打紧受力较小部分的木楔或增加立木及横撑木等。如换支撑时,应先加新撑,后拆旧撑。拆除垂直支撑时应按立木或直衬板分段逐步进行。拆除下一段并经回填夯实后再拆上一段。拆除支撑时应由工程技术人员在场指导。

④开挖基础、基坑。深度超过 1.5 m,不加支撑时,应按土质和深度放坡。不放坡时应采取支撑措施。

⑤基坑开挖时,两个操作间距应大于 2.5 m,挖土方不得在巨石的边坡下或贴近未加固的危楼基脚下进行。

⑥重物距坑槽边的安全距离参照表 2.6 执行。工期较长的工程,可用装土草袋或钉铝丝网抹水泥砂浆保护坡度的稳定。

表 2.6　重物距坑槽边的安全距离

重物名称	与槽边距离	说　明
载 重 汽 车	≥3 m	
塔式起重机及振动大机械	≥4 m	
土 方 存 放	≥1 m	堆土高度≤1.5 m

⑦上下坑沟应先挖好阶梯,铺设防滑物或支撑靠梯。禁止踩踏支撑上、下。

⑧机械吊运泥土时,应检查工具,吊绳是否牢靠。吊钩下不得有人。卸土堆应尽量离开坑

边,以免造成塌方。

⑨大量土方回填,必须根据砖墙等结构坚固程度,确定回填时间、数量。

⑩当采用自卸车运土方时,其道路宽度不少于下列规定:a.单车道和循环车道宽度 3.5 m; b.双车道宽度 7 m;c.单车道会车处宽度不小于 7 m,长度不小于 10 m;d.载重汽车的弯道半径, 一般应该不小于 15 m,特殊情况应该不小于 10 m。

⑪工地上的沟坑应设有防护,跨过沟槽的道路应有渡桥,渡桥应有牢固的桥板和扶手拉杆, 夜间有灯火照明。

⑫使用机械挖土前,应先发出信号,在挖土机推杆旋转范围内,不许进行其他工作。挖掘机 装土时,汽车驾驶员必须离开驾驶室,车上不得有人装土。

⑬推土机推土时,禁止驶至边坡和山坡边缘,以防下滑翻车。推土机上坡推土的最大坡度 不得大于 25°,下坡时不能超过 35°。

复习思考题

2.1 名词解释

等高线 土壤容重 自然倾斜角 土壤含水率 竖向设计

2.2 比较竖向设计的三种方法的优劣。

2.3 影响土方工程量的因素有哪些?

2.4 有哪些方法可以用来计算土方工程量? 各有何优缺点?

2.5 叙述方格网法计算土方工程量的步骤。

2.6 在土方施工中如何处理基坑泡水和基坑超挖,以及橡皮土等质量问题。

2.7 如何控制土方施工的质量?

2.8 在土方施工过程中应如何进行施工安全的控制?

3 园林给排水工程

本章导读 主要介绍给水和排水的一般概念,对给水工程作了简介,详细介绍了喷灌系统和排水系统的工程原理和工程施工。学习本章的目的是了解给水的基本知识,掌握喷灌的设计程序、方法及给排水施工的基本知识。

水是生命之源,是地球上的生物不可缺少的物质资源和要素。园林绿地作为城市中供居民休闲、娱乐、游览的场所,给排水工程是必不可少的设施,同时,完善的给排水工程对园林保护和发展具有重要意义。园林中水的供给、使用、排出三个环节是通过给水系统、排水系统和中水系统连系起来的。水在园林绿地中的循环流程如图3.1所示。

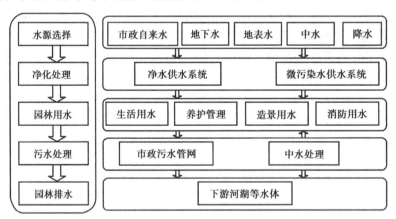

图3.1 园林给排水基本流程图

3.1　园林给水工程

3.1.1　概　述

　　园林是游人休息游览的场所,同时又是园林植物较集中的地方。由于游人活动的需要、植物养护管理及造景用水的需要等,园林中不但用水量很大,而且对水质和水压都有较高的要求。因此,为了满足园林中不同用水的需求,合理规划给水系统是十分重要的工作。园林绿地给水工程既可能是城市给水工程的组成部分,又可能是一个独立的系统。它与城市给水工程之间既有共同点,又有不同之处。根据使用功能的不同,园林绿地给水工程又具有一些特殊性。

1)给水工程的组成

　　给水工程是由一系列构筑物和管道系统构成的。从给水的工艺流程来看,它可以分成以下3个部分:
　　①取水工程:是从地面上的河、湖和地下的井、泉等天然水源中取水的一种工程,取水的质量和数量主要受取水区域水文地质情况影响。
　　②净水工程:这项工程是通过在水中加药混凝、沉淀(澄清)、过滤、消毒等工序而使水净化,从而达到园林中的各种用水要求。
　　③输配水工程:是通过输水管道把经过净化的水输送到各用水点的一项工程。

2)园林中给水的用途

　　根据水的用途可将水分为以下几类:
　　①生活用水:指人们日常用水如办公室、餐厅、内部食堂、茶室、小卖部、消毒饮水器及卫生设备等的用水,生活用水对水质要求很高,直接关系到人身健康,其水质标准应符合《生活饮用水卫生标准》(GB 5749—2006)的要求。
　　②养护用水:包括植物灌溉、动物笼舍的冲洗及夏季广场园路的喷洒用水等,这类用水对水质的要求不高。
　　③造景用水:各种水体(溪涧、湖泊、池沼、瀑布、跌水、喷泉等)的用水。
　　④消防用水:按国家建筑规范规定,所有建筑都应单独设消防给水系统。

3)园林给水的特点

　　根据园林绿地地形的特点及园林用水的类型,园林给水具有以下特点:
　　①园林中用水点较分散。园林中建筑密度小,景点分布散,造成用水点较分散。
　　②由于用水点分布于起伏的地形上,高程变化大。
　　③水质可据用途不同分别处理。如生活用水采用优质水质用水,养护用水、造景用水可采用水质次之的水。

④用水高峰时间可以错开。如生活用水和养护用水时间可以错开。

3.1.2　水源与水质

1）水源

（1）水源分类

对园林来说可用的水源有：地表水、地下水和自来水。

①地表水：地表水包括江、河、湖和浅井中的水，这些水由于长期暴露于地面上，容易受到污染。有的甚至受到各种污染源的污染，水质较差，必须经过净化和严格消毒，才可作为生活用水。

②地下水：地下水存在于透水的土层和岩层中。凡是能透水、存水的地层都可叫含水层或透水层。地下水主要是由雨水和河流等地表水渗入地下而形成和不断补给的。地下水越深，它的补给地区范围也就越大。地下水可分为：

a.潜水。地面以下第一个隔水层（不透水层）所托起的含水层的水，就是潜水。潜水的水面叫潜水面，是从高处向低处微微倾斜的平面。潜水面常受降雨影响而发生升降变化。降雨、降雪、露水等地面水都能直接渗入地下而成为潜水。

b.承压水。含水层在两个不透水层之间，并且受到较大的压力，这种含水层中的地下水就是承压水；另外，也有一些承压水是由地下断层形成的。由于有压力存在，当打井穿过不透水层并打通水口时，承压地下水就会从水口喷出或涌出。溢出地表的承压水便形成泉水。因此，这种承压地下水又叫自流水。

（2）水源选择的原则

选择水源时，应根据城市建设远期的发展和风景区、园林周边环境的卫生条件，选用水质好、水量充沛、便于防护的水源。水源选择中一般应当注意以下几点：

①园林中的生活用水要优先选用城市给水系统提供的水源，其次则主要应选用地下水。

②造景用水、植物栽培用水等，应优先选用河流、湖泊中符合地面水环境质量标准的水源。能够开辟引水沟渠将自然水体的水直接引入园林溪流、水池和人工湖的，则是最好的水源选择方案。

③风景区内，当必须筑坝蓄水作为水源时，应尽可能结合水力发电、防洪、林地灌溉及园艺生产等多方面用水的需要，做到通盘考虑，统筹安排，综合利用。

④水资源比较缺乏的地区，园林中的生活用水使用过后，可以收集起来，经过初步的净化处理，再作为苗圃、林地等灌溉所用的二次水源。

⑤各项园林用水水源，都要符合相应的水质标准，即要符合《地面水环境质量标准》（GB 3838—88）和《生活饮用水卫生标准》（GB 5847—85）的规定。

⑥在地方性甲状腺肿地区及高氟地区，应选用含碘、含氟量适宜的水源。水源水中碘含量应在 $10\ \mu g/L$ 以上，$10\ \mu g/L$ 以下时容易发生甲状腺肿病。水中氟化物含量在 $1.0\ mg/L$ 以上时，容易发生氟中毒，因此水源的含氟量一定要小于 $1.0\ mg/L$。

2)水质

园林用水的水质要求,可因其用途不同分别处理。养护用水只要无害于动植物、不污染环境即可。但生活用水(特别是饮用水)则必须经过严格净化消毒,水质须符合国家颁布的卫生标准。必须对水进行净化处理后才能作为生活饮用水使用。净化水的基本方法包括混凝沉淀、过滤和消毒 3 个步骤。

(1)混凝沉淀(澄清) 在水中加入混凝剂,使水中产生一种絮状物,和杂质凝聚在一起,沉淀到水底。可以用硫酸铝作为混凝剂,在每吨水中加入粗制硫酸铝 20~50 g,搅拌后进行混凝沉淀。

(2)过滤(沙滤) 将经过混凝沉淀并澄清的水送进过滤池,透过过滤沙层,滤去杂质,进一步使水洁净。

(3)消毒 水过滤后还会含有一些细菌。通过杀菌消毒处理,才可使水净化到符合使用要求。通常采用加氯法,这是目前最基本的方法。此外还有去除水中无机盐和有机物的一些方法,如吸附法、离子交换法、电渗析法、反渗透法和超滤法等。

3.1.3 园林给水管网的布置与计算

园林给水管网的布置除了要了解园内用水的特点外,园林四周的给水情况也很重要,它往往影响管网的布置方式。一般市区小公园的给水可由一点引入。但对较大型的园林,特别是地形较复杂的园林,为了节约管材,减少水头损失,有条件的最好多点引入。

1) 设计管网的准备工作

①收集资料:平面图、竖向设计图、水文地质等资料。
②调查园林的水源、用水量及用水规律。
③园林中各种建筑对水的需求。

2)给水管网的布置原则

①管网必须分布在整个用水区域内,保证水质、水压、水量满足要求。
②保证供水安全可靠,在个别管线发生故障时,停水范围最小。
③布置管网应最短,降低造价。
④布置管线时应考虑景观效果。

3)给水管网的基本布置形式和要点

园林绿地给水管网的布置要依据用水点的位置、地形及用水特点,同时需要掌握园林绿地周边市政供水管网的分布情况以及周边地表水和地下水的分布。一般来水,对于小型的公园,给水管网可以从一点引入,对于大型公园,为了节约管道材料减少水头损失,可以多点引水,分区供水。也可以根据用水点对水质的不同要求,建立不同的管网,分质供水。

（1）给水管网基本布置形式

①树枝式管网。如图 3.2（a），这种布置方式较简单，省管材。布线形式就像树干分权分枝，它适合用水点较分散的情况，对分期发展的园林有利。但树枝式管网供水的保证率较差，一旦管网出现问题或需维修时，影响用水面较大。

②环状管网。如图 3.2（b），环状管网是把供水管网闭合成环，使管网供水能互相调剂。当管网中的某一管段出现故障，也不致影响供水，从而提高了供水的可靠性。但这种布置形式较费管材，投资较大。

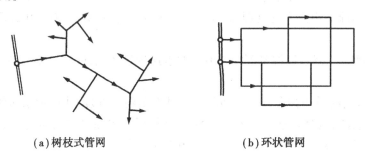

(a)树枝式管网   (b)环状管网

图 3.2 给水管网基本布置形式

（2）管网的布置要点

①干管应靠近主要供水点。

②干管应靠近调节设施（如高位水池或水塔）。

③在保证不受冻的情况下，干管宜随地形起伏敷设，避开复杂地形和难于施工的地段，以减少土石方工程量。

④干管应尽量埋设于绿地下，避免穿越或设于园路下。

⑤和其他管道按规定保持一定距离。

4）管网布置的一般规定

（1）管道埋深 冰冻地区，应埋设于冰冻线以下 40 cm 处。不冻或轻冻地区，覆土深度也不小于 70 cm。当然管道也不宜埋得过深，埋得过深工程造价高。但也不宜过浅，否则管道易遭破坏。

（2）阀门及消防栓 给水管网的交点叫作节点，在节点上设有阀门等附件，为了检修管理方便，节点处应设阀门井。阀门除安装在支管和干管的连接处外，为便于检修养护，要求每 500 m 直线距离设一个阀门井。

配水管上安装消防栓，按规定其间距通常为 120 m，且其位置距建筑不得少于 5 m，为了便于消防车补给水，离车行道不大于 2 m。

（3）管道材料的选择

随着科技的发展，给水管道材料从传统的金属管道逐渐发展到塑料管及塑料复合管。传统的给水管道材料主要有钢管、铸铁管及钢筋混凝土管等，这些管材具有能耗高、环境污染大、寿命短、施工成本高等缺点。塑料管和塑料复合管是随着科技进步出现的新型管材，相比传统管

材具有较大的优势,正在逐步取代传统管材。塑料复合管材是指塑料和一种或多种非塑料材料,通过物理或化学方法组成的新型材料,它不但充分发挥了塑料管的优势,且使管材的性能更加优异,因此,塑料复合材料将成为未来给排水管材的主要材料。以下简单介绍各种目前常用的管道材料类型:

①钢管:钢管可分为焊接钢管和无缝钢管,而焊接钢管又分为镀锌钢管和黑铁管,室内饮用给水用镀锌钢管。用钢管施工造价高,速度慢,但耐久性好。

②铸铁管:分为灰铸铁管和球墨铸铁管。灰铸铁管具有耐久性好,质脆,不耐弯折和振动,内壁光滑度较差;球墨铸铁管抗压、抗震强度较大,具有一定的弹性,施工采用承插式,密封用胶圈,施工较方便,但造价高于灰铸铁管。

③钢筋混凝土管:钢筋混凝土管分为普通钢筋混凝土管和预应力钢筋混凝土管。这一类管材多用于大输水量的管道。普通混凝土管材。由于质脆、质量大,在防渗和密封上都不好处理,现多做排水管。而预应力钢筋混凝土管是由预应力钢筋和混凝土复合而成的,具有较好的抗震、耐腐、耐渗等特点,大输水量的管道常使用。

④塑料管:塑料管的种类比较多,常用塑料管有:硬聚氯乙烯管(PVC-U),高密度聚乙烯管(PE-HD),交联聚乙烯管(PE-X),过氧化物交联聚乙烯(PEX-A),无规共聚聚丙烯管(PP-R),聚丁烯管(PB),工程塑料丙烯腈-丁二烯-苯乙烯共聚物(ABS)等,这些管材均具有表面光滑、耐腐蚀,连接方便等特点,是小管径(200 mm 以内)输水较理想的管材。塑料管的原料组成决定了塑料管的特性。塑料管的主要优点:a.化学稳定性好,不受环境因素和管道内介质组分的影响,耐腐蚀性好;b.导热系数小,热传导率低,绝热保温,节能效果好;c.水力性能好,管道内壁光滑,阻力系数小,不易积垢,管内流通面积不随时间发生变化,管道阻塞几率小;d.相对于金属管材,密度小、材质轻、运输安装方便,且维修容易;e.可自然弯曲或具有冷弯性能,可采用盘管供货方式,减少管接头数量。

⑤塑料复合管:塑料复合管材种类较多,主要有塑料-铝复合管、塑料-钢复合管、塑料-铜复合管、塑料-纤维复合管等。

a.塑料-铝复合管于 20 世纪 70 年代被提出,经过几十年的发展,技术相对成熟,是目前给排水管道中应用最广泛的塑料复合管。它是由聚乙烯层-热熔胶层-铝层-热熔胶层-聚乙烯层等五层结构构成。铝塑复合管结合了聚乙烯和铝合金的优点,内外层的聚乙烯层具有耐腐蚀性,使中间铝合金层不易受破坏,耐低温性好,高寒地区不易发生爆管。此外,铝合金层密度小于钢材,强度高,弯曲后不反弹,弥补了塑料管的不足。

b.塑料-钢复合管主要有孔网钢带塑料复合管、镀锌钢管衬塑复合管和热滚塑钢复合管。

c.塑料-铜复合管主要有微孔塑覆铜水管、聚乙烯塑覆铜水管。

d.塑料-纤维复合管有纤维增强塑料复合管、纤维增强塑料管和木塑复合管等。

塑料复合管能兼顾塑料管、金属管或水泥管的优点,在发达国家给排水工程已有成熟的应用,塑料复合管的广泛应用,也是世界给排水行业的必然发展趋势。

一般情况聚氯乙烯管由于价格低廉,如果不考虑水质影响,在供水系统属于首选管材。而生活用水需要满足卫生指标。其中 PE、PE-X、PP、PB 和 ABS 易达标,而 PVC-U 管材在生产时应使用无毒 PVC 树脂和卫生及稳定剂才能满足卫生标准的要求。

3.1.4　喷灌系统的设计

园林绿地中的灌溉方式长期来一直处在人工拉胶管或提水浇灌的状况,这不仅耗费劳力、容易损坏花木,而且用水也不经济。近年来,随着我国城镇建设的迅速发展,绿地面积不断扩展,绿地质量要求越来越高,一种新型的灌溉方式——喷灌逐渐发展起来。

喷灌和其他灌溉方式比较,有很多优点,如有利于浅浇勤灌节约用水、改善小气候、不破坏花木、减少劳动强度、便于控制灌水量、不产生冲刷而保持土壤肥力等,它是一种先进的灌溉方式,缺点是初始投资较大。喷灌是属于给水系统,由于是生产用水,其水源可以用自来水也可以用地表水和地下水,同时整个灌区内可以分区分片供水,减小主管道的管径,降低工程造价。

1)喷灌系统的组成

喷灌系统通常由喷头、管材和管件、控制设备、过滤装置、加压设备及水源等构成。利用市政供水的中小型绿地的喷灌系统一般无须设置过滤装置和加压设备。

(1)喷头　喷头是喷灌系统中的重要设备,一般由喷体、喷芯、喷嘴、滤网、弹簧和止溢阀等部分组成。它的作用是将有压水流破碎成细小的水滴,按照一定的分布规律喷洒在绿地上。

①旋转类喷头。又叫射流式喷头,其管道中的压力水流通过喷头而形成一股集中的射流喷射而出,再经自然粉碎形成细小的水滴洒落在地面。这类喷头因其转动机构的构造不一样,又可分为摇臂式、叶轮式、反作用式和手持式4种形式,还可根据是否装有扇形机构而分为扇形喷灌喷头和全圆周喷灌喷头两种形式。

②漫射类喷头。这种喷头是固定式的,在喷灌过程中所有部件都固定不动,而水流却是呈圆形或扇形向四周分散开。喷灌系统的结构简单,工作可靠,在园林苗圃或一些小块绿地中有所应用。其喷头的射程较短,一般在5~10 m;喷灌强度大,在15~20 mm/h 以上;但喷灌水量不均匀,近处比远处的喷灌强度大得多。

③孔管类喷头。喷头实际上是一些水平安装的管子。在水平管子的顶上分布有一些整齐排列的小喷水孔。孔径仅1~2 mm。喷水孔在管子上有排列成单行的,也有排列为两行以上的,可分别叫做单列孔管和多列孔管。

④地埋式喷头。喷头不工作时,缩入套管中,使用时打开阀门,水压力把喷头顶升到一定高度进行喷洒。喷灌完毕,关上阀门,喷头便自动缩入管中,便于管理,不妨碍地面活动,不影响景观,多用于高尔夫球场和大型草坪喷灌。

(2)管材和管件　管材和管件在绿地喷灌系统中起着纽带的作用,它将喷头、闸阀、水泵等设备按照特定的方式连接在一起,构成喷灌管网系统,以保证喷灌的水量供给。在喷灌行业里,聚氯乙烯(PVC)、聚乙烯(PE)和聚丙烯(PP)等塑料管正在逐渐取代其他材质的管道,成为喷灌系统主要的管材。

(3)控制设备　控制设备构成了绿地喷灌系统的指挥体系,其技术含量和完备程度决定着喷灌系统的自动化程度和技术水平。根据控制设备的功能与作用的不同,可将控制设备分为状态性控制设备、安全性控制设备和指令性控制设备。

①状态性控制设备是指喷灌系统中能够满足设计和使用要求的各类阀门,它们的作用是控

制喷灌管网中水流的方向、速度和压力等状态参数。按照控制方式的不同可将这些阀门分为手控阀(如闸阀、球阀和快速连接阀)、电磁阀(包括直阀和角阀)与水力阀。

②安全性控制设备是指保证喷灌系统在设计条件下安全运行的各种控制设备,如减压阀、调压孔板、逆止阀、空气阀、水锤消除阀和自动泄水阀等。

③指令性控制设备是指在喷灌系统的运行和管理中起指挥作用的各种控制设备,其中包括各种控制器、遥控器、传感器、气象站和中央控制系统等。指令性控制设备的应用使喷灌系统的运行具有智能化的特征,不仅可以降低系统运行和管理的费用,而且还提高了水的利用率。

(4)控制电缆　控制电缆即传输控制信号的电缆,它由缆芯(多为铜质)、绝缘层和保护层构成。

(5)过滤设备　当水中含有泥沙、固体悬浮物、有机物等杂质时,为了防止堵塞喷灌系统管道、阀门和喷头,必须使用过滤设备。绿地喷灌系统常用的过滤设备有离心过滤器、砂石过滤器、网式过滤器和叠片过滤器。过滤设备的类型不同,其工作原理及适用条件也各不相同,设计时应根据喷灌水源的水质条件进行合理选择。

(6)加压设备　当使用地下水或地表水作为喷灌用水,或者当市政管网水压不能满足喷灌的要求时,需要使用加压设备为喷灌系统供水,以保证喷头所需工作压力。常用的加压设备是各类水泵,如离心泵、井用泵、小型潜水泵等。水泵的性能主要包括扬程、流量、功率和效率等,设计时应根据水源条件和喷灌系统对水量、水压的要求等具体情况进行选择。

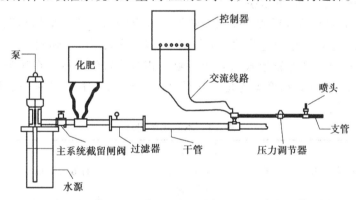

图 3.3　喷灌系统的基本结构图

2)喷灌形式

依喷灌方式,喷灌系统分为移动式、半固定式和固定式 3 类,可根据灌溉地的情况酌情采用。

(1)移动式喷灌系统　要求灌溉区有天然水源(池塘、河流等),其动力(电动机或汽油发动机)、水泵、管道和喷头等是可以移动的,由于管道等设备不必埋入地下,所以投资省,机动性强,但移动不方便,易损坏苗木,管理劳动强度大。适用于水网地区的园林绿地、苗圃和花圃的灌溉。

(2)固定式喷灌系统　这种系统有固定的泵站,供水的干管、支管均埋于地下,喷头固定于竖管上,也可临时安装。草坪,尤其是高尔夫球场多用地埋式喷头。固定式喷灌系统的设备费较高,但操作方便,节约劳力,便于实现自动化和遥控操作。适用于需要经常灌溉和灌溉期较长

的草坪、大型花坛、花圃、庭院绿地等。

（3）半固定式喷灌系统 其泵站和干管固定，支管及喷头可移动，优缺点介于上述二者之间，适用于大型花圃或苗圃。在大型园林中采用半固定式喷灌系统可以降低施工成本，而且不影响景观环境。

3）固定式喷灌系统设计

固定式喷灌系统是目前在园林中采用较多的喷灌类型，固定式喷灌系统设计的内容一般包括喷灌系统的规划、基本资料的调查、喷洒方式及喷头组合形式等。

（1）喷灌系统的规划 根据园林绿地系统的实际情况，从造景和培育园林苗木出发，对喷灌系统全面规划，合理布局。

（2）设计所依据的基本资料

①地形图：比例尺为 1/1 000~1/500 的地形图，灌溉区面积、位置、地势。

②气象资料：包括气温、雨量、湿度、风向风速等，其中尤以风对喷灌影响最大。

③土壤资料：包括土壤的质地、持水能力、吸水能力和土层厚度等，主要用以确定灌溉制度和允许喷灌强度。

④植被情况：植被（或作物）的种类、种植面积、耗水量情况、根系深度等。

⑤水源条件：灌溉区水的来源（自来水或天然水源）。

⑥动力：柴油机、电动机、潜水泵。

（3）喷洒方式和喷头组合形式 喷头的喷洒方式有圆形喷洒和扇形喷洒两种。一般在管道式喷灌系统中，除了位于地块边缘的喷头作扇形，其余均采用圆形喷洒。

喷头的组合形式（也叫布置形式），是指各喷头相对位置的安排。在喷头射程相同的情况下，不同的布置形式，其支管和喷头的间距也不同。表3.1是常用的几种喷头组合形式及其有效控制面积和适用范围。

表3.1 不同喷头组合

序号	喷头组合图形	喷洒方式	喷头间距（L），支管间距（b）与喷头射程（R）的关系	有效控制面积	适 用
A	正方形	全圆	$L=b=1.42R$	$S=2R^2$	在风向改变频繁的地方效果较好
B	正三角形	全圆	$L=1.73R$ $b=1.5R$	$S=2.6R^2$	在无风的情况下喷灌的均匀度较好

序号	喷头组合图形	喷洒方式	喷头间距(L),支管间距(b)与喷头射程(R)的关系	有效控制面积	适　用
C	矩形	扇形	$L=R$ $b=1.73R$	$S=1.73R^2$	较 A、B 节省管道
D	等腰三角形	扇形	$L=R$ $b=1.87R$	$S=1.865R^2$	同 C

风对喷灌有很大影响,在不同风速条件下,喷头组合间距如何选择最合理,是喷灌系统设计中一个尚待研究的课题。在实际工作中可参照美国"Rainbird"公司建议的喷头组合间距值,见表3.2所示。

表3.2　风速与喷头组合间距值

平均风速/($m \cdot s^{-1}$)	喷头间距 L	支管间距 b	平均风速/($m \cdot s^{-1}$)	喷头间距 L	支管间距 b
<3.0	0.8R	1.3R	4.5~5.5	0.6R	R
3.0~4.5	0.8R	1.2R	>5.5	不宜喷灌	—

4)管道布置及管径的确定

（1）管线定位　首先对喷灌地进行勘查,根据水源和喷灌地的具体情况,确定主干管的位置,支管一般与干管垂直。当喷头选定后,根据喷头的覆盖半径、喷洒方式,利用表3.1和表3.2中相应的公式,计算喷头间距(L)和支管间距(b),从而确定支管在图中的位置。距边缘最近的一条支管距边缘的间距为喷头的覆盖半径。

（2）管径的确定

①立管直径。立管即为支管与喷头的连接段。现在有的喷灌系统的立管已缩入地下。它的管径确定以喷头上的标注为准,并且每个立管上均应设一阀门,用以调节水量和水压。

②支管直径。将支管上的所有喷头流量相加,计算支管的总流量,根据支管流量和管道经济流速两项指标查水力计算表,确定管径。经济流速 v 可按下列经验数值采用:小管径 $D_g100\sim$

400 mm,v 取 0.6~10 m/s;大管径 D_g>400 mm,v 取 1.0~1.4 m/s。

③干管的管径。干管总流量为:喷灌区内干管供水范围内的所有喷头流量之和。根据干管的总流量和经济流速,查水力计算表求得干管管径。

5)喷灌系统水力计算

喷灌系统的水力计算与给水系统相仿,通过计算,确定流量和配套动力。

(1)总压力计算　在计算喷灌系统压力时,首先找出最不利点,所谓最不利点,是指远离泵房或引水点,地面标高较高处、用水量大或要求工作水头特别高的用水点。能够满足最不利点的压力要求,则其他各点均能满足要求。通过对可能最不利点的压力计算,选取所需压力最高的一点为最不利点。水在管道中流动,必须具有足够的水压来克服沿程的水头损失,并使供水达到一定的高度以满足用水点的要求。水头计算的目的有两方面:一是计算出最不利点的水头要求;二是校核城市自来水配水管的水压(或水泵扬程),是否能满足园林内最不利点配水的水头要求。

园林给水管段所需压力的计算表达式为:

$$H = H_1 + H_2 + H_3 + H_4$$

式中　H——不利点需要的压力,即系统的总压力,mH$_2$O;

H_1——不利点的地面高程与供水点地面高程之差,m,其值可正可负可为零,利用地形图计算或实际测量;

H_2——管道(包括主管道和支管道)损失,mH$_2$O,包括沿程损失和局部水头损失,用公式计算;

H_3——立管高度,m,一般为1.2 m左右;

H_4——喷头(配水点)的工作压力,mH$_2$O,标注在喷头产品说明书上。

(2)管道水力计算

①主管道的水力计算:

a.根据选定的管道材质,查粗糙系数表3.3,得管材的粗糙度系数 n;

b.根据粗糙度系数和管径,查单位管长阻力系数,由表3.4,查得管道的沿程阻力系数 S_{of};

c.计算沿程水头损失

$$H_f = S_{of}LQ^2$$

式中　H_f——管道沿程水头损失,mH$_2$O;

S_{of}——沿程阻力系数,S^2/m^6,查表3.4得;

L——管道长度,m;

Q——流量,m^3/s。

d.求管道的水头损失 H_2。

局部水头损失,生产用水一般按沿程损失的20%计算。即

$$H_2 = 1.20H_f$$

②支管水头损失计算。支管压力与干管的压力计算前几步相同,支管由于多孔喷水,从首端到末端对水的阻力会逐渐减小,需将计算的支管水头损失乘以一个系数,即得支管水头损失值。将这个系数称为"多孔系数",这种计算方法叫多孔系数法。多孔系数是假定各孔口流量

相同,依孔口数目求得的一个折算系数 F。

$$H'_f = H_f \cdot F$$

式中　H'_f——支管沿程水头损失,kPa;

　　　　F——折算系数,查表3.5;

　　　　H_f——未乘折算系数前的管道沿程水头损失,kPa。

将干管的水头损失与支管的水头损失求和即为管道的水头损失 H_2。

表3.3　各种管材的粗糙系数 n 值

管道种类	n
各种光滑的塑料管(如PVC、PE管等)	0.008
玻璃管	0.009
石棉水泥管,新钢管,新的铸造很好的铁管	0.012
铝合金管,镀锌钢管,金属软管,涂釉缸瓦管	0.013
使用多年的旧钢管、旧铸铁管,离心浇注的混凝土管	0.014
普通混凝土管	0.015

表3.4　单位管长沿程阻力系数 S_{of} 值(s^2/m^6)

管内径 d/mm	粗糙系数 n							
	0.008	0.009	0.010	0.011	0.012	0.013	0.014	0.015
25	227 940	288 200	355 900	431 000	512 500	602 500	697 500	774 000
40	183 850	232 700	28 700	34 800	41 400	48 600	562 500	64 600
50	5 600	7 060	8 710	10 550	12 600	147 500	171 200	19 590
75	658	824.8	1 015	1 221	1 480	1 738	2 015	2 270
80	470	591	729	884	1 057	1 240	1 440	1 638
100	140	179	221	268	315	370	429	479
125	43.0	54.1	66.8	80.9	96.8	113.6	131.8	150.0
150	16.3	20.3	25.3	30.7	36.7	43	49.9	56.9
200	3.46	4.38	5.41	6.55	7.80	9.15	10.60	12.15
250	1.06	1.33	1.645	1.99	2.39	2.80	3.26	3.70
300	0.404	0.505	0.623	0.755	0.908	1.066	1.237	1.400
350	0.178	0.228	0.282	0.341	0.400	0.470	0.545	0.634
400	0.088	0.110	0.135	0.163	0.197	0.232	0.269	0.304
450	0.046 7	0.059 5	0.073 5	0.089	0.105	0.123	0.143	0.165
500	0.026 6	0.033 5	0.041 1	0.049 8	0.059 7	0.070 1	0.081 3	0.092 5
600	0.010 05	0.012 8	0.015 8	0.019 1	0.022 6	0.026 5	0.030 8	0.035 4
700	0.004 42	0.005 59	0.006 9	0.008 35	0.009 93	0.011 66	0.013 52	0.015 5
800	0.002 16	0.002 74	0.003 38	0.004 05	0.004 87	0.005 72	0.006 63	0.007 61
900	0.001 15	0.001 46	0.001 8	0.002 18	0.002 59	0.003 05	0.003 54	0.004 05
1 000	0.000 66	0.000 83	0.001 03	0.001 24	0.001 48	0.001 74	0.002 02	0.002 31

表 3.5   多口系数 *F* 值

N	多口系数 F					
	X=1			X=1/2		
	m=2.0	m=1.90	m=1.875	m=2.0	m=1.90	m=1.875
2	0.625	0.634	0.639	0.500	0.512	0.516
3	0.518	0.528	0.535	0.422	0.434	0.422
4	0.469	0.480	0.486	0.393	0.405	0.413
5	0.440	0.451	0.457	0.378	0.390	0.396
6	0.421	0.433	0.435	0.369	0.381	0.385
7	0.408	0.419	0.425	0.363	0.375	0.381
8	0.398	0.410	0.415	0.358	0.370	0.377
9	0.391	0.402	0.409	0.355	0.367	0.374
10	0.385	0.396	0.402	0.353	0.365	0.371
11	0.380	0.392	0.397	0.351	0.363	0.368
12	0.376	0.388	0.393	0.349	0.361	0.366
13	0.373	0.384	0.391	0.348	0.360	0.365
14	0.370	0.381	0.387	0.347	0.358	0.364
15	0.367	0.379	0.384	0.346	0.357	0.363
16	0.365	0.377	0.382	0.345	0.357	0.362
17	0.363	0.375	0.380	0.344	0.356	0.361
18	0.361	0.373	0.379	0.343	0.355	0.361
19	0.360	0.372	0.377	0.343	0.355	0.360
20	0.359	0.370	0.376	0.342	0.354	0.360
22	0.357	0.368	0.374	0.341	0.353	0.359

注:$m=2.0$,适用于谢才公式;$m=1.9$,适用于斯柯贝公式;$m=1.875$,适用于哈-威公式。

使用表 3.5 时,应先根据第一个喷头至支管进口的距离和喷头间距计算出 X,如两距离相等则 $X=1$,如前者为后者之半则 $X=1/2$,然后按孔口数(即喷头数)查取相应的 F 值。

[**例** 3.1]   有一长 80 m 的支管,管径为 $DN=80$ mm(PVC 管),管上装有 7 个喷头,每个喷头流量为 6 m³/h,工作压力为 $P=300$ kPa,第一个喷头到干管的距离为 10 m,喷头间距为 10 m,立管高度为 1 m,地面高差为+0.2 m,求这个支管需干管提供多大压力才能满足要求?

解：

1. 查表3.3,粗糙度系数为 $n = 0.008$(PVC)

2. 查表3.4,沿程阻力系数 $S_{of} = 470 \ \text{s}^2/\text{m}^6$

3. 计算流量 $7 \times 6 \ \text{m}^3/\text{h} = 42 \ \text{m}^3/\text{h} = 0.012 \ \text{m}^3/\text{s}$

4. $H_f = S_{of} L Q^2 = 470 \ \text{s}^2/\text{m}^6 \times 80 \ \text{m} \times 0.012^2 \ \text{m}^6/\text{s}^2 = 5.41 \ \text{mH}_2\text{O}$

5. 查表3.5,$m = 2.0$,$x = 10 \ \text{m}/10 \ \text{m} = 1$,$N = 7$,查得多孔系数 $F = 0.408$

$H'_f = H_f \cdot F = 5.41 \ \text{mH}_2\text{O} \times 0.408 = 2.2 \ \text{mH}_2\text{O}$

$H_2 = 1.2 \ H'_f = 1.2 \times 2.2 \ \text{mH}_2\text{O} = 2.64 \ \text{mH}_2\text{O}$

6. 支管所需压力

$H = H_1 + H_2 + H_3 + H_4 = (0.2 + 2.64 + 1 + 300 \times 0.1) \ \text{mH}_2\text{O} = 33.84 \ \text{mH}_2\text{O}$(1 kPa = 0.1 mH$_2$O)

干管应提供大于 33.84 m 水柱高的压力方能满足要求。

（3）配套动力　泵房或供水部分应提供相应的压力、流量方能满足要求,供水部分应提供略大于计算的流量和压力损失值的 5%～10%。

6) 喷灌系统设计的要点

①根据水源及灌溉地的实际情况,确定供水部分的位置及主干管的位置,进行合理规划布局。

②先确定适宜的喷头,再确定接管直径、工作压力、覆盖半径、流量。

③确定支管位置、间距、布设的喷头。

④计算支管及干管流量,再根据经济流速查水力计算表,确定干管和支管管径。

⑤计算最不利点所需的压力。

⑥根据总流量和最不利点的压力确定配套动力。

以上是固定式喷灌系统设计的基本知识,喷灌系统的设计较复杂,设计中要考虑的问题很多。例如灌溉地块的形状,地形条件,常年的主要风向风速、水源位置等对喷灌系统的布置都会产生影响。在坡地上,干管应尽量沿主坡向布置,使支管沿平行于等高线方向伸展。这样,干管两侧的水头损失较均匀。支管适当向干管倾斜,在干管的低端应设泄水阀,以便于检修或冬季排空管内存水。管道埋深应距地面 80 cm 以下,以防破坏。喷灌系统的布置和风向关系密切,水的喷洒应该顺主风向。对不同的植被或作物,喷灌时雾化程度的要求也不同。所谓雾化度是用喷头的压力与喷嘴直径的比值（H/d）来表示。表3.6 是前苏联提出的雾化指标,压力单位换算见表3.7 所示。

表 3.6　不同作物对雾化程度的要求

作　物	$H_{嘴}/d$	作　物	$H_{嘴}/d$
软草	1 500～1 600	各种作物	200～2 200
成年农作物	1 700～1 800	管理精细的植物（苗圃与花卉）	2 400～2 600

在小规模的喷灌工作中,如宅旁植被喷灌,花圃、花带或花坛等有自来水管处,可以临时接管并在管上安装各种喷头或喷水器进行灌溉。

表 3.7　压力单位换算表

标称单位	MPa	kPa	Pa	Psi	0°CmmHg	0°CinHg	15°CmmHg	15°CinHg	kgf/cm²	atm	bar	mbar	Torr
MPa	1	1 000	1 000 000	145.037 25	7 500.616 8	295.287 44	102 047.865 4	4 018.751 54	10.197 18	9.869 23	10	10 000	7 500.616 82
kPa	0.001	1	1 000	0.145 03	7.500 61	0.295 28	102.047 86	4.018 75	0.010 19	0.009 86	0.01	10	7.500 61
Pa	0.000 001	0.001	1	0.000 14	0.007 5	0.000 29	0.102 04	0.004 01	0.000 01		0.000 01	0.01	0.007 5
Psi	0.006 89	6.894 78	6 894.780 17	1	51.715 1	2.035 94	703.597 6	27.708 4	0.070 3	0.068 04	0.068 94	68.947 8	51.715 1
0°CmmHg	0.000 13	0.133 32	133.322 36	0.019 33	1	0.039 36	13.605 26	0.535 78	0.001 35	0.001 31	0.001 33	1.333 22	1
0°CinHg	0.003 38	3.386 53	3 386.530 74	0.491 17	25.401 06	1	345.588 23	13.609 62	0.034 53	0.033 42	0.033 86	33.865 3	25.401 06
15°CmmHg		0.009 79	9.799 32	0.001 42	0.073 5	0.002 89	1	0.039 38	0.000 09	0.000 09	0.000 09	0.097 99	0.073 5
15°CinHg	0.000 24	0.248 83	248.833 49	0.036 09	1.866 4	0.073 47	25.392 92	1	0.002 53	0.002 45	0.002 48	2.488 33	1.866 4
Kgf/cm²	0.098 06	98.066 25	98 066.258 2	14.223 26	735.557 42	28.957 73	10 007.452 3	394.103 92	1	0.967 83	0.980 66	980.662 58	735.557 42
atm	0.101 32	101.325	101 325	14.695 9	760	29.92	10 340	407.2	1.033 23	1	1.013 25	1 013.25	760
bar	0.1	100	10 000	14.503 72	750.061 68	29.528 74	10 204.786 5	401.875 15	1.019 7	0.986 92	1	1 000	750.061 68
mbar	0.000 1	0.1	100	0.014 5	0.750 06	0.029 52	10.204 78	0.401 87	0.001 01	0.000 98	0.001	1	0.750 06
Torr	0.000 13	0.133 32	133.322 4	0.019 33	1	0.039 36	13.605 26	0.535 78	0.001 35	0.001 31	0.001 33	1.333 22	1

3.2 园林排水工程

公园中为满足游人及管理人员生活的需要,以及造景、养护的需要,每天都会产生生活污水和废水。此外,由于园林造景的需要,利用地形起伏创造环境空间,这样会导致一些天然降水不能排出。为保持园林环境的卫生及安全,应及时收集和排出这些污水及废水,给游人创造一个良好的环境空间。园林排水工程的主要任务就是排出生活污水、废水和天然降水。

3.2.1 概述

园林环境与一般城市环境很不相同,其排水工程的情况也和城市排水系统的情况有相当大的差别。因此,在排水类型、排水方式、排水量构成、排水工程构筑物等方面都有其自己的特点。

1) 园林排水的种类

从需要排除的水的种类来说,园林绿地所排放的主要是雨雪水、生产废水、游乐废水和一些生活污水。

(1)天然降水 园林排水管网要收集、输送和排除雨水及融化的冰、雪水。这些天然的降水在落到地面前后,会受到空气污染物和地面泥沙等的污染,但污染程度不高,一般可以直接向园林水体(如湖、池、河流)中排放。

(2)生产废水 盆栽植物浇水时多浇的水,鱼池、喷泉池、睡莲池等较小的水景池排放的水,都属于园林生产废水。

(3)游乐废水 游乐设施中的水体一般面积不大,积水太久会使水质变坏,所以每隔一定时间就要换水。如游泳池、戏水池、碰碰船池、冲浪池、航模池等,就常在换水时有废水排出。

(4)生活污水 园林中的生活污水主要来自餐厅、茶室、小卖部、厕所、宿舍等处。这些污水中含有机污染物较多,一般不能直接向园林水体中排放,而要经过除油池、沉淀池、化粪池等进行处理后才能排放。另外,做清洁卫生时产生的废水,也可划入这一类中。

2) 排水系统的体制

将园林中的生活污水、生产废水、游乐废水和天然降水从产生地点收集、输送和排放的基本方式,称为排水系统的体制,简称排水体制。排水体制主要有分流制与合流制两类(见图3.4)。

(1)合流制排水系统 将生活污水、工业废水和雨水混合在一个管渠内排除的系统,又分为直排式合流式、截流制合流制和全处理式合流制。这种排水体制已不适于现代城市环境保护的需要,所以在一般城市排水系统的设计中已不再采用。但是,在污染负荷较轻,没有超过自然水体环境的自净能力时,还是可以酌情采用的。为了节约排水管网建设的投资,就可以在近期考虑采用合流制排水系统,待以后污染加重了,再改造成分流制系统。

(2)分流制排水系统 将生活污水、工业废水和雨水分别在两个或两个以上各自独立的管渠内排除的系统,又分为完全分流制、不完全分流制和半分流制。因为雨雪水、园林生产废

水、游乐废水等污染程度低,不需净化处理就可直接排放,为此而建立的排水系统,称雨水排水系统。为生活污水和其他需要除污净化后才能排放的污水,另外建立的一套独立的排水系统,则叫作污水排水系统。两套排水管网系统虽然是一同布置,但互不相连,雨水和污水在不同的管网中流动和排除。

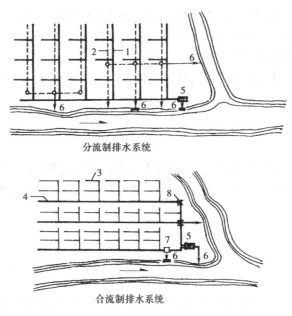

图 3.4 园林排水系统

3)园林排水的特点

根据园林环境、地形和用水类型等方面与一般城市给水工程情况的不同,园林排水工程具有以下几个方面的特点:

①主要是排除雨水和少量生活污水。

②园林中为满足造景需要,形成山水相依的地形特点,有利于地面水的排除,雨水可排入水体当中,充实水体。

③园林可采用多种方式排水,不同地段可根据其具体情况采用适当的排水方式。

④排水设施应尽量结合造景。

⑤排水的同时还要考虑土壤能吸收到足够的水分,以利植物生长,干旱地区尤应注意保水。

4)园林排水管网的布置形式

园林排水系统的布置,是在确定了所规划、设计的园林绿地排水体制、污水处理利用方案和估算出园林排水量的基础上进行的。在污水排放系统的平面布置中,一般应确定污水处理构筑物、泵房、出水口以及污水管网主要干管的位置;当考虑利用污水、废水灌溉林地、草地时,则应确定灌溉干渠的位置及其灌溉范围。在雨水排水系统平面布置中,主要应确定雨水管网中主要的管渠、排洪沟及出水口的位置。在各种管网设施的基本位置大致确定后,再选用一种最适合的管网布置形式,对整个排水系统进行安排。

下面介绍以地形为主要因素的几种排水系统布局形式,见图3.5。

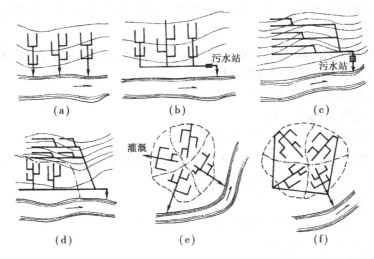

图 3.5 地形雨水排水系统

(1)正交式布置 当排水管网的干管总走向与地形等高线或水体方向大致呈正交时,管网的布置形式就是正交式。这种布置方式适用于排水管网总走向的坡度接近于地面坡度和地面向水体方向较均匀地倾斜时。如图3.5(a)所示。

(2)截流式布置 在正交式布置的管网较低处,沿着水体方向再增设一条截流干管,将污水截流并集中引到污水处理站。这种布置形式可减少污水对于园林水体的污染,也便于对污水进行集中处理。如图3.5(b)所示。

(3)平行式布置 在地势向河流湖泊方向有较大倾斜的园林中,为了避免因管道坡度和水的流速过大而造成管道被严重冲刷的现象,可将排水管网的主干管布置成与地面等高线或与园林水体流动方向相平行或夹角很小的状态。这种布置方式称为平行式布置。如图3.5(c)所示。

(4)分区式布置 当规划设计的园林地形高低差别很大时,可分别在高地形区和低地形区各设置独立的、布置形式各异的排水管网系统,这种形式就是分区式布置。如低区管网的水不能依靠重力自流排除,那么就将低区的排水集中到一处,用水泵提升到高区的管网中,由高区管网依靠重力自流方式把水排除。如图3.5(d)所示。

(5)辐射式布置 这种形式又叫分散式布置。在用地分散、排水范围较大、基本地形是向周围倾斜的和周围地区都有可供排水的水体时,为了避免管道埋设太深和降低造价,可将排水干管布置成分散的、多系统的、多出口的形式。如图3.5(e)所示。

(6)环绕式布置 这种方式是将辐射式布置的多个分散出水口用一条排水主干管串联起来,使主干管环绕在周围地带,并在主干管的最低点集中布置一套污水处理系统,以便污水的集中处理和再利用。如图3.5(f)所示。

5)排水工程的组成

园林排水工程的组成,包括了从天然降水、废水和污水的收集、输送,到污水的处理和排放等一系列过程。排水工程设施方面可以分为两大部分:一部分是作为排水工程主体部分的排水

管渠,其作用是收集、输送和排放园林各处的污水、废水和天然降水;另一部分是污水处理设施,包括必要的水池、泵房等构筑物。但从排水的种类方面来分,园林排水工程则是由雨水排水系统和污水排水系统两大部分构成的。

(1)雨水排水系统的组成　园林内的雨水排水系统不只是排除雨水,还要排除园林生产废水和游乐废水。因此,它的基本构成部分有:

①汇水坡地、集水浅沟和建筑物的屋面、天沟、雨水斗、竖管、散水。

②排水明渠、暗沟、截水沟、排洪沟。

③雨水口、雨水井、雨水排水管网、出水口。

④在利用重力自流排水困难的地方,还可设置雨水排水泵站。

(2)污水排水系统的组成　这种排水系统主要是排除园林生活污水,包括室内和室外部分,主要工程组成部分有:

①室内污水排放设施,如厨房洗物槽、下水管、房屋卫生设备等。

②除油池、化粪池、污水集水口。

③污水排水干管、支管组成的管道网。

④管网附属构筑物如检查井、连接井、跌水井等。

⑤污水处理站,包括污水泵房、澄清池、过滤池、消毒池、清水池等。

⑥出水口,是排水管网系统的终端出口。

(3)合流制排水系统的组成　合流制排水系统只设一套排水管网,其基本组成是雨水系统和污水系统的组合。常见的组合部分是:

①雨水集水口、室内污水集水口。

②雨水管渠、污水支管。

③雨水、污水合流的干管和主管。

④管网上附属的构筑物,如雨水井、检查井、跌水井,截流式合流制系统的截流干管与污水支管交接处所设的溢流井,等等。

⑤污水处理设施,如混凝澄清池、过滤池、消毒池、污水泵房等。

⑥出水口。

6)园林排水的方式

园林绿地多依山傍水,设施繁多,自然景观与人工造景结合。因此,在排水方式上也有其本身的特点,其基本的排水方式一般有:

①利用地形自然排除雨、雪水等天然降水,可称为地面排水。

②利用排水设施排水,这种排水方式主要是排除生活污水、生产废水、游乐废水和集中汇流到管道中的雨雪水,因此可称为管道排水。

③地面排水与管道排水结合的方式。

3.2.2　地面排水

地面排水主要用来排除天然降水,在园林竖向设计时,不但要考虑造景的需要,同时也要考

虑园林排水的要求,尽量利用地形将降水排入水体,降低工程造价。地面排水最突出的问题是产生地表径流,冲刷植被和土壤,在设计时要减缓坡度,控制坡长或采取多坡的形式。在工程措施上也可采取景石、植被等,增加水的流动力,减少冲刷。

在园林竖向设计中,既要充分考虑地面排水的通畅,又要防止地表径流过大而造成对地面的冲刷破坏。因此,在平地地形上,要保证地面有 3‰~8‰ 的纵向排水坡度,和 1.5%~3.5% 的横向排水坡度。当纵向坡度大于 8‰ 时,还要检查其是否对地面产生了冲刷,冲刷程度如何。如果证明其冲刷较严重,就应对地形设计进行调整,或者减缓坡度,或者在坡面上布置拦截物,以降低径流的速度。可以将地面排水的方式归纳为五字诀,即:拦、阻、蓄、分、导。

拦:将地表水拦截于公园绿地之外。

阻:在公园绿地内地表径流的路线上,设置挡水石、护土筋等工程措施挡水,以达到降低径流流速,减少冲刷的目的。

蓄:一方面是指利用公园绿地的土壤及植物根系对水分进行蓄积,另一方面是指利用公园绿地的水体蓄水。

分:是指利用地形、建筑及其他构筑物将地表径流分为小股细流,以达到减少径流冲刷地面的作用。

导:是指将多余的地表径流利用地形、排水明沟道路及排水管网排放到公园绿地外面的水体或雨水管网中。

设计中,应通过竖向设计来控制地表径流,要多从排水角度来考虑地形的整理与改造。主要应注意以下几点:

①地面倾斜方向要有利于组织地表径流,使雨水能够向排洪沟或排水渠汇集。

②注意控制地面坡度,使之不至过陡。对于过陡的坡地要进行绿化覆盖或进行护坡工程处理,使坡面稳定,抗冲刷能力强,也减少水土流失。两面相向的坡地之间,应当设置有汇水的浅沟,沟的底端应与排水干渠和排洪沟连接起来,以便及时排走雨水。

③同一坡度的坡面,即使坡度不大,也不要延续太长。太长的坡面使地表径流的速度越来越快,产生的地面冲刷越来越严重。对坡面太长的应进行分段设置。坡面要有所起伏,要使坡度的陡缓变化不一致,才能避免径流一冲到底,造成地表设施和植被的破坏。

④要通过弯曲变化的谷、涧、浅沟、盘山道等组织起对径流的不断拦截,并对径流的方向加以组织,一步步减缓径流速度,把雨雪水就近排放到地面的排水明渠、排洪沟或雨水管网中。

⑤对于直接冲击园林内一些景点和建筑的坡地径流,要在景点、建筑上方的坡地面边缘设置截水沟拦截雨水,并且有组织地排放到预定的管渠之中。

地面排水出水口的处理,对于一些集中汇集的天然降水,主要是将一定的面积内的天然降水汇集到一起,由明渠等直接注入水体,因此出水口的水量和冲力都比较大。为保护水体的驳岸不受损坏,常采取一些工程措施,其出水口一般用砖砌或混凝土浇筑而成。对于地面与水面高差较大的,可将出水口做成台阶或礓嚓状,不但能减缓水流速度,还能创造水的音响效果,增加游园情趣。

3.2.3 管渠排水

园林绿地应尽可能利用地形排除雨水,但在某些局部如广场、主要建筑周围或难于利用地

面排水的地方,可以设置暗管,或开渠排水。生活污水排入城市排水系统,这些管渠可根据分散和直接的原则,分别排入附近水体或城市雨水管,不必搞完整的系统。

1)雨水管渠的一般规定

①管道的最小覆土深度根据雨水井连接管的坡度、冰冻深度和外部荷载情况决定,雨水管的最小覆土深度不小于 0.7 m。

②最小坡度:

a.雨水管道的最小坡度规定如表 3.8;

b.道路边沟的最小坡度不小于 0.002;

c.梯形明渠的最小坡度不小于 0.000 2。

③最小容许流速:

a.各种管道在自流条件下的最小容许流速不得小于 0.75 m/s;

b.各种明渠不得小于 0.4 m/s(个别地方可酌减)。

表 3.8 雨水管道各种管径最小坡度

管径/mm	200	300	350	400
最小坡度	0.004	0.003 3	0.003	0.002

④最小管径及沟槽尺寸:

a.雨水管最小管径不小于 300 mm,一般雨水口连接管最小管径为 200 mm,最小坡度为 0.01。园林绿地的径流中挟带泥沙及枯枝落叶较多,容易堵塞管道,故最小管径限值可适当放大;

b.梯形明渠为了便于维修和排水通畅,渠底宽度不得小于 30 cm;

c.梯形明渠的边坡,用砖石或混凝土块铺砌的一般采用 1:0.75~1:1 的边坡。边坡在无铺装情况下,根据其土壤性质可采用表 3.9 的数值。

表 3.9 梯形明渠的边坡

明渠土质	边坡	明渠土质	边坡
粉砂	1:3~1:3.5	砂质黏土和黏土	1:1.25~1:1.5
松散的细砂、中砂、粗砂	1:2~1:2.5	干砌块石	1:1.25~1:1.5
细实的细砂、中砂、粗砂	1:1.5~1:2.0	浆砌块石及浆砌砖	1:0.5~1:1
黏质砂土	1:1.5~1:2.0	混凝土	

⑤排水管渠的最大设计流速:

a.管道:金属管为 10 m/s,非金属管为 5 m/s;

b.明渠:水流深度 h 为 0.4 m 至 1.0 m 时,在按表 3.10 采用。

表 3.10　明渠最大设计流速

明渠类别	最大设计流速/(m·s⁻¹)	明渠类别	最大设计流速/(m·s⁻¹)
粗砂及贫砂质黏土	0.8	草皮护面	1.6
砂质黏土	1.0	干砌块石	2.0
黏土	1.2	浆砌块石及浆砌砖	3.0
石灰岩及中砂岩	4.0	混凝土	4.0

2)常用的管材

（1）对管材的要求　在选择管材时,应综合考虑技术、经济等方面的因素,降低工程造价,具体有以下几点要求：

①满足强度要求。

②耐水中杂物的冲刷和磨损,能抗腐蚀,以免污水、雨水及地下水的酸碱腐蚀而破裂。

③防水性能好,防止污水、雨水及地下水相互渗透。

④内壁光滑,减少阻力。

（2）排水管材

①混凝土管、钢筋混凝土管、预应力钢筋混凝土管。混凝土管和钢筋混凝土管的管口形式通常为承插式、企口式、平口式,混凝土管多用于普通地段的自流管段,钢筋混凝土管多用于深埋或土质条件不良地段,为抵抗外力,当直径大于 400 mm 时,通常采用钢筋混凝土管。有压管段可采用钢筋混凝土管和预应力钢筋混凝土管。它们的优点是：取材制造方便,强度高;缺点是：抗酸、碱腐蚀性差,抗渗性较差,管节短（一般一米一节）,节点多、施工复杂,在地震烈度大于 8 度的地区,及松土、杂土地区不宜敷设,管自重大,搬运、施工不便。

②陶土管。普通的陶土管是由塑性黏土制成的,管径通常为 200～300 mm,有效长度为 800 mm,耐酸的管径做到 800 mm,管节长一般为 300 mm、500 mm、700 mm、1 000 mm 等几种,适用于排除含酸废水。

陶土管都具有内壁光滑、水流阻力小、不透水性好、耐磨、耐腐蚀等优点,缺点是质脆易碎,抗弯、抗压强度低,不宜敷设于松土或埋深较大的土层中,由于节短,接口多,施工难度和费用都较大。

③金属管。常用的金属管有铸铁管和钢管。由于金属管材造价高,现很少使用,但在高内压、高外压及对抗渗要求较高的管段必须采用金属管。如穿越铁路和河道的倒虹管,靠近给水管道或靠近房屋基础且地震烈度大于 8 度的地段,地下水位高或流沙严重的地段都采用金属管。

金属管质地坚固、强度高、抗渗、抗震性均较好,且内壁光滑,水流阻力小,管的每节长度大、节头少。但造价高,抗酸碱及地下水浸蚀能力较差,在使用时应涂刷耐腐涂料并注意绝缘。

④高密度聚乙烯管（HDPE）,主要有双壁波纹管、双壁工字形管、钢带增强管、缠绕结构壁管等。从化学性能检测分析来看,HDPE 管材具有耐腐蚀,水流阻力小,使用寿命长等良好性能;从 HDPE 管在市政管网工程中的使用效果来看,与混凝土管相比,HDPE 管具有施工快捷、

水密性好、维护方便、综合造价低等突出的应用特点。

⑤不锈钢复合管,是指塑料-不锈钢复合材料管,与传统的不锈钢排水管材相比较,在修筑材料上更稳定,可以与其他的排水管材结合使用,作为内衬来达到加固防止泄漏的目的。在外观上也更光洁,不容易氧化生锈,能够满足使用需求。在造价成本上也要低于其他的高端材料,化学性质比较稳定,不容易受到腐蚀液体的侵蚀,安装施工简单,利于操作,使用可根据需求对管材进行截取,避免材料浪费,排水目标也能够实现。

⑥其他材料。随着新型材料的不断研制,用于排水的管材也日益增多,如玻璃纤维混凝土管、强化塑料管、离心混凝土管、玻璃纤维混凝土管等,这些管材都具有质轻、不渗漏、耐腐蚀、内壁光滑等优点。尤其是硬聚氯乙烯塑料管的结构形式多样,如芯层发泡管、空壁管、螺旋管、芯层发泡螺旋管、空壁螺旋管等,在园林排水中应用广泛。

3) 排水管网附属构筑物

为了排除污水,除管渠本身外,还需在管渠系统上设置某些附属构筑物。在园林绿地中,这些构筑物常见的有:雨水口、检查井、跌水井、闸门井、倒虹管、出水口等。下面主要介绍这些构筑物。

(1)雨水口 雨水口通常设置在道路边沟或地势低洼处,是雨水排水管道收集地面径流的孔道。雨水口设置的间距,一般控制在30~80 m,它与干管常用200 mm的连接管连接,其长度不得超过25 m。

雨水口的设置位置,应能保证有效地收集地面雨水。一般应设在交叉路口、路侧边沟的一定距离处以及没有道路边石的低洼地区,以防止雨水漫过道路或造成道路及低洼地区积水而妨碍交通。雨水口的形式和数量,通常应按汇水面积所产生的径流量和雨水口的泄水能力确定,一般一个平算(单算)雨水口可排泄15~20 L/s的地面径流量,该雨水口设置时宜低于路面30~40 mm,在土质地面上宜低于路面50~60 mm,道路上雨水口的间距一般为20~40 m(视汇水面积大小而定)。在路侧边沟上及路边低洼地点,雨水口的设置间距还要考虑道路的纵坡和路边的高度,同时应根据需要适当增加雨水口的数量。常用雨水口泄水能力和适用条件见表3.11。

表3.11 常用雨水口的泄水能力和适用条件

名 称		泄水能力	适用条件
边沟式雨水口	单算	20	有道牙道路,纵坡平缓
	双算	35	
联合式雨水口	单算	30	有道牙道路,算隙易被树叶堵塞时
	双算	50	
平算式雨水口	单算	15~20	有道牙道路,比较低洼处且算易被树叶堵塞时
	双算	35	
	双算	50	

名　称		泄水能力	适用条件
平算式雨水口	单算	15~20	无道牙道路、广场、地面
	双算	35	
	三算	50	
小雨水口		约10	降雨强度较小地区、有道牙道路

平算雨水口的构造包括进水算、井筒和连接管等 3 部分,如图 3.6 所示。

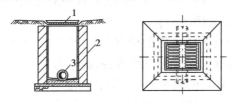

图 3.6　平算雨水口
1—进水算;2—井筒;3—连接管检查井

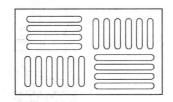

图 3.7　算条交错排列的进水算

进水算多为铸铁预制,标高与地面持平或稍低于地面,进水算条方向与进水能力有关,算条与水流方向平行进水效果好,因此进水算条常设成纵横交错的形式,如图 3.7,以便排泄从不同方向来的雨水。

雨水口的井筒可用砖砌筑或用钢筋混凝土预制,井筒的深度一般不大于 1 m,在高寒地区井筒四周应设级配砂石层缓冲冻胀;在泥沙量较大地区,连接管底部应留有一定的高度,以便沉淀泥沙。

雨水口的连接管最小管径为 200 mm,坡度一般为 1%,连接管长度不宜超过 25 m,连接在同一连接管上的雨水口一般不宜超过 3 个。

(2)检查井　检查井的功能是便于管道维护人员检查和清理管道。另外它还是管段的连接点。检查井通常设置在管道交汇,以及方向、坡度和管径改变的地方。井与井之间的最大间距见表 3.12。

表 3.12 检查井的最大间距

管径 /mm	最大间距/m		管径/mm	最大间距/m	
	污水管道	雨水(合流)管道		污水管道	雨水管道
200~400	30	40	1 100~1 500	90	100
500~700	50	60	>1 500,且≤2 000	100	120
800~1 000	70	80	>2 000	可适当加大	

检查井的构造,主要由井底、井身、井盖座和井盖等组成。

井底材料一般采用 C10 或 C15 低标号混凝土,井身一般采用砖砌筑或混凝土、钢筋混凝土浇筑,井盖多为铸铁预制而成(见图 3.8)。

(3)跌水井 跌水井是设有消能设施的检查井,一般在管道转弯处不宜设跌水井,在地形较陡处,为了保证管道有足够覆土深度而设跌水井,跌水水头在 1 m 以内的不做跌水设施,在 1~2 m 宜做,大于 2 m 必做。常用的跌水井有竖管式和溢流堰式两种类型。竖管式适用于直径等于或小于 400 mm 的管道,大于 400 mm 的管道中应采用溢流堰式跌水井。跌水井的构造见图 3.9。

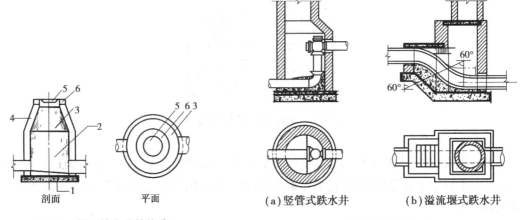

剖面　　　　平面

图 3.8 圆形检查井的构造
1—基础;2—井室;3—肩部;4—井颈;
5—井盖;6—井口

(a)竖管式跌水井　　(b)溢流堰式跌水井

图 3.9 跌水井

(4)闸门井 由于降雨或潮汐的影响,使园林水体水位增高,可能对排水管形成倒灌;或者,为了防止非雨时污水对园林水体的污染,控制排水管道内水的方向与流量,就要在排水管网中或排水泵站的出口处设置闸门井。

闸门井由基础、井室和井口组成。如单纯为了防止倒灌,可在闸门井内设活动拍门。

(5)倒虹管 由于排水管道在园路下布置时有可能与其他管线发生交叉,而它又是一种重力自流式的管道,因此,要尽可能在管线布置中解决好交叉时管道之间的标高关系。但有时受地形所限,如遇到要穿过沟渠和地下障碍物时,排水管道就不能按照正常情况敷设,而不得不以一个下凹的折线形式从障碍物下面穿过,这段管道就成了倒置的虹吸管,即所谓的倒虹管。

（6）出水口　出水口是排水管道向水体排放污水、雨水的构筑物。排水管道出水口的设置位置应根据排水水质、下游用水情况、水文及气象条件等因素而定，并应征得当地卫生监督机关、环保部门、水体管理部门的同意。如在河渠的桥、涵、闸附近设置，应设在这些构筑物保护区内和游泳池附近，不能影响到下游居民点的卫生和饮用。

雨水排水口不低于平均洪水水位，污水排水口应淹没在水体水面以下。

常用出水口形式和适用条件见表3.13。

表3.13　常用出水口形式和适用条件

名　　称	适用条件
一字出水口	排出管道与河流渠顺接处，岸坡较陡时
八字出水口	排出管道排入河渠岸坡较平缓时
门字出水口	排出管道排入河渠岸坡度较陡进
淹没出水口	排出管道末端标高低于正常水位进
跌水水口	排出管道末端标高高出洪水位较大时

园林中的雨水口、检查井和出水口，其外观应该作为园景的一部分来考虑。有的在雨水井的箅子或检查井盖上铸（塑）出各种美丽的图案花纹；有的则采用园林艺术手法，以山石、植物等材料加以点缀。这些做法在园林中已很普遍，效果很好。但是不管采用什么方法进行点缀或伪装，都应以不妨碍这些排水构筑物的功能为前提。

3.2.4　暗渠排水

暗渠又叫盲沟，是一种地下排水渠道，用以排除地下水，降低地下水位。在一些要求排水良好的活动场地和地下水位较高的地区，以及作为某些不耐水的植物生长区的工程措施，效果较好，如体育场、儿童游戏场等或地下水位过高，影响植物种植和开展游园活动的地段，都可以采用暗渠排水。

1）暗沟排水的优点

①取材方便，可废物利用，造价低廉。

②不需要检查井或雨水井之类的排水构筑物，地面不留"痕迹"，从而保持了绿地或其他活动场地的完整性。

2）暗渠的布置

依地形及地下水的流动方向可做成干渠和支渠相结合的地下排水系统，暗渠渠底纵坡不小于5‰，只要地形等条件许可，纵坡坡度应尽可能取大些，以利地下水的排出。

3)暗渠埋深和间距

暗渠的排水量与其埋置深度和间距有关,而暗渠的埋深和间距又取决于土壤的质地。

(1)暗沟的埋置深度 影响埋深的因素有如下几方面:

①植物对水位的要求。例如草坪区的暗渠的深度不小于1 m,不耐水的松柏类乔木,要求地下水距地面不小于1.5 m。

②根系破坏的影响,不同的植物其根系的大小深浅各异。

③土壤质地的影响,土质疏松可浅,黏重土应该深些,见表3.14。

④地面上荷载的影响。

⑤在北方冬季严寒地区,还有冰冻破坏的影响。

暗渠埋置的深度不宜过浅,否则表土中的养分易被水流带走。

表3.14 土壤质地与暗管的埋深

土壤类别	埋深/m
沙质土	1.2
壤 土	1.4~1.6
黏 土	1.4~1.6
泥炭土	1.7

(2)支管的设置间距 暗渠支管的数量和排水量与地下水的排除速度有直接的关系。在园林或绿地中如需设暗沟排地下水以降低地下水位,暗渠的密度可按表3.15选择。

表3.15 柯派克氏管深管距

土壤种类	管距/m	管深/m
重黏土	8~9	1.15~1.30
致密黏土和泥炭岩黏土	9~10	1.20~1.35
沙质或黏壤土	10~12	1.1~1.6
致密壤土	12~14	1.15~1.55
沙质壤土	1.4~1.6	1.15~1.55
多砂壤土或砂质中含腐殖质	16~18	1.15~1.50
砂	20~24	

暗渠的造型,因采用透水材料多种多样,所以类型也多。图3.10是排水暗沟的几种构造,可供参考。图3.11是我国南方一城市为降低地下水而设置的一段排水暗沟,这种以透水材料和管道相结合的排水暗沟,能较快地将地下水排出。

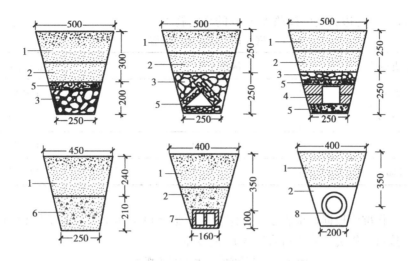

图 3.10　排水暗渠的几种构造

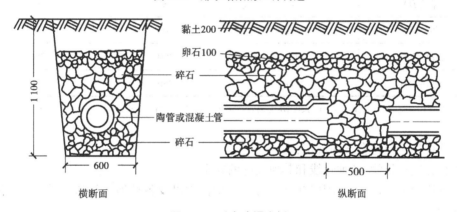

图 3.11　透水暗渠实例

3.3　给排水管道的施工

3.3.1　管沟放线和挖管沟

管沟应按设计图定位放线,并应符合如下要求:

①图纸会审时,应请设计和建设、监理单位明确管线坐标和标高的基准点。

②在施工现场,用经纬仪测定管道中心线控制桩,在管道设计标高的变坡点增设标高控制桩。

③在控制桩处钉龙门线板,龙门线板间距不大于 30 m。

④龙门线板的宽度应大于沟顶 300 mm,龙门线板顶宜水平,应标志出管线中心,沟顶开挖宽度和标高,并标明挖沟深度。

管道沟槽底部每侧的工作面宽度,管径小于或等于 500 mm 时,非金属管道为 400 mm,金属

管道为 300 mm。管沟边坡度可按照表 3.16 的规定施工。

表 3.16　管沟边坡比值

土质种类	沟深小于 3 m	沟深为 3~5 m
黏土	1:0.25	1:0.33
亚黏土	1:0.33	1:0.50
亚砂土	1:0.50	1:0.75
砂卵石	1:0.75	1:1.00

管道接口工作坑应根据每根管子长度定位。管道接口工作坑可在管道铺设前测定位置开挖。铸铁管道接口工作坑尺寸应符合表 3.17 的规定。

表 3.17　铸铁管管沟接管口工作坑尺寸　　　　　　　　　　　单位:mm

管径 DN	A	B	C
75~150	600	200	250
200~250	600	200	300
300~350	800	250	300

注:A+B 为管沟宽度,A 为承管在沟中的长度,B 为插管在沟中的长度,C 为管沟深度。

人工开槽挖土应符合下列规定:
①不得影响建筑物、各种管线和其他设施的安全。
②不得掩埋消火栓、管道阀门井、雨水井、测量标志以及各种地下管道的井盖,且不得妨碍其正常使用。
③挖槽时,堆土高度不宜超过 1.5 m,且距槽口边缘不宜小于 0.8 m。
④槽底高程允许偏差为±20 mm,超深部分应用沙子夯平。
管沟支撑应根据沟槽的土质、地下水位、开槽断面、荷载条件等因素进行设计。支撑的材料可选用钢材、木材或钢木混合使用。支撑应经常检查,当发现支撑构件有弯曲、松动、移位或劈裂等迹象时,应及时处理。当挖沟槽发现地下各类设施或文物时,应采取保护措施,并及时通知有关单位处理。

3.3.2　管道的基础和接口形式

1)管道基础

(1)管道基础组成及形式　给排水管道基础一般由地基、基础和管座等 3 个部分组成。管道的地基与基础要有足够的承载力和可靠的稳定性,否则排水管道可能产生不均匀沉陷,造成管道错口、断裂、渗漏等现象,导致对附近地下水的污染,甚至影响附近建筑物的基础。根据管道的性质、埋深、土壤的性质、荷载情况选择管道基础,常用的形式有:素土基础、灰土基础、砂垫

层基础、混凝土枕基和带形基础。

（2）基础选择　根据地质条件、布置位置、施工条件、地下水位、埋深及承载情况确定给排水管基础。

①干燥密实的土层,管道不在车行道下,地下水位低于管底标高。埋深为0.8~3.0 m,在几根管道合槽施工时,可用素土和灰土基础,但接口处必须做混凝土枕基。

②岩土和多石地层采用砂垫层基础,砂垫层厚度不宜少于200 mm,接口处应做混凝土枕基。

③一般土层或各种混凝土层以及车行道下敷设的管道,应根据具体情况,采用90°~180°的混凝土带形基础。

④地基松软或不均匀沉降地段,抗震烈度为8度以上的地震区,管道基础和地基应采取相应的加固措施,管道接口应采用柔性接口。

（3）常用的管道基础

①砂土基础:包括弧形素土基础、灰土基础及砂垫层基础。弧形素土基础是在原土基础上挖一弧形管槽(通常采用90°弧形),管道落在弧形管槽里(见图3.12)。灰土基础,即灰土的质量配合比(石灰:土)为3:7,基础采用弧形,厚150 m,弧中心角为60°。砂垫层基础是在挖好的弧形管槽上,用带棱角的粗砂填10~15 cm厚的砂垫层,如图3.12所示。

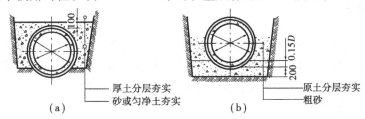

图3.12　砂土基础

②混凝土枕基,也称混凝土垫块,是管道接口设置的局部基础,如图3.13所示。

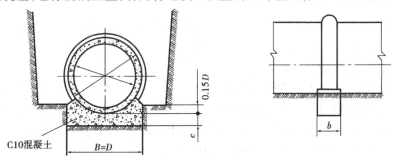

图3.13　混凝土枕基

③混凝土带形基础:混凝土带形基础是沿管道全长铺设的基础。按管座的形式不同分为90°、120°、135°、180°、360°等多种管座基础,如图3.14所示。无地下水时,直接在槽底老土上浇混凝土基础;有地下水时,常在槽底铺10~15 cm厚的卵石或碎石垫层,然后再在上面浇筑混凝土基础。

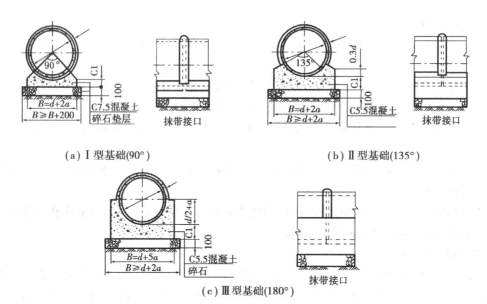

(a) Ⅰ型基础(90°)   (b) Ⅱ型基础(135°)

(c) Ⅲ型基础(180°)

图 3.14　混凝土带形基础

2) 管道的接口形式

排水管道的接口形式应根据管道材料、连接形式、排水性质、地下水位和地质条件等确定。排水管道的不透水性和耐久性,在很大程度上取决于敷设管道时接口的质量。管道接口应具有足够的强度、不透水、能抵抗污水或地下水的侵蚀,并有一定的弹性。

(1)接口形式及适用条件

室外排水管道最常用的为混凝土管和钢筋混凝土管,管口的形状有企口、平口、承插口,企口和平口又可直接连接和加套连接。根据接口的弹性,一般为柔性、刚性和半柔性等 3 种接口形式。

①柔性接口:柔性接口允许管道纵向轴线交错 3~5 mm 或交错一个较小的角度,而不致引起渗漏。常用的柔性接口有石棉沥青接口、沥青麻布接口、沥青砂浆灌口接口、沥青油膏接口。柔性接口施工复杂,造价较高。在地震区采用有其独特的优越性。

②刚性接口:刚性接口不允许管道有轴向的交错。但比柔性接口施工简单,造价较低,因此采用较广泛。常用的刚性接口有水泥砂浆抹带接口、钢丝网水泥砂浆抹带接口、膨胀水泥砂浆抹带接口等。刚性接口抗震性能差,常用在地基比较良好、有带形基础的无压管道上。

③半柔性接口:半柔性接口介于上述两种接口形式之间。使用条件与柔性接口类似。

(2)几种常用的接口方法

①水泥砂浆抹带接口:在管的接口处用 1:2.5(质量比)水泥砂浆配比抹成半椭圆形或其他形状的砂浆带,带宽 120~150 mm,带厚 30 mm。抹带前保持管口洁净。一般适用于地基土质较好的雨水管道。企口管、平口管、承插管均可采用这种接口。

②钢丝网水泥砂浆抹带接口:将抹带范围的管外壁凿毛,抹 1:2.5(质量比)水泥砂浆一层,厚 15 mm,中间采用 20 号 10×10 钢丝网一层,两端插入基础混凝土中,上面再抹砂浆一层,厚 10 mm,带宽 200 mm。适用于地基土质较好的一般污水管道和内压低于 0.05 MPa 的低压管道接口。

③石棉沥青卷材接口:石棉沥青卷材接口的构造是先将沥青、石棉、细砂以 7.5∶1∶1.5 的配合比制成卷材,并将接口处管壁刷净烤干,涂冷底油一层,再刷沥青油浆作粘合剂(厚 3 ~ 5 mm),包上石棉沥青卷材,外面再涂 3 mm 厚的沥青砂浆。石棉沥青卷材带宽为 150 ~ 200 mm。一般适用于无地下水的无压管道。

④沥青麻布接口:沥青麻布接口构造为管口外壁光涂冷底子油一遍,再在接口处涂 4 道沥青裹 3 层麻布(或玻璃布),再用 8 号铅丝绑牢。麻布宽度依次为 150 mm、200 mm、250 mm,搭接长均为 150 mm。适用于无地下水、地基良好的无压管道。

⑤沥青砂浆灌口接口:沥青砂浆灌口接口的做法为先将管口刷净,用 M13 水泥砂浆捻缝,刷冷底子油一遍,然后用预制模具定型,再在模具上部开口灌沥青砂浆(一般沥青砂浆配合比为沥青∶石棉∶砂 = 3∶2∶2)。该接口带宽 150 ~ 200 mm 厚 20 ~ 25 mm。适用于无地下水,地基无严重不均匀沉陷的无压管道。

⑥石棉水泥接口:石棉水泥接口为先将管口及套环刷净,接口用质量比为 1∶3 水泥砂捻缝,套环接缝处嵌入油麻(宽 20 mm),再在两边填实石棉水泥。适用于地基较弱、可能产生不均匀沉陷、且位于地下水位以下的排水管道。

⑦沥青砂浆接口:洗净管口和套环,接口用质量比为 1∶3 的水泥砂浆捻缝,灌沥青砂浆,两端用绑扎绳填实。适用于地基不均匀地段,或地基经过处理后管道可能产生不均匀沉陷且位于地下水位以下的排水管道。

⑧沥青油膏接口:洗净管口和套环,接口用质量比为 1∶3 的水泥砂浆捻缝,套环接缝处嵌入油麻两道,两边填沥青油膏。沥青油膏配比为石油沥青∶重松节油∶废机油∶石灰棉∶滑石粉 = 100∶11.1∶44.5∶11∶90。该接口的适用条件同沥青砂浆灌口接口。

⑨硬质聚氯乙烯管道接口,一般有 4 种方式:

a.橡胶圈接口方式:是在管材的一端通过自动扩口机扩成带凹道的承口,放上柔性橡胶密封圈,另外一根管材未扩口的一端插进装好密封圈的承口里完成连接;

b.胶水接口方式:是在管材的一端扩成平滑的承口,另外一根未扩口的管材的一端的外表和扩好承口的里表涂抹上专用胶水,然后相承插完成连接;

c.法兰连接方式:是管材与传统管道、蝶阀、闸阀、流量计等连接时,管材被连接的一端与 PVC 法兰接好后,再用螺栓将其与连接对象的法兰紧固连接的方式;

d.热熔连接方式:广泛应用于 PP-R 管、PB 管、PE-RT 管等新型管材,经过加热升温至管道材料熔点后的一种连接方式,目前在给排水系统应用最为广泛。在操作过程中,达到加热时间后,立即将管道材料从加热套与加热头上同时取下,迅速无旋转地直线均匀插入到所要求的深度,使接头处形成均匀凸缘。

3.3.3　给水管道铺设

1)铸铁管、球墨铸铁管的铺设

铸铁管、球墨铸铁管及管件表面不得有裂纹,不得有妨碍使用的凹凸不平的缺陷。

(1)铸铁管切断　有钢锯、型材切割机、剁斧、链式断管器 4 种方法。常用方法是剁斧断

管。剁斧的斧柄应安装牢固,管子断口先用石笔画线,管子断口下垫木方,剁斧顺断口线,用大锤轻剁一周剁出切割线,然后重剁二三周,至管子被剁断。剁斧断管时,挥大锤的人应用力均匀,避开剁斧正前方,并防止用力过猛而造成不规则断裂。铸铁管断口不平度不得超过 5 mm。

(2)中线定位 基础施工完成后,由技术人员采用打木桩或拉线的方式定出管道安装的中心线和给水管接口的控制标高。

(3)下管 根据现场情况和设计图纸编好排管计划并安排好排管场地。按照整个施工程序采用 16 t 履带吊车与人工配合下管,并设专人指挥以保安全,吊车的起吊能力应留有一定的富裕度,严禁超负荷或在不稳定情况下进行起吊安装,管节起吊可采用两点兜身吊或专用起吊土具,严禁采用穿心吊,避免起吊索具的坚硬部件碰损管子。

(4)安管 管子对接安装前,必须逐根清理管子的承插口环,并用润滑剂(植物油或肥皂水)对承口工作面进行涂刷润滑,将橡胶圈套入承口环中,使胶圈在承口的各部位上粗细均匀并顺直地安在承口上,消除胶圈的扭曲翻转现象,以保持良好的密封,然后将润滑剂涂刷在橡胶圈上,安装两侧倒链及卡口钢丝绳,调整两侧倒链使其两侧同时受力,拉动两侧倒链将插口均匀地稳定在承口进口,调整管道水平及上下、左右间隙,让两侧倒链同时用力,缓慢拉进至安装位置。然后检查橡胶圈到位情况、管道接口纵向间隙、管道中心线和管道高程,使其满足规范和设计要求。

铸铁管、球墨铸铁管等给水管道的接口有多种,这里只列举常用的几种:

①油麻青铅口。将油麻扭成辫子,直径约为 1.5 倍接口环向间隙,把麻辫打开占承口深度的 1/3,不得超过承口水线边缘。当采用铅接口时,应距承口水线里缘 5 mm,环向搭接宜为50~100 mm 填打密实,环缝间隙应均匀。油麻应采用纤维较长、无皮质、清洁、松软、富有韧性的油麻。铅的纯度不应小于 99%。

②密封胶圈接口。橡胶圈质量、性能、细部尺寸,应符合现行国家铸铁管、球墨铸铁管及管件标准中有关橡胶圈的规定。使用前对橡胶圈必须逐个进行检查,不得有割裂、破损、气泡、大飞边等缺陷。在插口处涂水以起到润滑的作用。接口前应量出插入深度的记号。

③水泥砂浆抹带接口。在管的接口处用 1:2.5(质量比)水泥砂浆抹成半椭圆形或其他形状的砂浆带,带宽 120~150 mm,带厚 30 mm。抹带前保持管口洁净。一般适用于地基土质较好的雨水管道。企口管、平口管、承插管均可采用这种接口。

④油麻石棉水泥接口。打麻时将油麻拧成麻花状,其粗度比管口间隙大 1.5 倍,麻股由接口下方逐渐向上方,边塞边用捻凿依次打入间隙,捻凿被弹回表明麻已被打结实,打实的麻深度应是承口深度的 1/3。石棉水泥应在填打前拌和,石棉水泥的质量配合比,应为石棉 30%,水泥 70%,水灰比不宜小于或等于 0.20,拌好的石棉水泥应在初凝前用完。

2)硬聚氯乙烯给水管道安装

(1)安装工艺流程 下管→清理管口→清理胶圈、上胶圈→安装机具设备→在承口外表面和胶圈上刷润滑剂→顶推管子使之插入承口→检查→接口试压。

(2)管材及配件的性能

①施工所使用的硬聚氯乙烯给水管管材、管件应分别符合《给水用硬聚氯乙烯管材》及《给水用硬聚氯乙烯管件》(BG/T 1002.2—2003)的要求。如发现有损坏、变形、变质迹象或其存放超过规定期限时,使用前应进行抽样复验。

②管材插口与承口的工作面,必须表面平整,尺寸准确,既要保证安装时容易插入,又要保证接口的密封性能。所采用的阀门及管件,其压力等级不应低于管道工作压力的1.5倍。

③当使用橡胶圈作接口密封材料时,橡胶圈内径与管材插口外径之比宜为0.85~0.9,橡胶圈断面直径压缩率一般采用40%。所用的橡胶圈不应有气孔、裂缝、重皮和接缝。

(3)管材及配件的运输及堆放

①硬聚氯乙烯管材和配件在运输、装卸及堆放过程中严禁抛扔或激烈碰撞,应避免阳光暴晒,若存放期较长,则应放置于棚库内,以防变形和老化。硬聚氯乙烯管材、配件堆放时,应放平垫实,堆放高度不宜超过1.5 m;承插式管材、配件堆放时,相邻两层管材的承口应相互倒置并让出承口部位,以免承口承受集中荷载。

②管道接口所用的橡胶圈应按下列要求保存:a.橡胶圈宜保存在低于40 ℃的室内,不应长期受日光照射,距一般热源距离不应小于1 m;b.橡胶圈不能同溶解橡胶的溶剂(油类、苯等)以及对橡胶有害的酸、碱、盐等物质存放在一起,不得与以上物质接触;c.橡胶圈在保存及运输中,不应使其长期受挤压,以免变形;d.当管材出厂时配套使用的橡胶圈已放入承口内,可不必取出保存。

(4)硬聚氯乙烯给水管道安装

①管道铺设应在沟底标高和管道基础质量检查合格后进行,在铺设管道前要对管材、管件、橡胶圈等重新作一次外观检查,发现有问题的管材、管件均不得使用。管道安装后,铺设管道时所用的临时垫块应及时拆除。管道不得铺设在冻土上,铺设管道和管道试压过程中,应防止沟底冻结。

②管材在吊运及放入沟时,应采用可靠的软带吊具,平稳下沟,不得与沟壁或沟底激烈碰撞。

③在昼夜温差变化较大的地区,应采取防止因温差产生的应力而破坏管道及接口的措施。橡胶圈接口不宜在-10 ℃以下施工。硬聚氯乙烯给水管道橡胶圈接口适用于管外径为63~315 mm的管道连接。橡胶圈连接应首先检查管材、管件及橡胶圈质量,并根据作业项目按表3.18准备工具。清理干净承口内橡胶圈沟槽、插口端工作面及橡胶圈,不得有土或其他杂物。将橡胶圈正确安装在承口的橡胶圈沟槽区中,不得装反或扭曲,为了安装方便可先用水浸湿胶圈。

表3.18　各作业项目的施工工具表

作业项目	工具种类
锯管及坡口	细齿锯或割管机,倒角器或中号板锉、记号笔、量尺
清理工作面	棉纱或干布
涂润滑剂	毛刷、润滑剂
连接	手动葫芦或插入机、绳
安装检查	塞尺

橡胶圈连接须在插口端倒角,并应划出插入长度标线,然后再进行连接。最小插入长度应符合表3.19的规定。切断管材时,应保证断口平整且垂直管轴线,并用毛刷将润滑剂均匀地涂在装嵌承口处的橡胶圈和管插口端外表面上,但不得将润滑剂涂到承口的橡胶圈沟槽内;将连

接管道的插口对准承口,保证插入管段的平直,用手动葫芦或其他拉力机械将管一次插入至标线。若插入阻力过大,切勿强行插入,以防橡胶圈扭曲。

表 3.19　管子接头最小插入长度

公称外径/mm	60	75	90	110	125	140	160	180	200	225	280	315
插入长度/mm	64	67	90	75	78	81	86	90	94	100	112	113

④在安装法兰接口的阀门和管件时,应采取防止造成外加拉应力的措施。口径大于100 mm的阀门下应设支墩。管道三通和弯头处是否设置支墩及支墩的结构形式由基础情况决定。管道的支墩不应设置在松土上,其后背应紧靠原状土,如无条件,应采取措施保证支墩的稳定;支墩与管道之间应设橡胶垫片,以防止管道的破坏。在无设计规定的情况下,管径小于100 mm的弯头、三通可不设置支墩。

⑤管道在铺设过程中可以有适当的弯曲,但曲率半径不得小于管径的300倍。在硬聚氯乙烯管道穿墙处,应设预留孔或安装套管,在套管范围内管道不得有接口。管道安装和铺设中断时,应用木塞或其他盖堵将管口封闭,防止杂物进入。

3)阀门及消火栓安装

①阀门安装时阀杆要垂直向上,阀门下的支墩应牢固,管底与井底距离应不小于0.25 m。阀门法兰与井壁的距离,以不影响阀门启闭和法兰螺栓装卸为准,一般不小于0.25 m。

②地下消火栓应设在混凝土支墩上,消火栓顶部出水口距井盖底面应不大于0.4 m。

③水表安装应位于井底中心,水表前后设置阀门,阀门距井底和井壁均不得小于0.25 m。

4)水压试验及冲洗

①当管道工作压力大于或等于0.1 MPa时,应进行强度和严密性试验。

②管道水压试验前,应做好水源引接及排水疏导路线。

③管道灌水应从下游灌入,在管道凸起点应设排气阀。

④后背墙面应平整,并应与管道轴线垂直。

⑤管道水压试验的分段长度不宜大于1.0 km。水压试验过程中,后背顶撑,管道两端严禁站人。

⑥水压试验时,严禁对管身、接口进行敲打或修补缺陷,遇有缺陷时,应作好标记,卸压后修补。

⑦水压升至试验压力后,保持恒压10 min,检查接口,管道无破损及漏水现象时,管道强度试压为合格。管道水压试验的试验压力应符合表3.20的规定。

表 3.20　管道水压试验的试验压力/MPa

管道种类	工作压力 P	试验压力
钢管	P	$P+0.5$ 且不应小于 0.9
铸铁管及球墨铸铁管	≤ 0.5	$2P$
	>0.5	$P+0.5$

⑧水冲洗,以流速不小于 1.0 m/s 的冲洗水连续冲洗,直至出口处浊度、色度与入水口浊度、色度相同为止。冲洗时应保证排水管路畅通安全。

3.3.4 排水管道铺设

1) 管道的铺设

①向管沟内下管前,沟边的浮土应清除 0.7~1.0 m,沟底必须按设计标高和坡度进行平整,沟底超深时,应回填砂子夯实找平。

②往沟内下管时,管径较小的管子,可用人力将管子立起放入沟内。管径较大的管子,可用两个临时锚点,双绳把管子放入沟内,或用吊车下管。

③管道铺设方向,应由下游向上游施工,承口向来水方向;铺管时,先将管子接口处挖出抹口的操作坑;带有承口的管子,应将承口底边放入坑内;管子找平找正后,管两侧用土挤住固定,防止管子滚动位移。

④混凝土管的接口处理 直线铺设混凝土管时,其管口间的纵向间隙,管径小于 600 mm 时为 1~5 mm;混凝土管安装应平直,无突起、突弯现象;沿曲线安装时,管径小于 700 mm,管口的连接间隙最大处不得大于 5 mm,接口转角不得大于 1.5°;管子承口内壁及插口外壁均应刷净,用水泥砂浆填充,环缝应均匀,在承口外抹成 45° 角加强灰浆。排水混凝土管用水泥砂浆抹带或钢丝网水泥砂浆抹带接口时,应刷去管口浆皮,在管外壁抹带连接。抹带及填缝均用 1:2.5 水泥砂浆,钢丝网规格宜为 20#10×10,落入管道内的接口材料应及时清除,抹口或抹带完成后用湿草帘覆盖养护。

⑤塑料管的接口处理见 3.3.2。

2) 砌检查井

挖沟槽时,可按检查井中心桩依井基圆圈尺寸挖好井基,待高程无误后再与条基同时浇筑,经保养达到一定的强度后即可下管,并预留井筒位置。不同管径的管底高程与井底高程的连接要一致。管材放稳后,调节直管线管口,待高程正确后即可砌井。砌井时,既要使砂浆饱满、流槽通顺,也要使井壁尺寸符合要求。管材与井筒砌筑完毕后,应立即埋入闭水试验的弯管接头。为了闭水试验时弯管接水管的牢固,应及早做好弯管接头为宜。管底高程、井底高程和井盖高程必须完全符合图纸设计的要求,避免通水查验时出现积水、漏水甚至倒流水现象。

3) 排水闭水法严密性试验

①非金属排水管,管道接口养护达到要求后,回填前用闭水法进行严密性试验;试验管段应按井距分隔,长度不宜大于 1 km,带井试验。

②管道闭水试验时,试验管段应符合下列要求:

a.管道及检查井外观检查质量已验收合格;

b.在管道未回填前进行,且沟槽内无积水。

③全部预留孔应封堵,不得渗水。

④管道两端堵板承载力经核算大于水压力的合力。除预留进水管外,应封堵坚固,不得渗水。

⑤试验水头应以上游检查井井口高度为准。

⑥闭水试验管段灌满水后浸泡时间不应少于 24 h。

⑦管道严密试验时,进行外观检查不得有漏水现象。其允许渗水量应符合表 3.21 的规定。

表 3.21 无压力管道严密性试验允许渗水量

管 材	管道内径/mm	每 24 h 的允许渗水量/$(m^3 \cdot km^{-1})$
混凝土管 钢筋混凝土管	200	17.60
	300	21.62
	400	25.00
	500	27.95
	600	30.60
	700	33.00

3.3.5 回填土工艺

无论是给水还是排水管网的施工,当水压试验完毕并经检查合格后,应及时回填其余部分。地下管道回填土时,为防止管道中心线位移或损坏管道,应用人工先在管子周围填土夯实,并应在管道两边同时进行,直至管顶 0.5 m 以上时,在不损坏管道的情况下,方可采用蛙式打夯机夯实。靠近建筑物旁及排水管顶面需铺设路面的淘槽,在回填土时必须分层压实,不得回填淤泥、腐殖土及冻土。管道顶面需铺设路面者回填压实度达 90% 以上,建筑物旁沟槽回填压实度达 83% 以上。

复习思考题

3.1 名词解释

　　排水体制　分流制排水　河流制排水　地表径流　水头及水头损失

3.2 园林用水分为哪几方面? 如何选择公园或风景区的水源?

3.3 管网布置的一般原则是什么? 布置形式有哪些?

3.4 固定式喷灌设计的步骤和方法有哪些?

3.5 管道施工的工作面应如何确定?

3.6 常见园林排水方式有哪几种?

3.7 管道基础常用的形式有哪几种?

3.8 管道接口有几种形式?

3.9 管道常用的接口方法有几种?

3.10 安装给排水管道时应注意哪些问题?

4 水景工程

本章导读 园林中的水体使园林具有动感和灵气,是园林景观的灵魂。本章主要介绍园林中水景的功能作用和水景的类型,重点阐述人工湖的设计与湖底的施工方法,驳岸与护坡类型、结构,水池及简易水池的结构及施工要点,溪流、瀑布与叠水的类型、结构与主要施工技术,喷头的类型、喷泉的种类及设计要点。

4.1 水景概述

"仁者乐山,智者乐水",寄情山水的审美理想和艺术哲理深深地影响着中国园林。水池、湖泊、溪流、瀑布、叠水、喷泉等都是园林中常见的水景设计形式,它们静中有动,寂中有声,以少胜多渲染着园林气氛。水景工程是城市园林与理水有关的工程的总称,本章主要介绍驳岸、护坡、人工湖、水池、瀑布、叠泉、溪流、喷泉等部分。

4.1.1 城市水系规划有关知识

1)城市水系

城市园林水体是城市水系的重要组成部分,也是难得的自然风景资源,是城市生态环境质量的要素。因此,在城市绿地系统规划及公园规划中应该大力保护天然水体,并在保护的前提下加以开发和利用。园林水体不仅要满足园林绿地本身的要求,而且必须担负城市水系规划所赋予的任务,因此,在设计园林水体时,首先要了解城市水系。城市规划部门的任务之一就是调节和治理天然水体、开辟人工河湖、争取水利、防治水害,将城市水系联系成一个整体。同时,城市水系规划为各段水体确定了一些水工控制数据,如最高水位、最低水位、常水位、水容量、桥涵过水量、流速等。在进行园林内部水体设计时,要依据这些数据来进一步确定一些水工数据,如进水、出水的水工构筑物和水位,并完成城市水系规划所赋予的功能。

2) 水系规划的内容

园林内部水景工程建设之前,要对以下有关情况进行调查:

①河段的等级划分及其主要功能:如果在造园中接触到某一河湖,首先应该了解其等级,并由此确定一系列水工设施的要求和等级标准。

②河湖近期和远期规划水位:包括最高水位、最低水位、常水位、水体高程、驳岸线高程。这些是确定园林水体驳岸类型、岸顶高程和湖底高程的依据。

③通过河段在城市负担任务的大小,确定水面面积及水体容积:要力求在完成既定任务的前提下,保护自然水体的景观,处理水工任务与市容环境的关系。

④确定滨河路高程及其断面形式。

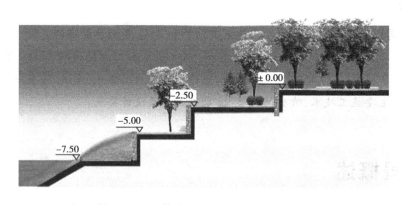

图 4.1 南京外秦淮河河岸断面图

⑤水工构筑物的位置、规格和要求:园林水景工程除了满足以上水工要求以外,还要尽可能将水工与园景其他要素的关系相协调,同时满足生态需求,统一水工与水景的矛盾。

3) 水文知识

①水位:水体表面的高程称为水位,通常通过水位标尺判定。

②流速:水在单位时间所走的距离,单位为 m/s。水中一般上表面流速大于下表面流速,中心流速大于岸边流速,因此要从多部位观察并取其平均值。对一定深度水流的流速必须用流速仪测定。

③流量:在一定水流断面内单位时间内流过的水量称流量。

$$流量 = 过水断面积 \times 流速$$

在过水断面面积不相等的情况下则须在代表性的位置测取过水断面的面积。如不同深度流速差异大,则应取平均流速。

④整治线:在整治水位时稳定河槽的水边线(或整治流量时的平面轮廓线)。整治线多为圆滑的曲线。

4.1.2　水景的类型

1)按水体的来源和存在状态划分

(1)自然型水景　自然型水景就是在景观区域内天然存在的水体,如江、河、湖泊等,直接利用或经过一定的设计营造而成的水景。

(2)引入型水景　引入型水景就是在景区外有天然水体如湖泊、河流,经水利和规划部门的批准把天然水体引入景观区域,并结合人工造景的水景。

(3)人工型水景　人工型水景就是在景观区域内外均没有天然的水体,而是采用人工开挖蓄水,其所用水体完全来自人工,纯粹为人造景观的水景。

2)按水体的形态划分

在自然界中,有江河、湖泊、瀑布、溪流和涌泉等自然景观,并以它们的妩媚深深使人陶醉,一直是诗人、画家作品中常见的题材。

水景设计中的水按其形态可分为平静的、流动的、跌落的和喷涌的4种。水的这4种基本形式还反映了水从源头(喷涌的)到过渡的形式(流动的或跌落的)到终结(平静的)运动的一般趋势。因此,在水景设计中,既要师法自然,又要不断创新,可以以一种形式为主,其他形式为辅,也可利用水的运动过程创造水景系列,融不同水的形式于一体,体现水运动序列的完整过程。

4.1.3　水景在园林中的作用

1)景观作用

水景使园林景观产生动态的美,是园林工程的灵魂。由于水的千变万化,在组景中常用于借水之声、形、色以及利用水与其他景观要素的对比、衬托和协调,构建出不同的富于个性化的园林景观。在具体景观营造中,水景具有以下作用:

(1)基底作用　大面积的水面视野开阔、坦荡,能衬托出岸畔和水中景观。即使水面不大,但水面在整个空间中仍具有面的感觉时,水面仍可作为岸畔和水中景观的基底,从而产生岸畔和远景景观的倒影,扩大和丰富空间。

(2)系带作用　水面具有将不同的园林空间、景点连接起来产生整体感的作用,还具有作为一种关联因素,使零散的景点通过水环境如湖岸、溪流等联系起来的作用。通过河流、小溪等使景点联系起来称为线形系带作用,而通过湖泊池塘的岸边联系景点的作用则称之为面形系带作用。

(3)焦点作用　水景中的喷泉、跌落的瀑布等动态形式的水的形态和声响能引起人们的注

意,吸引住人们的视线。此类水景通常安排在景观向心空间的焦点、轴线的交点、空间醒目处或视线容易集中的地方,以突出其焦点作用。

2) 生态作用

地球上以各种形式存在的水构成了水圈,与大气圈、岩石圈及土壤圈共同构成了生物物质环境。作为地球水圈一部分的水景,为各种不同的动植物提供了栖息、生长、繁衍的水生环境,有利于维护生物的多样性,进而维持水体及其周边环境的生态平衡,对城市区域的生态环境的维持和改善起到了重要的作用。

水景中的水,对于改善居住区环境微气候以及城市区域气候都有着重要的作用,这主要表现在它可以增加空气湿度、降低温度、净化空气、增加负氧离子、降低噪音等。

3) 休闲娱乐作用

人类本能地喜爱水,接近、触摸水都会感到舒心愉快。在水上还能从事多项娱乐活动,如划船、游泳、嬉戏、垂钓等。因此,在现代景观中,水是人们消遣娱乐的一种载体,可以带给人们无穷的乐趣。

4) 蓄水、灌溉及防灾作用

园林水景中,水体除了造景和休闲娱乐作用外,大面积的水体,可以在雨季起到蓄积雨水的作用。特别是在暴雨来临、山洪暴发时,要求及时排除和蓄积洪水,防止洪水泛滥成灾。到了缺水的季节再将所蓄之水有计划地分配使用,可以有效节省城市用水和地下水的利用。

4.2　人工湖工程

湖属于静态水体,有天然湖和人工湖之分。前者是自然的水域景观,如著名的南京玄武湖、杭州西湖、扬州的瘦西湖、武汉的东湖、广东星湖等。人工湖则是人工依地势就低挖掘而成的水域,沿岸因境设景,自然天成,如深圳仙湖、苏州金鸡湖和一些现代公园的人工大水面。湖的特点是水面宽阔而平静,具有平远开朗之感。此外,湖往往有一定的水深以利于水产养殖。湖岸线自然流畅,可以是人工驳岸或自然式护坡,并结合其他景观建设。同时,根据造景需要,还常在湖中利用人工堆土成小岛,用来划分水域空间,使水景层次更为丰富。

4.2.1　湖的布置要点

根据园林规划场地的现有水体或利用低地,挖土成湖,都要根据地形地貌及周边的环境,充分体现湖的水光特色。

①要注意湖岸线的水滨设计,注意湖岸线的"线形艺术",以自然曲线为主,讲究自然流畅,

开合相映。

②要注意湖体水位设计，选择合适的排水设施，如水闸、溢流孔（槽）、排水孔等，最好能够有一定的汇水面，或人工创造汇水面，通过自然降水（雨雪）的汇入补充湖水。

③要注意人工湖的基址选择，应选择土质细密、土层厚实有利于保水之地，不宜选择过于黏质或渗透性大的土质为湖址。如果渗透力较大，必须采取相应的工程措施设置防漏层。

4.2.2 湖的工程设计

1）水源选择

园林中人工湖用水的水源种类很多，主要有蓄积天然降水（雨水或雪水）、引用天然河湖水、打井取水和引入城市生活用水。而蓄积天然降水和引用天然河湖水为园林景观中最为理想的水源，通过引入自然湖、河水或汇集的天然降水补充园林景观用水和植物养护用水，既节约资源，也节约能量。池塘的底部有泉的概率很少，大井取水和取城市生活用水一般在大中型湖建设中不可取。除此之外，选择水源时还应根据用水的需要考虑地质、卫生、经济上的要求，并充分考虑节约用水。

2）人工湖基对土壤的要求

人工湖平面设计完成后，要对拟挖湖所及的区域进行土壤探测，为施工技术设计做准备。

①黏土、砂质黏土、壤土，土质细密、土层深厚或渗透力小的黏土夹层是最适合挖湖的土壤类型。

②以砾石为主，黏土夹层结构密实的地段，也适宜挖湖。

③砂土、卵石等容易漏水，应尽量避免在其上挖湖。如漏水不严重，要探明下面透水层的位置深浅，采用相应的截水墙或用人工铺垫隔水层等工程措施。

④基土为淤泥或草煤层等松软层，须全部挖出。

⑤湖岸立基的土壤必须坚实。黏土虽透水性小，但在湖水到达低水位时，容易开裂，湿时又会形成松软的土层、泥浆，故单纯黏土不能作为湖的驳岸。为实际测量漏水情况，在挖湖前对拟挖湖的地层需要进行钻探，要求钻孔之间的最大距离不得超过 100 m，待土质情况探明后，再决定这一区域是否适合挖湖，或施工时应采取的哪些工程措施。

3）水面蒸发量的测定和估算

对于较大的人工湖，湖面的蒸发量是非常大的，为了合理设计人工湖的补水量，测定湖面水分蒸发量是很有必要的。目前我国主要采用 E-601 型蒸发器测定水面的蒸发量，但其测得的数值比水体实际的蒸发量大，因此须采用折减系数，年平均蒸发折减系数一般取 0.75～0.85。水量损失主要是由于风吹、蒸发、溢流、排污和渗漏等原因造成的损失。一般按循环水流量或水池容积的百分数计算（见表 4.1）。

表 4.1　水体水量损失表

水景形式	风吹损失占循环水流量的百分比/%	蒸发损失占循环水流量的百分比/%	溢流、排污损失以每天排污量占水池容积的百分比/%
喷泉	0.5~1.5	0.4~0.6	3~5
水膜、水塔、孔流	1.5~3.5	0.6~0.8	3~5
瀑布、水幕、叠水、涌泉、静池、珠泉	0.3~1.2	0.2	2~4

水面蒸发量也可用下面公式估算：

$$E = 0.22(1 + 0.17W_{200}^{1.5})(e_0 - e_{200}) \tag{4.1}$$

式中　E——水面蒸发量，mm；

e_0——对应水面温度的空气饱和水汽压，mbar（1 bar = 10^5 Pa）；

e_{200}——水面上空 200 cm 处空气水汽压，mbar（1 bar = 10^5 Pa）；

W_{200}——水面上空 200 cm 处的风速，m/s。

4)人工湖渗漏损失

人工湖水体渗透损失非常复杂，对于园林水体，可参考表 4.2 所列进行估算。

表 4.2　水体渗透损失表

渗漏损失	全年水量损失（占水体体积的百分比）/%
良好	5~10
中等	10~20
不好	20~40

根据湖面蒸发的总量及渗漏的总量可计算出湖水体积的总减少量，依此可计算最低水位；结合雨季进入湖中雨水的总量，可计算出最高水位；结合湖中给水量，可计算出常水位，这些都是进行人工湖的驳岸设计必不可少的数据。

4.2.3　人工湖施工要点

①认真分析设计图纸，并按设计图纸确定土方量。

②详细踏查现场，按设计线形定点放线。打桩时，沿湖池外缘 15~30 cm 打一圈木桩，第一根桩为基准桩，其他桩皆以此为准。基准桩即是湖体的池缘高度。桩打好后，注意保护好标志桩、基准桩。并预先准备好开挖方向及土方堆积方法。

③考察湖基渗漏状况。部分湖底的渗透性特别小，好的湖底全年水量损失只占水体体积

5%~10%,因此不需特别的湖底处理,适当夯实即可;一般湖底10%~20%;较差的湖底20%~40%(见表4.2),以此,可制订相应的施工方法及工程措施。

④湖体施工时排水尤为重要。如水位过高,施工时可用多台水泵排水,也可通过梯级排水沟排水。由于水位过高,为避免湖底受地下水的挤压而被抬高,必须特别注意地下水的排放。通常用15 cm厚的碎石层铺设整个湖底,上面再铺5~7 cm厚沙子就足够了。如果这种方法还无法解决,则必须在湖底开挖环状排水沟,并在排水沟底部铺设带孔聚氯乙烯(PVC)波纹管,四周用碎石填塞(图4.2),会取得较好的排水效果。

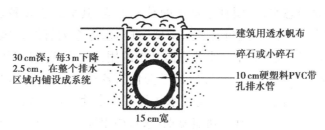

图4.2 PVC排水管铺设示意图

通常条件较好的湖底不做特殊处理,适当夯实即可。但渗漏性较严重的必须采取工程手段。常见的措施有采用灰土层湖底、塑料薄膜湖底和混凝土湖底等作法。

⑤湖底做法应因地制宜。大面积湖底适宜于灰土做法,较小的湖底可以用混凝土做法,铺塑料薄膜适合湖底渗漏中等的情况。以下是几种常见的湖底施工方法(见图4.3)。

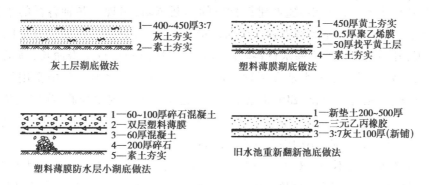

图4.3 几种简易湖底的做法

4.2.4 湖岸处理

湖岸的稳定性对湖体景观有特殊意义,应予以重视。先根据设计图严格将湖岸线用石灰放出,放线时应保证驳岸(或护坡)的实际宽度,并做好各控制基桩的标注。开挖后要对易崩塌之处用木条、板(竹)等支撑,遇到洞、孔等渗漏性大的地方,要结合施工材料采用抛石、填灰土、三合土等方法处理。如岸壁土质良好,做适当修整后即可进行后续施工。湖岸的结构及施工技术见本章4.5驳岸与护坡工程部分。

4.3 水池工程

4.3.1 水池概述

同湖一样,池也属静态水体,园林中常见的是人工池,其形式也多种多样。它与人工湖有较大的不同,多取人工水源,并包括池底、池壁、进出水等系列管线设施。一般而言,人工池的面积较小,水较浅,以观赏为主。水池在园林中的用途很广泛,可用作广场中心、道路尽端以及和亭、廊、花架等建筑小品组合形成富于变化的各种景观效果。常见的喷水池、观鱼池、海兽池及水生植物种植池等都属于这种水体类型。水池平面形状和规模主要取决于园林总体规划以及详细规划中的观赏与功能要求,水景中水池的形态种类众多,深浅和材料也各不相同。

目前,园林景观用人工水池按修建的材料和结构可分为刚性结构水池、柔性结构水池、临时简易水池3种。

(1)刚性结构水池 刚性结构水池也称钢筋混凝土水池(见图4.4)。特点是池底池壁均配钢筋,寿命长、防漏性好,适用于大部分水池。

(2)柔性结构水池 近几年,随着建筑材料的不断革新,出现了各种各样的柔性衬垫薄膜材料,改变了以往光靠加厚混凝土和加粗加密钢筋网防水的做法,例如北方地区为防止水池的渗透冻害,开始选用柔性不渗水材料做防水层。柔性结构特点是寿命长、施工方便且自重轻,不漏水,特别适用于小型水池和屋顶花园水池。目前,在水池工程中常用的柔性材料有玻璃布沥青席、三元乙丙橡胶(EPDM)薄膜、聚氯乙烯(PVC)衬垫薄膜、膨润土防水毯等。

(3)临时简易水池 此类水池结构简单,安装方便,使用完毕后能随时拆除,甚至还能反复利用。一般适用于节日、庆典、小型展览等水池的施工。

临时水池的结构形式不一。对于铺设在硬质地面上的水池,一般可采用角钢焊接、红砖砌筑或者泡沫塑料制成池壁,再用吹塑纸、塑料布等分层将池底和池壁铺垫,并将塑料布反卷包住池壁外侧,用素土或其他重物固定(见图4.11)。内侧池壁可用树桩做成驳岸,或用盆花遮挡,池底可视需要再铺设砂石或点缀少量卵石。另外也可用挖水池基坑的方法建造:先按设计要求挖好基坑并夯实,再铺上塑料布,塑料布应至少留15 cm在池缘,并用天然石块压紧,池周按设计要求种上花草或铺上苔藓,一个临时水池便可完成。

4.3.2 水池的类型

①下沉式水池。使局部地面下沉,限定出一个范围明确的低空间,在这个低空间中设水池(见图4.4)。

此种形式有一种围护感,而四周较高,人在水边视线较低,仰望四周,新鲜有趣。

②台地式水池。与下沉式相反,把开设水池的地面抬高,在其中设池。处于池边台地上的人们有一种居高临下的优越的方位感,视野开阔,趣味盎然,有一种观看天池一样的感受(见图4.5)。

③室内外沟通连体式(或称嵌入式)水池。

④具有主体造型的水池。该水池是由几个不同高低、不同形状的水池组合起来,蓄水、种植花木,可增加观赏性。

⑤使水面平滑下落的滚动式水池,池边有圆形、直形和斜坡形几种形式。

⑥平满式水池。这种水池池边与地面平齐,将水蓄满,使人有一种近水和水满欲溢的感觉。

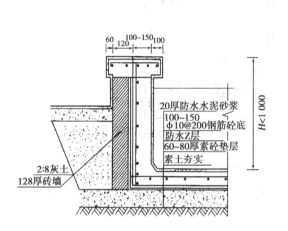

图4.4 钢筋混凝土地下水池

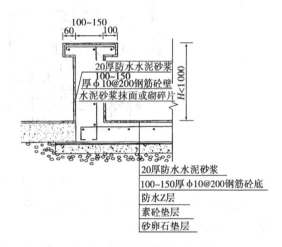

图4.5 钢筋混凝土地上水池

4.3.3 水池设计

水池设计包括平面设计、立面设计、剖面结构设计、管线设计等。

(1)平面设计 水池面积应与庭园面积有适当的比例,其形状和类型也要与周边环境相协调。水池的平面设计显示水池在地面以上的平面位置和尺寸。水池平面图可以标注各部分的高程,标注进水口、溢水口、泄水口、喷头、集水坑、种植池等的平面位置以及所取剖面的位置等内容。池的四周可为人工铺装,也可布置绿草地,地面略向池的一侧倾斜,可显美观。若配置植物,水池深度以50~100 cm为宜,以使水生植物得以生长。水池水面可高于地面,亦可低于地面。但在有霜的地区,则池底面应在霜作用线以下,水平面则不可高于地面。

(2)立面设计 水池的立面设计反映主要朝向的立面高度和变化,水池的深度一般根据水池的景观要求和功能要求而定,但不能过深。水池池壁顶面与周围的环境要有合适的高程关系,一般以最大限度地满足游人的亲水性要求为原则。池壁顶除了使用天然材料,表现其天然特性外,还可加工成平顶或挑伸,或中间折拱或曲拱,或向水池一面倾斜等多种形式。

(3)剖面设计 水池的剖面设计应从地基至池壁顶注明各层的材料和施工要求。剖面应有足够的代表性,如一个剖面不足以反映时可增加剖面。

(4)水池的管线设计　水池中的基本管线包括给水管、补水管、泄水管、溢水管等。有时给水与补水管道使用同一根管子。给水管、补水管和泄水管为可控制的管道,以便更有效地控制水的进出。溢水管为自由管道,不加闸阀等控制设备以保证其畅通。对于循环用水的溪流、叠水、瀑布等还包括循环水的管道。对配有喷泉、水下灯光的水池还存在供电系统设计问题。水池管线布置见图4.6。

一般水景工程的管线可直接敷设在水池内或直接埋在土中。大型水景工程中,如果管线多而且复杂时,应将主要管线布置在专用管沟内。

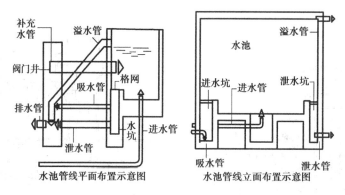

图4.6　水池管线布置示意图

水池设置溢水管,以维持一定的水位和进行表面排污,保持水面清洁。溢水口应设格栅或格网,以防止较大漂浮物堵塞管道。

水池应设泄水口,以便于清扫、检修和防止停用时水质腐败或结冰,池底应有不小于0.01的坡度,坡向泄水口或集水坑。水池一般采用重力泄水,也可利用水泵的吸水口兼作泄水。

(5)其他配套设计　在水池中可以布设卵石、汀步、跳水石、叠水台阶、置石、雕塑等景观设施,共同组成景观。对于有叠水的水池,叠水线可以设计成规整或不规整的形式,是设计时重点强调的地方。池底可采用人工铺砌砂土、砾石或钢筋混凝土池底,再在其上选用池底装饰材料。

4.3.4　水池的基本结构

园林中常用的刚性结构水池的基本结构主要由压顶、池壁、池底、防水层、基础、施工缝和变形缝等组成。

1)压顶

压顶属池壁顶端装饰部分,作用是保护池壁,防止污水泥沙流入池内。下沉式水池压顶至少要高出地面5~10 cm,且压顶距水池常水位为200~300 mm。其材料一般采用花岗岩等石材或混凝土,厚10~15 cm。常见的压顶形式有以下几种(见图4.7)。

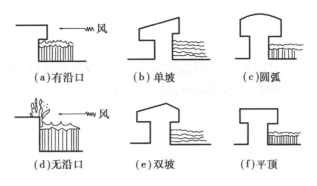

图 4.7　水池池壁压顶形式与做法

2) 池壁

池壁是水池竖向围护部分,承受池水的水平压力。一般采用混凝土、钢筋混凝土或砖块。钢筋混凝土池壁厚度一般不超过 300 mm,常用 150~200 mm,宜配直径 8 mm、12 mm 钢筋,中心距 200 mm,C20 混凝土现浇。同时,为加强防渗效果,混凝土中需加入适量防水粉,一般占混凝土的 3%~5%,过多会降低混凝土的强度。

3) 池底

池底直接承受水的竖向压力,要求坚固耐久。多用现浇钢筋混凝土池底,厚度应大于 20 cm,如果水池容积大,需配双层双向钢筋网。池底需有一个排水坡度,一般不小于 1%,坡向泄水口。

4) 防水层

水池工程中,好的防水层是保证水池质量的关键。目前,水池防水材料种类较多,有防水卷材、防水涂料、防水嵌缝油膏等。一般水池用普通防水材料即可,钢筋混凝土水池防水层可以采用抹 5 层防水砂浆做法,层厚 30~40 mm。还可用防水涂料,如沥青、聚氨酯、聚苯酯等。

5) 基础

基础是水池的承重部分,一般由灰土或砾石三合土组成,要求较高的水池可用级配碎石。一般灰土层厚 15~30 cm,C10 混凝土层厚 10~15 cm。

6) 施工缝

水池池底与池壁混凝土一般分开浇筑,为使池底与池壁紧密连接,池底与池壁连接处的施工缝可设置在基础上方 20 cm 处。施工缝可留成台阶形,也可加金属止水片或遇水膨胀胶带(见表 4.3)。

7）变形缝（伸缩缝）

长度在 25 m 以上水池要设变形缝，以缓解局部受力。变形缝间距不大于 20 mm，要求使池壁与池底结构完全断开，用止水带或浇灌沥青做防水处理。

4.3.5　水池的施工技术

1）刚性水池施工技术

刚性结构水池也称钢筋混凝土水池，池底和池壁均配钢筋，因此寿命长、防漏性好，适用于大部分水池。钢筋混凝土水池的施工工序为：

材料准备→池面开挖→池底施工→浇筑混凝土池壁→混凝土抹灰→试水→贴面等。

（1）施工准备　主要包括场地的平整，按图纸放线，同时准备施工所需材料，如碎石、用于池底和池壁的混凝土配料、防水剂或其他防水卷材、添加剂等。

（2）池基开挖　根据现场施工条件确定人工挖方或人工结合机械挖方。土方开挖时一定要考虑池底和池壁的厚度。如为下沉式水池，池基挖方会遇到排水问题，工程中常用基坑排水，这是既经济又简易的排水方法。如果池底设置有沉泥池，应结合池底开挖同时施工。

（3）池底施工　混凝土池底的水池，如其形状比较规整，则 50 m 内可不做伸缩缝。如其形状变化较大，则在其长度约 20 m 处并在其断面狭窄处，做伸缩缝。一般池底可根据景观需要，进行色彩上的变化，如贴蓝色的瓷砖等，以增加美感。混凝土池底施工要点如下：

①根据池底的基土情况不同加以处理。如基土稍湿而松软时，可在其上铺以厚 10 cm 的碎石层，并加以夯实，然后浇灌混凝土垫层。

②混凝土垫层浇完隔 1~2 d（应视施工时的温度而定），在垫层面上测量确定底板中心，然后根据设计尺寸进行放线，定出柱基以及底板的边线，画出钢筋布线，依线绑扎钢筋，接着安装柱基和底板外围的模板。

③在绑扎钢筋时，应详细检查钢筋的直径、间距、位置、搭接长度、上下层钢筋的间距、保护层及埋件的位置和数量，看其是否符合设计要求。上下层钢筋均应用铁撑（铁马凳）加以固定，使之在浇捣过程中不发生变化。如钢筋过水后生锈，应进行除锈处理。如果在水池里有汀步或其他雕塑，其立柱的钢筋的绑扎要与池底钢筋同时进行。

④底板应一次连续浇完，不留施工缝。施工间歇时间不得超过混凝土的初凝时间。如混凝土在运输过程中产生初凝或离析现象，应在现场进行二次搅拌后方可入模浇捣。底板厚度在 20 cm 以内，可采用平板振动器，20 cm 以上则采用插入式振动器。

⑤池壁为现浇混凝土时，底板与池壁连接处的施工缝可留在基础以上 20 cm 处。施工缝可留成台阶形、凹槽形、加金属止水片或遇水膨胀橡胶带。各种施工缝的优缺点及做法见表 4.3。

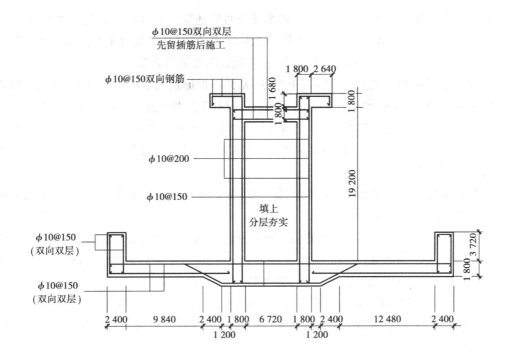

图 4.8 池底、池壁及池中装饰的钢筋绑扎及标注方法

表 4.3 各种施工缝的优缺点及做法

施工缝种类	简　图	优　点	缺　点	做　法
台阶形		可增加接触面积,使渗水路线延长和受阻,施工简单,接缝表面易清理	接触面简单,双面配筋时,不易支模,阻水效果一般	支模时,可在外侧安设木方,混凝土终凝后取出
凹槽形		加大了混凝土的接触面,使渗水路线受更大阻力,提高了防水质量	在凹槽内易于积水和存留杂物,清理不净时影响接缝严密性	支模时将木方置于池壁中部,混凝土终凝后取出
加金属止水片		适用于池壁较薄的施工缝,防水效果比较可靠	安装困难,且需耗费一定数量的钢材	将金属止水片固定在池壁中部,两侧等距
遇水膨胀橡胶止水带		施工方便,操作简单,橡胶止水带遇水后体积迅速膨胀,将缝隙塞满、挤密		将腻子型橡胶止水带置于已浇筑好的施工缝中部即可

（4）水池池壁施工技术　人造水池一般采用垂直形池壁。垂直形的优点是池水降落之后，不至于在池壁淤积泥土，从而使低等水生植物无从寄生，同时易于保持水面洁净。垂直形的池壁，可用砖石等砌筑，以瓷砖、罗马砖等饰面，还可做成图案加以装饰。

①混凝土池壁的施工技术。做混凝土池壁，尤其是矩形钢筋混凝土池壁时，应先做模板以固定之，池壁厚 15~25 cm，水泥成分与池底同。目前有无撑及有撑支模两种方法。有撑支模为常用的方法。当矩形池壁较厚时，内外模可在钢筋绑扎完毕后一次立好。浇捣混凝土时操作人员可进入模内振捣，并应用串筒将混凝土灌入，分层浇捣。矩形池壁拆模后，应将外露的止水螺栓头割去。

a.池壁施工要注意选用水泥标号不宜低于 425 号的普通硅酸盐水泥，所用石子的最大粒径不宜大于 40 mm，吸水率不大于 1.5%。

b.固定模板用的铁丝和螺栓不宜直接穿过池壁。当螺栓或套管必须穿过池壁时，应采取防水措施。常见的防水措施有：螺栓上加焊止水环，如在混凝土中预埋套管时，管外侧应加焊止水环，管中穿螺栓，拆模后将螺栓取出，套管内用膨胀水泥砂浆封堵。

c.在池壁混凝土浇筑前，应先将施工缝处的混凝土表面凿毛，清除浮粒和杂物，用水冲洗干净，保持湿润，再铺上一层厚 20~25 mm 的水泥砂浆。水泥砂浆所用材料的灰砂比应与混凝土材料的灰砂比相同。

d.池壁混凝土应连续施工，一次浇筑完毕，不留施工缝。

e.池壁有密集管群穿过预理件或钢筋稠密处浇筑混凝土有困难时，可采用相同抗渗等级的细石混凝土浇筑。

f.池壁混凝土浇筑完后，应立即进行养护，并充分保持湿润，养护时间不得少于 14 昼夜。

池底及池壁的结构图见图 4.9。

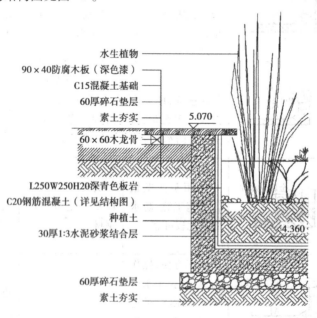

图 4.9　混凝土池底和池壁的结构

②混凝土砖砌池壁施工技术。用混凝土砖砌造池壁可大大简化施工程序。但混凝土砖一

般只适用于古典风格或设计规整的池塘。混凝土砖10 cm厚,结实耐用,常用于池塘建造。也可用大规格的空心砖,但使用空心砖时,中心必须用混凝土浆填塞。有时也用双层空心砖墙中间填混凝土的方法来增加池壁的强度。用混凝土砖砌池壁的一个好处是,池壁可以在池底浇筑完工后的第二天再砌。一定要趁池底混凝土未干时将边缘处拉毛,池底与池壁相交处的钢筋要向上弯伸入池壁,以加强结合部的强度,钢筋伸到混凝土砌块池壁后或池壁中间。由于混凝土砖是预制的,所以池壁四周必须保持绝对的水平。砌混凝土砖时要特别注意保持砂浆厚度均匀。

(5)池壁抹灰施工技术 抹灰在混凝土及砖结构的池塘施工中是一道十分重要的工序。它使池面平滑,不会伤及池鱼。此外,池面光滑也便于清洁工作。

(6)压顶 规则水池顶上应以砖、石块、石板、大理石或水泥预制板等作压顶。压顶或与地面平,或高出地面。当压顶与地面平时,应注意勿使土壤流入池内,可将池周围地面稍向外倾。有时在适当的位置上,将顶石部分放宽,以便放置盆钵或其他摆饰。

在水池施工过程中,还涉及许多其他工种与分项工程,如假山工程、给排水工程、电气工程、设备安装工程等,可参考其他相关章节或其他相关书籍。

2)柔性结构水池施工

近几年,随着新建筑材料的出现,水池的结构出现了柔性结构。实际上水池若是一味靠加厚混凝土和加粗加密钢筋网是无济于事的,这只会导致工程造价的增加,尤其对北方水池的冻害渗漏,不如用柔性不渗水的材料做水池夹层为好。目前在工程实践中使用的有玻璃布沥青席水池、三元乙丙橡胶(EPDM)薄膜水池、再生橡胶薄膜水池、油毛毡防水层(二毡三油)水池等。柔性水池的施工技术简单,操作容易,现在多用于大型会场中的水池,水中配以莲花、睡莲等水生植物和各种观赏鱼类,周边点缀花草树木,使场景生机盎然。

(1)玻璃布沥青席水池(图4.10) 这种水池施工前得先准备好沥青席。方法是以沥青0号:3号=2:1调配好,按调配好的沥青30%,石灰石矿粉70%的配比,且分别加热至100 ℃,再将矿粉加入沥青锅拌匀,把准备好的玻璃纤维布(孔目8 mm×8 mm或者10 mm×10 mm)放入锅内蘸匀后慢慢拉出,确保粘结在布上的沥青层厚度在于2~3 mm,拉出后立即洒滑石粉,并用机械碾压密实,每块席长40 m左右。

施工时,先将水池土基夯实,铺300 mm厚3:7灰土保护层,再将沥青席铺在灰土层上,搭接长50~100 mm,同时用火焰喷灯焊牢,端部用大块石压紧,随即铺小碎石一层。最后在表层散铺150~200 mm厚卵石一层即可。

(2)三元乙丙橡胶(EPDM)薄膜水池(图4.11) EPDM薄膜类似于丁基橡胶,是一种黑色柔性橡胶膜,厚度为3~5 mm,能经受温度-40~80 ℃,扯断强度>7.35 N/mm²,使用寿命可达50年,施工方便,自重轻,不漏水,特别适用于大型展览用临时水池和屋顶花园用水池。建造EPDM薄膜水池,要注意衬垫薄膜与池底之间必须铺设一层保护垫层,材料可以是细砂(厚度>5 cm)、废报纸、旧地毯或合成纤维。薄膜的需要量可视水池面积而定,不过要注意薄膜的宽度必须包括池沿,并保持在30 cm以上。铺设时,先在池底混凝土基层上均匀地铺一层5 cm厚的沙子,并洒水使沙子湿润,然后在整个池中铺上保护材料,之后就可铺EPDM衬垫薄膜了,注意薄膜四周至少多出池边 15 cm。如是屋顶花园水池或临时性水池,可直接在池底铺沙子和保护层,再铺 EPDM 即可。

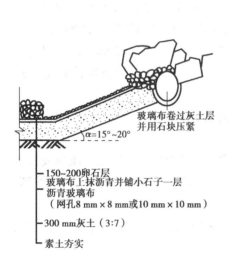

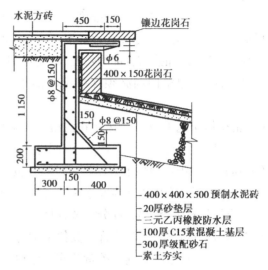

图 4.10　玻璃布沥青席水池　　　　　图 4.11　三元乙丙橡胶薄膜水池结构

水池完成后,还可进行艺术加工修饰,使水池能够与周围环境相协调,如在池壁摆放各种观赏石做成湖石或黄石池壁(图 4.12),或在池底加卵石加以装饰,或在池底添加泥土种植水生植物。

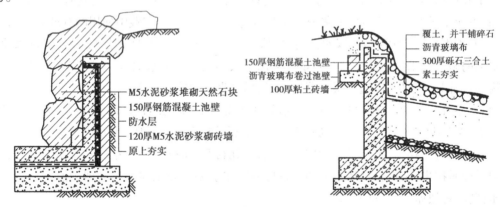

图 4.12　天然块石池岸和与绿地相接的池岸作法

4.4　溪流、瀑布及叠水工程

在水景营造中,依据地形的起伏变化或创造地形,就可以创造出动态水景,使景观具有动感和声响的变化,使园林景观具有活力。动态水景虽局限于槽沟中,但仍能表现出水的动态美。潺潺的流水声与波光激滟的水面,会给城市景观带来特别的山林野趣,甚至也可借此形成独特的现代景观。动态水景主要有溪流、瀑布和叠水。

4.4.1   溪流工程

在园林中,溪流或急或缓,纵横交织,溪流两岸或溪流中点缀大小湖石或卵石,溪流激石,有动有声,再加之两岸之树木花草,构成一幅生动的自然景观。除去自然形成的河流以外,城市中的溪流常设计于较平缓的斜坡或与瀑布、叠水等水景相连。水景设计中的溪流形式多种多样,可根据地形、坡度和其他景观因素,对溪流的风格、水量、流速、水深、水宽等进行不同的创作设计。一般溪流的坡势应根据建设用地的地形地势及排水条件等决定。

1)溪流的设计要点

①根据周围景观环境和建筑特点选择溪流的类型;在溪流的平面线形设计中,要求线形曲折流畅,回转自如;两条岸线的组合既要相互协调,又要有许多变化,要有开有合,使水面富于宽窄变化。流水水面的宽窄变化可以使水流的速度也出现缓急的变化(见图4.13)。

②明确溪流的功能,如观赏、戏水、养殖昆虫植物等。然后依照功能进行溪流水底、防护堤细部、水量、水质、流速设计调整。

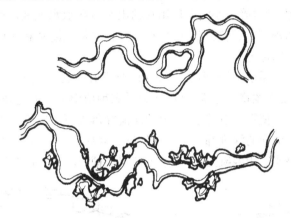

图4.13   溪流平面

③溪流的水流动具有声色效果,因此流水的设计多仿自然河川,盘绕曲折,但曲折的角度不宜过小,曲口必须较为宽大,以引导水向下缓流,但曲折也不可过多。

④对游人可能涉入的溪流,尤其是儿童嬉戏的溪流,其水深应设计在30 cm以下,同时水底应作防滑处理。另外,对不仅用于儿童嬉水而且还可游泳的溪流,应安装过滤装置。一般可将瀑布、叠水、溪流、水池的循环过滤装置集中设置。

⑤在溪流的设计中,要注重溪流的美感。如适当增加溪流的曲折,甚至可以采取夸张设计。同时,为使庭园更显开阔,可适当加大自然式溪流的宽度。

⑥对溪底,可选用大卵石、砾石、水洗砾石、瓷砖、石料等铺砌处理,以美化景观。大卵石、砾石溪底尽管不便清扫,但如适当加入砂石、种植苔藻,会更展现其自然风格,也可减少清扫次数。

⑦栽种水生植物如花菖蒲、石菖蒲、芦苇等水生植物处的水势会有所减弱,并要采取相应的保土措施。

⑧水底与防护堤都应设防水层,防止溪流渗漏,尤其是缺水地区。

⑨充分利用地形地貌,建造优美景观,溪流可结合瀑布和叠水建造,也可通过建造小型水坝(或用大块石如湖石、黄石)隔断,以保持溪流中的水在一定的深度。

溪流剖面构造如图4.14所示。

2) 溪流施工

（1）施工流程　施工流程一般为：施工准备→溪道放线→溪槽开挖→溪底施工→溪壁施工→溪道装饰→试水。

（2）施工要点

①施工准备：主要环节是进行现场踏查，熟悉设计图纸，准备施工材料、施工机具、施工人员。对施工现场进行清理平整，接通水电，搭置必要的临时设施等。

②溪道放线：依据已确定的小溪设计图纸。用石灰、黄沙或绳子等在地面上勾画出小溪的轮廓，同时确定小溪循环用水的出水口和承水池间的管线走向。由于溪道宽窄变化多，放线时应加密打桩量，特别是转弯点。各桩要标注清楚相应的设计高程，变坡点（即设计叠水之处）要做特殊标记。

③溪槽开挖：小溪要按设计要求开挖，最好掘成 U 形坑，因小溪多数较浅，表层土壤较肥沃，要注意将表土堆放好，作为溪涧种植土。溪道开挖要求有足够的宽度和深度，以便安装散点石。值得注意的是，一般的溪流在落入下一段之前都应有至少 7 cm 的水深，故挖溪道时每一段最前面的深度都要深些，以确保小溪的自然。溪道挖好后，必须将溪底基土夯实，溪壁拍实。如果溪底用混凝土结构，应先在溪底铺 10~15 cm 厚碎石层作为垫层。

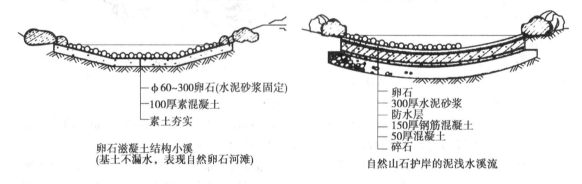

φ60~300卵石(水泥砂浆固定)
100厚素混凝土
素土夯实

卵石混凝土结构小溪
(基土不漏水,表现自然卵石河滩)

卵石
300厚水泥砂浆
防水层
150厚钢筋混凝土
50厚混凝土
碎石

自然山石护岸的泥浅水溪流

图 4.14　溪流底及自然式护岸

④溪底施工：混凝土溪底施工时，在碎石垫层上铺上沙子（中沙或细沙），垫层 2.5~5 cm，盖上防水材料（EPDM、油毡卷材等），然后现浇混凝土，厚度 10~15 cm（北方地区可适当加厚），其上铺水泥砂浆约 3 cm，然后再铺素水泥浆 2 cm，再按设计放入卵石即可。柔性溪底施工时，如果小溪较小，水又浅，溪基土质良好，可直接在夯实的溪道上铺一层 2.5~5 cm 厚的沙子，再将衬垫薄膜盖上。衬垫薄膜纵向的搭接长度不得小于 30 cm，留于溪岸的宽度不得小于 20 cm，并用砖、石等重物压紧。最后用水泥砂浆把石块直接粘在衬垫薄膜上。

⑤溪壁施工：溪岸可用大卵石、砾石、瓷砖、石料等铺砌。和溪道底一样，溪岸也必须设置防水层，防止溪流渗漏。如果小溪环境开朗，溪面宽、水浅，可将溪岸做成草坪护坡，且坡度尽量平缓。临水处用卵石封边即可。

⑥溪道装饰：为使溪流更自然有趣，可用较少的鹅卵石放在溪床上，这会使水面产生轻柔的涟漪。同时按设计要求进行管网安装，最后点缀少量景石，配以水生植物，饰以小桥、汀步等小品。溪流两岸，可栽植各种观赏植物，以灌木为主，草本为次，乔木类宜少。在水流弯曲部分，为求隐蔽曲折，可多栽植树木。在适当的地方可设置栏杆、桥梁、园亭、水钵、雕像等。

⑦试水:试水前应将溪道全面清洁并检查管路的安装情况。而后打开水源,注意观察水流及岸壁,如达到设计要求,说明溪道施工合格。

4.4.2 瀑布工程

1)瀑布的构成和分类

（1）瀑布的构成　瀑布是一种自然现象,是河床造成陡坎,水从陡坎处滚落下跌时,形成优美动人或奔腾咆哮的景观,因遥望下垂如布,故称瀑布。

瀑布一般由背景、上游积聚的水源、落水口、瀑身、承水潭及下流的溪水组成。人工瀑布常以山体上的山石、树木组成浓郁的背景,上游积聚的水（或水泵动力提水）通过落水口下落,落水口也称瀑布口,其形状和光滑程度影响到瀑布水态,其水流量是瀑布设计的关键。瀑身是观赏的主体,落水后形成深潭经小溪流出,其模式如图 4.15 所示。

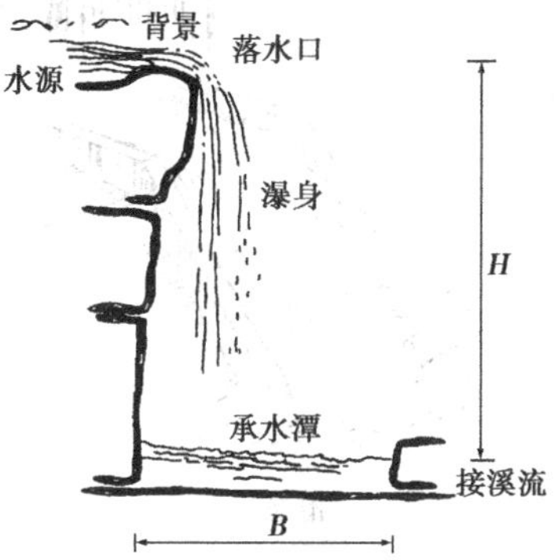

图 4.15　瀑布模式图
B—承水潭宽度；
H—瀑身高度

（2）瀑布的分类　瀑布的设计形式种类比较多,瀑布种类一是可按流水的跌落方式来划分,二是可按瀑布口的设计形式来划分。

①按瀑布跌落方式分,有直瀑、分瀑、跌瀑和滑瀑 4 种。

直瀑:即直落瀑布。这种瀑布的水流是不间断地从高处直接落入其下的池、潭水面或石面。若落在石面,就会产生飞溅的水花四散洒落。直瀑的落水能够造成声响,可为园林环境增添动态水声。

分瀑:实际上是瀑布的分流形式,因此又叫分流瀑布。它是由一道瀑布在跌落过程中受到中间物阻挡一分为二,再分成两道水流继续跌落。这种瀑布的水声效果也比较好。

跌瀑:也称跌落瀑布,是由很高的瀑布分为几跌,一跌一跌地向下落。跌瀑适宜布置在比较高的陡坡坡地,其水形变化较直瀑、分瀑都大一些,水景效果的变化也多一些,但水声要稍弱一点。

滑瀑:就是滑落瀑布,其水流顺着一个很陡的倾斜坡面向下滑落。斜坡表面所使用的材料质地情况决定着滑瀑的水景形象。斜坡是光滑表面,则滑瀑如一层薄薄的透明纸,在阳光照射下显示出湿润感和水光的闪耀。坡面若是凸起点（或凹陷点）密布的表面,水层在滑落过程中就会激起许多水花,当阳光照射时,就像一面镶满银色珍珠的挂毯。斜坡面上的凸起点（或凹陷点）若做成有规律排列的图形纹样,则所激起的水花也可以形成相应的图形纹样。

②按瀑布口的设计形式来分,瀑布有布瀑、带瀑和线瀑 3 种（见图 4.16）:

布瀑:瀑布的水像一片又宽又平的布一样飞落而下。瀑布口的形状设计为一条水平直线。

带瀑:从瀑布口落下的水流,组成一排水带整齐地落下。瀑布口设计为宽齿状,齿排列为直线,齿的间距全部相等,齿间的小水口宽窄一致。

线瀑:排线状的瀑布水流如同垂落的丝帘,这是线瀑的水景特色。线瀑的瀑布口设计为尖

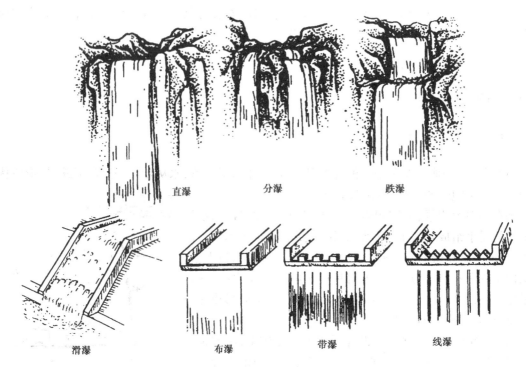

直瀑　　　　分瀑　　　　跌瀑

滑瀑　　　布瀑　　　带瀑　　　线瀑

图 4.16　瀑布的跌落方式

齿状。尖齿排列成一条直线,齿间的小水口呈尖底状。从一排尖底状小水口上落下的水,即呈细线形。随着瀑布水量增大,水线也会相应变粗。

2)瀑布设计

(1)瀑布的设计要点

①人工瀑布的建造源于自然。所以,筑造瀑布景观应师法自然,以自然的瀑布作为造景砌石的参考,来体现自然情趣。

图 4.17　瀑布的循环水流

②设计前需先行勘查现场地形以及周边的环境,瀑布的高低、大小、比例及形式,必须与周围环境相协调、与建筑风格相协调。

③瀑布设计有多种形式,筑造时要考虑水源的大小、景观主题,并依照岩石组合形式的不同进行合理的创新和变化。

④如果园区内有天然水源,可直接利用水的位差供水,如有天然水源的森林公园等。为节约用水,减少瀑布流水的损失,可装置循环水流系统(见图 4.17),平时只需补充一些因蒸发而损失的水量即可。如用假山石作为瀑身,水泵应置于承水潭下,以便于维修,同时,水泵上设置假山石加以装饰。

⑤在建造时,应以岩石及植物隐蔽出水口的塑胶水管,否则将破坏景观的自然。

⑥岩石间的固定除用石与石互相咬合外,目前常以水泥强化其安全性,但应尽量以植物掩饰,以免破坏自然山水的意境。

(2)瀑布用水量的估算　人工建造瀑布,其用水量较大,因此多采用水泵循环供水。其用

水量标准可参阅表4.4。水源要达到一定的供水量,一般来说,高2 m的瀑布,每米宽度的流量约为0.5 m³/ min较为适宜。

表4.4　瀑布用水量估算表(每米用水量)

瀑布落水高度/m	蓄水池水深/cm	用水量/(L·s⁻¹)	瀑布落水高度/m	蓄水池水深/cm	用水量/(L·s⁻¹)
0.30	6	3	3.00	19	7
0.90	9	4	4.50	22	8
1.50	13	5	7.50	25	10
2.10	16	6	>7.50	32	12

3)瀑布的营建

(1)顶部蓄水池的设计　蓄水池的容积要根据瀑布的流量来确定,要形成较壮观的景象,就要求其容积大;相反,如果要求瀑布薄如轻纱,就没有必要太深、太大。如为自然式假山瀑布,顶部蓄水池要结合假山山形的需要建造。

瀑布水面,高与宽的比例以6∶1为佳。落下的角度当视落下的形式及水量而定,最大为直角。瀑布面应全部以岩石装饰其表面,内壁面可用1∶3∶5的混凝土,高度及宽度较大时,则应加钢筋。瀑布面内可装饰若干植物,在瀑布面外的上端及左右两侧则宜多栽植树木,使瀑布水势更为壮观。

(2)堰口处理　所谓堰口就是使瀑布的水流改变方向的山石部位。其出水口应模仿自然,并以树木及岩石加以隐蔽或装饰,当瀑布的水膜很薄时,能表现出极其生动的水态。

(3)瀑身设计与施工　瀑布水幕的形态也就是瀑身,它是由堰口及堰口以下山石的堆叠形式确定的。例如,堰口处的整形石呈连续的直线,堰口以下的山石在侧面图上的水平长度不超出堰口,则这时形成的水幕整齐、平滑,非常壮丽。堰口处的山石虽然在一个水平面上,但出水口的伸出、缩进,可以使瀑布形成的景观有层次感。若堰口以下的山石,在水平方向上突出较多,可形成两重或多重瀑布,这样瀑布就更加活泼而有节奏感(见图4.18,图4.19)。

瀑身设计就是要表现瀑布的各种水态的性格。在城市景观构造中,注重瀑身的变化,可创造多姿多彩的水态。天然瀑布的水态是非常丰富的,设计时应根据瀑布所在环境的具体情况、空间气氛,确定设计瀑布的性格。设计师应根据环境需要灵活运用。

(4)承水潭(受水池)　天然瀑布落水口下面多为一个深潭。在做瀑布设计时,也应在落水口下面做一个承水潭。为了防止落下时水花四溅,一般的经验是使受水池的宽度不小于瀑身高度的2/3。承水潭池底和池壁的修建要和瀑布假山的基础同时进行,以保证假山的稳定。

(5)与音响、灯光的结合　利用音响效果渲染气氛,增强水声和波涛翻滚的意境。也可以把彩色的灯光安装在瀑布的对面,晚上就可以呈现出彩色瀑布的奇异景观。如南京北极阁广场瀑布就同时运用了以上两种效果。

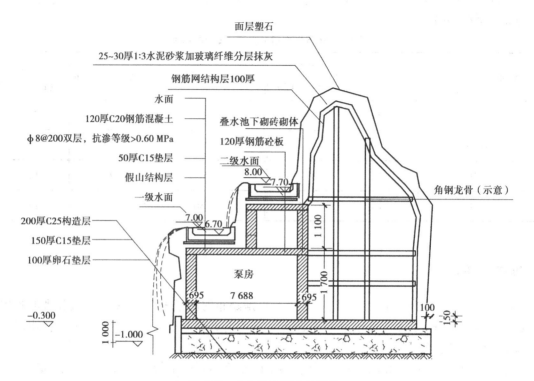

面层塑石

25~30厚1:3水泥砂浆加玻璃纤维分层抹灰

钢筋网结构层100厚

水面

120厚C20钢筋混凝土

φ8@200双层，抗渗等级>0.60 MPa

50厚C15垫层

假山结构层

一级水面

200厚C25构造层

150厚C15垫层

100厚卵石垫层

叠水池下砌砖砌体

120厚钢筋砼板

二级水面

角钢龙骨（示意）

泵房

图 4.18　人工塑山瀑布的结构

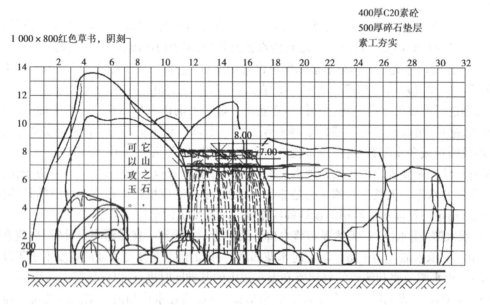

400厚C20素砼

500厚碎石垫层

素工夯实

1 000×800红色草书，阴刻

可以攻玉。它山之石，

图 4.19　人工塑山瀑布的立面图

4.4.3 叠水工程

1）叠水的特点

叠水本质上是瀑布的变异,它强调一种规律性的阶梯落水形式,叠水的外形就像一道楼梯,其构筑的方法和前面的瀑布基本一样,只是它所使用的材料更加自然美观,如经过装饰的砖块、混凝土、厚石板、条形石板或铺路石板,目的是为了取得规则式设计所严格要求的几何结构。台阶有高有低,层次有多有少,有韵律感及节奏感,其形式有规则式、自然式及其他形式,故可产生形式不同、水量不同、水声各异的丰富多彩的叠水景观。它是善用地形、美化地形的一种理想的水态,具有很广泛的利用价值。

2）叠水的形式

叠水的形式有多种,就其落水的水态分,一般可将其分为以下几种形式:

(1)单级式叠水 也称一级叠水。溪流下落时,如果无阶状落差,即为单级叠水。单级叠水由进水口、胸墙、消力池及下游溪流组成。

进水口是经供水管引水到水源的出口,应通过某些工程手段使进水口自然化,如配饰山石。胸墙也称叠水墙,它能影响到水态、水声和水韵。胸墙要求坚固、自然。消力池即承水池,其作用是减缓水流冲击力,避免下游受到激烈冲刷,消力池底要有一定厚度,一般认为,当流量 $2 \ \mathrm{m}^3/\mathrm{s}$、墙高大于 $2 \ \mathrm{m}$ 时,底厚 $50 \ \mathrm{cm}$。消力池长度也有一定要求,其长度应为叠水高度的 1.4 倍。连接消力池的溪流应根据环境条件设计。

(2)二级式叠水 即溪流下落时,具有两阶落差的叠水,通常上级落差小于下级落差。二级叠水的水流量较单级叠水小,故下级消力池底厚度可适当减小。

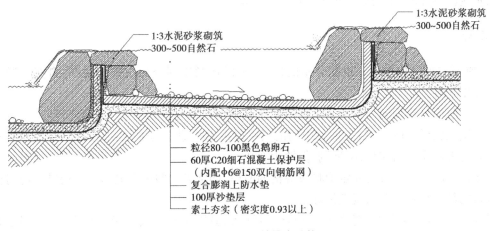

图 4.20 某叠水结构

(3)多级式叠水 即溪流下落时,具有三阶以上落差的叠水,如图 4.20 所示。多级叠水一般水流量较小,因而各级均可设置蓄水池(或消力池),水池可为规则式也可为自然式,视环境

而定。水池内可点铺卵石,以防水闸海漫功能削弱上一级落水的冲击。有时为了造景需要,渲染环境气氛,可配装彩灯,使整个水景景观盎然有趣。

(4)悬臂式叠水　悬臂式叠水的特点是其落水口处理与瀑布落水口的泻水石处理极为相似,它是将泻水石突出成悬臂状,使水能泻至池中间,因而落水更具魅力。

(5)陡坡叠水　陡坡叠水是以陡坡连接高、低渠道的开敞式过水的叠水形式。园林中多应用于上下水池的过渡。由于坡陡水流较急,需有稳固的基础。

在一般情况下,叠水和溪流相结合,尤其是坡度较大的溪流,可以创造出更为优美的园林水景。通过合理设计与建造,在枯水期,由于叠水坝(或大块石)的阻隔,可以使溪流中充满水,而不至于露出溪底。

4.5　驳岸、护坡及水闸工程

4.5.1　驳岸工程

园林驳岸是在园林水体边缘与陆地交界处,为稳定岸壁,保护湖岸不被冲刷或水淹所设置的构筑物,同时,又起到装点景观的作用。园林驳岸也是园景的组成部分之一,在古典园林中,驳岸往往用自然山石砌筑,与假山、置石、花木相结合,共同组成园景。园林水体需要坚实而优美的驳岸。同时,驳岸必须结合所在具体环境的艺术风格、地形地貌、地质条件、材料特性、种植特色以及施工方法、经济要求来选择其结构形式,在实用、经济的前提下注意外形的美观,使其与周围景色相协调。

岸顶高程应比最高水位高出一段距离,一般是高出 25 cm 至 1 m。一般的情况下驳岸以贴近水面为好。在水面积大、地下水位高、岸边地形平坦的情况下,对于人流稀少的地带可考虑短时间被洪水淹没,以降低由大面积垫土或增高驳岸的造价。

1)驳岸设计

(1)园林驳岸的结构形式　根据驳岸的造型,可以将驳岸划分为规则式驳岸、自然式驳岸和混合式驳岸 3 种。

①规则式驳岸。指用砖、石、混凝土砌筑的比较规整的驳岸,如常见的重力式驳岸、半重力式驳岸和扶壁式驳岸等(图 4.21),园林中用的驳岸以重力式驳岸为主,要求较好的砌筑材料和施工技术。这类驳岸简洁明快,耐冲刷,但缺少变化。

②自然式驳岸。指外观无固定形状或规格的驳岸,如常见的假山石驳岸、卵石驳岸、仿树桩驳岸等,这种驳岸自然亲切,景观效果好。

③混合式驳岸(图 4.22)。这种驳岸结合了规则式驳岸和自然式驳岸的特点,一般用毛石砌墙,自然山石封顶,园林工程中也较为常用。

(2)园林常见驳岸结构

①砌石驳岸。砌石驳岸是园林工程中最为主要的驳岸形式。它主要依靠墙身自重来保证

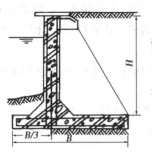

图 4.21　扶壁式驳岸

扶壁式驳岸构造要求:
1. 在水平荷载时 $B=0.45H$
   在超重荷载时 $B=0.65H$
   在水平又有道路荷载时
   $B=0.75H$
2. 墙面板、扶壁的厚度
   $>2\,025$ 底板厚度 25

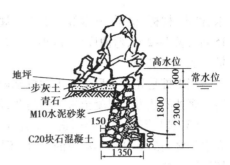

图 4.22　混合式驳岸

岸壁的稳定,抵抗墙后土壤的压力。园林驳岸的常见结构由基础、墙身和压顶三部分组成。

基础是驳岸承重部分,上部质量经基础传给地基。因此,要求基础坚固,埋入湖底深度不得小于 50 cm,基础宽度为驳岸高度的 0.6~0.8 倍。如果土质松软,必须先作地基处理。

墙身是基础与压顶之间的主体部分,多用混凝土、毛石、砖砌筑。墙身承受压力最大,主要来自垂直压力、水的水平压力及墙后土壤侧压力,为此,墙身要确保一定厚度。墙体高度根据最高水位和水面浪高来确定。考虑到墙后土压力和地基沉降不均匀变化等,应设置沉降缝。为避免因温差变化而引起墙体破裂,一般每隔 10~25 m 设伸缩缝一道,缝宽 20~30 mm。岸顶以贴近水面为好,便于游人接近水面,并显得蓄水丰盈饱满。

压顶为驳岸最上部分,作用是增强驳岸稳定,阻止墙后土壤流失,美化水岸线。压顶用混凝土或大块石做成,宽度 30~50 cm(见图 4.23)。如果水体水位变化大,即雨季水位很高,平时水位低,这时可将岸壁迎水面做成台阶状,以适应水位的升降。

②桩基驳岸。桩基是常用的一种水工地基处理手法。基础桩的主要作用是增强驳岸的稳定,防止驳岸的滑移或倒塌,同时可加强土基的承载力。其特点是:基岩或坚实土层位于松土层,桩尖打下去,通过桩尖将上部荷载传给下面的坚实土层;若桩打不到基岩,则利用摩擦,借桩表面与泥土间的摩擦力将荷载传到周围的土层中,以达到控制沉陷的目的(见图 4.24)。

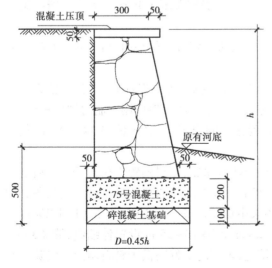

图 4.23　驳岸的结构

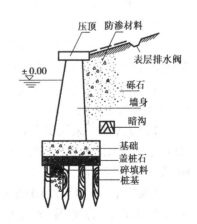

图 4.24　桩基础驳岸

桩基有木桩、石桩、灰土桩和混凝土桩、竹桩、板桩等。木桩要求耐腐、耐湿、坚固,常采用柏

木、松木、橡树、榆树、杉木等。桩木的规格取决于驳岸的要求和地基的土质情况,一般直径10~15 cm,长1~2 m,弯曲度(d/l)小于1%。桩木的排列常布置成梅花桩、品字桩或马牙桩。梅花桩一般5个桩/m^2。

灰土桩是先打孔后填灰土的桩基做法,常配合混凝土使用,适用于岸坡水淹频繁而木桩又容易腐蚀的地方。混凝土桩坚固耐久,但投资较大。

(3)破坏驳岸的主要因素 驳岸可分成湖底以下基础部分、常水位以下部分、常水位与最高水位之间的部分和不淹没的部分,不同部分其破坏因素不同。湖底以下驳岸的基础部分的破坏原因包括:

①由于池底地基强度和岸顶荷载不一而造成不均匀的沉陷,使驳岸出现纵向裂缝甚至局部塌陷。

②在寒冷地区水深不大的情况下,可能由于冰胀而引起基础变形。

③木桩做的桩基则因受腐蚀或水底一些动物的破坏而朽烂。

④在地下水位很高的地区会产生浮托力影响基础的稳定。

常水位以下的部分常年被水淹没,其主要破坏因素是水浸渗。在我国北方寒冷地区则因水渗入驳岸内再冻胀而使驳岸胀裂。有时会造成驳岸倾斜或位移。常水位以下的岸壁又是排水管道的出口,如安排不当亦会影响驳岸的稳固。常水位至最高水位这一部分经受周期性的淹没,如果水位变化频繁则对驳岸也形成冲刷腐蚀的破坏。最高水位以上不淹没的部分主要是浪激、日晒和风化剥蚀。驳岸顶部则可能因超重荷载和地面水的冲刷受到破坏。另外,由于驳岸下部的破坏也会引起这一部分受到破坏。了解破坏驳岸的主要因素以后,可以结合具体情况采取防止和减少破坏的措施。

2)驳岸施工

驳岸施工前必须放干湖水,或分段修筑围堰逐一排空。现以砌石驳岸说明其施工要点。

砌石驳岸施工工艺流程为:放线→挖槽→夯实地基→浇筑混凝土基础→砌筑岸墙→砌筑压顶。

①放线。布点放线应依据施工设计图上的常水位线来确定驳岸的平面位置,并在基础两侧各加宽20 cm放线。

②挖槽。一般采用人工开挖,工程量大时可采用机械挖掘。为了保证施工安全,挖方时要保证足够的工作面,对需要放坡的地段,务必按规定放坡。岸坡的倾斜可用木制边坡样板校正。

③夯实地基。基槽开挖完成后将基槽夯实,遇到松软的土层时,必须铺厚14~15 cm灰土(石灰与中性黏土之比为3∶7)一层予以加固。

④浇筑基础。采用块石混凝土基础。浇筑时要将块石垒紧,不得列置于槽边缘。然后浇筑M15或M20水泥砂浆,基础厚度400~500 mm,高度常为驳岸高度的0.6~0.8倍。灌浆务必饱满,要渗满石间空隙。北方地区冬季施工时可在砂浆中加3%~5%的$CaCl_2$或$NaCl$用以防冻。

⑤砌筑岸墙。M5水泥砂浆砌块石,砌缝宽1~2 cm,每隔10~25 m设置伸缩缝,缝宽3 cm,用板条、沥青、石棉绳、橡胶、止水带或塑料等材料填充,填充时最好略低于砌石墙面。缝隙用水泥砂浆勾满。如果驳岸高差变化较大,应做沉降缝,宽20 mm。另外,也可在岸墙后设置暗沟,填置砂石排除墙后积水,保护墙体。

⑥砌筑压顶。压顶宜用大块石或预制混凝土板砌筑。砌时顶石要向水中挑出5~6 cm,顶

面一般高出最高水位 50 cm,必要时亦可贴近水面。

桩基驳岸的施工可参考上述方法。

4.5.2　护坡工程

随着人们环境与生态意识的提高,传统的、只考虑安全性的混凝土护岸越来越不受欢迎,创造丰富多彩的、充满生机的岸边景观,已引起国际上的广泛关注。园林水体驳岸与护坡是水体生态景观的重要组成部分,除有保护岸壁等功能需求外,还具有为两栖动物、水生动物提供栖息地的功能,是水陆水分、营养交换的重要场所,对保护和恢复生物多样性起到重要的作用。因此,园林护岸应采用生态工程方法营造,即以生物学与生态学为基本原理,尽量利用自然材料,通过工程技术来设计一种可持续发展的系统。

生态护岸要避免使用混凝土,尽量使用自然材料,如砂石、石块、木头和植物等,并实行"五化"原则:表面多孔化、驳岸低矮化、坡度平缓化、材质自然化、施工经济化。

1)块石护坡

在岸坡较陡、风浪较大的情况下,或因为造景的需要,在园林中常使用块石护坡。护坡的石料,最好选用石灰岩、砂岩、花岗岩等密度大且吸水率小的顽石。在寒冷的地区还要考虑石块的抗冻性。石块的相对密度应不小于 2。如火成岩吸水率超过 1% 或水成岩吸水率超过 1.5%(以质量计)时则应慎用。

2)园林绿地护坡

(1)植被护坡　当岸壁坡角在自然安息角以内,地形变化在 1:20～1:5 间起伏,这时可以考虑用草皮护坡,即在坡面种植草皮或草丛,利用土中的草根来固土,使土坡能够保持较大的坡度而不滑坡。一般而言,植被护坡的坡面构造从上到下的顺序是:植被层、坡面根系表土层和底土层(见图 4.25)。各层的构造情况如下。

植被层:植被层主要采用草皮护坡方式的,植被层厚 15～45 cm;用花坛护坡的,植被层厚 25～60 cm;用灌木丛护坡的,则灌木层厚 45～180 cm。植被层一般不用乔木做护坡植物,因乔木重心较高,有时可因树倒而使坡面坍塌。在设计中,最好选用须根系的植物,其护坡固土作用比较好。

根系表土层:用草皮护坡与花坛护坡时,坡面保持斜面即可。若坡度太大,达到 60°以上时,坡面土壤应

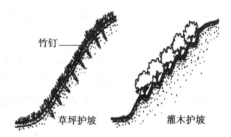

图 4.25　自然式植被护坡

先整细并稍稍拍实,然后在表面铺上一层护坡网,最后才撒播草种或栽种草丛、花苗。用灌木护坡,坡面则可先整理成小型阶梯状,以方便栽种树木和积蓄雨水。为了避免地表径流直接冲刷陡坡坡面,还应在坡顶部顺着等高线布置一条截水沟,以拦截雨水。

底土层:坡面的底土一般应拍打结实,但也可不作任何处理。

(2)花坛式护坡　将园林坡地设计为倾斜的图案、文字类模纹花坛或其他花坛形式,既美

化了坡地,又起到了护坡的作用。

(3)石钉护坡 在坡度较大的坡地上,用石钉均匀地钉入坡面,使坡面土壤的密实度增加,抗坍塌的能力也随之增强。

(4)预制框格护坡 一般是用预制的混凝土框格覆盖、固定在陡坡坡面,从而固定、保护坡面,坡面上仍可种草种树。当坡面很高、坡度很大时,采用这种护坡方式比较好。因此,这种护坡最适于较高的道路边坡、山体护坡、水坝边坡、河堤边坡等的陡坡。

预制框格由混凝土、塑料、铁件、金属网等材料制作的,其每一个框格单元的设计形状和规格大小都可以有许多变化。框格一般是预制的,在边坡施工时再装配成各种简单的图形。用锚和矮桩固定后,再往框格中填满肥沃壤土,土要填得高于框格,并稍稍拍实,以免下雨时流水渗入框格下面,冲走框底泥土,使框格悬空。框格网内可以根据景观需要,种植各种园林植物,形成各种不同的图案,既起到护坡的作用,又有效地装饰美化了环境。

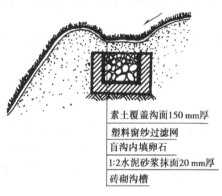

素土覆盖沟面150 mm厚
塑料窗纱过滤网
盲沟内填卵石
1:2水泥砂浆抹面20 mm厚
砖砌沟槽

图4.26 截水沟的做法

(5)截水沟护坡 为了防止地表径流直接冲刷坡面,而在坡的上端设置一条小水沟,以阻截、汇集地表水,从而保护坡面。

截水沟一般设在坡顶,与等高线平行。沟宽20~45 cm,深20~30 cm,用砖砌成。沟底、沟内壁用1:2水泥砂浆抹面。为了不破坏坡面的美观,可将截水沟设计为盲沟,即在截水沟内填满砾石,砾石层上面覆土种草。从外表看不出坡顶有截水沟,但雨水流到沟边就会下渗,然后从截水沟的两端排出坡外(见图4.26)。

(6)编柳抛石护坡 采用新截取的柳条十字交叉编织,编柳空格内抛填厚200~400 mm的块石,块石下设厚10~20 cm的砾石层以利于排水和减少土壤流失。柳格平面尺寸为1 m×1 m或0.3 m×0.3 m,厚度为30~50 cm,待柳条发芽便成为较坚固的护坡设施。

近年来,随着新型材料的不断应用,用于护坡的成品材料也层出不穷,不论采用哪种形式的护坡,它们最主要的作用基本上都是通过加固坡面表土的形式,防止或减轻地表径流对坡面的冲刷,使坡地在坡度较大的情况下也不至于坍塌,从而保护了坡地,维持了园林的地形地貌。

园林护坡既是一种土方工程,又是一种绿化工程,在实际的工程建设中,这两方面的工作是紧密联系在一起的。在进行设计之前,应当仔细踏勘坡地现场,核实地形的实际情况,针对不同的矛盾提出不同的工程技术措施。特别是对于坡面绿化工程,要认真调查坡面的朝向、土壤情况、水源供应情况等,为科学地选择植物和确定配植方式,以及制定绿化施工方法,做好技术上的准备。

4.5.3 水闸

水闸是一种既能挡水又能泄水的低水头水工构筑物,通过启闭闸门来控制水位和流量。常设于园林的进出水口。水闸主要有叠梁式闸、上提式闸、橡胶坝3种,在园林景观水体中以上提式水闸最为普遍。

1)水闸类型

按其所担负的任务不同,水闸可分为下列几类:

①进水闸:设于入水口处,联系上游和控制进水量。如北京颐和园的青龙桥闸,水经玉带桥入园。

②分水闸:用于控制水体支流出水。如北京颐和园的育场船坞、眺远斋闸、霁清斋闸、谐趣园闸、二龙闸、凤凰墩闸等分别控制局部水流。

③泄水闸:设于水体出口处,联系下游和控制出水量。如北京颐和园的绣漪桥闸。

2)闸址的选择

①闸址应分别设在所控水体的上、下游。

②闸体轴心线应与水体流动中心线相吻合,使水流通过水闸时畅通无阻。进水闸的取水口应设在弯道顶点以下水深最深、单宽流量大、环流强的地方,这样能引取表面清水,排走底沙。

③水体急弯处避免设闸,如一定要在转弯处设闸,则要改变局部水道使之呈平直或缓曲。

④水闸应选择质地均匀、压缩性小、承载力大的地基,以避免发生大的沉陷。避免在砂土处设闸。

3)水闸的结构

园林中常用的水闸的结构大致可分为三个部分,即地上部分(上层结构)、地下部分(下层结构)和地基。

(1)地上部分　地上部分主要包括闸墙、闸墩、闸门、翼墙(见图4.27)。

(2)地下部分　地下部分主要包括闸底(承接地上部分建筑荷载等)、铺盖(不透水层,防渗)、护坦(消力池,半透水层,增加消能效果)、海漫(透水层,保护下游河床)4个部分(见图4.28)。

(3)地基　地基承受着上部建筑物的质量和活荷载、闸身两侧土壤质量、土压力、水及水压力等。地基要避免发生超限度和不均匀沉降,同时注意防止地下渗流,出现管涌。

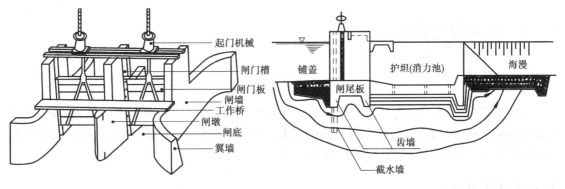

图4.27　水闸地上部分示意图　　　　图4.28　水闸地下部分示意图

4.6　喷泉工程

　　喷泉也是一种自然现象,是承压水在压力的作用下,向上喷涌形成壮美的景观。人工喷泉是园林理水的重要手法之一。喷泉是利用压力使水从孔中喷向空中,再自由落下的一种优美的造园水景工程。它以壮观的水姿、奔放的水流、多变的水形,深得人们喜爱而布置于公园、广场、街道以及公共建筑等处,增加局部环境中的空气湿度,并增加空气中负氧离子的浓度,减少空气尘埃,有利于改善环境质量,有益于人们的身心健康。喷泉配上色彩纷呈的灯光,既能美化环境,提高城市文化艺术面貌,又能使人精神振奋,给人以美的享受。因此,喷泉已成为我国城市及地区景观的重要组成部分,越来越得到人们的重视和欢迎。

4.6.1　喷泉的布置形式

1)喷水池的形式

　　喷水池的形式有自然式和规则式两种。位于广场、公共建筑等处建造的喷水池多为规则式,而在公园中的喷水池可根据周围景观的需要选择规则式或自然式水池。

2)喷泉的形式

　　如果进行大体上的区分,喷泉可以分为如下几类:
　　①普通装饰性喷泉。模仿花束、水盘、莲蓬、气瀑、云雾、牵牛花等的“自然仿生基本型”喷泉,是由各种普通的水花图案组成的固定喷水型喷泉。
　　②与雕塑结合的喷泉。各种类型的喷泉喷出的水花与雕塑、观赏柱等共同组成景观。
　　③自控喷泉。一般用各种电子技术,按设计程序来控制水、光、音、色形成多变奇异的景观,如与音乐一起协调同步喷水的音乐喷泉。

4.6.2　喷泉布置要点

1)确定喷泉的主题

　　在设计喷泉时,喷泉的布置形式要与景观主题相一致,而喷泉的主题要与环境相协调,用环境渲染和烘托喷泉,用喷泉衬托所要表达的主题,达到美化环境的目的,或借助喷泉的艺术造型,并结合场景创造意境,为游人提供联想的空间。

2)喷泉位置的选择

　　一般情况下,喷泉的位置多设于建筑、广场的轴线焦点或端点处,也可以根据环境特点,作

一些喷泉水景,自由地装饰室内外的空间。大型喷泉也可建于河流、湖泊靠近公园游人集中之处,如南昌秋水广场的大型喷泉。

4.6.3　喷头与喷泉造型

1)常用的喷头种类

喷头是喷泉的主要组成部分,它的作用是把具有一定压力的水变成各种预想的、绚丽的水花,喷射在水池的上空。因此喷头的形式、制造的质量和外观等,都对整个喷泉的艺术效果产生重要的影响。

喷头因受水流的摩擦,一般多用耐磨性好、不易锈蚀,又具有一定强度的黄铜或青铜制成。为了节省铜材,近年来亦使用铸造尼龙制造喷头。这种喷头具有耐磨、自润滑性好、加工容易、轻便、成本低等优点,但存在易老化、使用寿命短、零件尺寸不易严格控制等问题。目前,国内外经常使用的喷头式样可以归结为以下几种类型:

(1)单射流喷头　喷泉中应用最广的一种喷头,又称直流喷头,如图4.29(a)所示。

(2)喷雾喷头　这种喷头内部装有一个螺旋状导流板,使水流做圆周运动,水喷出后形成细细的弥漫的雾状水流,如图4.29(b)所示。

(3)环形喷头　喷头的出水口为环形断面,即外实内空,使水形成集中而不分散的环形水柱。它以雄伟、粗犷的气势跃出水面,带给人们奋发向上的气氛。其构造如图4.29(c)所示。

(4)旋转喷头　它利用压力水由喷嘴喷出时的反作用力或其他动力带动回转器转动,使喷嘴不断地旋转运动,从而丰富了喷水造型,喷出的水花或欢快旋转或飘逸荡漾,形成各种扭曲线形,婀娜多姿。图4.29(d)是这种喷头的构造情况。

(5)扇形喷头　这种喷头的外形很像扁扁的鸭嘴。它能喷出扇形的水膜或像孔雀开屏一样美丽的水花,构造如图4.29(e)所示。

(6)多孔喷头　多孔喷头可以是由多个单射流喷嘴组成一个大喷头;也可以是由平面、曲面或半球形的带有很多细小孔眼的壳体构成的喷头,这种喷头能喷出造型各异的盛开的水花,如图4.29(f)所示。

(7)变形喷头　通过喷头形状的变化可使水花形成多种花式。变形喷头的种类很多,它们共同的特点是在出水口的前面有一个可以调节的、形状各异的反射器,水流通过反射器使水花造型,从而形成各式各样的、均匀的水膜,如牵牛花形、半球形、扶桑花形等,如图4.29(g)、(h)所示。

(8)蒲公英形喷头　这种喷头是在圆球形壳体上,装有很多同心放射状喷管,并在每个管头上装有一个半球形变形喷头。因此,它能喷出像蒲公英一样美丽的球形或半球形水花。它可单独使用,也可以几个喷头高低错落地布置,显得格外新颖、典雅,如图4.29(i)、(j)所示。

(9)吸力喷头　此种喷头是利用压力水喷出时,在喷嘴的喷口处附近形成负压区。由于压差的作用,它能把空气和水吸入喷嘴外的环套内,与喷嘴内喷出的水混合后一并喷出。此时水柱的体积膨大,同时因为混入大量细小的空气泡,形成白色不透明的水柱。它能充分地反射阳光,因此光彩艳丽。夜晚如有彩色灯光照明则更为光彩夺目。吸力喷头又可分为喷水喷头、加

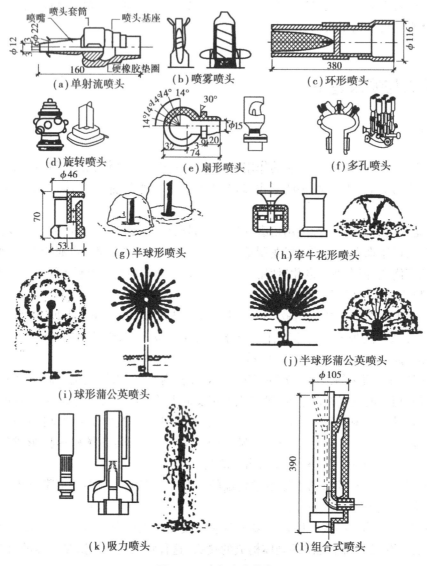

图 4.29　喷泉喷头种类

气喷头和吸水加气喷头,其形式如图 4.29(k)所示。

（10）组合式喷头　由两种或两种以上形体各异的喷嘴,根据水花造型的需要,组合成一个大喷头,叫组合式喷头,它能够形成较复杂的花形,如图 4.29(j)所示。

2）喷泉的水形设计

喷泉水形是由喷头的种类、组合方式及俯仰角度等几个方面因素共同造成的。喷泉水形的基本构成要素,就是由不同形式喷头喷水所产生的不同水柱、水带、水线、水幕、水膜、水雾、水花、水泡等。由这些要素按照设计构思进行不同的组合,就可以创造出千变万化的水形设计。

水形的组合造型也有很多方式,既可以采用水柱、水线的平行直射、斜射、仰射、俯射,也可以使水线交叉喷射、相对喷射、辐状喷射、旋转喷射,还可以用水线穿过水幕、水膜,用水雾掩藏喷头,用水花点击水面等。从喷泉射流的基本形式来分,水形的组合形式有单射流、集射流、散

射流和组合射流 4 种。常见的基本水形见表 4.5。

表 4.5　喷泉中常见的基本水形

序　号	名　称	水　形	备　注
1	单射形		单独布置
2	水幕形		布置在圆周上
3	拱顶形		布置在圆周上
4	向心形		布置在圆周上
5	圆柱形		布置在圆周上
6	向外编织		布置在圆周上
	向内编织		布置在圆周上
	篱笆形		布置在圆周或直线上
7	屋顶形		布置在直线上
8	喇叭形		布置在圆周上
9	圆弧形		布置在曲线上
10	蘑菇形		单独布置
11	吸力形		单独布置,此型可分为吸水型、吸气型、吸水吸气型

续表

序号	名 称	水 形	备 注
12	旋转形	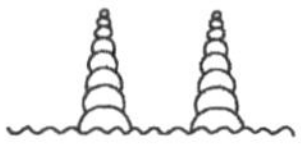	单独布置
13	喷雾形		单独布置
14	洒水形		布置在曲线上
15	扇形		单独布置
16	孔雀形	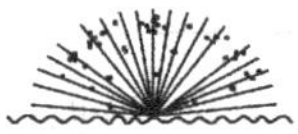	单独布置
17	多层花形		单独布置
18	牵牛花形	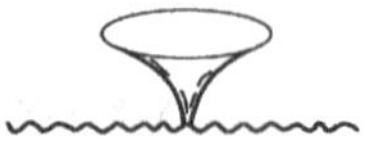	单独布置
19	半球形	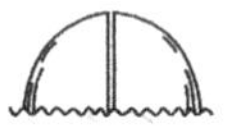	单独布置
20	蒲公英形	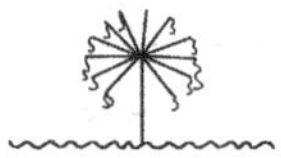	单独布置

上述各种水形除单独使用外,还可以将几种水形根据设计意图自由组合,形成多种美丽的水形图案,如图4.30所示。

3)现代喷泉类型

随着喷头设计的改进、喷泉机械的创新,以及喷泉与电子设备、声光设备等的结合,喷泉的自由化、智能化和声光化都将有更大的发展,将会带来更加美丽、更加奇妙和更加丰富多彩的喷泉水景效果。

(1)音乐喷泉 音乐喷泉是在程序控制喷泉的基础上加入音乐控制系统,计算机通过对音频及 MIDI 信号的识别,进行译码和编码,最终将信号输出到控制系统,使喷泉及灯光的变化与音乐保持同步,从而达到喷泉水形、灯光及色彩的变化与音乐情绪的完美结合,使喷泉更生动,更加富有内涵。

(2)程控喷泉 程控喷泉是将各种水型、灯光,按照预先设定的排列组合进行控制程序的

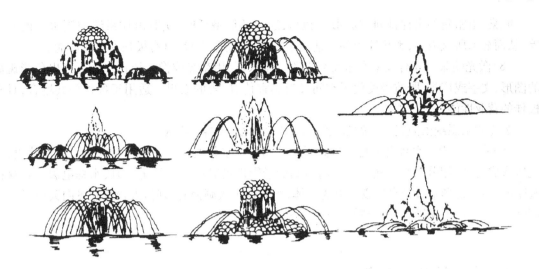

图4.30 组合水墨造型示例

设计,通过计算机运行控制程序发出控制信号,使水型、灯光实现多姿多彩的变化。

(3)旱泉 喷泉放置在地下,表面饰以光滑美丽的石材,可铺设成各种图案和造型。水花从地下喷涌而出,在彩灯照射下,地面犹如五颜六色的镜面,将空中飞舞的水花映衬得无比娇艳,使人流连忘返。停喷后,不阻碍交通,可照常行人,非常适合于宾馆、饭店、商场、大厦、街景小区等。

(4)跑泉 跑泉尤适合于江、河、湖、海及广场等宽阔的地点。计算机控制数百个喷水点,随音乐的旋律超高速跑动,或形成排山倒海之势,或形成委婉起伏波浪,或组成其他的水景,以此衬托景点的壮观与活力。

(5)室内喷泉 室内喷泉的控制系统多为程控或实时声控。娱乐场所建议采用实时声控,伴随着优美的旋律,水景与舞蹈、歌声同步变化,相互衬托,使现场的水、声、光、色达到完美的结合,极具表现力。

(6)层流喷泉 层流喷泉又称波光喷泉,采用特殊层流喷头,将水柱从一端连续喷向固定的另一端,中途水流不会扩散,不会溅落。白天,就像透明的玻璃拱柱悬挂在天空,夜晚在灯光照射下,尤如雨后的彩虹,色彩斑斓。适用于各种场合与其他喷泉相组合。

(7)趣味喷泉 子弹喷泉:在层流喷泉基础上,将水柱从一端断续地喷向另一端,犹如子弹出膛般迅速准确射到固定位置。适用于各种场合与其他的喷泉相结合。

鼠跳泉:一段水柱从一个水池跳跃到另一个水池,可随意启动,当水柱在数个水池之间穿梭跳跃时即构成鼠跳喷泉的特殊情趣。

时钟喷泉:用许多水柱组成数码点阵,随时反映日期、小时、分钟及秒的运行变化,构成独特趣味。

游戏喷泉:一般是旱泉形式,地面设置机关控制水的喷涌或音乐,游人在其间不小心碰触到,则忽而这里喷出雪松状水花,忽而那里喷出摇摆飞舞的水花,令人防不胜防,可嬉性很强。适合于公园、旅游景点等,具有较强的营业性能。

乐谱喷泉:用计算机对每根水柱进行控制,其不同的动态与时间差,反映在整体上即构成形如乐谱般起伏变化的图形,也可把7个音阶做成踩键,控制系统根据游人所踩旋律及节奏控制水形变化,娱乐性强。适用于公园、旅游景点等,具有营业性能。

喊泉:由密集的水柱排列成坡形,当游人通过话筒喊话时,实时声控系统控制水柱的开与停,从而显示所喊内容,趣味性很强。适用于公园、旅游景点等,具有极强的营业性能。

(8)激光喷泉　配合大型音乐喷泉设置一排水幕,用激光成像系统在水幕上打出色彩斑斓的图形、文字或广告,既渲染美化了空间又起到宣传、广告的效果。适用于各种公共场合,具有极佳的营业性能。

激光喷泉系统由激光头、激光电源、控制器及水过滤器等组成。

(9)水幕电影　水幕电影是通过高压水泵和特制水幕发生器,将水自上而下,高速喷出,雾化后形成扇形"银幕",由专用放映机将特制的录影带投射在"银幕"上,形成水幕电影。观众在观摩电影时,扇形水幕与自然夜空融为一体,当人物出入画面时,好似人物腾起飞向天空或自天而降,产生一种虚无缥缈和梦幻的感觉,令人神往。

4.6.4　喷泉的控制方式

喷泉喷射水量、时间和喷水图样变化的控制,主要有以下 3 种方式:

1)手阀控制

这是最常见和最简单的控制方式,在喷泉的供水管上安装手控调节阀,用来调节各管段中水的压力流量,形成固定的水姿。

2)继电器控制

通常用时间继电器按照设计时间程序控制水系、电磁阀、彩色灯等的起闭,从而实现可以自动变换的喷水水姿。

3)音响控制

声控喷泉是利用声音来控制喷泉水形变化的一种自控泉。它一般由以下几部分组成:

(1)声电转换、放大装置　通常是由电子线路或数字电路、计算机组成。

(2)执行机构　通常使用电磁阀来执行控制指令。

(3)动力设备　用水泵提供动力,并产生水压力。

(4)其他设备　主要有管路、过滤器、喷头等。

声控喷泉的原理是将声音信号转变为电信号,经放大及其他一些处理,推动继电器或电子式开关,再去控制设在水路上的电磁阀的启闭,从而控制喷头水流的通断。这样,随着声音的起伏,人们可以看到喷水大小、高矮和形态的变化。它能把人们的听觉和视觉结合起来,使喷泉喷射的水花随着音乐优美的旋律而翩翩起舞。

4)电脑控制

计算机通过对音频、视频、光线、电流等信号的识别,进行译码和编码,最终将信号输出到控制系统,使喷泉及灯光的变化与音乐变化保持同步,从而达到喷泉水形、灯光、色彩、视频等与音

乐情绪的完美结合,使喷泉更生动,更加富有内涵。

4.6.5 给排水系统及喷泉构筑物

1)喷泉的给水方式

喷泉的水源需用无色无味、无杂质、较为纯净的水,以防堵塞喷头。因此,喷泉除用城市自来水作为水源外,也可用地下水或利用天然水源,如河水、湖水等。喷泉的给水方式有下述4种:

(1)自来水供水 自来水供水管直接接入喷水池内与喷头相接,利用自来水水压给水,喷射后即经溢流管排走。优点是供水系统简单,占地少,造价低,管理易。缺点是给水不能重复使用,耗水量大,运行成本高,不符合节约用水要求。因此,自来水供水多用于小型喷泉。

(2)离心泵循环供水 离心泵循环供水能保证喷水稳定的高度和射程,适合各种规模和形式的水景工程。该供水方式特点是要另设计泵房和循环管道,水泵将池水吸入后经加压送入供水管道至水池中,使水得以循环利用。其优点是耗水量小,运行费用低,符合节约用水原则,在泵房内即可调控水形变化,操作方便,水压稳定。缺点是系统复杂,占地大,造价高,管理复杂。对于大型喷泉,一般采用离心泵循环供水。

(3)潜水泵循环供水 将潜水泵直接放置于喷水池中较隐蔽处或低处,直接抽取池水而循环供水。这种供水方式较为常见,一般多适用于小型喷泉。其优点是布置灵活,系统简单,不需另建泵房,占地小,易管理,耗水量小,运行费用低。缺点是其调控不如离心泵专设泵房那样方便(图4.31)。

(4)高位水体供水 在有条件的地方,可以利用高位的天然水塘、河渠、水库等作为水源向喷泉供水,水用过后排放掉。为了确保喷水池的卫生,大型喷泉还可设专用水泵,以供喷水池水的循环,使水池的水不断流动,并在循环管线中设过滤器和消毒设备,以消除水中的杂物、藻类和病菌。

喷水池的水应定期更换。在园林或其他公共绿地中,喷水池的废水可以作绿地喷灌或地面洒水等使用,从而节约用水。

2)喷水池

喷水池是喷泉的重要组成部分,其本身不仅能独立成景,起点缀、装饰、渲染环境的作用,而且能维持正常的水位以保证喷水。因此可以说喷水池是集审美功能与实用功能于一体的人工水景。

喷水池的形状、大小应根据周围环境和设计需要而定。形状可以灵活设计,但要求富有时代感;水池大小要考虑喷高,喷水越高,水池越大,一般水池半径为最大喷高的1~1.3倍,平均池宽可为喷高的3倍。实践中,如用潜水泵供水,喷水池的有效容积不得小于最大一台水泵3 min的出水量。水池水深应根据潜水泵、喷头、水下灯具等的安装要求确定,其深度不能超过0.7 m,否则,必须采取保护措施。

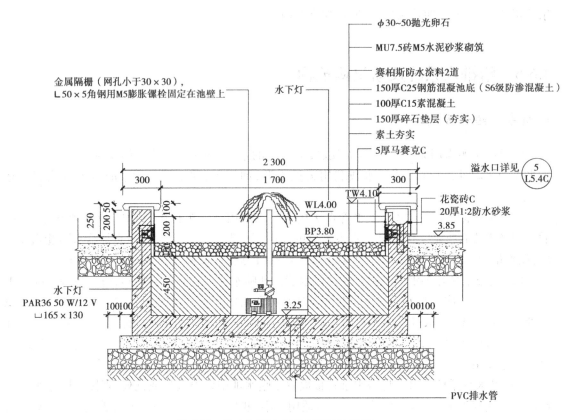

图 4.31　潜水泵供水及地下泵房示意图

3) 喷水池其他设施

喷水池中还必须配有供水管、补给水管、泄水管和溢水管等管网系统。喷泉工程中常用的管材有镀锌钢管(白铁管)、不镀锌钢管(黑铁管)、铸铁管及硬聚氯乙烯塑料管几种。一般埋地管道管径在 70 mm 以上可以选用铸铁管,屋内工程或小型移动式水景可采用塑料管。所有埋地的钢管必须作防腐处理,方法是先将管道表面除锈,刷防锈漆两遍(如红丹漆等)。埋于地下的铸铁管,外管一律刷沥青防腐,明露部分可刷红丹漆。管道有时要穿过池底或池壁,这时必须安装止水环,以防漏水。供水管、补给水管要安装调节阀;泄水管需配单向阀门,防止反向流水污染水池;溢水管不安装阀门,直接在泄水管单向阀门后与排水管连接。为了利于清淤,应在水池的最低处设置沉泥池,也可做成集水坑。

①供水口与补给水管。供水口可以设置在水池的液面下部,且设置应尽量隐蔽,其造型也需与喷水池造型相协调。补给水管主要是补充由于喷水池中水的蒸发及在喷射过程中有部分水被风吹走的水量,补给水管和城市给水管相连接,并在管上设浮球阀或液位继电器,随时补充池内水量的损失,以保持水位稳定。

②溢水管是为了防止因降雨使池水上涨而设的,直接与雨水管网相连,并应有不小于3%的坡度。在溢水口外应设拦污栅,并应加以修饰。

③泄水管直通雨水管道系统,或与园林湖池、沟渠等连接起来,使喷泉水泄出后,作为园林其他水体的补给水。

④在寒冷地区,为防冻害,所有管道均应有一定坡度,一般不小于2%,以便冬季将管道内的水全部排空。

⑤连接喷头的水管不能有急剧变化,如有变化,必须使管径逐渐由大变小,另外,在喷头前必须有一段适当长度的直管,管长一般不小于喷头直径的20~30倍,以保持射流稳定。

⑥泵房是安装水泵等提水设备的常用构筑物。在喷泉工程中,凡采用清水离心泵循环供水的都要设置泵房。泵房的形式按照泵房与地面的关系分为地上式泵房、地下式泵房和半地下式泵房3种。地上式泵房的特点是泵房建于地面上,多采用砖混结构,其结构简单、造价低、管理方便,但有时会影响喷泉环境景观,实际中最好和管理用房配合使用,或结合假山、瀑布等进行外表的装饰,适用于中小型喷泉。地下式泵房建于地面之下,园林用得较多,一般采用砖混结构或钢筋混凝土结构,特点是需做特殊的防水处理,有时排水困难,会因此提高造价,但不影响喷泉景观。泵房内安装有电动机、离心泵、电气控制设备及管线系统等。泵房内应设置地漏,特别注意防止房内地面积水。泵房用电要注意安全,开关箱和控制板的安装要符合规定。泵房内应配备灭火器等灭火设备。

⑦有时在给水管道上要设置给水阀门井,根据给水需要可随时开启和关闭,便于操作。给水阀门井内安装截止阀控制。

⑧喷泉照明。目前已成为喷泉设计的重要内容。喷泉照明多为内侧给光,根据灯具的安装位置,可分为水上环境照明和水体照明两种方式(见图4.32)。水上环境照明,灯具多安装于附

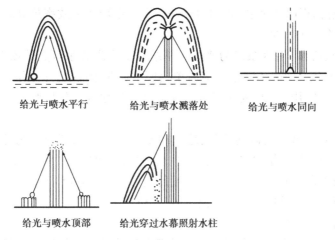

给光与喷水平行　　　　给光与喷水溅落处　　　　给光与喷水同向

给光与喷水顶部　　　给光穿过水幕照射水柱

图4.32　喷泉照明示意图

近的建筑设备上。特点是水面照度分布均匀,色彩均衡、饱满,但往往使人们眼睛直接或通过水面反射间接地看到光源,眼睛会产生眩光。水体照明的灯具置于水中,多安装于水面以下5 cm处,特点是可以欣赏水面波纹,并能随水花的散落映出闪烁的光,但照明范围有限。喷泉配光时,其照射的方向、位置与喷出的水姿有关。喷泉照明要求比周围环境有更高的亮度,如周围亮度较大时,喷水处至少要有100~200 Lx的光照度;如周围较暗时,需要有50~100 Lx的光照度。照明用的光源以白炽灯为佳,其次可用汞灯或金属卤化物灯。光的色彩以黄、蓝色为佳,特别是水下照明。配光时,还应注意防止多种色彩叠加后得到白色光,造成局部的色彩损失。一般主视面喷头背后的光色要比观赏者旁边的光色鲜艳,因而要将黄色等透射较高的彩色灯安装于主视面近游客的一侧,以加强衬托效果。喷泉照明线路要采用水

下防水电缆,其中一根要接地,且要设置漏电保护装置。照明灯具应密封防水,安装时必须满足施工相关技术规程。电源线要通过护缆塑管(或镀锌管)由池底接到安装灯具的地方,同时在水下安装接线盒,电源线的一端与水下接线盒直接相连,灯具的电缆穿进接线盒的输出孔并加以密封,并保证电缆护套管充满率不超过45%。为避免线路破损漏电,必须经常检查。各灯具要易于清洁,水池应常清扫换水,也可添加除藻剂。操作时要严格遵守先通水浸没灯具,后开灯,及先关灯后断水的操作规程。

4.6.6　喷泉的水力计算及水泵选型

1)喷泉的水力计算

各种喷头因流速、流量的不同,喷出的花形会有很大差异,达不到预定的流速、流量则不能获得设计的效果,因此喷泉设计必须经过水力计算,主要是求喷泉的总流量、扬程和管径。喷泉的水力计算见第3章。

2)水泵选型

根据所计算的总扬程以及水泵铭牌上的扬程(在一定转速下效率最高时的扬程,一般称为"额定扬程"),确定合适的水泵。

喷泉用水泵以离心泵、潜水泵最为普遍。单级悬壁式离心泵特点是依靠泵内的叶轮旋转所产生的离心力将水吸入并压出,它结构简单,使用方便,扬程选择范围大,应用广泛,常有IS型、DB型。潜水泵使用方便,安装简单,不需要建造泵房,主要型号有QY型、QD型、B型等。

(1)水泵性能　水泵选择要做到"双满足",即流量满足、扬程满足。为此,先要了解水泵的性能,再结合喷泉水力计算结果,最后确定泵型。通过铭牌能基本了解水泵的规格及主要性能。

①水泵型号:按流量、扬程、尺寸等给水泵编的型号,有新旧两种型号。

②水泵流量:指水泵在单位时间内的出水量,单位用 m^3/h 或 L/s。

③水泵扬程:指水泵的总扬水高度。

④允许吸上真空高度:是防止水泵在运行时产生气蚀现象,通过试验而确定的吸水安全高度,其中已留有0.3 m的安全距。该指标表明水泵的吸水能力,是水泵安装高度的依据。

(2)泵型的选择　通过流量和扬程两个主要参数选择水泵,方法如下:

①确定流量:按喷泉水力计算总流量确定。

②确定扬程:按喷泉水力计算总扬程确定。

③选择水泵:水泵的选择应依据所确定的总流量、总扬程查水泵铭牌即可选定。如喷泉需用两个或两个以上水泵提水时(注:水泵并联,流量增加,压力不变;水泵串联,流量不变,压力增大),用总流量除以水泵数求出每台水泵流量,再利用水泵性能表选泵。查表时,若遇到两种水泵都适用,应优先选择功率小、效率高、叶轮小、质量小的型号。

复习思考题

4.1 名词解释

　　伸缩缝　施工缝　沉降缝

4.2 何谓动态水景和静态水景？水景在园林中有何作用？

4.3 人工湖的布置要点和施工要点有哪些？

4.4 水池有几类？简述混凝土水池的施工技术。

4.5 请设计一水池并绘出平面图、立面图、剖面图。

4.6 请阐述溪流工程、跌水工程及瀑布工程的设计要点。

4.7 请阐述溪流工程、跌水工程及瀑布工程的施工要点。

4.8 何谓驳岸？有哪些类型？简述驳岸的施工技术。

4.9 何谓护坡？有哪些类型？如何在园林建设中加以运用？

4.10 喷泉的设计应考虑哪些因素？

4.11 请阐述喷泉的主要组成部分及其功用。

5 园路与铺装工程

本章导读 园林道路是园林构成要素之一,在园林中起着组织交通、划分空间、引导游览、构成园景等重要作用。本章从工程学的角度介绍了风景园林道路的功能和分类等基本知识,风景园林道路、铺装、广场以及台阶的技术设计和施工要求。要求重点掌握风景园林道路的横断面、平面线形、纵断面线形、结构与铺装的技术设计,园林道路的施工要点。

5.1 园路概述

道路的修建在我国有着悠久的历史。道路的名称最早见于《诗经·尔雅》,"道者蹈也,路者露也",说明当时的道路是因为人们的行走而产生的。根据《诗经·小雅篇》记载:"国道如砥,其直如矢",说明古代道路笔直、平整。周礼《考工记》中又载:"匠人营国,方九里,旁三门,国中九经九纬,经涂九轨,环涂七轨,野涂五轨……"这说明古代都城道路已有较好的规划设计,并分等级。从考古和出土文物来看,我国铺地的结构及图案均十分精美。如战国时代的米字纹砖,秦咸阳宫出土的太阳纹铺地砖,西汉遗址中的卵石路面,东汉的席纹铺地,唐代以莲纹为主的各种"宝相纹"铺地,西夏的火焰宝珠纹铺地,明清时的雕砖卵石嵌花路及江南庭园的各种花街铺地等。在古代园林中铺地多以砖、瓦、卵石、碎石片等组成各种图案,具有雅致、朴素、多变的风格,为我国园林艺术的成就之一。近年来,随着园林事业的发展,已建造了一些用新材料、新工艺、反映新风貌的路面,如彩色水泥混凝土路面、彩色沥青混凝土路面、透水透气性路面和压印艺术路面等,为我国园林增添了新的光彩。

5.1.1 园路的作用

园路像人体的脉络一样,是贯穿全园的交通网络,是联系各个景区和景点的纽带和风景线,是组成园林风景的造景要素。园路的走向对园林的通风、光照、保护环境有一定的影响。因此,无论从实用功能上,还是在美观方面,均对园路的设计有一定的要求。其具体作用如下所述。

1) 组织空间、引导游览

在园林中常常是利用地形、建筑、植物或道路把全园分隔成各种不同功能的景区,同时又通过道路,把各个景区联系成一个整体。这其中游览程序的安排,对中国园林来讲,是十分重要的,它能将设计者的造景序列传达给游客。中国园林不仅是"形"的创作,而是由"形"到"神"的一个转化过程。园林不是设计一个个静止的"境界",而是创作一系列运动的"境界"。游人所获得的是连续印象所带来的综合效果,是由印象的积累,而在思想情感上所带来的感染力,这正是中国园林的魅力所在。园路正是能担负起这个组织园林的观赏程序,向游客展示园林风景画面的作用。它能通过自己的布局和路面铺砌的图案,引导游客按照设计者的意图、路线和角度来游赏景物。从这个意义上来讲,园路是游客的导游者。

2) 组织交通

园路承担游客的集散、疏导,园林绿化、建筑维修、养护、管理等工作的运输,以及安全、防火、职工生活、公共餐厅、小卖铺等园务工作的运输任务。对于小园林,这些任务可综合考虑,对于大型园林,由于园务工作交通量大,有时可以设置专门的路线和入口。

3) 构成园景

园路优美的曲线,丰富多彩的路面铺装,可与周围的山、水、建筑、花草、树木、石景等景物紧密结合,不仅是"因景设路",而且是"因路得景"。所以园路可行、可游,行游统一。

4) 其他功能

道路的走向及其附属的绿化带的布置对景观场地的通风、日照有不同程度的影响,如对夏季凉爽气流、冬季寒冷气流的疏导,对道路两侧的建筑物的遮阴、日照、采光的影响。风景园林道路在引导游览的同时,还要最大限度地保护自然资源和景观资源,控制道路工程本身和游览活动对这些资源的破坏。

5.1.2 园路的基本知识

1) 园路的基本类型

园路一般有3种类型:一是路堑型,二是路堤型,三是特殊型,包括步石、汀步、磴道、攀梯等(见图5.1)。

2) 园路的分类

路面根据划分方法的不同,可以有许多不同的分类。按使用材料的不同,可将路面分为:
(1)整体路面 由整体材料构成的路面,包括水泥混凝土路面、沥青混凝土路面等。
(2)块料路面 由各种块料构成的路面,包括各种天然块石和人工块料铺装的路面。

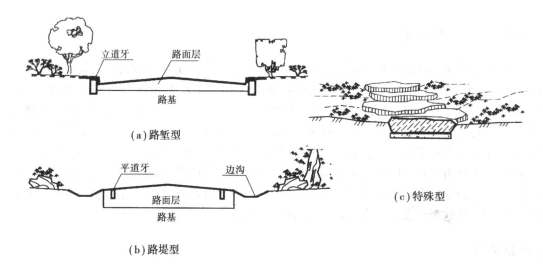

(a) 路堑型

(b) 路堤型

(c) 特殊型

图 5.1　园路的基本类型

(3) 碎料路面　用各种碎石、瓦片、卵石等组成的路面。

(4) 简易路面　由煤屑、三合土等组成的路面,多用于临时性或过渡性园路。

3) 园路设计的准备工作

熟悉设计场地及周围的情况,对园路的客观环境进行全面的认识。勘查时应注意以下几点:

①了解基地现场的地形地貌情况,并核对图纸。

②了解基地的土壤、地质情况,地下水位、地表积水情况。

③了解基地内原有建筑物、道路、河池及植物种植的情况,要特别注意保护大树和名贵树木。

④了解地下管线(包括煤气、电缆、电话、给排水等)的分布情况。

⑤了解园外道路的宽度及出入口处园外道路的标高。

5.2　园路设计

园路是三维空间的实体,它是由路基、路面、桥涵和沿线设施组成的线形构造物。一般所说的路线,是指道路中线的空间位置。路线在水平面上的投影称作路线的平面线形,平面线形由直线、曲线构成。沿中线竖直剖切再行展开则是路线的纵断面。中线上任意一点的法向切面是道路在该点的横断面。路线设计是指确定路线空间位置和各部分几何尺寸的工作。为研究方便,将其分解为路线横断面设计、路线平面设计和路线纵断面设计,三者相互关联,既要分别进行,又要综合考虑。

景观规划设计者的任务就是在调查研究、掌握大量材料的基础上,设计出有一定技术标准,满足行车要求,经济、景观、生态和社会效益多赢的路线。在设计的顺序上,一般是在尽量顾及纵、横断面平衡的前提下先定平面,沿这个平面线形进行高程测量和横断面测量,取得地面线和地质、水文及其他必要的资料后,再设计纵断面和横断面。为求得线形的均衡和土石方数量的节省,必要时再修改平面,经过多次反复,最终设计出良好的风景园林道路网络。

5.2.1 道路横断面设计

1)风景园林道路分类

不同类型的道路,其交通特征、功能作用、服务对象与技术要求等各有不同特点,一般以交通性质、交通量和行车速度等为基本因素进行分类。目前我国将道路分成公路(highway)、城市道路(urban road)、专用道路(accommodation road)和乡村道路(country road)四大类,其中专用道路分厂矿道路和林区道路。风景园林可以包含从数十平方米的街头小游园到数十平方千米的风景区、保护区,既有远郊自然景观,也有城市景观。由于风景园林道路性质、功能的差异,难以用单一的指标进行简单分类。因此,结合国内外景观工程实践经验,参考公路、城市道路、专用道路的分类标准,将风景园林道路分为四类,即主干路、次干路、支路、游览步道四类。四类道路同存的情况一般只出现在大、中型园林中,小型园林可根据需要不设车道。

(1)主干路 主干路是指联系景区与其所依托的城市(郊)干道或其他景区的客运、货运性道路,以及联系景区内不同功能区的道路。主干路是形成景区结构布局的骨架,属全局性道路。车流量较集中。

(2)次干路 次干路是主干路的补充,与主干路结合组成道路网,串联各主要景点和功能区,起到交通集散、引导游览的作用,兼有服务功能。车流量相对较少。

(3)支路 支路解决景区局部地段交通,主要为景区内生产管理、园务运输和消防等服务。

(4)游览步道 游览步道也称游步道或小径,是风景园林道路系统的最末梢,是供游人游览、观光、休憩的小道。小径宽度可根据游览需要做不等变化,一般不宜超过 2.5 m。道路设计及路面材料可灵活处理,因景成路。

风景园林道路分类与技术标准如表 5.1 所示,在具体的道路工程设计中可查阅中华人民共和国行业标准《公路工程技术标准》(JTGB 01—2014)、《公路路线设计规范》(JTGD 20—2006)、《城市道路工程设计规范》(CJJ 37—2012)等资料,参考公路、城市道路、专用道路的相关技术指标。

表 5.1 风景园林道路分类与技术标准(参考)

道路分类	路面宽度/m	人行道宽(路肩)/m	车道数/条	路基宽度/m	红线宽(含明沟)/m	车速/(km·h⁻¹)
主干路	7.0 ~ 14.0	1.5 ~ 3.0	2 ~ 4	8.5 ~ 17.0	16 ~ 30	20 ~ 50
次干路	4.0 ~ 7.0	1.0 ~ 2.0	1 ~ 2	5.0 ~ 9.0	—	15 ~ 40
支路	3.0 ~ 4.0	0.8 ~ 1.0	1	3.8 ~ 5.0	—	15
游览步道	0.8 ~ 2.4	—	—	—	—	—

2)道路横断面的组成

道路的横断面就是垂直于道路中心线的断面,包含道路红线范围内的所有内容,主要有:车行道、人行道(路肩)、分隔带及绿带、地上杆线和地下管线共同敷设带、排水沟道、交通组织标志等。道路横断面的宽度等于各组成部分的宽度之和。下面介绍路幅布置类型及选用。

(1)一块板横断面 又称单幅式,即所有车辆都在一条车行道上混合行驶,以路面画线标志组织单向交通或不做单向标志,将机动车道设在中间,非机动车在两侧,一般有单幅单车道和单幅双车道,如图5.2(a)所示。

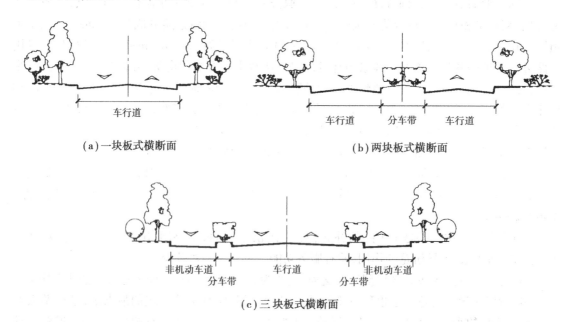

(a)一块板式横断面

(b)两块板式横断面

(c)三块板式横断面

图 5.2 道路横断面布置基本形式

单幅式道路占地少,投资节省,但只适用于机动车交通量不大、非机动车较少的主、次干路。单幅双车道车行速度可为 20~80 km/h,单幅单车道则适用于车速较低的景观次干路、支路。

(2)两块板横断面 又称双幅式,即由路幅中心设置一条分隔带或绿化带,将车行道一分为二,形成对向车流分道的两条车行道,各自再根据需要决定是否划分快、慢车道,如图5.2(b)所示。

双幅式道路占地较多,造价较高,将对向行驶的车辆分开,减少了行车干扰,提高了车速。主要用于两条机动车道以上的道路,尤其适用于横向高差大和地形复杂的地段。

(3)三块板横断面 又称三幅式,即用两条分隔带或绿化带分隔对向车流,中间为机动车道,两侧为非机动车道,如图5.2(c)所示。

三幅式道路用地多,工程造价高。将机动车道和非机动车道分开,有利于交通安全。分隔绿化带具有良好的生态作用,易形成绿色的生态走廊,主要适用于红线宽度在 40 m 以上的城市道路,一般风景区和公园内极少使用。

综上所述,3 种横断面形式都有其适用范围,各有利弊,必须根据具体情况,综合各种因素,经过技术经济比较,慎重选定。确保断面布置紧凑,车、人的交通安全与通畅,迅速集中和排出地面水,减少对道路环境的消极影响,并兼顾道路的生态性和景观性。

3)横断面设计

（1）车行道设计

$$车行道宽度 = 机动车道宽度 + 非机动车道宽度 \qquad (5.1)$$
$$机动车道宽度 = 车道数 × 每条车道宽度 \qquad (5.2)$$

景区内部交通量相对较小,主要行驶游览观光、交通联系、内部生活供应和园务管理等车辆,车速不高,荷载较小。参照城市交通管理规则的规定,限制车速行驶的车行道每条宽3.5 m,行驶拖挂式汽车、铰链公共交通车辆的每条宽3.75 m,因此每条车道宽采用3.5~3.75 m。

单车道道路每隔150~300 m应在适当位置设置会让车道(错车道),错车道处的路基宽度不小于6.5 m,有效长度不小于20 m。具体尺寸规定如图5.3所示。

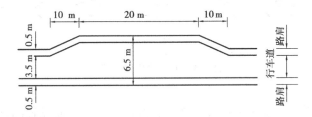

图5.3 错车道布置

非机动车包括自行车、三轮车、板车、畜力车等,除自行车外,其余已较少在景区中出现。自行车车辆宽度为0.5 m,单车道宽度为1.5 m,双车道宽度2.5 m,三车道宽度3.5 m。

车道宽度与交通高峰、季节、时间及交通组织有关,不能机械地硬性叠加,尽可能综合处理,分期建设加宽,充分利用路肩,缩小路面铺砌宽度,节省工程投资。

（2）车行道路拱设计　为利于路面横向排水,将路面做成由中央向两侧倾斜的拱形,称为路拱。其倾斜的程度以百分率表示。

路拱对排水有利,但对行车不利。路拱坡度产生的水平分力增加了行车的不平稳,同时也给乘客不舒适的感觉,而且当车辆在有水或潮湿的路面上制动时还会增加侧向滑移的危险。因此,路拱大小及形状的设计应兼顾两方面的影响。对于不同类型的路面,由于其表面的平整度和透水性不同,可结合当地的自然条件选用不同的路拱坡度(见表5.2)。

表5.2 不同路面类型的路拱横坡度

路面面层类型	路拱坡度/%
水泥混凝土、沥青混凝土路面	1.0~2.0
其他黑色路面、整齐石块路面	1.5~2.5
半整齐石块、不整齐石块路面	2.0~3.0
碎、砾石等粒料路面	2.5~3.5
低级路面	3.0~4.0

车行道可设双向路拱,这样对排除路面积水有利。在降水量不大的地区和路面较窄的道路也可采用单向横坡,并向路基外侧倾斜。路拱的形式有抛物线型、直线型、折线型等。

①抛物线型。路拱坡度变化圆顺,形式美观,利于排水,其缺点是车行道中部过于平缓,易使车辆集中行驶,造成道路中间部分的路面损坏较快。抛物线型路拱应用较广,特别适合于四车道及其以下宽度的道路。见图5.4(a)。

②直线型。路拱由两条相交的直线组成,由于路拱的中部为屋脊形,行车颇为不便,通常在直线间插入缓和直线、圆曲线或抛物线。排水不及抛物线型路拱顺畅。另外由于直线段较长,若施工不良,就会产生少量沉陷,容易造成路面积水,进而造成路面的损坏。见图5.4(b)。

③折线型。路拱由两组横向坡度不同的线段组成,兼有抛物线型路拱和直线型路拱的特点,可减少和避免直线型路拱的沉降和积水现象。其缺点是在转折点处有尖峰突起,不利于行车,高级路面宽度超过20 m的可采用折线型路拱。见图5.4(c)。

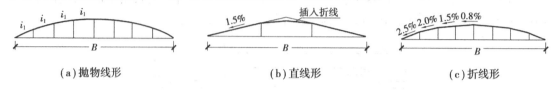

(a)抛物线形　　　　　　　(b)直线形　　　　　　　(c)折线形

图5.4　道路路拱的形式

（3）人行道与路肩

①人行道。人行道是为了满足行人的交通和保证行人安全而设置的,同时用于布置绿化、地上杆柱、地下管线等交通附属设施。

一个步行的人所占用人行道宽度与其携带的物品大小和携带方式有关,建议在景区中一条人行带宽取0.6~0.8 m,2条宽1.5 m,3条宽2.3 m,4条宽3.0 m,5条宽3.7 m,6条宽4.5 m。人行道总宽度取决于行人的交通量、行人性质、行走速度等因素,必须保证行人通行安全、顺畅。可由下式计算:

$$W_p = N_w / N_{w1} \tag{5.3}$$

式中　W_p——人行道宽度,m;

　　　N_w——人行道高峰小时行人流量,人/h;

　　　N_{w1}——1 m宽人行道的设计行人通行能力,人/(h·m)。

根据观察,人步行的速度在一般城市道路上为3~4 km/h,供散步与休息的地段为1~2 km/h,在人急速行走的地段可达6 km/h。行人间距一般为2~4 m。由此计算出的一条人行带通行能力变化在300~1 800人/h,特殊地段达2 000人/h以上。参考城市道路标准,确定出下列道路的通行能力建议值为:

全市性干道:700~1 100人/(带·h)或800~1 200人/(带·h)

区域性干道:700~1 100人/(带·h)或800~1 200人/(带·h)

居住区道路:750~1 250人/(带·h)

园路:650~950人/(带·h)

表5.3　游人及各种车辆的最小运动宽度表

交通种类	最小宽度/m	交通种类	最小宽度/m
单人	≥0.75	小轿车	2.00
自行车	0.6	消防车	2.06
三轮车	1.24	卡车	2.50
手扶拖拉机	0.85~1.5	大轿车	2.66

②路肩。路肩是位于车行道外缘,具有一定宽度的带状结构部分。风景园林道路的路肩通常包含硬路肩和土路肩两部分(图5.5)。

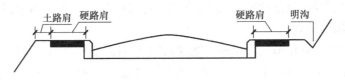

图5.5 路肩组成

硬路肩是指进行了铺装的路肩,可承受汽车荷载的作用;土路肩是指未加铺装的路肩。路肩起着保护及支撑路面结构的作用,并提供侧向余宽,对未设人行道的道路,可供行人和非机动车辆使用。路肩最小宽度为 0.5 m,行车速度为 60 km/h 的一级公路的硬路肩要求宽 1.5～2.5 m。

(4)道路边沟与边坡坡度

①边沟。边沟的主要作用是排除路面及边坡汇集的地表水,以确保路基与边坡的稳定。一般道路路堑及高度小于边沟深度的低填方地段设置边沟。边沟的断面形状主要取决于排水量的大小、道路的性质、土壤情况及施工方法。一般情况下,边沟在石质地段多做成三角形,而在排水量大的路段多采用梯形。

边沟的设置宜遵循如下规定:底宽与深度不小于 0.4 m;边沟纵坡一般不应小于 0.5%,特殊困难路段亦不得小于 0.2%;当陡坡路段沟底纵坡较大时,为防止边沟冲刷,应采取加固措施,或铺放挡水石减缓冲刷;边沟不宜过长,一般不宜超过 500 m,即应选择适当地点设置出水口,多雨地区不宜超过 300 m。三角形边沟长度一般不宜超过 200 m。

②边坡坡度。路基边坡坡度应根据当地自然条件、岩土性质、填挖类型、边坡高度和施工方法等确定。边坡过陡,稳定性差,易出现崩塌等现象;边坡过缓,土石方数量增加,雨水渗入坡体的可能性加大。因此,选择边坡坡度时,要权衡利弊,力求合理。

路堤边坡坡度根据填料种类及边坡高度,进行边坡稳定性计算。当路基边缘与路侧地面的高差较大时,为了保证路堤的稳定性,需设置护坡道。当高差大于 2 m 时,应设置宽 1 m 的护坡道;当高差大于 6 m 时,应设置宽 2 m 的护坡道。浸水路堤的边坡坡度,在设计水位再加 0.5 m 以下部分应视填料性质采用 1:1.75～1:2,在常水位以下部分则采用 1:2～1:3,并视水流情况采取加固及防护措施。填石路堤应由不易风化的较大石块填筑,边坡坡度可采用 1:1,边坡坡面应采用大于 25 cm 的石块铺砌。当填方路堤处的地面横坡陡于 1:5 时,应将地面挖成台阶,台阶宽度不小于 1 m,以防路基滑动影响稳定。

路堑边坡坡度,应根据当地自然条件、土石种类及其结构、边坡高度和施工方法等确定。一般土质挖方边坡高度不宜超过 20 m。

(5)道路横断面设计 在自然地形起伏较大地区设计道路横断面时,如果道路两侧的地形高差较大,道路横断面应结合地形进行设计,一般有以下的几种形式:

①结合地形将人行道与车行道设置在不同高度上,人行道与车行道之间用斜坡隔开,或用挡土墙隔开。

②将两个不同行车方向的车行道设置在不同高度上。

③结合岸坡倾斜地形,将沿河(湖)一边的人行道布置在较低的不受水淹的河滩上,供人们

散步休息之用。车行道设在上层,以供车辆通行。

(6)横断面设计方法   道路横断面设计关系到交通、环境、景观和沿线公用设施的协调安排,需充分结合道路等级、道路功能、交通性质、交通流量、环境景观等因素,并按近期与远期相结合的原则,确定断面形式。

①横断面设计图。确定横断面组成和宽度以后,即可绘制横断面设计图。道路的横断面设计图用于指导道路施工和计算土石方数量。风景园林道路横断面设计图一般比例尺为 1:100 或 1:200,在图上应给出红线、车行道、人行道、绿带、照明、新建或改建的地下管线等各组成部分的位置和宽度,以及排水方向、路面横坡等。见图 5.6(a)。

②横断面现状图。沿道路中线每隔一定距离绘制横断面现状图,图中包括地形、地物、原道路的各组成部分、边沟、路侧建筑物等。比例尺为 1:100 或 1:200。见图 5.6(b)。有时为了更明显地表现地形和地物高度的变化,也可采用纵、横不同的比例尺绘制。

③横断面施工图。在完成道路纵断面设计之后,各中线上的填挖高度则为已知。将这一高度点绘在相应的横断面现状图上,然后将横断面设计图以相同的比例尺画于其上。此图反映了各断面上的填、挖和拆迁界线,是施工时的主要依据。

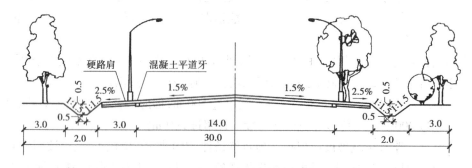

(a)道路标准横断面设计图(K1+150)

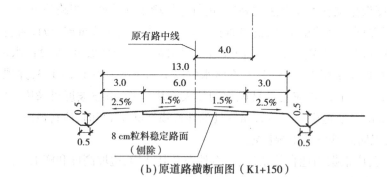

(b)原道路横断面图(K1+150)

图 5.6　标准横断面设计图

5.2.2　道路平面线形设计

道路的平面线形指道路在水平面上的投影。直线和曲线是平面线形的主要组成部分。

在地形变化小或城市规则路网中,直线作为主要线形要素是适宜的。直线具有距离最短、

线形最易选定、经济和快速的优点;缺点是过长的直线易引起司机的视觉疲劳,另外由于直线的可预见性,使景观显得单调。

事实上,路线常会碰到一些自然障碍或因景区本身的景观要求,需要采用曲线线形,曲线可以自然地表明道路方向的变化。采用平缓而适当的曲线,既可提高司机的注意力,而且可以从正面看到路侧的景观,起到诱导视线的作用。

道路曲线包括圆曲线和缓和曲线(螺旋曲线)两种。圆曲线具有一定的半径;缓和曲线是在直线和圆曲线之间或在不同半径的两圆曲线之间,为缓和人体感到的离心加速度的急剧变化,提高视觉的平顺度及线形的连续性,采用半径逐渐变化的曲线。就一般风景园林道路的规模及设计速度而言,主要使用圆曲线,极少使用缓和曲线(见图 5.7)。

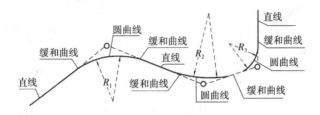

图 5.7　曲率连续的路线

园路的线形设计应与地形、水体、植物、建筑物、铺装场地及其他设施结合,形成完整的风景构图,创造连续展示园林景观空间或欣赏前方景物的透视线。

园路的线形设计应主次分明、组织交通和游览、疏密有致、曲折有序。为了组织风景,延长旅游路线,扩大空间,使园路在空间上有适当的曲折。较好的设计是根据地形的起伏和功能的要求,使主路与水面若即若离,穿插于各景区之间,沿主路能使游人欣赏到主要的景观,把路作为景的一部分来创造。园路的布置应根据需要有疏有密,曲折有序。

在总体规划时已初步确定了园路的位置,但在进行园路技术设计时,应对下列内容进行复核。

①重点风景区的游览大道及大型园林的主干道的路面宽度,应考虑能通行卡车、大型客车。在园内一般不宜超过 6 m。

②重点文物保护区的主要建筑物四周的道路,应能通行消防车,其路面宽度一般为 3.5 m。

③游步道宽度一般为 1~2.5 m,小径宽度也可小于 1 m。由于游览的特殊需要,游步道宽度的上下限均允许灵活些。

④健康步道是近年来最为流行的足底按摩健身方式。通过行走卵石路按摩足底穴位达到健身的目的。

1)道路平面线形设计的基本内容与要求

平面线形设计就是具体确定道路在平面上的位置,根据勘测资料和道路等级要求以及景观需要,定出道路中心线的位置,确定直线段,选用圆曲线半径,合理解决曲直线的衔接,恰当地设置超高、加宽路段,保证安全视距,绘出道路平面设计图。

路线设计应根据道路的等级及其使用功能,在保证行驶安全的前提下,合理地利用地形,正确运用技术标准,在条件允许的情况下力求做到各种线形要素的合理组合,保证线形的均衡性,

尽量避免和减少不利组合,以充分发挥投资效益。不同的路线方案,应对工程造价、自然环境、社会环境等重大影响因素进行多方面的技术经济论证。

2)圆曲线设计

圆曲线的各几何要素之间的关系见图5.8,并按下式计算各参数:

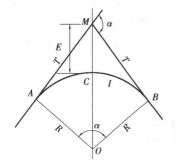

切线距:
$$T = \overline{AM} = \overline{BM} = R \tan \frac{\alpha}{2} \qquad (5.4)$$

外距:
$$E = \overline{MO} - \overline{CO} = R\left(\frac{1}{\cos \frac{\alpha}{2}} - 1\right) = R\left(\sec \frac{\alpha}{2} - 1\right) \qquad (5.5)$$

曲线长:
$$L = \widehat{ACB} = \frac{2\pi R}{360°}\alpha = \frac{\pi R \alpha}{180°} \qquad (5.6)$$

曲线半径:
$$R = T \cot \frac{\alpha}{2} \qquad (5.7)$$

图5.8 圆曲线的各几何要素

图5.8中,M 为两直线交点。A 为曲线起点,即直线与圆曲线的连接点。B 为曲线终点,即圆曲线与直线的连接点。C 为曲线 $\widehat{AB}$ 的中点。

在实际工作中,圆曲线诸要素的值,可直接查阅"公路圆曲线测设用表"。

3)平面视距

(1)行车视距　车辆行驶中,必须保证驾驶员在一定距离内能观察到路上的一切动静,以便有充分时间采用适当的措施,防止交通事故的发生,这个距离称为行车视距。行车视距又分停车视距和会车视距。行车视距的长短与车辆的制动效果、车速及驾驶员的技术反应时间有关(表5.4)。

表5.4　城市道路停车视距和会车视距

计算车速/($km \cdot h^{-1}$)	80	60	50	45	40	35	30	25	20	15	10
停车视距/m	110	70	60	45	40	35	30	25	20	15	10
会车视距/m	220	140	120	90	80	70	60	50	40	30	20

①停车视距:在行的道路上,汽车司机发现障碍物后,及时刹车至完全停车所必需的最短距离。

②会车视距:在同一车道上对向行驶的车辆双方均无法错让,同时刹车至完全停车所必需的最短距离。一般为停车视距的2倍。

(2)平面视距的保证　汽车在弯道上行驶时,弯道内侧的行车视线可能被树木、建筑物、路堑边坡或其他障碍物遮挡,因此在路线设计时必须检查平曲线上的视距能否得到保证。如有遮挡,则必须清除视距区段内侧横向净距内的障碍物。

视距区可通过图解法求出(图5.9)。先按道路等级确定所需停车视距 s,并按比例绘于图中。再绘出弯道内侧车道的中心线(即行车轨迹线),在其上以编码1为起点(点1距圆曲线起点之距小于 s 值),量取 s 长度与行车轨迹线交于点 1′,再在其上距 1 点一定距离取 2 为始点,用 s 长交于 2′。依此顺序分别作图,得 3′,4′,…一直到离圆曲线的终点之距离≤s 处,然后以直线连接 11′,22′,33′,…再以光滑曲线作上述直线族的内接包络线 MN。在这个视距区以内的所有障碍物都应拆除。留下的障碍物的高度(包括绿化)不得超过车辆驾驶员的视线高度1.2～1.5 m(小客车 1.2 m,大客车 1.5 m)。

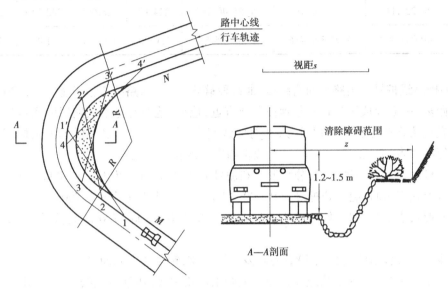

图 5.9　视距区图解示意图

4)道路平面线形设计步骤

道路平面设计包括试定道路中心线、平面位置,选择并计算平曲线要素,编排路线桩号以及确定路界,绘制平面图等步骤。

(1)试定平面设计线　设计前第一步是对路网周边的自然和人文环境进行分析,包括地形、土壤、植被、排水方式和野生动物生存环境、与相邻物的关系、已存在的交通模式、潜在的空气与噪声污染等因素。根据对场地和道路功能的分析,结合道路设计规范,建立物理设计标准,如最小的平曲线半径、最大坡度、水平视距、道路横断面构成、设计车速、车辆类型、估计车流量及方向等,在场地平面图上建立理想路线。

接下来,将理想路线转变为道路中心线的初步走向:在现状地形图上,确定路线的起、终点和中间控制点,拟定各路段中心线的大致走向。1:2 000～1:5 000 的小比例尺图用作路网规划、方案比较,1:500～1:1 000 比例尺的图用作初步设计、施工图设计。

经过在图纸上反复试定路线和方案技术经济比较后,可正式描绘道路中心线的设计线,计算并标出道路起、终点与中间转折点及交叉口中心的设计方位坐标。若遇到道路两侧地物(主要是建筑物)较多的情况,平面转折点往往以建筑物上某点为准,也可不计算坐标。

(2)选择并计算平曲线　在已定各相邻转折点之间,根据行车技术要求配置平曲线。通常可借专用曲线板试绘,试绘合适后可进行平曲线有关要素计算或查阅曲线表直接得出(a、R、T、L、E、x、y 转点 JD)。对小半径的弯道,为确保行车安全,应验核行车视距与曲线段长度是否足够。最后可在平面图曲线段上方或单独引出,注明路线转折点方位坐标及曲线要素

（表5.5）。

表5.5　曲线表

JD	交点坐标		α	R	T	L	E
1	X 40 520.240	Y 91 796.474	左 78°53′21″	200.00	187.380	320.375	59.533
2	X 40 221.113	Y 91 898.700	左 51°40′28″	224.13	128.667	242.140	25.224
3	X 40 047.399	Y 92 390.466	左 34° 55′51″	150.00	67.323	131.449	7.715

（3）编排路线桩号　道路平面直线段、曲线段确定后，应从路线起点开始，按每20 m、50 m或100 m距离（一般建成区建筑密集地段距离宜近，地形、地物变化不大路段距离可达50 m或100 m）依前进方向顺序编列里程桩号，并对曲线起点、中点、终点，以及桥涵人工构筑物、道路交叉口处等特征点，加桩编号。各桩号一般自西向东或自南向北排列。

里程桩桩号标注有两种形式：分数形式和加号形式，单位分别为km/m和km+m。

用分数形式表示时：起点处桩号为0/000，2 km 700 m处的桩号为2/700。

用加号形式表示时：起点处桩号为K0+000（或0+000），2 km 700 m处桩号为K2+700（或2+700）。

圆曲线主点桩包括曲线起点ZY，中点QZ，终点YZ，精度要求到厘米。

（4）绘制平面图　先在现状地物地形图上画出道路中线（用细点画线），然后用粗实线给出道路红线、车行道与人行道的分界线，并进一步给出绿化分隔带以及各种交通设施，如停车场等的位置及外形。此外，还应将沿线建筑主要出入口、现状管线及规划管线，包括检查井、进水口以及桥涵等的位置标出。对于交叉口尚需标明道口转弯半径、中心岛尺寸和护栏、交通信号设施等的具体位置。

平面图绘制范围在建成区一般要求超出红线范围两侧各约20 m，其他情况为道路中线两侧各50~150 m。在平面图上应给出指北方向。

5.2.3　道路纵断面线形设计

道路纵断面是沿着道路中线的竖直剖切面。路线纵断面总是一条有起伏的空间线。纵断面设计的主要任务就是根据汽车的运行特性、道路等级、当地的自然地理条件以及工程经济性等，研究起伏空间线几何构成的大小及长度。

在纵断面图上有两条主要的线：一条是地面线，根据中线上各桩点的高程绘制的一条不规则的折线，反映了沿中线地面的起伏变化情况；另一条是设计线，经过设计后定出的一条具有规则形状的几何线，反映了道路路线的起伏变化情况。

纵断面设计线是由直线和竖曲线组成的。直线（即均匀坡度线）有上坡和下坡，是用高差和水平长度表示的。为平顺过渡，在直线的坡度转折处要设置竖曲线，按坡度转折形式的不同，竖曲线有凹有凸，其大小用半径和水平长度表示（见图5.10）。

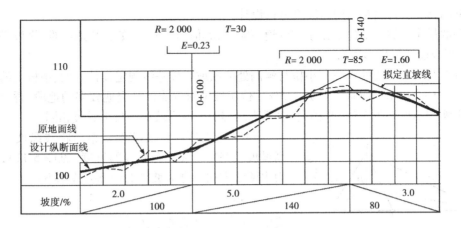

图 5.10　路线纵断面示意图

1) 道路纵断面设计的主要内容及要求

（1）设计的主要内容

①确定路线合适的标高。设计标高需符合技术、经济以及美学等多方面要求。

②设计各路段的纵坡及坡长。坡度和坡长影响汽车的行驶速度、运输的经济性以及行车的安全,其部分临界值和必要的限制是以通行的汽车类型及行驶性能决定的。

③保证视距要求,选择竖曲线半径,配置曲线,计算施工高度等。

（2）设计要求

①线形平顺,保证行车安全和设计车速。

②路基稳定,工程量小,避免过大的纵坡和过多的折点。

③保证与相关的道路、铺装场地、沿路建筑物和出入口有平顺的衔接。

④保证路两侧的街坊或草坪及路面水的通畅排泄。

⑤纵断面控制点（如相交道路、铁路、桥梁、最高洪水位、地下建筑物等）必须与道路平面控制点一起加以考虑。

2) 道路的纵坡与坡长

（1）道路的纵坡

①最大纵坡。最大纵坡是指在纵坡设计时各级道路允许采用的最大坡度值,是道路纵断面设计的重要控制指标。在地形起伏较大的地区,直接影响路线长短、使用质量、运输成本及造价。

最大纵坡的确定首先依据道路等级,为保证各级道路的计算行车速度,设计时应提供与道路等级相适应的纵坡;其次依据自然因素,即道路所经地区的地形、海拔高度、气温、雨量等自然因素所提供的汽车行驶条件,设计道路的纵坡。如阴湿多雨地区、长期冰冻地区,均应避免过大的纵坡。

风景园林道路最大纵坡值宜取 $i_{max} \leqslant 8\%$。在不考虑车速的条件下,局部地段允许达到 12%。非机动车道纵坡以 2% 为宜,最大不得超过 3%。游步道一般在 12° 以下为舒适的坡度,超过 15° 应设台阶,超过 20° 必须设台阶。

②最小纵坡。道路挖方及低填方路段,为保证排水,采用不小于 0.3% 的纵坡。当必须设计

小于 0.3% 的纵坡时,道路边沟纵坡应另行设计。

道路的最小纵坡应能保证排水和管道不淤塞,其值为 0.3%。如遇特殊困难,纵坡必须小于 0.3% 时,则应设置锯齿形边沟。

③桥上及桥头路线的纵坡。小桥与涵洞处的纵坡应按路线规定设计。大、中桥上的纵坡不宜大于 4%,桥头引道的纵坡不宜大于 5%。位于城镇附近非汽车交通较多的地段,桥上及桥头引道的纵坡均不得大于 3%。紧接大、中桥头两端的引道纵坡应与桥上纵坡相同。

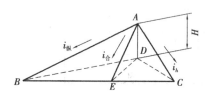

图 5.11　合成坡示意图

④合成坡度。合成坡度是指由路线纵坡与弯道超高横坡或路拱横坡组合而成的坡度(见图 5.11),其方向为水流线方向。合成坡度的计算公式如下:

$$i_合 = \sqrt{i_h^2 + i_纵^2} \qquad (5.8)$$

式中　$i_合$——合成坡度,%;

i_h——路线设计纵坡度,%;

$i_纵$——超高横坡度或路拱横坡度,%。

在有平曲线的坡道上,最大坡度既不是纵坡方向也不是横坡方向,而是两者组合而成的流水线方向。将合成坡度控制在一定范围之内,目的是尽可能避免急弯和陡坡的不利组合,防止因合成坡度过大而引起的横向滑移和行车危险,保证车辆在弯道安全面上平顺地行驶。

在应用允许最大合成坡度时,如用规定值 10% 来控制合成坡度,并不意味着横坡为 10% 的弯道上就完全不允许有纵坡。无论是纵坡还是横坡,任何一方采用最大值时,允许另一方采用缓一些的坡度,一般以不大于 2% 为宜(见表 5.6)。

表 5.6　道路坡度值表

道路类型	公路Ⅲ级		公路Ⅳ级		城市道路				
设计车速/(km·h⁻¹)	60	30	40	20	60	50	40	30	20
最大纵坡/%	6	8	6	9	5	5.5	6	7	8
最大合成坡度/%	9.5	10	9.5	10	6.5	6.5	7	7	8

(2)道路的坡长

①最短坡长限制。最短坡长的限制主要是从汽车行驶平顺性的要求考虑的。如果坡长过短,变坡点增多,汽车行驶在连续起伏地段产生的超重与失重变化频繁,导致乘客感觉不舒适,车速越高越突出。从道路美观、相邻两竖曲线的设置和纵面视距等角度考虑,也要求坡长有一最短值(见表 5.7)。

表 5.7　道路最短坡长表　　　　　　　　　　　　　单位:m

道路类型	公路Ⅲ级		公路Ⅳ级		城市道路				
设计车速/(km·h⁻¹)	60	30	40	20	60	50	40	30	20
最短坡长/m	150	100	100	60	170	140	110	85	60

②最大坡长限制。道路纵坡的大小对汽车的正常行驶影响很大。纵坡越陡坡长越长,对行车影响越大。主要表现在:行车速度明显下降,甚至要换较低挡克服坡度阻力;下坡行驶制动频繁,易使制动器发热而失效,甚至造成车祸。

当道路上有大量非机动车行驶时,在可能情况下宜在不超过 500 m 处设置一段不大于 2%～3% 的缓坡,以利于非机动车行驶(见表 5.8)。

表 5.8 道路最大坡长　　　　　　　　　　　　　　　　　　　　单位:m

道路类型	公路Ⅲ级		公路Ⅳ级		城市道路		
设计车速/(km·h⁻¹)	60	30	40	20	60	50	40
纵坡坡度/%　　　4	1 000	1 100	1 100	1 200	—	—	—
5	800	900	900	1 000	—	—	—
6	600	700	700	800	400	350	—
7	—	500	—	600	300	250	250
8	—	300	—	400	—	—	200
9	—	—	—	200	—	—	—

3) 道路的竖曲线

为了便于行车,纵断面上两个坡段的转折处,用一段曲线来缓和,称为竖曲线。竖曲线的形式可采用抛物线或圆曲线,在设计和计算上,抛物线比圆曲线更方便。因此,竖曲线多使用抛物线。抛物线可采用等切和不等切两种。

(1)竖曲线要素的计算公式　由于在纵断面上只计水平距离和竖直高度,斜线不计角度而计坡度。因此,竖曲线的切线长与曲线长以其在水平面上的投影长度计,切线支距是竖直的高程差,相邻两坡度线的交角用坡度差表示。

设变坡点相邻两纵坡坡度分别为 i_1 和 i_2（下坡 i 值取正,上坡 i 值取负）,它们的代数差用 w 表示,即 $w = i_2 - i_1$。当 w 为"+"时,表示凹形竖曲线;w 为"-"时,表示凸形竖曲线。

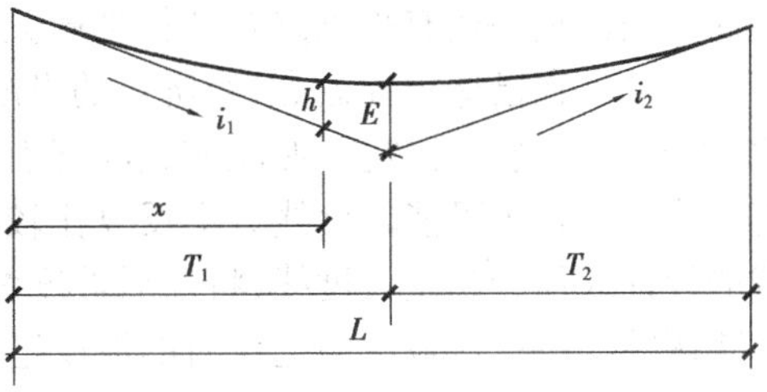

竖曲线各要素(图 5.12):

曲线长度 L:　　　$L = Rw$　　　(5.9)

曲线半径 R:　　　$R = \dfrac{L}{w}$　　　(5.10)

图 5.12　竖曲线要素示意图

切线长度 T:
$$T = T_1 \approx T_2 = \frac{L}{2} = \frac{Rw}{2} \qquad (5.11)$$

外距 E:
$$E = \frac{Tw}{4} \qquad (5.12)$$

竖曲线上任一点(x 处)的竖距 h:
$$h = \frac{x^2}{2R} \qquad (5.13)$$

(2)竖曲线最小半径　在道路纵断面设计中,竖曲线的设计主要受三个因素影响:缓和冲击、时间行程和视距要求。

①缓和冲击。汽车行驶在竖曲线时,产生径向离心力,会对乘客造成超重和失重的感觉,对汽车的悬挂系统也有不利影响,为缓和这种冲击,竖曲线半径不宜过小。

②时间行程。汽车从直线坡行驶到竖曲线上,如果曲线长度过短,汽车倏忽而过,乘客会感到不舒服,因此汽车在曲线上行驶的时间不能过短。

③视距要求。道路凸形竖曲线半径太小,会阻挡司机视线,因此,需对凸形竖曲线最小半径和最小长度加以限制;夜间行车时,凹形竖曲线半径太小,车前灯照射距离近,影响行车速度和安全。

竖曲线最小半径及曲线长可参照表 5.9。

表 5.9　竖曲线最小半径及曲线长

计算车速/(km·h⁻¹)	停车视距/m	凸形竖曲线/m		凹形竖曲线/m		竖曲线最小长度/m
		极限最小半径	一般最小半径	极限最小半径	一般最小半径	
60	75	1 400	2 000	1 000	1 500	50
40	40	450	700	450	700	35
30	30	250	400	250	400	25
20	20	100	200	100	200	20

4)纵断面设计方法及纵断面图

（1）纵断面设计方法及步骤

①准备工作。纵坡设计（俗称拉坡），在厘米绘图纸上按比例标注里程桩号和标高并点绘地面线，填写有关内容。同时应收集和熟悉有关资料，并领会设计意图和要求。

②标注控制点。控制点是指影响纵坡设计的标高控制点。如路线的起、终点，越岭垭口，重要桥涵，地质不良地段的最小填土高度，最大挖深，沿溪线的设计洪水位，隧道进出口，平面交叉和立体交叉点，铁路道口，城镇规划标高以及其他因素限制路线必须通过的标高控制点等处的横断面。山区道路还有根据路基填挖平衡关系控制路中心填挖值的标高点，称为"经济点"。

③试坡。在已标出控制点、经济点的纵断面图上，根据技术指标和选线意图，结合地面起伏变化，本着以控制点为依据、照顾多数经济点的原则，在这些点位间进行穿插与取直，试定出若干直坡线。对各种可能坡度线方案反复比较，最后定出符合技术标准、满足控制点要求、土石方较省的设计线作为初定坡度线，将前后坡度线延长交汇出变坡点的初步位置。

④调整。将所定坡度与选线时的坡度进行比较，二者应基本相符，若有较大差异时应全面分析，权衡利弊，决定取舍。然后对照技术标准，检查设计的最大纵坡、最小纵坡、坡长限制等是否符合规定，平、纵组合是否符合规定，是否适当，以及路线交叉、桥隧和连接线等处的纵坡是否合理，若有问题应进行调整。调整的方法是对初定坡度线平抬、平降、延伸、缩短或改变坡度值。

⑤核对。选择有控制意义的重点横断面，如高填深挖、地面横坡较陡路基、挡土墙、重要桥涵以及其他重要控制点等处的横断面，在纵断面图上直接读出对应桩号的填、挖高度，检查填挖是否过大、坡脚是否落空或过远、挡土墙是否工程过大、桥梁是否过高或过低等。若有问题应及时调整纵坡。在横坡陡峻地段核对更显重要。

⑥定坡。经调整核对无误后，逐段把直坡线的坡度值、变坡点桩号和标高确定下来，坡度值可用三角板推平行线法确定，要求取值到 0.1%。变坡点一般要调整到 10 m 的整桩号上，相邻变坡点桩号之差为坡长。变坡点标高由纵坡度和坡长依次推算而得。

⑦设置竖曲线。根据道路技术标准、平纵组合均衡等确定竖曲线半径，根据设计纵坡折角的大小，计算竖曲线要素。当外距小于 5 cm 时，可不设竖曲线。有时亦可插入一组不同的竖折线来代替竖曲线，以免填挖方过多。

⑧绘制纵断面设计全图。

（2）纵断面图的绘制　纵断面设计图是纵断面设计的最后成果。纵断面采用直角坐标，以横坐标表示里程桩号，纵坐标表示高程。为了明显地反映沿中线地面起伏形状，风景园林道路横坐标比例尺常采用 1:500～1:1 000，纵坐标采用 1:50～1:100（见图 5.13）。

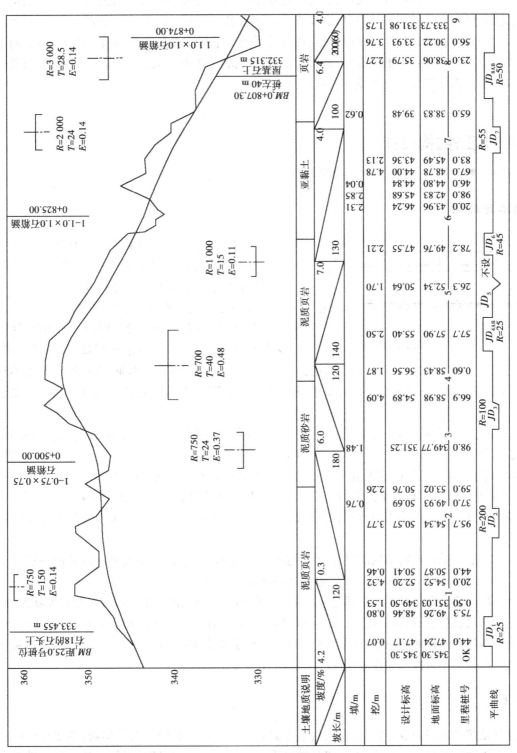

图5.13　道路纵断面设计

纵断面图是由上、下两部分组成的。上部主要用来绘制地面线和纵坡设计线。另外,也用以标注:竖曲线及其要素;坡度及坡长(有时标在下部);沿线桥涵及人工构筑物的位置、结构特征;与道路、铁路交叉的桩号及路名;沿线跨越的河流名称、桩号、常水位和最高洪水位;水准点位置、编号和标高;断链桩位置、桩号及长短链关系等。下部主要用来填写有关内容,自下而上分别填写:直线及平曲线,里程桩号,地面标高,设计标高,填、挖高度,土壤地质说明,视需要标注设计排水沟沟底线及其坡度、距离、标高、流水方向。

5.2.4　园路结构设计

园路一般由面层、结合层、基层和附属工程 4 部分组成。

1)园路的结构

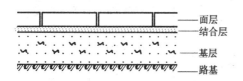

图 5.14　园路结构图式

（1）典型的园路结构图式　园路的结构组合形式是多种多样的。但园路的结构比城市道路简单,其典型的园路结构图式见图 5.14。

（2）园路各层的作用和设计要求

①面层。面层是路面最上面的一层,它直接承受人流、车辆,以及大气因素如烈日、严冬、风、雨、雪等的破坏。如面层选择不好,就会给游人带来"无风三尺土,雨天一脚泥"或反光刺眼等不利影响。因此从工程上来讲,面层设计要求坚固、平稳、耐磨耗、具有一定的粗糙度、少尘埃、便于清扫。

②基层。基层位于面层之下,是路面结构中的主要承重层。主要承受由面层传递下来的车轮荷载的竖向力,并将其扩散到下面的结构层中。因此,对基层材料的要求是:应具有足够的抗压强度和刚度,并具有良好的扩散应力的能力,同时还应具有足够的水稳性,以防基层湿软后变形大,从而导致面层损坏。水泥混凝土面层下的基层则还应具有足够的耐冲刷性。基层不直接接受车辆和气候因素的作用,对材料的要求比面层低,一般用碎(砾)石、灰土或各种工业废渣等筑成。

③结合层。采用块料铺筑面层时,在面层和基层之间,为了结合和找平而设置的一层称为结合层。一般用 3~5 cm 的粗砂、水泥砂浆或白灰砂浆即可。

④垫层。垫层介于基层和路基之间。其主要作用是调节和改善土基的湿度和温度状况,起垫平稳定作用,以保证道路结构的稳定性和抗冻能力。因此,通常在路基水温稳定性不良时设置。在路基排水不良或有冻胀、翻浆的路线上,为了排水、隔温、防冻的需要,用煤渣土、石灰土等筑成。在园林中可以用加强基层的办法,而不另设此层。

2)路基

路基是按照道路的设计要求,在天然地表面开挖或堆填而成的土石结构物,主要承受由路面传递下来的行车荷载,以及路面和路基的自重。因此要求具有足够的强度、整体稳定性和水温稳定性。路基是路面的基础,它不仅为路面提供一个平整的基面,承受路面传下来的荷载,也

是保证路面强度和稳定性的重要条件之一。因此,路基质量对保证路面的使用寿命具有重大意义。

经验认为:一般黏土或砂性土开挖后用蛙式夯夯实 3 遍,如无特殊要求,就可直接作为路基。对于未压实的下层填土,经过雨水浸润后能使其自身沉陷稳定。其密度为 180 g/cm³ 的土可以用于路基。在严寒地区,严重的过湿冻胀土或湿软的橡皮状土,宜采用 1:9 或 2:8 灰土加固路基,其厚度一般为 15 cm。

3) 园路附属工程

(1)道牙 道牙一般分为立道牙和平道牙两种形式(见图 5.15)。

道牙安置在路面两侧,使路面与路肩在高程上起衔接作用,并能保护路面,便于排水。道牙一般用砖、混凝土或花岗岩制成。在园林中也可以用瓦、大卵石等做成。

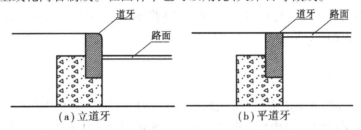

图 5.15 道牙结构图

(2)明沟和雨水井 明沟和雨水井是为收集路面雨水而建的构筑物,在园林中常用砖块砌成。

(3)台阶、礓礤、磴道

①台阶。当路面坡度超过 12°时,为了便于行走,在不通行车辆的路段上,可设台阶。台阶的宽度与路面相同,每级台阶的高度为 12~17 cm,宽度为 30~38 cm。一般台阶不宜连续使用,如地形许可,每 10~18 级后应设一段平坦的地段,使游人有恢复体力的机会。为了防止台阶积水、结冰每级台阶应有 1%~2% 的向下的坡度,以利排水。在园林中根据造景的需要,台阶可以用天然山石或预制混凝土做成木纹板、树桩等各种形式,装饰园景。为了夸张山势,造成高耸的感觉,台阶的高度也可增至 15 cm 以上,以增加趣味。

②礓礤。在坡度较大的地段上,一般纵坡超过 15%时,本应设台阶,但为了能通行车辆,将斜面做成锯齿形坡道,称为礓礤。其形式和尺寸如图 5.16 所示。

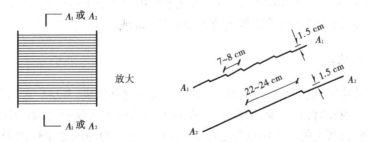

图 5.16 礓礤做法

③磴道。在地形陡峭的地段,可结合地形或利用露岩设置磴道。当其纵坡大于 60%时,应

作防滑处理,并设扶手、栏杆等。

④种植池。在路边或广场上栽种植物,一般应留种植池,在栽种高大乔木的种植池上应设保护栅。

4)园路结构设计中应注意的问题

(1)就地取材 园路修建的经费,在整个公园建设投资中占有很大的比例。为了节省资金,在园路设计时应尽量使用当地材料、建筑废料、工业废渣等。

(2)薄面、强基、稳基土 在设计园路时,往往有对路基的强度重视不够的现象,在园林里我们常看到一条装饰性很好的路面,没有使用多久,就变得坎坷不平,破破烂烂了。其主要原因一是园林地形多经过整理,其基土不够坚实,修路时又没有充分夯实;二是园路的基层强度不够,在车辆通过时路面被压碎。

为了节省水泥石板等建筑材料,降低造价,提高路面质量,应尽量采用薄面、强基、稳基土。使园路结构经济、合理和美观。

5)几种结合层的性能

(1)白灰干砂 施工时操作简单,遇水后会自动凝结,由于白灰体积膨胀,密实性好。

(2)净干砂 施工简便,造价低。但经常由于流水作用会使砂子流失,造成结合层不平整。

(3)混合砂浆 由水泥、白灰、砂组成,整体性好,强度高,粘结力强,适用于铺筑块料路面,造价较高。常用 M5.0,M7.5,M10。

(4)水泥砂浆 由水泥、砂组成,整体性好,强度高,粘结力强。适用于铺筑块料路面,造价较高。常用水泥砂浆比例为 1:2 和 1:3。

6)基层的选择

基层的选择应视路基土壤的情况、气候特点及路面荷载的大小而定,并应尽量利用当地材料。

①在冰冻不严重,基土坚实,排水良好的地区,铺筑游步道时,只要把路基稍为平整,就可以铺砖修路。

②灰土基层是由一定比例的白灰和土拌和后压实而成,使用较广,具有一定的强度和稳定性,不易透水。后期强度近刚性物质,在一般情况下使用一步灰土(压实后为 15 cm),在交通量较大或地下水位较高的地区,可采用压实后为 20~25 cm 或二步灰土。

7)几种隔温材料比较

在季节性冰冻地区,地下水位较高时,为了防止发生道路翻浆,基层应选用隔温性较好的材料。据研究认为,砂石的含水量少,导温率大,故砂石结构的冰冻深度大,如用砂石做基层,需要做得较厚,不经济;石灰土的冰冻深度与土壤相同,石灰土结构的冻胀量仅次于亚黏土,说明密度较小的石灰土(压实密度小于 85%)不能防止冻胀,压实密度较大时可以防冻;煤渣石灰土或矿渣石灰土作基层,用 7:1:2 的煤渣、石灰、土混合料,隔温性较好,冰冻深度最小,在地下水位较高时,能有效地防止冻胀。

8)园路常见的破坏形式及其原因

一般常见的园路破坏有裂缝与凹陷、啃边、翻浆等。现就造成各种破坏的原因分述如下：

(1)裂缝与凹陷　造成这种破坏的主要原因是基土过于湿软或基层厚度不够，强度不足，在路面荷载超过土基的承载力时便会造成裂缝或凹陷。

(2)啃边　路肩和道牙直接侧面支撑路面，使之横向保持稳定。因此路肩与其基土必须紧密结实，并有一定的坡度。否则由于雨水的侵蚀和车辆行驶时对路面边缘的啃食作用，使之损坏，并从边缘起向中心发展，这种破坏现象叫啃边(图5.17)。

(3)翻浆　在季节性冰冻地区，地下水位高，特别是对于粉砂性土基，由于毛细管的作用，水分上升到路面下，冬季气温下降，水分在路面下形成冰粒，体积增大，路面就会出现隆起现象，到春季上层冻土融化，而下层尚未融化，这样使土基变成湿软的橡皮状，路面承载力下降，这时如果车辆通过，就会出现路面下陷，邻近部分隆起，并将泥土从裂缝中挤出来，使路面破坏，这种现象叫翻浆(图5.18)。

园路这些常见的破坏，在进行结构设计时，必须给予充分重视。

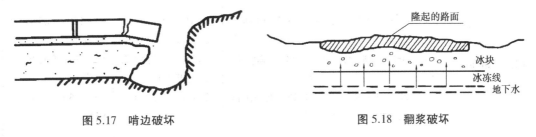

图5.17　啃边破坏　　　　　图5.18　翻浆破坏

常用园路结构见表5.10、表5.11。

5.2.5　园路路面设计

1)路面的分级

以交通性为主的路面等级是按面层材料组成、结构强度、路面所能承担的交通任务和使用品质来划分的，通常分成4个等级。

(1)高级路面　结构强度高，使用寿命长，适应较大的交通量，平整无尘；能保证高速、安全、舒适的行车要求；养护费用少，运输成本低；建设投资大，需要优质材料。

(2)次高级路面　各项指标低于高级路面，造价较高级路面低，但要定期维修养护。

(3)中级路面　结构强度低，使用年限短，平整度差，易扬尘，行车速度低，只能适应较小的交通量，造价低；但经常性的维修养护工作量大，行车噪声大，不能保证行车舒适，运输成本高。

(4)低级路面　结构强度很低，水稳性、平整度和透水性都差，晴天扬尘，雨天泥泞，只能适应低交通量下的低速行车，雨季不能保证正常行车，造价最低；但养护工作量最大，运输成本最高。

路面等级同时应与道路的技术等级相适应，等级较高的道路一般都应采用较高级的路面。

表 5.10　常用风景园林车行道路面构造组合

路面等级	路面类型及构造层次			
	沥青砂	沥青混凝土	现浇混凝土	预制混凝土块
高级路面	(1) 15～20 厚细粒混凝土 (2) 50 厚黑色碎石 (3) 150 厚沥青稳定碎石 (4) 150 厚二灰土(石灰、粉煤灰、土)垫层	(1) 50 厚沥青混凝土 (2) 160～200 厚碎石 (3) 150～200 厚中沙或灰土	(1) 100～250 厚 C20 或 C30 混凝土 (2) 100～250 厚级配沙石或粗沙垫层	(1) 100～120 厚预制 C25 混凝土块 (2) 30 厚 1:4 干硬性水泥砂浆,面上撒素水泥 (3) 100～250 厚级配沙石或粗沙垫层
	沥青贯入式	沥青表面处治 1	沥青表面处治 2	块石
次高级路面	(1) 40～60 厚沥青贯入式面层 (2) 160～200 厚碎石 (3) 150 厚中沙垫层低级路面	(1) 15～25 厚沥青表面处理 (2) 160～200 厚碎石 (3) 150 厚中沙垫层	(1) 15～25 厚沥青表面处理 (2) 150 厚二渣(石灰渣、煤渣) (3) 150 厚二灰土	(1) 150～300 厚块石或条石 (2) 30 厚或粗沙垫层 (3) 150～250 厚级配
	级配碎石	泥结碎石		
中级路面	(1) 80 厚级配碎石(粒径≥40 mm) (2) 150～250 厚级配沙石或二灰土	(1) 80 厚泥结碎石(粒径≥40 mm) (2) 100 厚碎石垫层 (3) 150 厚中沙垫层		
	三合土	改良土		
低级路面	(1) 100～120 厚石灰水泥焦渣 (2) 100～150 厚块石	150 厚水泥黏土或石灰黏土(水泥质量分数 10%、石灰质量分数 12%)		

注:以上各层均需做在碾压密实的土基上。

表 5.11　常用风景园林步行道路面构造组合

路面类型	路面类型及构造层次	备　注
现浇混凝土路面	(1)70~100 厚 C20 混凝土 (2)100 厚级配沙石或粗沙垫层	压印地坪表面增加 4 厚彩色强化剂,用模具艺术化压印。
预制混凝土块路面	(1)50~60 厚预制 C25 混凝土块 (2)30 厚 1:3 水泥砂浆或粗沙 (3)100 厚级配沙石	
沥青混凝土路面	(1)30~60 厚中(细)粒式沥青混凝土 (2)40~60 厚粗粒式沥青混凝土 (3)乳化沥青透层 (4)100~150 厚二灰碎石或级配沙石	乳化沥青透层的沥青用量 1.0 L/ m²,上铺 5~10 厚碎石或粗沙,用量 3.0 m³/1 000 m²。
卵石(瓦片)拼花、水洗豆石路面	(1)1:2:4 细石混凝土嵌卵石、瓦片或水洗豆石 (2)100~150 厚 C20 混凝土 (3)150 厚 3:7 灰土或级配沙石	卵石粒径为 20~30 mm 时,砂浆厚 60 mm;卵石粒径>30 mm 时,砂浆厚 90 mm。
砖砌路面	(1)成品砖平铺或侧铺(砂扫缝) (2)30 厚 1:3 水泥砂浆或中沙 (3)100~150 厚二灰碎石 (4)150 厚级配沙石或 3:7 灰土	
石砌路面 1	(1)60~120 厚块石或条石 (2)30 厚粗沙 (3)150~250 厚级配沙石	
石砌路面 2	(1)20~30 厚各种石板材 (2)30 厚 1:3 水泥砂浆 (3)100 厚 C20 素混凝土 (4)150 厚级配沙石或 3:7 灰土	
花砖路面	(1)各种花砖 (2)30 厚 1:3 水泥砂浆 (3)100 厚 C20 素混凝土 (4)150 厚级配沙石或 3:7 灰土	
嵌草砖路面	(1)各种嵌草砖 (2)30 厚砂垫层 (3)150~200 厚级配沙石	

续表

路面类型	路面类型及构造层次	备　注
木板路面	(1)15~60 木板 (2)40~60 厚角钢或木龙骨 (3)100 厚 C20 素混凝土 (4)150 厚级配沙石或 3:7 灰土	木材应经过防腐、防水、防虫处理;角钢应经过防锈处理;龙骨可用螺栓或砂浆固定,木板与龙骨可用胶或木螺栓固定。
高分子材料路面	(1)2~10 厚高分子材料面层 (2)40 厚密级配沥青混凝土 (3)150 厚级配沙石	

注:以上各层均需做在碾压密实的土基上。

2)路面的分类

根据路面的力学特性,可把路面分为柔性路面和刚性路面两类。这两类路面的主要区别在于它们分布荷载作用到路基的状态有所不同。

(1)柔性路面　柔性路面是强度自上而下逐渐减弱的多层体系,各层材料具有较大的塑性,但抗弯、抗拉强度和模量较低,荷载由强转弱地逐步向下传递到土基,使得土基本身的强度和稳定性对路面的整体强度有较大的影响。包括除用水泥混凝土作面层和基层以外的各种路面结构。

(2)刚性路面　刚性路面的刚度大,板体性强,具有较高的抗弯强度和模量,分布到土基顶面的荷载作用面积大而单位压力小。刚性路面一般就是指混凝土路面和钢筋混凝土路面。此外,用石灰或水泥稳定的土或处治的碎(砾)石,特别是用含水硬性结合料的工业废渣做的基层,由于前期具有柔性路面的力学特性,但随着时间的延长其强度与刚度不断增大,具有板体性能。因此这类路面基层结构又称为半刚性基层,用半刚性基层修筑的沥青路面称为半刚性基层沥青路面。

①水泥混凝土路面的优点:强度高,混凝土路面具有很高抗压强度和较高的抗弯强度以及抗磨耗能力;稳定性好,混凝土路面的水稳性、热稳性均较好,特别是其强度能随着时间的延长逐渐提高,不存在沥青路面的老化现象;耐久性好,由于混凝土路面的强度和稳定性好,所以经久耐用,一般能使用 20~40 年,而且能通行包括履带式车辆等在内的各种运输工具;混凝土路面色泽鲜明,能见度好,对夜间行车有利。

②水泥混凝土路面的缺点:对水泥和水的需要量大,对水泥供应不足和缺水的地区存在较大困难;有接缝,一般混凝土路面要建造许多接缝,这些接缝不但增加施工和养护的复杂性,而且容易引起行车跳动,影响行车的舒适性,接缝又是路面的薄弱点,若处理不当,将导致路面板边和板角破坏;开放交通较迟,一般混凝土路面完工后,要经过 28 d 的潮湿养生,才能开放交通,如提早开放交通,则需采取特殊措施;修复困难,混凝土路面损坏后,开挖很困难,修补工作量也大,且影响交通。

③路面接缝的构造与布置。路面的混凝土具有热胀冷缩的性质,这些变形受到板与基础之间的摩擦力、粘聚力以及板的自重、车轮荷载等约束,会造成板的断裂和拱胀等破坏。为避免这种破坏,混凝土路面不得不在纵横两个方向设置许多接缝,把整个路面分割成许多板块。

a.横缝。横向接缝是垂直于行车方向的接缝,共有 3 种:缩缝、胀缝和施工缝。缩缝保证板因温度和湿度的降低而收缩时沿该薄弱断面缩裂,从而避免产生不规则的裂缝。胀缝保证板在温度升高时能部分伸张,从而避免路面板热天产生拱胀和折断破坏,同时胀缝也能起到缩缝的作用。另外,混凝土路面每天完工以及因雨天或其他原因不能继续施工时,应尽量做到胀缝处。如达不到,也应做至缩缝处,并做成施工缝的构造形式。

在任何形式的接缝处,板体都不是连续的,传递荷载的能力不如非接缝处,而且任何形式的接缝都不免要漏水。因此,对各种形式的接缝,都必须为其提供相应的传荷与防水条件。

胀缝的构造:缝隙宽 20~25 mm 的贯通缝。如施工时气温较高,或胀缝间距较短,应采用低限,反之用高限。缝隙上部 3~4 cm 深度内浇灌填缝料,下部则设置富有弹性的嵌缝板,可由油浸或沥青浸制的软木板制成。

对于交通繁重的道路,为保证混凝土板之间能有效地传递荷载,防止形成错台,应在胀缝处的板厚中央设置传力杆。传力杆一般长 40~60 cm、直径 20~25 mm,每隔 30~50 cm 设一根。杆的半段固定,另半段涂以沥青可自由伸缩,见图 5.19(a)。不设传力杆时,需在缝底设混凝土刚性垫枕传递压力,见图 5.19(b)。

缩缝的构造:缩缝一般采用假缝形式,即在板的上部设缝隙,当板收缩时将沿此最薄弱断面有规则地自行断裂。缩缝缝隙宽 3~8 mm,深度为板厚的 1/5~1/4,一般为 5~6 cm。假缝缝隙内亦需浇灌填缝料,以防地面水下渗及石沙杂物进入缝内。近年来国外有减小假缝宽度与深度的趋势。

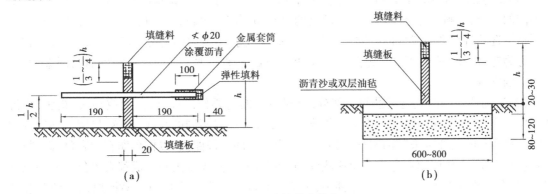

图 5.19 胀缝节点构造

施工缝的构造:施工缝采用平头缝或企口缝的构造形式。平头缝上部应设置深 3~4 cm、宽 5~10 m 的沟槽,其内浇灌填缝料。

为利于板间传递荷载,在板厚的中央也应设置传力杆,传力杆长约 40 cm,直径 20 mm,为滑动传力杆。如不设传力杆,则需用专门拉毛模板,把混凝土接头处做成凹凸不平的表面,以利于传递荷载。

b.纵缝。纵缝是多条车道之间的纵向接缝。一般多采用企口缝,也有用平头拉杆式或企口缝加拉杆式。纵缝其他构造要求与缩缝相同。

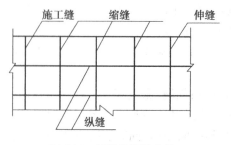

图 5.20　刚性路面的布缝

的接缝平面尺寸划分如图 5.20 所示。

c.纵横缝设置。横向缩缝（假缝）间距常取 4~6 m,横向胀缝(伸缩缝)多取 30~36 m,近年来的道路工程中有胀缝逐渐减少的趋势。

路面的纵缝设置间距,多取用一条车道宽度,即 3~4 m。如缩缝间距一律,易产生振动,使行车发生单调的有节奏颠簸,从而造成驾驶员因精神困倦而导致交通事故,故将缩缝间距改为不等尺寸交错布置,如 4 m、4.5 m、5 m、5.5 m、6 m 的顺序。刚性路面

5.3　园路铺装

5.3.1　园林路面的风格

感受自然的气息是园路铺装的景观追求。自然的景观特性必来源于材料的自然属性,天然及其再生材料如天然的砂、石、木材、树皮、稻壳等正是自然的语言符号,而自然的纹理、粗糙的表面、不规则的形状则是与自然相通的景观语言。糙面的铺装材料在室外应用广泛,正源于其自然的特性。

中国园林在园路面层设计上形成了特有的风格,有下述要求:

（1）寓意性　中国园林强调“寓情于景”,在面层设计时,有意识地根据不同主题的环境,采用不同的纹样、材料来加强意境。北京故宫的雕砖卵石嵌花甬路,是用精雕的砖、细磨的瓦和经过严格挑选的各色卵石拼成的。路面上铺有以寓言故事、民间剪纸、文房四宝、吉祥用语、花鸟虫鱼等为题材的图案,以及《古城会》《战长沙》《三顾茅庐》《凤仪亭》等戏剧场面的图案,均具有较强的寓意。

（2）装饰性　园路既是园景的一部分,应根据景的需要作出设计,路面或朴素、粗犷,或舒展、自然,或古拙、端庄,或活泼、生动。优秀的园路设计应以不同的纹样、质感、尺度、色彩,并按不同的风格和时代要求来装饰园林。如杭州三潭印月的一段路面,以棕色卵石为底色,以橘黄、黑两色卵石镶边,中间用彩色卵石组成花纹,显得色调古朴,光线柔和。成都人民公园的一条林间小路,在一片苍翠中采用红砖拼花铺装,丰富了林间的色彩。中国自古对园路面层的铺装就很讲究,《园冶》中说:“惟厅堂广厦中铺一概磨砖,如路径盘蹊,长砌多般乱石,中庭或宜叠胜,近砌亦可回文。八角嵌方,选鹅卵石铺成蜀锦”“鹅子石,宜铺于不常走处”“乱青版石斗冰裂纹,宜于山堂、水坡、台端、亭际”,又说:“花环窄路偏宜石,堂回空庭须用砖”,很生动地描述了铺装的装饰作用和装饰技巧。

（3）园路路面应有柔和的光线和色彩,减少反光、刺眼感觉　广州园林中用各种条纹水泥混凝土砖,按不同方向排列,产生很好的光彩效果,使路面既朴素又丰富,并且减少了路面的反光强度。

（4）路面应与地形、植物、山石等配合　在进行路面设计时,应与地形、山石等很好地配合,

共同构成景观。园路与植物的配合,不仅能丰富景色,使路面变得生气勃勃,而且嵌草的路面可以改变土壤的水分和通气的状态,为广场的绿化创造有利的条件,并能降低地表温度,对改善局部小气候有利。

5.3.2　现代园路材料的应用

材料是园路铺装的内核,使用不同材料建成的园路,具有不同的风格特点,或自然野趣,或现代新潮,或古典优雅。这些不同的特性归根结底是由各种材料的形态、质感、自身属性所决定的。正如赖特所言:"每一种材料有自己的语言……每一种材料有自己的故事。"

园路铺装材料,是指一切可以运用在园路设计中的铺装材料。从材料的规格而言,具体包括有各种的碎料(如砂、砾石、卵石、碎石、灰渣)、块料(如石块、砖材、木材)和整体材料(如混凝土、沥青)等等。从材料的应用历程而言,有传统铺装材料,如石、砖、瓦等;随着19世纪中叶混凝土的发明,园路铺装的发展亦掀开了新的篇章;而玻璃、金属等材料也被创造性地应用于铺地;在科技日益发展的今天,促使越来越多的生态环保型材料的运用和开发,如各种环保型透水砖、大量工业废料制成的压印混凝土、再生性材料(木屑)等。更多的新材料不断涌现,园路的样式也得到不断的丰富。

园林中的材料可以分为天然材料和人工材料。就铺装材料而言,天然材料有石材、木材、竹、土等,人工材料有混凝土、水泥、砖、瓦、陶瓷、玻璃、橡胶、塑料、金属等。在我国现代园林中,园路的铺装材料可谓种类繁多,除了传统的各种石材,还有陶瓷制品、混凝土制品、砖制品、木材等。一些常用的铺装材料介绍如下:

1)石材

石材是所有铺装材料中最为自然的一种。它的耐久性和观赏性都很高,是铺装的首选材料。石材的选择范围很广,有石灰石、砂岩、页岩、花岗岩等,而且颜色也很丰富,从白色、淡紫、粉红、浅黄,一直到黑色,应有尽有。

2)木材

木质铺装给人以柔和、亲切的感觉,它的获取(包括制造、运输和供应)所需要的能量小,对环境所带来的负荷也小,而且越是自然未经处理的木材,它的可循环利用的能力越强。木材不但富有很好的质感和较好的可塑性,而且具有生命力,随着时间的推移,地衣和苔藓的附着,都会逐渐改变其色彩,使其越来越自然地融入到园林环境中。

3)混凝土

混凝土铺装造价低廉、铺设简单,具有极高的可塑性,可以根据需要制成各种形状,而且耐久性也很好。将其混入着色剂后还能制成各种颜色的彩色混凝土,满足不同的铺装需要。混凝土铺装有一个最大的缺点,就是一旦铺设就很难破碎和移动,因此在铺设前一定要考虑清楚。

4) 砖

砖铺路面施工简单,形式多样,是园路铺设常用的材料。各类铺地砖只要经过精心的烧制,都能同混凝土一样坚固耐久。砖的颜色繁多,可以拼铺出许多图案,效果很好。

此外,随着科技的发展,以前很少在园林中被运用的材料,现在也开始使用了,比如金属、玻璃材料等。金属材料以它独特的性能——耐腐、轻盈、高雅、明亮、光洁、耐磨,以及良好的强度和可塑性赢得了设计师的青睐;而玻璃作为一种有着独特个性的现代材料,有着与众不同的特点,它清澈明亮,光滑坚硬,对光线可以进行透射、折射、反射,使得它能在众多材料中脱颖而出;另外,玻璃晶莹剔透的形态还易与石材、金属等形成极强烈的对比,从而达到特殊的景观艺术表现力。

5) 生态型铺装材料

(1)透气透水性材料 透水透气性材料是指能够使雨水通过,直接渗入路基的材料,具有使水还原于地下的性能。这种材料适用于人行道、居住区小路、园路及停车场等地面的铺装。它具有以下优点:改善植物和土壤微生物的生存条件和生活环境;减少城市雨水管道设施和负担;减少对公共水域的污染;蓄养地下水源;增加路面的抗滑性能,改善步行条件;增加路面的空气湿度,减少热辐射;有利于降低城市噪音,改善城市的生活环境。

(2)塑木复合材料(WPC) 塑木复合材料是用木纤维或其他植物纤维填充、增强的改性热塑性材料,兼有木材和塑料的性能和优点,经挤出或压制成型材、板材或其他制品,替代木材和塑料。塑木复合材料的应用,有效减少了原始木材的用量,能够保护森林、回收再利用旧木粉和塑料。

塑木复合材料的主要特点可归结为:耐用、寿命长,有类似木质外观,比塑料硬度高;比木材尺寸稳定性好,不会产生裂缝、翘曲,无木材节疤、斜纹,加入着色剂、覆膜或复合表层可制成色彩绚丽的各种制品;具有热塑性塑料的加工性,容易成型,用一般塑料加工设备或稍加改造后便可进行成型加工,加工设备新投入资金少,便于推广应用;有类似木材的二次加工性,可切割、粘接,用钉子或螺栓连接固定,可涂漆,产品规格形状可根据用户要求调整,灵活性大;不怕虫蛀、耐老化、耐腐蚀、吸水性小,不会吸湿变形;能重复使用和回收再利用;维护费用低。

塑木复合材料的应用也很广泛,它不仅可以制成铺板铺设园路,还可用于装饰边框、栅栏和庭园扶手、包装用垫板和组合托盘,以及家具(包括室外露天桌椅)、花箱等。

(3)树皮、木屑 园林中,为了增加天然野趣,往往用一些纯天然的,甚至是废弃的材料来铺设小径,如树皮、木屑等。我们可以将树皮切成不规则的块,把待铺设的路面土刨松,再将树皮覆盖其上,浇一遍水,使树皮与土壤有机结合,这样一条天然环保的园路就铺设成了。用树皮、木屑等铺设园路可以节约水源、保护环境、改善土壤、衬托景观等,而且由于树皮等路面覆盖物都是废弃物,可以节约费用,同时它的铺设方法简单,还可节省施工时间。

(4)砂砾 砂砾铺就的园路耐踩性强,雨水能够很快渗入土中,可保持园路清洁,不会造成泥泞。颗粒大小均匀的砂砾可使人脚感舒适、平整,既环保又能给游人带来一种天然的感觉。

除了以上这些生态环保材料,我们还应加强对废弃材料的应用,如用破旧的瓷器与碎石铺设成冰裂纹形式的园路等。此外,设计师在设计中还要尽可能使用再生原料制成的材料,尽可

能将场地上的材料循环使用,最大限度地发挥材料的潜力,减少因生产、加工、运输材料而消耗的能源,减少施工中的废弃物。

5.3.3 园路铺装的设计

在园林中,铺地和山、水、植物、建筑等,共同构成园林艺术的统一体。铺地作为空间界面的一个方面而存在着,像室内设计时必然要把地板设计作为整个设计方案中的一部分统一考虑一样。园林铺地,由于它自始至终地伴随着游览者,影响着风景效果,成为整个空间画面不可缺少的一部分。

1)意境的创造

意境的创造是我国园林艺术的精髓所在,是中国园林最本质的一个特征。而意境的创作绝不是某一个建筑、雕塑、壁画、某一块石峰等独立的艺术形象本身的单独存在所能奏效的,它还必须有一个能使人深受感染的环境,共同渲染这一气氛,才能使游赏者在审美的过程中激发出一种想象或联想的力量,从而获得一种美感的境界,一种特殊的兴味。例如:在我国古代的宫殿、石窟和寺庙等园林中,常用各种莲纹铺地,以烘托出清雅、高洁的气氛。

2)质感的处理

园林铺装的美,在很大程度上要依靠材料质感的美。一般铺地材料,以粗糙、坚固、浑厚者为佳。

①质感的表现,必须尽量发挥素材所固有的美。中国人对于自然素材的质感,有着细致的感受,无论是粗犷的花岗岩,滑润的鹅卵石,美丽的青石板,都是那样地耐人寻味。而用混凝土的仿木制品,则降低了美感。

②质感与环境有着密切的关系。铺装的好坏,不只是看材料的好坏,还决定于它是否与环境相谐调,在材料的选择上,要特别注意与建筑物的调和。

③质感调和的方法,要考虑同一调和、相似调和及对比调和。如地面上用地被植物、石子、沙子、混凝土等铺装时,使用同一材料的,比使用多种材料容易达到整洁和统一,在质感上也容易调和。

④铺地的拼缝,在质感上要粗糙、刚健,以产生一种强的力感。否则如果接缝过于细弱,则显得设计意图含糊不清。而砌缝明显则易产生漂亮整洁的质感,使人感到雅致而愉快。外部空间中的尺度模数,要比室内空间扩大10倍才合适。因此,质感也会因粗糙、刚健而有良好的配合。大空间要粗犷些,因为粗糙的,往往使人感到稳重、沉着、开朗。另外粗糙的表面可以吸收光线,因此大面积铺装应粗糙些好。细滑给人以轻巧,精致的感觉,重点处可以精细些。小空间尺度小,显得细致,因此给人以精美、柔和的感觉。

⑤质感变化要与色彩变化均衡相称。如色彩变化多,则质感变化要少一些;如果色彩、纹样均十分丰富,则材料的质感要比较简单。

3) 色彩的处理

(1) 园路色彩的作用与要求 色彩是主要的造型要素。色彩是心灵表现的一种手段,它能把情绪赋予风景,能强烈地诉诸于情感,而作用于人的心理。因此,在园林中对色彩的运用,越来越引起人们的重视。园林的色彩设计包括植物、山水、建筑、铺地等。离开环境,无所谓色彩美。它们必须统一考虑,进行综合设计。

园路的色彩在园林中,一般是衬托景点的背景,或者说是底色。人和风景才是主体,当然特殊情况除外。园路的色彩必须是沉着的。色彩的选择应能为大多数人所共同接受,它们应稳重而不沉闷,鲜明而不俗气。色彩必须与环境统一,或宁静、清洁、安定;或热烈、活泼、舒适;或粗糙、野趣、自然。

(2) 色彩的情调 一般地认为暖色调表现热烈、兴奋的情绪;冷色调表现幽雅、宁静、开朗、明快,给人以清新愉快感;灰暗色调表现忧郁、沉闷。因此在园林铺地设计中,有意识地利用色彩的变化,可以丰富和加强空间的气氛(见表 5.12)。

表 5.12 色彩情调

色 彩	情 调
红	非常温暖、非常强烈、非常华丽、锐利、沉重,有品格、愉快、扩大
橙	非常温暖、扩大、华丽、柔和、强烈
黄	温暖、扩大、轻巧、活力、干燥、锐利、强烈、愉快
绿	湿、润
蓝绿	凉爽、湿润、有品格、愉快
蓝	非常凉爽、湿润、锐利、坚固、收缩、沉重,有品格、愉快
蓝紫	凉爽、坚固、收缩、沉重
紫	迟钝、柔和、软弱

(3) 色彩调和的方法 最常用的方法是按同一色调配色:如园路铺装,有混凝土铺装、块石铺装、碎石和卵石铺装等,各式各样的东西,如果同时存在,忽视色调的调和,将会大大地破坏园林的统一感。如在同一色调内,利用明度和色度的变化来达到调和,这时则容易得到沉静的个性和气氛。如果环境色调令人感到单调乏味,则可以利用变化来调整地面铺装。

按近似色调配色:在配合时要注意以下两点:一是要在近似色调之间决定主色调和从属的色调,两者不能同等对待。二是如果使用的色调增加了,则应以减少造型要素的数量。

按对比色调配色:对比色调的配色是由互补色组成。由于互相排斥或互相吸引都会产生强烈的紧张感,因此对比色调在设计时应谨慎运用。

(4) 常用铺地的加色方法 彩色水泥混凝土:彩色混凝土是根据需要,分别选用白水泥或普通水泥,按一定比例加入无机矿物质染料,如红色(氧化铁)、绿色(氧化铬)、黑色(炭黑)等调制而成。一般制成有适当粗糙度的彩色混凝土花砖,拼成各种图案。

彩色沥青混凝土:沥青路面具有耐压、抗磨耗、抗冲击、不透水等优点,但一般沥青路面为黑色,过于黯淡、沉闷,在园林中使用不受欢迎。近几年,我国引进彩色沥青路面的施工技术,主要是在沥青混凝土配料中,加入替代石粉质量 5%~7% 的矿物质颜料,从而取得较好的彩色效果。

另外,在普通混凝土路面的面层上,可以撒一层有色的粗砂或碎石,或利用天然的彩色鹅卵

石、砾石等,拼砌成各种纹样。这种路面色彩柔和、自然、具有光泽,因此具有较强的美感。

4) 纹样

在园林中,路面以它多种多样的形态、纹样来衬托、美化环境,增加园林的景色。纹样则起装饰路面的作用。在园林中,铺地纹常因场所的不同而各有变化。讲究路面的纹样、材料与景区的意境相结合,可起加深意境的作用。如苏州拙政园枇杷园的铺地,采用枇杷纹;海棠春坞的铺地采用万字海棠纹,以增加富贵之意;鹤纹、鹿纹铺地则表达了吉祥之意;北京故宫的铺地纹中,有文房四宝、花鸟鱼虫、吉祥如意、三国故事和民间寓言等。

表现纹样的方法,可以用块料拼花、镶嵌、划成线痕、滚花,用刷子刷、做成凹线等。

5) 尺度

路面砌块的大小、拼缝的设计、色彩和质感等,都与场地的尺度有密切的关系。如大场地的质地可粗些,纹样不宜过细,而小场地则质感不宜过粗,纹样也可以细些。如杭州植物园山外山餐馆庭院,用几块小块料组合为一体,然后在周边做成宽缝,取得较大的尺度感,与建筑环境相协调。

6) 光影效果

在我国古典园林中,早已利用不同色彩的石片、卵石等按不同方向排列,在阳光照射下,产生富有变化的阴影,使纹样更加突出。

在现代的园林中,多用混凝土砖铺地,为了增加路面的装饰性,将砖的表面做成不同方向的条纹,同样能产生很好的光影效果,使原来单一的路面,变得既朴素又丰富。这种方法在园林铺地中的应用,不需要增加材料,工艺过程简单,还能减少路面的反光强度,提高路面的抗滑性能,确能收到事半功倍的效果。

在做园林设计时,不要过分地追求色彩、质感、纹样的变化。地纹不要凹凸不平,要给人以稳定、舒适、安全的感觉。

5.3.4　园路铺装的应用

(1)花街铺地　即以砖瓦为骨,以石填心的作法。它是用规整的砖和不规则的石板、卵石以及碎砖、碎瓦、碎瓷片、碎缸片等废料相结合,组成图案精美、色彩丰富的各种地纹。如:人字纹、席纹、海棠芝花、万字球门、冰纹梅花、长八角、攒六方、四方灯景、冰裂纹等路面(图5.21)。

(2)卵石路面　采用卵石铺成各种图案,如杭州花港观鱼在牡丹亭边的一株古梅树下,以黄卵石为纸,黑卵石为绘,组成一幅苍劲古朴的梅树图案(图5.22);苏州留园在东部庭院中的一块地面上,铺成仙鹤的图案(图5.23);杭州植物园竹类区的一块休憩性小场地,在一片翠竹、山石中用卵石拼成翠竹石影图案,在阳光下,相映成趣,更增加了幽静的感觉。这些铺装都起到了增加景区特色、深化意境的作用,而且这种路面耐磨性好、防滑,富有江南园路的传统特点。

(3)雕砖卵石路面　这种路面又被誉称"石子画",它是选用精雕的砖、细磨的瓦和经过严格挑选的各色卵石拼凑成的路面,图案内容丰富。有历史题材的图案,如"古城会""战长

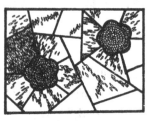

(a) 冰纹梅花

(b) 海堂芝花

(c) 席纹

图 5.21　花街铺地

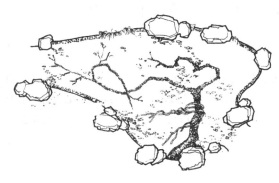

图 5.22　梅影路

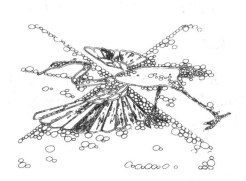

图 5.23　鹤纹路

沙""回荆州"等三国故事;有以寓言为题材的图案,如"黄鼠狼给鸡拜年""双羊过桥"等;有传统的民间图案,如四季盆景、花、鸟、鱼、虫等。这些都成为我国园林艺术的杰作,如图 5.24 所示。

图 5.24　雕砖卵石嵌花路——战长沙

(4)嵌草路面　这种路面是把天然石块和各种形状的预制水泥混凝土块,铺成冰裂纹或其他花纹的路面,铺筑时在块料间留 3~5 cm 的缝隙,填入培养土,然后种草。常见的有冰裂纹嵌草路、花岗岩石板嵌草路、木纹水泥混凝土嵌草路、梅花形水泥混凝土嵌草路等,如图 5.25、图 5.26 所示。

(5)块料路面　以大方砖、块石和制成各种花纹图案的预制水泥混凝土砖等筑成的路面,

图 5.25　仿木纹混凝土嵌草路

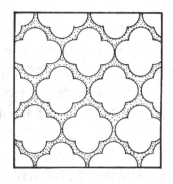

图 5.26　梅花形纹嵌草路

如木纹板路、拉条水泥板路、假卵石路等,如图 5.27~图 5.30 所示。

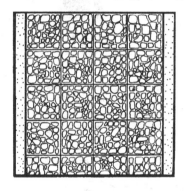

图 5.27　预制仿卵石块料路

图 5.28　预制莲纹路

图 5.29　花岗岩石板路

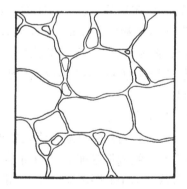

图 5.30　自然石板路

　　这种路面简朴、大方,各种拉条路面,利用条纹方向变化产生的光影效果,加强了花纹的效果。不仅有很好的装饰性,而且可以防滑和减少反光强度,美观、舒适。

　　(6)整体路面　这是用水泥混凝土或沥青混凝土铺筑成的路面,它平整度好,路面耐压、耐磨,养护简单,便于清扫,所以多用于大公园的主干道,但它色彩多为灰、黑色,在园林中使用不够理想,近年来出现彩色沥青路和彩色水泥路,效果较好。

　　(7)透水路面　由其铺设的场地在下雨时能使雨水快速渗透到地下,增加地下水含量,调节空气湿度,净化空气,对缺水地区尤其具有应用价值。透水砖透水率高、强度高、耐磨、防滑性能佳、抗冻性能好。

①透水砖。透水起源于荷兰。美国舒布洛科公司发明了一种砖体本身具有很强吸水功能的路面砖,这种砖也被叫作舒布洛科路面砖,常用规格:200×200×60;200×100×60;200×100×80;235×115×60;300×300×60 等(图5.31)。设计强度有 C30,C35,C40。

②透水地坪。该产品透水性强,透水地坪拥有 15%～25% 的孔隙,混凝土面层透水速度达 270 L/(m²·min),高于传统排水系统的排水速率;承载力优异,经国家检测机构鉴定,透水地坪系统能够达到 C30 混凝土的承载标准,优于一般透水砖的承载能力;环保性能好,能增加地表湿度、减低地表温度,减轻城市热岛效应;具有降尘、处理废气物(磷化物和氮氧化物)的功效;装饰性能好,透水地坪系统拥有系列经典色彩配比方案,能够配合设计师的创意,实现不同环境和个性所要求的装饰风格;养护管理方便,用高压水洗的方式即可非常简单处理孔隙堵塞的问题。路面结构见图5.32。

图5.31 舒布洛科路面砖

图5.32 透水地坪

(8)压印地坪 该产品是彩色强化料与混凝土浇筑同步施工的全新施工工艺,具有美观、耐磨、环保、新颖、质感强、色彩持久、耐用等特点。它能够刻意表现出自然材质的粗砺,凹凸不平和复杂纹理,呈现出酷似天然的青石板、木板、火山岩石等的效果。不仅装饰性强,而且抗压、抗折强度是普通混凝土地面的 2～3 倍以上(图5.33)。整体成型,一次性铺装,施工快。

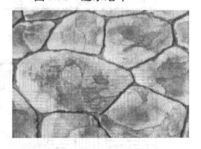

图5.33 压印地坪

(9)步石、汀石、磴道

①步石。在自然式草地或建筑附近的小块绿地上,可以用一至数块天然石块或预制成圆形、树桩形、木纹板形等铺块,自由组合于草地之中。一般步石的数量不宜过多,块体不宜太小,两块相邻块体的中心距离应考虑人的跨越能力和不等距变化。这种步石易与自然环境协调,能取得轻松活泼的效果。见图5.34、图5.35。

②汀石。它是在水中设置的步石,使游人可以平水而过,汀石适用于窄而浅的水面。如在小溪、涧、滩等地。为了游人的安全,石墩不宜过小,距离不宜过大,一般数量也不宜过多。如:苏州环秀山庄,在山谷下的溪涧中置石一块,恰到好处;桂林芦笛岩水榭前的一组荷叶汀步,与水榭建筑风格统一,比例适度,疏密相间,色彩为淡绿色,用水泥混凝土制成,直径 1.5～3.0 m 不等,在远山倒影的陪衬下,一片片荷叶紧贴水面,大大地丰富了人们游览的情趣。如图5.36、图5.37 所示。

③磴道。它是局部利用天然山石、露岩等凿出的或用水泥混凝土仿树桩、假石等塑成的上山的磴道。如辽宁千山风景区的"一步登天",它是在天然巨石的陡峭石上,人工凿出蹬脚的

图 5.34　仿树桩步石

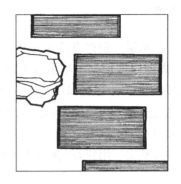

图 5.35　条纹步石路

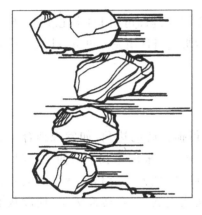

图 5.36　块石汀石

图 5.37　荷叶汀石

洞,在石壁上装有铁链,可以抓住铁链攀登而"一步登天"。

5.4　园路施工

1)放线

按路面设计的中线,在地面上每 20~50 m 放一中心桩,在弯道的曲线上应在曲头、曲中和曲尾各放一中心桩。并在各中心桩上写明桩号,再以中心桩为准,根据路面宽度定边桩,最后放出路面的平曲线。一般采用的工具和材料是麻绳和白散灰。

2)准备路槽

按设计路面的宽度,每侧放出 20 cm 路槽,路槽的深度应等于路面的厚度,槽底应有 2%~3%的横坡度,用蛙式跳夯夯 2~3 遍,路槽平整度允许误差不大于 2 cm。如土壤干燥,待路槽开挖后,在槽底上洒水,使它潮湿,然后再夯。

3）铺筑基层

（1）灰土基层　根据设计要求准备铺筑的材料，在铺筑时应注意对于灰土基层，一般实厚为 15 cm，虚铺厚度根据土壤情况不同而为 21~24 cm。对于炉灰土，虚铺厚度为压实厚度的 160%，即压实 15 cm，虚铺厚度为 24 cm。

（2）混凝土基层　根据园路所需的承载情况铺筑混凝土的厚度有所不同，一般在 5~15 cm，混凝土强度为 C10。

（3）碎石基层　用碎石或矿渣作为园路基层，厚度 10~30 cm，平整压实。

4）结合层的铺筑

一般用 M7.5 水泥、白灰、砂混合砂浆或 1:3 水泥砂浆，特殊地面可用 1:1 水泥砂浆。砂浆摊铺宽度应大于铺装面 5~10 cm，厚度 3~5 cm，已拌好的砂浆应当日用完。也可以用 3~5 cm 厚的粗砂均匀摊铺而成。

5）面层的铺筑

面层铺筑时砖应轻轻放平，用橡胶锤敲打稳定，不得损伤砖的边角；如发现结合层不平时应重新用砂浆找齐，严禁向砖底填塞砂浆或支垫碎砖块等。采用橡胶带做伸缩缝时，应将橡胶带平正直顺紧靠方砖。铺好砖后应沿线检查平整度，发现方砖有移动现象时应立即修整，最后用干砂掺入 1:10 的水泥，拌和均匀后将砖缝灌注饱满，并在砖面泼水，使砂灰混合料下沉填实。

6）道牙

道牙基础宜与路床同时填挖碾压，以保证有整体的均匀密实度。结合层用 1:3 水泥砂浆，厚度 2~3 cm。安道牙要平稳牢固，后用 1:3 水泥砂浆勾缝，缝宽 5 mm。道牙背后应用 C10 素混凝土护牢，其宽度 10 cm，高度 10 cm，边上做路肩加以保护。

5.5　广场工程

城市广场是指城市中由建筑物、构筑物、道路或绿地等围合而成的开敞空间，是城市公共社会生活的中心。广场通常具有一定的主题思想和功能要求，表现城市风貌、空间形态和文化内涵、景观生态环境，具有公共性、开放性、人文特征，由绿地、水体、铺地、地形、建筑及环境小品等多种软质与硬质景观构成，具有交往、集会、文化、商业、游憩、休闲、康乐等多种活动功能。

现代城市中，由于广场空间形式、使用功能、规模大小以及建设年代的不同，对广场进行分类的方法多种多样，通常按其主要性质、用途及在道路网中所处的地位划分，广场可分为公共活动广场、集散广场、纪念广场、交通广场和商业广场五类（有的广场兼有多种功能，也可称为综合性广场）。

5.5.1　广场的主要功能

①方便人流交通,缓解交通拥挤。广场作为道路的一部分,是人、车通行和驻留的主要场所,起交汇、缓冲和组织交通的作用。

②改善和美化生态环境。街道的轴线,可在广场中相互连接、调整,加深了城市空间的相互穿插和贯通,增加了城市空间的深度和层次。

③突出城市个性和特色,增添城市魅力,或以浓郁的历史背景为依托,使人们在休憩中获得知识,了解城市过去曾有过的辉煌。

④提供社会活动场所。为城市居民和外来者提供散步、休息、社会交往和休闲娱乐的场所。

⑤城市防灾,是火灾、地震等方便的避难场所。

⑥组织商贸交流活动。利用广场空间,可开展临时性的商贸交流活动。

5.5.2　广场的设计

广场应按照城市总体规划确定的性质、功能和用地范围,结合交通特征、地形、自然环境等进行设计,并处理好与毗邻道路及建筑出入口的衔接,以及和周围建筑物的协调,并表现出广场的艺术风貌。

1)城市广场设计的理念和原则

①以人为本。广场为人而建,它与人类的社会生活息息相关,因此,在广场设计中,"人"是首要的因素,需要倡导与执行"以人为本"的理念和原则。

②功能与形式统一。"形式追随功能",在广场设计中功能永远是第一性的。

③文化的继承与创新。在广场设计中,考虑文化的继承与创新是非常重要的。继承表现在对既有环境的尊重,保护历史、延续历史,通过对广场物质空间环境的塑造,更深层次地表达出城市的历史传统与社会文化;创新则表现在从时代特征、地方特色出发,积极创造出新的形态以适应时代的发展,推动文化的创新。

④广场景观生态化。作为人工环境的广场,除形成和创造城市广场特色外,节能、减少光污染、太阳能利用、中水系统和环保等方面生态化的内容已成为今日城市广场规划设计中一种新的发展方向。

⑤突出个性,创造特色。优秀的广场设计要有丰富的文化内涵,追求地域的认知感,善于表征地域要素和"基因移植",创建"可标识性"和"可印象性"特色,进而形成地域性的标志。如华盛顿中心广场的方尖碑,布鲁塞尔大广场的城标,巴黎夏洛克广场的水池及铁塔,北京的天安门广场,堪培拉的围合广场等。这些都因丰富的标志特色与个性,深厚的文化内涵而驰名世界。

⑥注重公众参与交往。广场是一个公共空间,它应具有开放性,能够容纳与鼓励不同的社会人群来参与社会活动,并相互交流。这样,才能把人的情感融入到广场空间形态的构成中,使"环境的设计"升华为"意境的创造"。

2)城市广场设计的内容和任务

(1)规模与尺度 规模与尺度是城市广场设计的首要任务,确定合理的规模和尺度,有利于城市的自然效益、经济效益、社会效益三者的统一。

(2)空间形式 从历史上遗留下来的大量城市广场来看,无论是宗教广场、市政广场,还是纪念性广场,它们一般都有着相对固定并严格遵循的空间形式规律,如对称式的格局、中心式的构图、完整的空间序列等。巨大的尺度、极强的公共性及其所处的中心位置是这些广场的主要特点。然而,传统的城市中心广场在今天已不再能满足城市生活的纷繁所带来的多元化的功能需要,现代人所追求的休闲、民主、多信息、高效率、快节奏的生活方式需要在更为多样化的空间形式中加以体现和认同。广场空间小型化、立体化、内外空间的互相渗透等设计理念已成为主流。

(3)环境景观与服务设施 从功用性来看可以将广场设施分为两大类:景观设施类和服务设施类。前者强调设施的艺术造型、艺术风格与形式,主要是起到景观装饰、美化广场的作用,如:雕塑、彩画、壁画、灯具、花坛,以及节日庆典的旗帜、彩门,节日装饰照明等。后者强调设施的功能性、服务性,主要是起到满足广场各种功能和广场使用人群各种需要的作用,如:休息椅、灯具、路标、垃圾箱、饮水器、电话亭、厕所、画廊报栏、计时器,以及游戏设施、市政设施等。

(4)交通组织 广场设计应注重在交通组织上的协调与统一,主要内容有两点:城市交通与广场交通的组织;广场内交通组织。即一个外部交通,一个内部交通。

(5)竖向设计 空间多层次性是现代广场的主要特征之一,营造多层次的空间对地形进行上升、下沉和地面层相互穿插组合是竖向设计的具体应用。

(6)市政配套 广场的市政设施包括城市与广场相关联的给水、排水、电力、电信等市政管线,环卫及市政服务设施。广场的各种市政管线应与城市的市政设施网络连接,在满足广场使用功能要求的同时,应符合国家有关技术规范。其中广场的电力、电信设施尤应确保安全,最好进行埋地处理。如果需要,可设置供地下电缆、电信线路等集中排列的地下共用管沟。地面上的设施如变压器、配电箱、水泵房等应结合广场的其他游憩设施进行环艺设计。

(7)救灾防灾设施 从国内外的实践经验来看,现代广场还具有救灾防灾功能。当发生地震、火灾时,可以提供避难场所,人们可以在广场开阔处避难,还可以在广场上搭建临时建筑以便等待灾后重建。另外,在广场(地下)中有意识地安排一些防灾设施,包括生活、信息传递、疏散保障、医疗救护、运输场地等设施,以备灾害发生时应急使用。

3)城市广场空间环境设计

(1)规模与尺度 根据城市规划和经济实力,确定建设时序,分期实施,持续完善,留有拓展更新余地,配合城市空间塑造的可持续发展。同时亦要善于定位,综合考虑广场主体功能、性质、级别、景观方面要求,注意到环境、交通和用地条件的制约,因地制宜确定广场规模。既要有足够的面积保证公众活动与交往的正常进行,又不宜贪大求洋而导致土地浪费(见表5.13)。

表 5.13　广场视觉信息尺度表

序　号	距离/m	视觉信息传递	场所控制范围
1	亲密距离:0.9~2.4	过细	2~6 m²
2	亲切距离:≤12	区别对象细部表情	150 m²
3	亲和距离:20~25	认识人物身份与环境	600 m²
4	轮廓辨认距离:≤150	辨别人物性别与肢体语言	3 万~4 万 m²
5	感觉印象距离:1 200	可看到人身影	

①规模。以观赏游憩为主功能的规模,取决于服务范围和游憩容量;以集会游行为主功能的规模,取决于需要容纳的集会人数;以交通集散为主功能的规模,取决于规定的集散时间的人、车流的组织疏导要求。规模有利于显示主题、地域、神韵、文品、时代气息和地方特色,塑造独特的城市形象。有一定规模的广场,要以生态绿化景观为主,注意乔、灌、藤本花草的群落配植,不宜过于追求"气派"而营建大规模的草坪,尤其在缺水地区。合理确定广场规模,应与城市规模相匹配。大城市可视需要有多个较大规模而性质各异的中心广场,中、小城市则宜设置单个综合性中心广场或中心广场群。大城市与特大城市:5 万~10 万 m² 为宜;中等城市:2 万~10 万 m²为宜;小城市:1 万~3 万 m² 为宜。

②尺度。广场的尺度取决于广场的功能、规模、人的社交活动要求,结合围合建筑尺度而确定。大而空的广场对人产生排斥性,有失落感;小而局促的广场则令人产生烦躁性,有压抑感;广场尺度适宜,则有融入亲和感,取得较好的视觉效果。

广场要满足视觉信息的传递,即景片效应。作为广场上的景片,约 200 m 为限。这一临界值,也符合中国传统"形""势"理论中的"百尺为形""千尺为势"的要求。古时一尺等于23 cm,换算"千尺"相当于 200 m 上下。200 m 左右的景片又可分为近、中、远三段景观区。近景在 12 m 以内;中景 70~100 m,能看清人的活动;远景为 150~200 m,可看清群体活动和肢体轮廓。

通过视觉获得广场信息,景观效应取决于观察者距离,完整的观察需要良好视野,远景美取决于轮廓(表 5.14)。

表 5.14　城市广场用地规模控制参考指标

城市规模 M/万人		200>M≥50	50>M≥20	20>M≥10
城市中心广场人均指标建议值/(m²·人)		0.1~0.2	0.15~0.25	0.2~0.3
城市用地规模推荐值/万 m²	城市中心广场	8~15	3~10	2~5
	区级中心广场	2~10	2~5	
	社区广场	1~2	1~2	1~2

③城市中心广场适宜尺度与建设指标:

a.建筑物高度与广场长度之比:1:3~1:6;

　　b.视距与楼高之比:1:1.5~1:2.5;

　　c.视距与楼高构成视角:18°~27°。

　　在实际工程实践中,有许多城市的广场远远超出110 m见方这样的尺度。由于营造空间的需要,这些广场往往将大尺度进行空间的划分,形成若干个小广场,将它们通过各种方式组合起来。

　　(2)广场的空间布局形式　按现代广场的功能要求区分,其空间布局一般可分为:主广场、休憩区、健身舞池区、多功能生态林地、生态水景戏水区、林荫大道与入口、会展区等。

　　空间形式按平面形态分类有规则式(方形、长方形、圆形、椭圆形、扇形、梯形等)和不规则式;按围合程度分类有封闭式、半封闭式、开敞小空间;按广场与建筑群的位置关系分类有周边式、岛屿式、融合式;按广场的立体标高分类有平面式、立体式;按空间界定强度分类有广场边界清晰、边界模糊。

4)城市广场景观空间环境设计要素

　　(1)环境景观与服务设施

　　①雕塑与公共艺术小品。雕塑在广场中可分为主题性雕塑和装饰性雕塑。主题性雕塑除了起主导和控制广场空间的作用外,还是表达空间意象、创造广场生机活力的主要元素。它往往是广场空间的灵魂。一个形象生动、个性鲜明的雕塑会使平淡无奇的空间充满活力。例如美国得克萨斯州的威廉斯广场,尺度为61 m×91 m,用花岗石满铺,在广场中央是一群奔腾咆哮的野马跨过河流的雕塑。在雕塑家的精心设计和制作下,整个作品形象生动、惟妙惟肖。同时用喷泉模拟马踏水面时水花飞溅的景象,使整个雕塑颇似从远方的大草原上奔驰而来的一群骏马,这样整个空间为之激动而充满活力。同时广场的其他设计都为此服务:在广场三面有建筑背景式的处理,四周种植树木,设置座椅,供市民观赏、休息。装饰性雕塑是与广场环境配合,有点缀环境的作用。由于雕塑经常与其他功能重合,如儿童可以在上面爬坐等,因此它的亲切感、材料质感以及外形的处理都应注意,不宜有过于尖锐的棱角以免碰伤儿童。

　　总之,广场中的雕塑首先应注意与整体环境的有机结合;其次注重功能的综合性和材料的多样化,因为雕塑功能的综合对环境质量会起到提升作用。如雕塑结合其他环境设施为一体(如喷泉、照明),是把雕塑与城市景观有机结合最有效和最有潜力的手段。另外雕塑的材料也应多样化,因地制宜地采用一些地方风土材料,既可节约投资又能取得独特的效果。

　　②绿景。主要包括树木(乔、灌木)、藤本花卉、草坪地被、花坛等内容,是广场景观风貌形象的重要组成部分。

　　绿化不仅具有调解人类心理和精神的功能,以及它所发挥的生态、物理和化学效用,而且绿化还可以构成环境中最特殊的景观。比如不断生长的树木是时间的见证,又是人们记忆的标志;绿化在四季中轮回变化的形象,为环境赋予了不同的容貌和性格。树木、草坪和花卉经过配植而形成的综合形态,可以起到围蔽、遮挡、划分、联结、导向等作用,这比人工构筑物更富于自然意味。植物的种类和配植的特征对所在的环境性质可以起到呼应与渲染的作用。另外,植物造景还有遮阳作用,利用绿荫下适当的铺地,能扩大游人的活动范围。

　　在广场环境中,提高植被覆盖率的最快速有效的方法就是配植草坪。但对于草坪的配植,需控制一定的面积比例,要使草坪在提高环境质量与效益方面发挥作用,对此,各地都有明文规定。

③花坛。花坛是广场环境中不可缺少的组景手段,对维护花木、点缀景观、突出环境意象方面作用很大。花坛有多种类型:

第一类是花池,它占地面积较大,一般是就地种植花草。其景观基本是以平面图案和肌理形式表现,如毛毡式、框花式、丝带式等。

第二类是花台,它突出于地面,可以是一层或多层叠合。花台是花坛系列中的制高点,具有较强的地标和引导作用。

第三是花坛,花坛可以泛指城市环境中各种观展花草的场地设施,也可以确指稍高于地面,人工砌筑的种植花草的台地和坡地。

第四类是种植容器,它可以放在地上,也可以悬于空中。它的特点是体积小,可以随机移动和更换。它一般用于需要经常更换内容的场所,如商业广场、市政广场等等。花坛不仅种花植草,也可以配置树木,而且可与其他环境设施结合。

④水景。水是城市广场中最富于生机的内容,包括静止的水、流动的水、喷发的水、跌落的水,以及以水为主题的旱喷泉、水广场。人的参与性与趣味性体验应运而生,这一切都成为富有魅力的城市广场景观和环境设施中用水激活的亮点。

水是无色、无味、无形的,所以它的千姿百态还要通过喷泉、瀑布、雾喷水景等具体形式表现出来。在阳光下的雾喷不仅有"虹"的水景观,还能产生"空气负离子"的保健作用。

⑤地面铺装。广场铺装的设计主要在平面内进行,色彩、构图和表面材质处理是它的主要内容。此外,铺装的设计还要考虑场地原有特点、周围环境性质、设计尺度以及风土特色等环境要素。从理论上讲,铺装有以下特征:第一图案性。图案性是指地面铺装的图形特性,它们是创造良好城市景观的基础,也是潜在的艺术形象。就艺术风格而言,铺装的艺术形象应该与广场所处的建筑环境的艺术风格相协调,弥补和加强建筑手法所渲染、创造的环境气氛,形成整体协调的艺术空间;第二空间限定性。即如何利用铺装中的色彩、构图、材质等来限定广场不同的功能空间,界定边界,划分不同的交通区间,引导方向;第三趣味性。铺装为人们的活动提供了运动和停留的空间,并通过点、线、面的有机组合形成多姿多彩的变化,赋予广场空间以某种寓意和神奇色彩,使空间饶有兴趣、耐人寻味,进而提高可辨识性。

⑥广场照明设施与夜景观。广场照明除应注意美观和交通安全亮度外,还要满足节能要求,如太阳能的收集利用转化成光能。广场照明灯具一般可分为:

a.低位置园路灯和草坪灯。灯具位置在人眼高度以下,高度0.3~1.0 m。

b.游步道园路灯。灯杆高度1~4 m,应注意细部处理,以适应游人在中、近距离的观赏要求。

c.广场灯。灯柱高度4~12 m,通常采用强光源。灯具选用要考虑光线的投射角度,以免产生光污染。

(2)道路与交通组织　道路与交通组织的主要内容有两点:城市交通与广场的交通组织;广场内交通组织。城市交通与广场在交通组织上,首先要保证由城市各区域去广场的方便性。

①广场周围的交通组织。在广场周围的适当区域建立步行街,在步行街结束点位,充分考

虑人流车流集散,并且可以通过设置地下有轨电车、地铁等站点,扩大步行规模。

城市交通做到去广场及其周围有最大的可达性,设置完善的交通设施,包括地下有轨电车、地铁站点、高架轻轨、车行道、步行道、立交等,并在线路选择、站点安排以及换乘车方面上予以充分考虑。因此,广场的道路设计要注意人车分离的设计和结合公交站点,尽量避免车流对人流的干扰,要使交通线路简易明确。

②广场内的交通组织设计:

a.充分考虑到大量的停车需求,除设计停车场以外,还要开辟汽车停靠站;

b.考虑到人们以组织参观、浏览、交往及休息为主要内容,结合广场的性质,不设车流或少设车流,形成随意轻松的内部交通组织,使人们在不受干扰的情况下,拥有欣赏广场的场所及交往的机会。因此,广场如何有效地利用道路交通联系,同时又避免交通的干扰和与车流脱离,是广场空间设计中要解决的问题。

③步行道和车道的设计:

a.步行道。步行道的设置,是为了使行人在广场步行道上行走安全、浏览便利,应根据广场的主要特征、游人步行的最短距离来设计。步行道的宽度要根据集散广场的人流密集程度而定。一般中等人行速度为 60~65 m/min。人流饱满时人行速度为 45 m/min,密集时速度为 16 m/min,一般一条人行道的宽度为 0.75~1.0 m,平均人流的通行能力为 40~42 人/min。对于紧靠交通广场站前建筑的步行道,由于人流集散频繁,必须根据所调查的人流或规划的人流量进行计算。一般站前广场的人行道因行人携带行李、包袱,故行走缓慢,每条人行道的宽度按 1 m 计算。通常采用的宽度为 5~10 m。

b.车道。车道是广场内车流疏散的重要设施。为了保证广场上的人流安全,在布置车道时,不应穿越广场中心,不宜在广场内交叉或逆行。因此,一般采用周边式逆时针单向行驶的方式布置车道,并且车道出入口尽量要集中,使广场内车辆的合流、交织现象尽量减少。

车道线的设置,原则上至少有两条。一般在沿建筑物前的人行道边,还应考虑有停车的位置,便于乘客上、下,此车道线内一般不宜长时间停车。

(3)地形与竖向设计 现代广场的空间具有多层次性,上升、下沉和地面层相互穿插组合,充分利用空间变化,获得丰富活泼的城市景观。按照竖向高程的变化,广场通常可分为阶梯式、台地式、空中广场、地下广场、下沉式广场以及各种形式结合的立体广场。广场竖向设计应根据平面布置、地形、土方工程、地下管线、广场上主要建筑物标高、周围道路标高与排水要求等进行,并考虑广场整体布置的美观。

广场设计必须充分了解地形的变化,并注意地形的选择与利用。一般按相交道路中心线交点的标高为广场竖向设计的控制点。广场内应尽量减少大填大挖的现象,避免出现来回起伏的现象,力求广场内纵、横坡度平缓。场内标高应低于周围建筑物的散水标高,其坡向最好由建筑物的散水标高向外坡向,以利排水和突出建筑物的雄伟。

广场设计的平面图比例一般为 1:500~1:200,竖向等高线间距为 2~5 cm,视广场坡度大小而定。

广场竖向设计应视广场面积大小、形状、排水流向等分别采用一面坡、两面坡、不规则斜坡和扭坡。在顺着天然斜坡而修建的广场,可以设计为单一坡向,但应考虑不宜使广场纵坡大于2%。在天然斜坡坡度较大时,可分成两极式广场,即在广场中央设置较宽阔的街心花园,使斜

坡的影响得到缓和。这种情况宜采用矩形的广场。

（4）给水、排水设计　广场给水一般采用城镇自来水系统供水,内容包括生活、养护、造景和消防用水。具体设计参见给水、水景设计相关内容。

广场排水应考虑广场地形的坡向、面积大小、相连接道路的排水设施,并采用单向或多向排水,排水方式有地面排水、明沟或暗沟排水、管道排水等。

广场设计坡度,平原地区应≤1%,最小为0.3%;丘陵和山区应≤3%。地形困难时,可建成阶梯式广场。与广场相连接的道路纵坡度以0.5%~2%为宜。困难时最大纵坡度不应>7%,积雪及寒冷地区不应>6%,但在出入口应设置纵向坡度≤2%的缓坡段。

5.5.3　广场的材料选择

广场的主要功能决定了广场铺装的重要性。世界上许多著名的广场都因其精美的铺装设计而给人留下深刻的印象。铺装设计虽应突出醒目、新颖,但首先必须与整体环境相匹配,它的形状、颜色、质地都要与所处的环境协调一致,而不是片面追求材料的档次。

材料的选定是铺装创意中重要的环节,应好好地体验材料使用的可能性及其允许使用的条件。铺装材料是铺装的构造材料,同时表层材料又是一种"体现创意的材料",这一点可能与建筑上说的装饰材料相类似。

单从美学上看,质感来自对比,如果没有衬托,再高档的材料也很难发挥出效果。通过不同铺装材料的运用,可以划分地面的不同用途,界定不同的空间特征,可标明前进的方向,暗示游览的速度和节奏。同时选择一种价廉物美、使用方便的铺装材料,通过图案和色彩的变化界定空间的范围,也能够达到意想不到的效果。如利用混凝土也可创造出许多质感和色彩的搭配,而并无不协调或不够档次的感觉。

广场的铺装材料的应用可以参考结合前面提到的园路的铺装运用。广场铺装主要考虑抗滑性,以及由硬度决定的步行舒适性及排水性等。步行所引起的肉体疲劳程度因铺装体对双足的冲击度不同而有很大区别。极不光滑的路面容易让人疲劳,太滑的路面有危险,也会让人疲劳。易滑铺装会引发各种问题,因此,找到铺装易滑的原因并采取防滑措施是十分重要的。铺装排水可分为表面排水和浸透排水两种情况。浸透式排水主要依靠透水性铺装来实现,它可以使雨水直接浸入地下,地面不易积水,且使降水得以归还地下,有利树木生长,并可调节流入城市下水系统的水量。

彩色铺装材料的发展令人眼花缭乱,开发新材料的同时,人们也开始重新审视石、砖等传统材料并对其加以改进革新。例如:掺入了铁丹的沥青混合物适于铺低彩度的大面积空间,但不适于画细线及图形;砌块、瓷砖可以自由地配色,可以配线或图案,拼缝还能营造许多趣味出来。一般来说,无拼缝铺装是不可取的。

广场铺装的材料须符合以下几个原则:

（1）整体统一原则　无论是铺装材料的选择还是铺装图案的设计,都应与其他景观要素同时考虑,以便确保铺装地面无论从视觉上还是功能上都被统一在整体之中。随意变化铺装材料和图案只会增加空间凌乱。

（2）安全性原则　要做到铺面无论在干燥或潮湿的条件下都同样防滑,避免游人发生

危险。

(3)美观原则　外观包括色彩,尺度和质感。色彩要做到既不暗淡到令人烦闷,又不鲜明到俗不可耐。色彩或质感的变化,只有在反映功能的区别时才可使用。尺度的考虑会影响色彩和质感的选择以及拼缝的设计,且路面砌块的大小、色彩和质感等,都要与场地的尺度有正确关系,从而使人获得美的观感。

5.5.4　广场的施工技术

广场工程的施工程序基本与园路工程相同,但由于广场上往往有花坛、草坪、水池等地面景物,因此,比一般的道路工程复杂。

目前,我国广场地面普遍采用硬铺设,作法为:15～20 cm 灰土为底基层,10 cm 水泥稳定砂砾(或 C7.5 水泥混凝土)为基层,然后再铺设普通水泥方砖或彩色水泥方砖、火烧板、广场砖等面层。

1)施工准备

(1)材料准备　准备施工机具、基层和面层铺装材料,以及施工中需要的其他材料,清理施工现场。

(2)场地放线　按照广场设计图所绘制的施工坐标方格网,将所有坐标点测设到场地上并打桩定点。然后以坐标桩点为准,根据广场设计图,在场地地面上放出场地的边线、主要地面设施范围线,以及挖方区、填方区之间的零点线。

(3)地形复核　对照广场竖向设计图,复核场地地形。各坐标点、控制点的自然地坪标高数据如有缺漏要在现场测量补上。

2)场地平整与找坡

①挖方与填方施工。挖、填方工程量较小时,可用人力施工;工程量较大时,应进行机械化施工。预留作草坪、花坛及乔灌木种植的区域,可暂时不开挖。水池区域要同时挖到设计深度。填方区的堆填顺序应当是先深后浅,先分层填实深处,后填浅处。每填一层就夯实一层,直到设计的标高处。挖方过程中挖出的适宜栽植的肥沃土壤,要临时堆放在广场外边,以后再填入花坛、种植地中。

②场地平整与找坡。挖、填方工程基本完成后,对挖、填出的新地面进行整理。要铲平地面,使地面平整变化在 2 cm 以内。根据各坐标桩表明的该点填挖高度数据和设计的坡度数据,对场地进行找坡,保证场地内各处地面都基本达到设计的坡度。土层松软的局部区域还要做地基加固处理。

③根据场地周边与建筑、园路、管线等的连接条件,确定边缘地带的竖向连接方式,调整连接点的地面标高。还要确认地面排水口的位置,调整排水沟底部标高,使广场地面与周边地坪的连接更加自然,排水、通道等方面的矛盾降到最低。

3)地面施工

（1）基层的施工　按照设计的广场地面层次结构与做法进行施工,可参照有关园路地基与基层施工的内容,结合地坪面积更宽大的特点,在施工中注意基层的稳定性,确保施工质量,避免以后广场地面发生不均匀沉降。

（2）面层的施工　采用整体现浇面层的区域,可把该区域分成若干规则的坡块,每一地块面积在 7 m×9 m～9 m×10 m,然后逐个地块施工。地块之间的缝隙做成伸缩缝,用沥青、棉纱等材料填塞。采用混凝土预制块铺装的,可按照园路工程的有关部分进行施工。

（3）地面的装饰　依照设计的图案、纹样、颜色、装饰材料等进行地面装饰。

5.6　台阶工程

5.6.1　台阶的设计

1)台阶的设置

台阶是解决地形变化、造园地坪高差的重要手段。当地面坡度较大时,根据坡度变化的情况,应考虑设置坡道或踏步(俗称台阶)。一般来讲,当地面坡度超过 12°时就应设置踏步,当地面坡度超过 20°时一定要设置踏步,当地面坡度超过 35°时在踏步一侧应设扶手栏杆,当地面坡度达到 60°时则应做踏道、攀梯。踏步可以增加竖向的变化,产生美感。一般要设在车辆不通行的道路上,台阶的宽度与路面宽相同,一组踏步的数量最少为 2～3 个踏级。踏步每上升12～20级,原则上需设一段休息平台,使游人有机会恢复体力的机会。踏面宽度与踏面间隔(举步高)的配合步幅以舒适为宜,其关系式如下:

$$3h + b \approx 75 \text{ cm} \tag{5.14}$$

式中　h——举步高;

　　　b——踏面宽。

一般踏面宽为 28～38 cm,举步高为 10～16.5 cm(图 5.38)。如举步高小于 10 cm,在室外空间容易被游人忽视,具有潜在的危险性。当举步高大于 16.5 cm 时,儿童、老年人行走起来则较为吃力。在专门的儿童游戏场,踏步的举步高应为 10～12 cm。为防止踏面积水、结冰,每级台阶应有 1%～2%的向下坡度,以利于排水。踏板突出于竖板的宽度绝对不能超过 2.5 cm,以防绊跌(图 5.39)。台阶的标准构造是踢面高度在 8～15 cm,长的台阶则宜取 10～12 cm 为好;台阶之踏面宽度不宜小于 28 cm;台阶的级数宜在 8～11 级,最多不超过 19 级,否则就要在此中间设置休息平台,平台不宜小于 1 m。使用实践表明,台阶尺寸以 15 cm×35 cm 为佳,至少不宜小于 12 cm×30 cm。

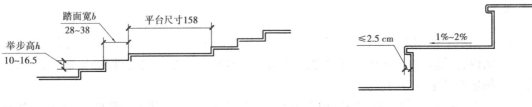

图 5.38　台阶与休息平台布置(单位:cm)　　　　图 5.39　踏板构造示意图

2)台阶材料的选择

台阶是一个过渡空间,使用率较高,材料选择的基本要求是坚固耐用,耐湿、耐磨、耐晒,同时应根据场地周边与建筑、园路等整体的连接状况,确定其铺装材料的风格,其质地、色彩应与周围环境相协调。常用的材料有石材、圆木、混凝土板、黏土砖、瓷砖、洗石子、磨石子等,面层通常采用平整的块料铺装,园林中常用青石板、花岗岩板等。

3)台阶的形式

园林中台阶的形式多种多样,或规则或自然,依据环境特点加以布置,融入环境。常见的形式如图 5.40 所示。

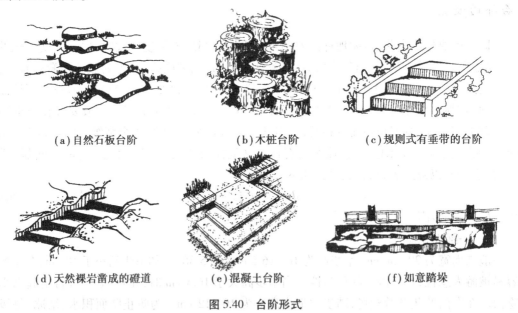

(a)自然石板台阶　　　　(b)木桩台阶　　　　(c)规则式有垂带的台阶

(d)天然裸岩凿成的磴道　　(e)混凝土台阶　　　　(f)如意踏垛

图 5.40　台阶形式

4)台阶的构造

台阶的构造同于道路的构造,为使台阶牢固,基层可用素混凝土或钢筋混凝土,混凝土标号不低于 C20,如配筋采用 $\phi 8 \sim 12@150 \sim 200$。常见的构造如图 5.41~5.46 所示。台阶宽度 b、高度 h 由设计确定。

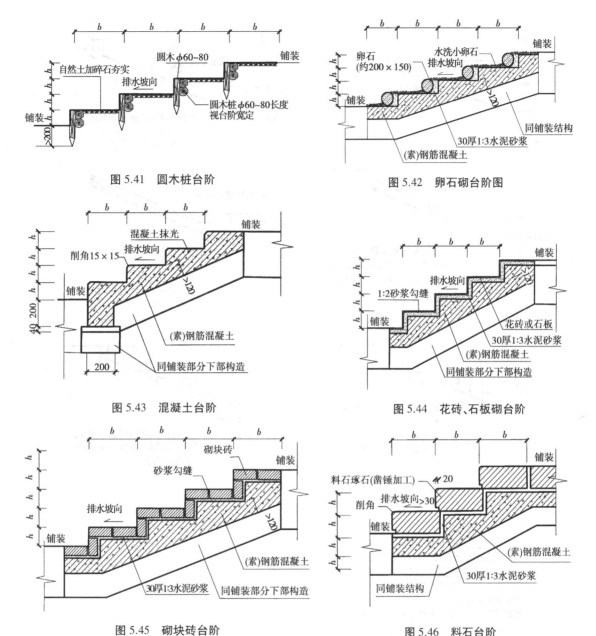

图 5.41 圆木桩台阶

图 5.42 卵石砌台阶图

图 5.43 混凝土台阶

图 5.44 花砖、石板砌台阶

图 5.45 砌块砖台阶

图 5.46 料石台阶

5.6.2 台阶的施工技术

垫层常用碎石,其上设 4 cm 厚混凝土找平层,基层用混凝土筑成。借助基层形成台阶的主体及其排水坡度(1%),基层中可设钢丝网以加强其整体性。后续施工需注意保持台阶边角的完整。当用水泥砂浆粘结块料制作台阶面层时,要仔细校正其位置、高程以及排水坡度。

下面以红砖台阶为例介绍台阶的施工要点(见图 5.47):

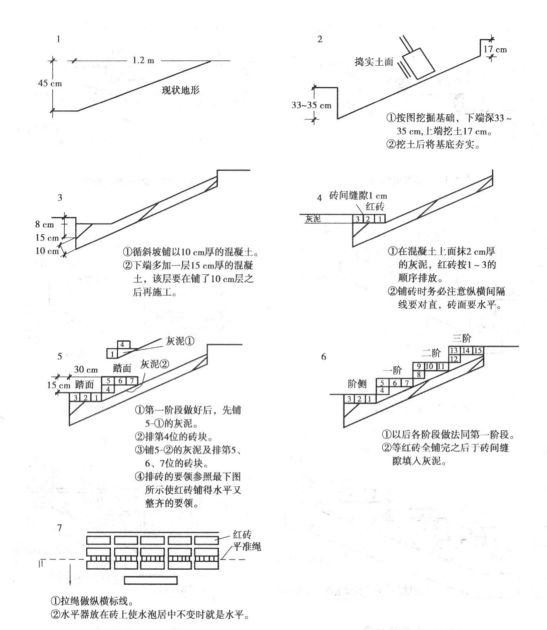

图 5.47 红砖台阶施工要点

复习思考题

5.1 园路的功能作用有哪些?

5.2 按使用材料的不同,可将路面分为哪几种类型?

5.3 风景园林道路以宽度分类可分为哪几种类型?

5.4 车行道路拱有哪几种类型?

5.5 简述道路平面线形设计步骤。

5.6 简述纵断面设计方法及步骤。

5.7 绘制典型的园路结构图式,并说明园路各层的作用和设计要求。

5.8 简述园路常见的破坏形式及其原因。

5.9 简述园路面层设计的要求。

5.10 简述园路施工的步骤。

5.11 简述城市广场设计的内容和任务。

5.12 简述广场的施工步骤。

6 园林假山

本章导读 本章主要介绍假山的材料选择,设置方法及施工技术。要求熟悉假山塑石在园林造景中的应用,并掌握人工掇山造叠石的一般艺术手法和实际操作技术。

作为园林组成部分的假山,传统假山在漫长的历史进程中不断自我完善。结合现代材料和技术的发展,假山也出现在屋顶花园、室内庭园、城市公园等多种园林空间中,表现了其较强的造型能力。

6.1 概 述

假山艺术是一种造型艺术,它靠形象的魅力去感染观者,在应用的过程中假山造型不断丰富、不断创新,出现了许多传统园林中没有过的造型。同时,现代科技与工艺技术应用于园林造景,尤其是人工塑山的出现,使假山的应用更为普遍。如用假山结合喷雾技术来表现云雾缭绕中的山水,用现代制冷技术使人造冰洞成为现实,为假山增添了无限情趣,也再现了自然的冰洞景观的魅力。

假山的造型、尺度的变化也带来了假山风格的变化。简洁的造型、概括的轮廓、细致自然的纹理以及适宜的尺度与现代园林的风格更加协调。特别是现代园林中的置石,其简洁如抽象雕塑般的造型更能与现代风格的园林空间融为一体。在现代风格的探索中还出现了一种抽象山水。假山的风格、意境也不可避免地朝着多元、并存、变化的方向发展,体现现代人要求参与,要求体现自我,追求豪迈、奔放、潇洒的精神气质。

面临现代环境艺术中无限的发展机遇,现代的山石景观展示了它不衰的生命力。无论材料、设计手段、施工方法、艺术风格等方面都取得了很多成果,但仍处于发展、探索之中。

6.1.1 假山及其分类

假山是以造景游览为主要目的,充分结合其他多方面的功能,以土、石等为材料,以自然山水为蓝本并加以艺术的提炼和夸张,由人工再造的山水景物的统称。通常人们所说的假山实际上包括假山和置石两个部分。一般来说,根据假山使用的材料情况,可分为5种:

（1）土山　是以泥土作为基本堆山材料,在陡坎、陡坡处可用块石作护坡、挡土墙或磴道,但不用自然山石在山上造景。这种类型的假山占地面积往往很大,是构成园林基本地形和基本景观背景的重要因素。

（2）土包石假山　又称带石土山,是土多石少的山。其主要堆山材料是泥土,只是在土山的山坡、山脚点缀有岩石,在陡坎或山顶部分用自然山石堆砌成悬崖绝壁景观,一般还有山石做成的梯级蹬道。带石土山同样可以做得比较高,但其占地面积却比较少,多用在较大的庭园中。

（3）石包土假山　又称带土石山,是石多土少的山。山体从外观看主要是由自然山石造成的,山石多用在山体的表面,由石山墙体围成假山的基本形状,墙后则用泥土填实。这种土石结合而露石不露土的假山,占地面积较小,但山的特征最为突出,适于营造奇峰、悬崖、深峡、崇山峻岭等多种山地景观,在江南园林中数量最多。

（4）石山　其堆山材料主要是自然山石,只在石间空隙处填土配种植物。这种假山一般规模都比较小,主要用在庭院、水池等空间比较闭合的环境中,或者作为瀑布、滴泉的山体应用。

（5）人工塑山　近年流行的园林塑山,采用石灰、砖、水泥 FRP、GRC、CFRC 等非石质性材料经过人工塑造而成。园林塑山又可分为塑山和塑石两类。人工塑山在岭南园林中出现较早,经过不断的发展,已成为一种专门的假山工艺。

6.1.2　假山的沿革

中国园林从萌芽、产生、发展、兴盛,始终沿着自然山水园的道路发展,形成了一个独特而完善的园林体系,具有强烈的民族风格和地方特色。传统假山在漫长的造园历史进程中不断自我完善,形成了一个博大精深而又源远流长的艺术体系。随着新材料不断开发和新技术的不断进步,假山的使用空间也呈现多样化,出现在屋顶花园、室内庭园、城市公园等多种园林空间,表现了其较强的造型能力。从我国园林的叠山历史可以看出,叠山、置石大体可以分为四个阶段。

从历史记载看,我国苑囿中的堆造假山是从秦汉开始的。秦始皇统一全国后在咸阳"作长池,引渭水,筑土为蓬莱山"(《三秦记》),汉武帝在长安城西建章宫区域内开凿太液池,池中堆土为蓬莱、方丈、瀛洲诸山,以象征东海神山。这一时期假山的营造崇尚真山大壑、深深幽谷的形式,以土筑或土石兼用,自然地模仿山林泽野,无论形态、体量都追求与真山相似,规模宏大,创作方法以单纯写实为主。这一时期造山的特点是写实性,是以土山带石为主,一切仿效真山,在尺度上也接近真山大小。

随着假山设计和工艺的不断发展,近代园林中的叠山、置石,不仅用传统的写意手法表现山的神韵,还用局部尽量写实的手法,对山的体态、轮廓、气势、植物配置等进行精心的设计,着意表现祖国山河的时代精神和面貌。广州白天鹅宾馆的"故乡水"园林,表达了对祖国、对故乡山水的歌颂,牵动着众多游子的心;上海龙华公园的巨岩巍然屹立,体现了我们民族的奋斗精神;上海植物园的四季假山欢快、明朗、欣欣向荣;北京钓鱼台的山石典雅、端庄。

现代假山不仅探索、发展了新的内容和形式,而且体现了新时代的审美情趣。这一时期的另一个特点是人工岩景观和工艺的发展。塑山、塑石、塑竹、塑木,以假乱真,深受人们喜爱。随着人们的不断探索,一些新型的人工岩也逐渐研制成功,并应用于山石景观的创造,如玻璃纤维强化塑胶(FRP)、玻璃纤维强化水泥(GRC)、碳纤维增强混凝土(CFRC)。这些人工岩加工成具有天然山石的纹理、质感与色彩,结合现代建筑的施工技术,不仅可以创作精致细腻的山石景观,而且在塑造体量巨大、气势恢弘的山水景观中尤其表现出极强的优势。这类假山造型简洁、整体感极强,与现代园林风格非常协调,体现了假山源于自然、高于自然的创作原则。

6.1.3 假山的功能作用

假山是中国园林中的重要组成部分,是中国写意山水园的主要特色之一。按假山在园林中的作用可分为:

1)地形和骨架功能

通过假山产生地形的起伏,形成全园的骨架。现存的许多中国古代园林多数如此,例如明代南京徐达王府之西园(今南京之瞻园)、明代所建今上海之豫园、清代扬州之个园和苏州的环秀山庄等,总体布局都是以山为主,以水为辅,而园林建筑并不一定占主要的地位。整个园子的地形骨架、起伏、曲折皆以假山为基础来变化。

2)空间组织的功能

利用假山分隔和划分园林空间,使整个园林景观分成大小不同、形状各异、富于变化的形态。通过假山的穿插、分隔、夹拥、围合、聚汇,创造出路和溪流的流动空间、山坞的闭合空间、峡谷的纵深空间、山洞的拱穹空间等各具特色的空间形式。如颐和园仁寿殿和昆明湖之间的地带,是宫殿区和居住、游览区的交界,即用土带石的做法堆了一座假山。这座假山在分隔空间的同时还作了障景处理:在宏伟的仁寿殿后面把园路收缩得很窄,并采用"之"字形穿山谷道,一出谷便使辽阔、疏朗、明亮的昆明湖突然展现在面前。这种"欲放先收"的造景手法取得了很好的实际效果。假山还能够将游人的视线或视点引到高处或低处,创造仰视空间景象或俯视空间景象的条件。如北京颐和园的某些局部,苏州的网师园、拙政园某些局部,承德的避暑山庄等。这些都说明,假山的空间组织作用是明显的。

3)假山的造景功能

假山是中国园林的主要组景成分之一,是中国古典园林中不可缺少的构成要素,也是中国古典园林最具民族特色的一部分,因而成为中国园林的象征。假山是自然山水的人工再创造,自然界奇峰异石、悬崖峭壁、层峦叠嶂、深峡幽谷、泉石洞穴、海岛石礁等等景观形象,都可以通过假山石景在园林中再现出来。假山有时作为主景,如苏州狮子林,南京之瞻园;有时作为点缀园林空间和陪衬手段,如在庭院中、园路边、广场上、墙角处、水池边,甚至在屋顶花园等多种环境中,假山和石景作为观赏小品,用来点缀风景,增添情趣;有时也可作为附属性的景物成分,用于陪衬、烘托其他重要景物。各式各样的假山与置石,可减少建筑物线条平淡、生硬的缺陷,增加自然、生动的气氛,使人工美通过假山或山石的过渡与自然山水园林的环境取得协调。因此,假山成为中国园林最普遍、最灵活和最具体的一种造景手段。

4)山石的工程功能

在坡度较陡的土山坡地或湖泊溪流岸边常散置山石以作为护坡、驳岸和挡土墙,或作为花

台、蹬道、汀步和云梯等。在坡度较陡的土山坡地常散置山石护坡以阻挡和分散地面径流，降低地面径流的流速，从而减少水土流失。例如，北海琼华岛南山部分的群置山石、颐和园龙王庙土山上散点山石等都有减少冲刷的效用。自然山石挡土墙的功能和形式与普通挡土墙的相同，但在外观上曲折、起伏，凸凹多致。例如颐和园圆朗斋、写秋轩，北海公园的酷古堂、宙鉴室周围，都是自然山石挡土墙的佳品。在坡度更陡的山上往往开辟成自然式的台地，在山的内侧所形成的垂直土面多采用山石做挡土墙。江南私家园林中还广泛利用山石作花台养殖牡丹、芍药和其他观赏植物，并用花台来组织庭院中的游览路线，或与壁山结合，或与驳岸结合。

5) 山石的使用功能

可以用假山作为室内外自然式的家具或器设，如石屏风、石榻、石桌、石几、石凳、石栏等，既不怕日晒夜露，又可结合造景。例如现置无锡惠山山麓唐代的"听松石床"，床、枕兼得于一石，石床另端又镌有李阳冰所题的篆字"听松"，是实用结合造景的好例子。

6.2 假山的材料

6.2.1 传统山石的品类

园林中用于堆山、置石的山石品类极其繁多，而且产石之所也分布极广。古代有关文献及许多"石谱"著作对山石的产地、形态、色泽、质地作了比较详尽的记载。如宋代的《云林石谱》《宣和石谱》《太湖石志》，明代的《素园石谱》以及《园冶》《长物志》等，还有一些文学作品如白居易的《太湖石记》等。在这些文献中对山石多以产地（如太湖石）、色彩（如青石、黄石）或形象（如松皮石）等来命名，并以文学语言来描述它的特点。现将用于堆山、置石的主要山石品类介绍如下：

1) 湖石

湖石因原产太湖一带而得名，它是一种经过熔融的石灰岩，在我国分布很广，除太湖一带盛产外，北京、广东、江苏、山东、安徽等地均有出产。各地湖石只是在色泽、纹理和形态方面有些差别。

（1）太湖石（又称南太湖石）　太湖石是一种石灰岩的石块，因主产于太湖而得名（见图6.1）。其中以洞庭湖西山一带出产的湖石最著名。好的湖石有大小不同、变化丰富的窝或洞，有时窝洞相套，疏密相通，石面上还形成沟缝坳坎，纹理纵横。湖石在水中和土中皆有所产，尤其是水中所产者，经浪雕水刻，形成玲珑剔透、瘦骨突兀、纤巧秀润的风姿，常被用作特置石峰以体现秀奇险怪之势。"太湖石"一词最早见于唐代。唐代吴融在《太湖石歌》中记载了它的生成和采集："洞庭山下湖波碧，波中万古生幽石。铁索干寻取得来，奇形怪状谁得识。"白居易在《太湖石记》中有"石有聚族，太湖为甲"。可见唐代对湖石之美，已有相当的领悟。至宋徽宗时，玩石丧国、把一块高 4 m 的"艮岳"太湖石封为盘固侯。赵佶搜集名花异石，"花石纲运动"

的兴起、使太湖石身价更高,世人对湖石的赏识与日俱增,玩赏太湖石已成为一种爱好,视太湖石为珍品,并以透、漏、瘦、皱、丑为品评湖石的标准。

透——山石中之孔,互相连通;

漏——山石上有洞,四面玲珑;

瘦——山石壁立当空,孤峙无依;

皱——山石上有褶皱,苍劲古朴;

丑——山石奇形怪状,丑极至美。

图 6.1　太湖石

图 6.2　房山石

(2)房山石(北太湖石)　房山石因产于北京房山县而得名(见图 6.2),又因其某些方面像太湖石,因此亦称北太湖石。这种石块的表面多有蜂窝状的大小不等的环洞,质地坚硬、有韧性,多产于土中,色为淡黄或略带粉红色,它虽不像南太湖石那样玲珑剔透,但端庄深厚典雅,别有一番风韵。年久的石块,在空气中经风吹日晒,变为深灰色后更有俊逸、清幽之感。它的特征除了颜色和太湖石有明显区别之外,密度比太湖石大,叩之无共鸣声,多密集的小孔穴而少有大洞。外观比较沉实、浑厚、雄壮,这与太湖石外观轻巧、清秀、玲珑有明显的差别。和这种山石比较接近的还有镇江所产的岘山石,形态颇多变化而色泽淡黄、清润,叩之有微声,也有灰褐色的,石多穿眼相通。

(3)灵璧石　石灰岩,产于安徽灵璧县磬山,石产于土中,被赤泥渍满。用铁刀刮洗方显本色。石中灰色,清润,叩之铿锵有声。石面有坳坎的变化,石形亦千变万化,但其眼少且有婉转回折之势,须借人工以全其美。灵璧石可掇山石小品,峙岩透空,多有婉转之势。但多作盆景石玩之用。

(4)英德石　简称英石,原产于广东英德一带,是岭南园林掇山的主要用石。这种山石多为中、小形体,鲜见大块。英石又可分为白英、灰英和黑英三种,一般所见以灰英居多,白英和黑英甚为罕见,故多用作特置或散点。英德石瘦骨铮铮,嶙峋剔透,多皱折棱角,清奇俏丽。石体多皱皱,少窝洞,质稍润,坚而脆,叩之有声,亦称音石。在园林中多用作山石小景。小而奇特的英石,常用作几案作品。

(5)宣石　产于安徽宁国县,其色犹如积雪覆于灰色石面上,也由于为赤土积渍,因此又带些赤黄色,非刷净不见其质,所以愈旧愈白。由于它有积雪一般的外貌,扬州个园用它作为冬山的材料,效果很好。

2)黄石与青石

黄石是一种带橙黄颜色的细砂岩,产地很多,以常熟虞山的自然山石最为著名。苏州、常

州、镇江等地皆有所产。黄石与青石皆墩状，形体顽夯，见棱见角，节理面近乎垂直。色橙黄者称黄石，色青灰者称青石，系砂岩或变质岩等。与湖石相比，黄石堆成的假山浑厚挺括、雄奇壮观，棱角分明，粗狂而富有力感。与湖石相比它又别是一番景象，平正大方，立体感强，块钝而棱锐，具有强烈的光影效果。明代所建上海豫园的大假山、苏州耦园的假山和扬州个园的秋山均为黄石掇成的佳品（见图6.3、图6.4）。

图6.3 黄石

图6.4 青石

3）青云片

青云片是一种灰色的变质岩，具有片状或极薄的层状构造。在园林假山工程中，横纹使用时叫青云片，多用于表现流云式叠山；变质岩还可以竖纹使用如作剑石，假山工程中有青剑、慧剑等。

4）石笋和剑石

石笋为外形修长如竹笋的一类山石的总称，其产地颇广。石笋皆卧于山土中，采出后直立地上，园林中常作独立小景布置，多与竹类配置，如扬州个园的春山、北京紫竹院公园的江南竹韵等。常见的石笋有以下几种：

（1）白果笋 白果笋是在青灰色的细砂岩中沉积了一些卵石，犹如银杏所产的白果嵌在石中而得名。北方则称之为子石或子母剑，剑喻其形，子即卵石，母为细砂岩。白果笋在我国园林中运用广泛，有人把头大而圆的称为虎头笋，头尖而小的称为凤头笋。

（2）乌炭笋 顾名思义，这是一种乌黑色的石笋，它比煤炭的颜色稍浅而少光泽。如用浅色景物作背景，乌炭笋的轮廓就更加清新，可收到较好的对比效果。

（3）慧剑 慧剑是一种净面青灰色或灰青色的石笋，北京的假山师傅沿称其为慧剑。北京颐和园前山东腰数丈高的大石笋就是这样的慧剑。

（4）钟乳石 将石灰岩经溶融形成的钟乳石用作石笋以点缀园景，如北京故宫御花园就是用这种石笋作特置小品。

5）木化石

木化石是古代树木的化石，地质学上称硅化木。亿万年前，被火山灰包埋，因隔绝空气，未及燃烧而整株、整段地保留下来。再由含有硅质、钙质的地下水淋滤、渗透，矿物取代了植物体内的有机物，木头变成了石头。

6)菊花石

地质学上称红柱石,是一种热变质的矿物。因首先在西班牙的名城安达卢西亚发现,因而得名。其晶体属正交(斜方)晶系的岛状结构硅酸盐,化学组成为 Al_2SiO_5。集合体形态多呈放射状,因此俗称菊花石,有很高的观赏性。红柱石加热至 1 300 ℃时变成莫来石,是高级耐火材料,亦可作宝石。

除此之外,产于海边、江边和旧河床的大卵石(又称滚石或石蛋)(见图),有砂岩及其他质地,在岭南园林中运用较多,如广州动物园的猴山、广州七十二烈士陵园等处均大量采用。黄蜡石,色黄,表面若有蜡质感,质地如卵石,多块料而少有长条形,广东、广西等地园林广泛运用,如深圳市人民公园、广西南宁市盆景园即大量采用了黄蜡石。

6.2.2　人工塑山材料(见本章6.4)

6.2.3　假山材料的分类

(1)峰石　一般是选用奇峰怪石,多用于建筑物前作庭园山石小品,大块峰石可用于假山收顶。

(2)叠石　要求质好形宜,用于山体外层堆叠,常选用湖石、黄石和青石等。

(3)腹石　用于填充山体之石,其形态没有特殊要求,但用量较大,一般可就地取材。

(4)基石　位于假山底部,多选用巨型块石,形态要求不高,但需要坚硬、耐压。

6.3　置石和假山布置

6.3.1　置石

在园林工程建设中,将形态独特的单体山石或几块、十几块小型山石,艺术地构成园林小景称为置石。置石是以山石为材料作独立性或附属性的造景布置,主要表现山石的个体美或局部的组合美而不具备完整的山形。

置石通常所用石材较少,结构较简单,施工技术上也没有专门的要求,容易掌握。但是,因为置石是被单独欣赏的对象,所以对石材的可观性要求较高,对置石平面位置安排、立面效果、空间趋势等也有特别的要求。因此,用于置石的山石,特别是特置石,对其形态、纹理、色彩等方面要求较高。同时要求有意境、有韵味,给人以思索,达到独到的艺术效果。

置石一般有特置、对置、散置、群置、山石器设等。置石往往要求格局严谨,手法精练,以达到以简胜繁的效果。

1) 特置

特置也称孤赏石、峰石，即用某单块山石的姿态突出，或玲珑或奇特，特意摆在一定的地点作为一个小景或局部的一个构图中心来处理的山石造景。也有将两块或多块形纹相类似的石头拼掇在一起，形成一个完整的孤赏石的做法。特置石多为湖石，对于湖石的特置要求为"透、漏、瘦、皱"四字，后人又加一"丑"字。特置可在正对大门的广场上、门内前庭中或别院中。

无论是自然界著名的孤立巨石还是园林里的特置石，都有题名、诗刻、历史传说等以渲染意境，点明特征。

特置石一般是石纹奇异且有很高欣赏价值的天然石，如杭州的绉云峰，上海的玉玲珑，苏州的瑞云峰、冠云峰（见图 6.5），北京的青芝岫等。比较理想的特置石每一面观赏性都很强，有的特置石与植物相结合也很美。

（1）特置的要求

①特置石应选择体量大、造型轮廓突出、色彩纹理奇特、颇有动势的山石。

图 6.5　特置-冠云峰

②特置石一般置于相对封闭的小空间，成为局部构图的中心。

③石高与观赏距离一般介于 1:2～1:3。例如石高 3～6.5 m，则观赏距离为 8～18 m。在这个距离内才能较好地品玩石的体态、质感、线条、纹理等。为使视线集中，造景突出，可使用框景等造景手法，或立石于场地中心使石位于各视线的交点上，或石后有背景衬托。

④特置山石可采用整形的基座，也可以坐落于自然的山石面上，这种自然的基座称"磐"。带有整形基座的山石也称为台景石。台景石一般是石纹奇异，有很高欣赏价值的天然石。有的台景石基座、植物、山石相组合，仿佛大盆景，展示整体之美。

（2）特置峰石的结构

峰石要稳定、耐久，关键在于结构合理。传统立峰一般用石榫头固定，《园冶》有"峰石一块者，相形何状，选合峰纹石，令匠凿眼为座……"就是指这种作法。石榫头必须正好在峰石的重心线上，使山石本身保持重心的平衡。我国传统的做法是用石榫头稳定，榫头一般不用很长，大致十几厘米到二十几厘米，根据石之体量而定。但榫头的直径要比较大，根部向外突出 3 cm 左右即可。石榫头必须正好在重心线上，基磐上的榫眼比石榫的直径略大一点，但应该比石榫头的长度要深一点，这样可以避免因石榫头顶住榫眼底部而石榫头周边不能和基磐接触。安装峰石时，在榫眼中浇灌少量粘合材料即可（图 6.6）。

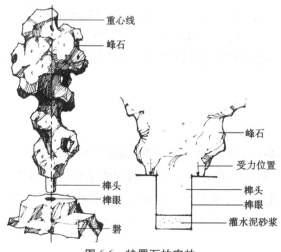

图 6.6　特置石的安放

2) 孤置

单个山石孤立地布置于庭园中,并且山石是直接放置在或半埋在地面上,这种石景布置方式是孤置,见图 6.7(a)。孤置与特置石景都是以单体石景作为观赏对象,孤置石景与特置石景的主要不同是没有基座承托,石形的罕见程度及山石的观赏价值都没有特置石高。

孤置的石景一般能够起到点缀环境的作用,常常被当作园林局部的一般陪衬景物使用,也可布置在其他景物之旁。作为附属的景物,孤置石可以布置在路边、草坪上、水边、亭旁、树下,也可以布置在建筑或园墙的漏窗或取景窗后,与窗口一起构成漏景或框景。

在山石材料的选择方面,孤置石的要求并不高,只要石形是自然的,石面由风化而不是人工劈裂或雕琢形成的,都可以使用。当然,石形越奇特,观赏价值越高,孤置石的布置效果也会越好。

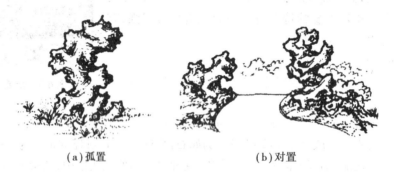

(a) 孤置　　　　　　　　　　(b) 对置

图 6.7　孤置与对置

3) 对置

以两块山石为组合,相互呼应,立于建筑门前两侧或立于道路出入口两侧,称对置。两块山石的体量大小、姿态方向和布置位置,可以对称,也可以不对称,见图 6.7(b)。选用对置石的材料要求稍高,石形应有一定的奇特性和观赏价值,即是能够作为单峰石使用的山石。两块山石的形状不必对称,大小高矮可以一致也可以不一致。在取材困难的地方,也可以小石拼成单峰石形状,但须用两三块稍大的山石封顶,并掌握平衡,使之稳固而无倾倒的隐患。

对置的石景可起到装饰环境的配景作用,一般是布置在庭院门前两侧、园林主景两侧、路口两侧、园路转折点两侧。

4) 散置

用少数几块大小不等的山石,按照美学原理搭配组合,或置于门侧、廊间、粉壁前,或置于坡脚、池中、岛上,或在池畔水际、溪涧河流、林下、花境中、路旁和草坪上,都可以散点而得到意趣,或与其他景物组合,创造多种不同的景观。散置山石的布置也借鉴画论、讲究置陈、布势,要做到"攒三聚五,散漫理之,有聚有散,若断若续,一脉既毕,余脉又起"。石虽星罗棋布,仍气脉贯穿,有一种韵律之美。

5）群置

将大小不等的山石成群布置，作为一个群体来表现，称之为"群置"。群置的手法看气势，关键在于一个"活"字。要求石材体形各异，布置时疏密有致，前后、左右呼应，高低不一，形成生动的自然石景。

6）山石器设

用山石作室内外的家具或器设也是我国园林中的传统做法。李渔在《一家言》中讲："若谓如拳之石，亦需钱买，则此物亦能效用于人。使其斜而可依，则与栏杆并力。使其肩背稍平，可置香炉茗具，则又可代几案。花前月下有此待人，又不妨于露处，则省他物运动之劳，使得久而不坏。名虽石也，而实则器也。"

山石器设一般有以下几种：仙人床、石桌、石凳、石室、石门、石屏、名牌、花台、踏跺（台阶）等。以自然山石代替建筑的台阶，随形而做，自然活泼。

7）山石与水域结合

山水是自然景观的基础，"山因水而润，水因山而活"。园林工程建设中将山水结合得好，就可造出优美的景观。例如湖石轮廓线条丰富，有曲折变化，凹凸变化，石体不规则，有透、漏、皱、瘦等特征，这些石体用在溪流、水池、湖泊等最低水位线以上部分堆叠、点缀，可使水域总体上有很自然、丰富的景观效果，非常富有情趣和诗情画意。江南园林的驳岸应用了这种假山、石驳岸，景观效果非常突出。用条石作湖泊、水池的驳岸，坚固、耐用，能够经受住大的风吹浪打，在周围平面线条规整的环境中应用，不但比较统一，而且可使这个园林空间显得更规整、有条理、严谨、肃穆而有气势。北京颐和园的南湖一带就使用花岗石条石驳岸。

山石也常用来点缀湖面，作小岛或礁石，使水域的水平变化更为丰富。

8）山石与建筑相结合

在许多自然式园林中，园林建筑多建在自然山石上。在自然山石上建房有许多优点：

①使用坚硬的整体山石作基础，不易进水、不易冻裂，并且承载力较大，不仅稳固，而且不易发生不均匀的沉降。

②可以节约资金，节省建筑物基础的建设费用，包括材料费、运输费、人工费等。

③在山上设置建筑，可以让人与大自然亲近，因为和自然分布的山石、植物或水体结合，可以营造一种舒适的居住、生活环境。

④可以提高景观效果。

在园林特别是自然山水园林和写意园林中，经常通过用山石对建筑作以下几种局部处理，造成一种建筑物就建在自然的山上、崖边或山隅的效果，借用这一错觉来满足人们亲近自然的愿望。

（1）山石踏跺与蹲配　山石踏跺是用扁平的山石台阶的形式连接地面，强调建筑出入口的山石堆叠体。山石踏跺不仅可作为台阶出入建筑，而且有助于处理由人工建筑到自然环境之间的过渡。石材选择扁平状的，不一定都要求为长方形，各种角度的梯形甚至是不等边的三角形，更富于自然情趣。每级高度为 10~30 cm,或更高一些,各阶的高度不一定完全相等。每阶山石向下坡方向有 2%的倾斜,以便排水。石阶断面要求上挑下收,以免人们上台阶时脚尖碰到石阶上沿。用小石块拼合的石级,要注意"压茬",即在上面的石头压住下面的石缝。踏跺的形式必须灵活运用,恰到好处地增添自然气氛。

图 6.8　山石踏跺与蹲配、抱角

踏跺常和蹲配配合使用,来装饰建筑的入口,其作用与垂带、石狮、石鼓等装饰品的作用相当,但外形不像前者那样呆板,而是富于变化。它一方面作为石块两端支撑的梯形基座,也可用来遮挡踏跺层叠后的最后茬口。与踏跺配合使用的蹲配在构图时须对比鲜明、相互呼应、联系紧密,务必使建筑轴线两侧保持均衡。

(2)抱角和镶隅　建筑物相邻的墙面相交成直角,直角内的围合空间称为内拐角,而直角外的发散空间称为外拐角。外拐角之外以山石环抱之势紧抱基角墙面,称为抱角;内拐角以山石填其内,称为镶隅。本来是用山石抱外角和镶内角,反而像建筑坐落在自然的山岩上,效果非常精妙。抱角和镶隅的体量均须与墙体所在的空间取得协调。一般情况下,大体量的建筑抱角和镶隅的体量需较大,反之宜较小。抱角和镶隅的石材及施工,必须使山石与墙体,特别是可见部位能密切吻合。

镶隅的山石常结合植物,一部分山石紧砌墙壁,另一部分与其自然围合成一个空间,内部添土,栽植潇洒、轻盈的观赏植物。植物、山石的影子投放到墙壁上,植物在风中摇曳,使本来呆板、僵硬的直角线条和墙面显得柔和,壁山也显得更加生动。与镶隅相似,沿墙建的折廊,与墙形成零碎的空间,在其间缀以山石、植物,既可补白,又可丰富沿途景观。

(3)粉壁置石　粉壁置石就是以墙为背景,在建筑物出口对面的墙面或山墙的基础部位做山石布置,也称壁山。这是传统的园林手法,即"以粉壁为纸,以石为绘也"。山石多选湖石、剑石、仿古山石画的意境,主次分明,有起有伏,错落有致。常配以松柏、古梅、修竹或以框收之,好似美妙的画卷。山石布置时,不能全部靠墙,应限定距离,以使石景有一定的景深和层次变化。山石与墙之间要做好排水,以免长期积水泡胀墙体。

在园林中,往往单独专门建一段墙体,用粉壁置石来构景,常做障景、隔景等。江南庭院园林中,这种布置随处可见。

(4)尺幅窗和无心画　这种手法是清代李渔首创的。他把墙上原本挂山水画的位置做成漏窗,然后在窗外布置竹石小品之类,使景入画,以景代画,比之于画又有不同。阳光洒下有倩影,微风吹来能摇动,且伴有悦耳的沙沙声。以粉墙为背景,山石、植物投影其上,有窗花剪影的效果,精美绝妙,这种窗就称尺幅窗,窗内景称为无心画。

6.3.2　掇山的艺术

假山是以造景游览为主要目的,以自然山水为蓝本并加以艺术概括和提炼,以土、石等为材料人工构筑的山。掇山可以是群山,也可以是独山,可以是大山,也可以是小山。

群山、大山多以土筑或土石兼用模仿山林泽野,规模宏大,形态和体量都追求与真山相似。高广的大山,占地广而且工程浩大,一般多出现在皇家园林之中。艮岳寿山即是以土带石模仿

凤凰山而精心构筑的完整山系。它有主峰,有侧峰,有余脉,整个山系"岗连阜属,东西相望,前后相续",是天然山岳的典型化概括。山的局部以石构筑峰、崖、洞、瀑,无论是特置石或者叠石为山,都反映了相当高的艺术水平。

相比较于高广的大山而言,大部分的假山体量较小,一般叠筑于建筑和围墙或其他类型边界围合的空间之中,多是土石结合,以叠石成景而取胜的假山。有的以山形胜,有的以岩崖胜,有的以溪、谷胜,有的以洞、穴胜。例如北海静心斋中的假山、上海豫园假山及江南大部分私家园林中的假山。

1)假山的掇山机理

假山因其用料多、体量大,山体形态变化丰富,因此布局严谨,手法多变,是艺术与技术高度结合的园林造型艺术。在传统的中国园林中,历代假山匠师多以山水画论为指导,将自然山石掇合成假山,其工艺过程包括选石、采运、相石、立基、拉底、中层、结顶。先构思立意,确立造山之目的,再以专门的手法掇合成千变万化的各种山水单元,如峰、峦、顶、岭、壁、岩、洞、谷、岫、麓、矶等。假山布置最根本的法则是"巧于因借,因地制宜","有假有真,作假成真"(计成《园冶》)。具体要注意以下几点。

(1)山水结合,相映成趣 中国园林把自然风景看成是一个综合的生态环境景观,山水又是自然景观的主要组成部分。如果片面地强调堆山掇石而忽略了其他因素,其结果必然是"枯山""童山"而缺乏自然的活力。上海豫园黄石大假山的特色主要在于以幽深曲折的山洞破山腹后流入山下的水池;苏州环秀山庄山峦拱伏构成主体,弯月形水池环抱山体两面,一条幽谷山涧穿贯山体再入水池;南京瞻园因用地南北狭长而使假山各居南北,池在两山麓又以长溪相沟通。这些都是山水结合的成功之作。苏州拙政园中部以水为主,池中却又造山作为对景,山体为水池的支脉分割为主次分明而又有密切联系的两座岛山,这为拙政园奠定了关键性的基础。假山在古代称为"山子",足见"有假为真",指明真山是造园之母。真山是以自然山水为骨架的自然综合体,那就必须基于这种认识来布置假山才有可能获得"做假成真"的效果。

(2)相地合宜,造山得体 在一个具体的园林中究竟要在什么位置造山,造什么样的山,采用哪些山水地貌组合单元,都必须结合相地、选址,因地制宜把主观要求和客观条件以及所有的园林组成因素联系起来综合考虑,再作统筹安排。《园冶·相地》谓:"如方如圆,似扁似曲。如长弯而环壁,似扁阔以辅云。高方欲就亭台,低洼可开池沼。卜筑贵从水面,立基先究源头。疏源之去由,察水之来历。"如果用这个理论去观察北京北海公园静心斋的布置,便可了解相地和山水布置间的关系。承德避暑山庄在澄湖中设青莲岛,岛上建烟雨楼以仿嘉兴之烟雨楼,而在澄湖东部辟小金山为仿镇江金山寺。这两处的假山在总的方面是模拟名景,但具体处理时又考虑了当地环境条件,因地制宜,使得山水结合有若自然。

(3)巧于因借,混假于真 这也是因地制宜的一种方法,就是充分利用环境条件造山。如果园之附近有自然山水相因,那就要灵活地加以利用。在真山附近造假山是用混假于真的手段取得真假难辨的造景效果。位于无锡惠山东麓的寄畅园借九龙山、惠山于园内作为远景,在真山前面造假山,如同一脉相贯。其后北京颐和园仿寄畅园建谐趣园,于万寿山东麓造假山,于万寿山之北隔长湖造假山,也有类似的效果。真、假山夹水对峙,取假山与真山山麓相对应,极尽曲折收放之变化,令人莫知真假。特别是自东向西望时,有西山为远景,效果就更为逼真。

混假于真的手法不仅可用于布局取势,也用于细部处理。承德避暑山庄外八庙的假山、庄内的假山,北京颐和园的桃花沟豁画中游等都是用本山裸露的岩石为材料,把人工堆的山石和自然露岩相混布置,也都收到了"做假成真"的效果。

(4)独立端严,次相辅弼　首先确立主峰,再考虑如何搭配,以次要景物突出主体景物。主山(或主峰)的位置虽然不一定要布置在假山区的中部地带,但却一定要在假山山系结构核心的位置上。主山位置也不宜在山系的正中,而应当偏于一侧,以避免山系平面布局呈现对称状态。布局时应先从园的功能和意境出发,并结合用地特征来确定宾主之位。假山必须根据其在总体布局中的地位和作用来安排,最忌不顾大局和喧宾夺主。确定假山的布局地位后,假山本身还有主从关系的处理问题。《园冶》提出的"独立端严,次相辅弼"就是强调先定主峰的位置和体量,然后再辅以次峰和配峰。

(5)三远变化,步移景换　假山在处理主次关系的同时,还必须结合"三远"的理论来安排。宋代郭熙《林泉高致》说:"山有三远。白山下而仰山巅谓之高远;自山前而窥山后谓之深远;自近山而望边远山谓之平远。"又说:"山近看如此,远数里看又如此,远十数里又如此,每远每异,所谓山行步步移也。山正面如此,侧面又如此,背面又如此,每看每异,所谓山形面面看也。如此是一山而兼数百山之形状,可得不悉乎?"

假山在处理三远变化时,高远、平远比较容易做到,而深远做起来却不是很容易。它要求在游览路线上能给人山体层层深厚的观感。这就需要统一考虑山体的组合和游览路线的开辟两个方面。苏州环秀山庄的湖石假山并不像某些园林以奇异的峰石取胜。清代假山哲匠戈裕良从整体着眼、局部着手,在面积有限的空间内掇出逼似自然的石灰岩山水景。整个山体可分为三部分,主山居中而偏东南,客山远居园之西北角,东北角又有平岗拱伏,这就有了布局的三远变化,就主山而言又有主峰、次峰和配峰的安置,它们也是呈不规则形式,错落相安。主峰比次峰高1米多,次峰又比配峰高,因此高远的变化也是初具安排。而难能可贵之处还在于有一条能最大限度发挥山景三远变化的游览路线贯穿山体。无论自平台北望或跨桥、过栈道、进山洞、跨谷、上山均可展示一幅幅的山水画面。既有"山形面面看",又具"山形步步移"。

假山不同于真山,多为中、近距离观赏,因此主要靠控制视距实现。此园"以近求高"把主要视距控制在1:3以内,实际尺寸并不很大,而身历其境却又如置身于山谷之中,达到了"岩峦洞穴之莫穷,涧壑坡矶之俨是"的艺术境界,堪称湖石假山之极品。

(6)远观山势,近看石质　"远观势,近观质"也是山水画理。这里既强调了布局和结构的合理性,又重视细部处理。"势"是指山水的形式,亦即山水的轮廓、组合与所体现的动势和性格特征。置石和掇山亦如作文,一石即一字,数石组合即用字组词,由石组成峰、峦、洞、壑、岫、坡、矶等组合单元又犹如造句,即类似由句成段落由组合单元组合成一部分山水景色,然后由各部山水景组成一整篇文章。这也像造一个园子,园之功能和造景的意境结合便是文章的命题,这就是"胸有成山"的内容。

就一座山而言,其山体可分为山麓、山腰和山头部分。《园冶》说:"未山先麓,自然地势之嶙峭。"这是山势的一般规律。石可壁立,当然也可以从山麓就立峭壁。

合理的布局和结构还必须落实到假山的细部处理上。这就是"近看质"的内容,与石质和石性有关。例如,湖石类属石灰岩,因降水中有碳酸的成分,对湖石可溶于酸的石质产生溶蚀作用使石面产生凹面。由凹成涡,涡向纵向发展成为纹,纹深成隙,隙冲宽了成沟,沟向深度溶蚀成环,环被溶透成洞,洞与环的断裂面便形成锐利的曲形锋面。于是,大小沟纹交织,层层环洞

相套,这就形成湖石外观圆润柔曲、玲珑剔透、涡洞相套、皱纹疏密的特点,亦如山水画中荷叶皱、披麻皱、解索皱之状。而黄石作为一种细砂岩,是方解型节理,由于成岩过程的影响和风化的破坏,它的崩落是沿节理面而分解,形成大小不等,凹凸成层和不规则的多面体。石之各面如刀削斧劈,面和面的交线又形成锋芒毕露的棱角线或称峰面。于是外观方正刚直、浑厚沉实、层次丰富、轮廓分明,亦如山水画皱法中大斧劈、小斧劈、折带皱等。但是,石质和皱纹的关系是很复杂的,也有花岗岩的大山具有荷叶皱,砂岩也有极少数具有湖石的外观,只能说一般的规律是这样的。如果说得更简单一些,至少要分竖纹、横纹和斜纹几种变化。掇山置石必须讲究皱法才能做到"掇山莫知山假"。

(7)寓情于石,情景交融　假山很重视内涵和外表的统一,常运用外形、比拟和激发联想的手法造景。所谓"片山有致,寸石生情",也是要求无论置石或掇山都讲究"弦外之音"。中国自然山水园林的外观是力求自然的,但究其内在的意境而言又完全受人的意识支配。这包括长期因循的"一池三山""仙山琼阁"等寓为神仙境界的意境,"峰虚五老……狮子上楼台""金鸡叫天门"等地方性传统程式,"十二生肖"及其他各种象形手法,"武陵春色""濠濮涧想"等寓意隐匿或典故性的追索,"艮岳"仿杭州凤凰山、苏州洽隐园水洞仿小林屋洞等寓名山大川和名园的手法,以及寓自然山水性情的手法和寓四时景色的手法等。这些寓意又可结合石刻题咏,使之具有综合性的艺术价值。

扬州个园之四季假山是寓四时景色的别出心裁的佳作。春山是序幕,于花台的挺竹中置石笋以象征"雨后春笋";夏山选用灰白色太湖石作积云式叠山,并结合荷池、夏荫来体现夏景;秋山是高潮,选用富于秋色的黄石叠高垒胜以象征"重九登高"的俗情;冬山是尾声,选用宣石为山,宣石有如白雪覆石面,皑皑耀目,山后种植台中植腊梅,加以墙面上风洞的呼啸效果使冬意更浓。冬山和春山仅隔一墙,却又开透窗,自冬山可窥春山,有冬去春来之意。像这样既有内在含义,又有自然外观的时景假山园在众多的园林中是很富有特色的,也是不可多见的。

2)假山的总体布局

掇山一般根据创作意图,配合环境,决定山的位置、形状与大小高低及土石比例。正如郑元勋在《园冶·题词》中听说:"园有异宜,无成法,不可得而传也。"同样,掇山也是如此。虽然多有叠山名家在论著中论及掇山布形,对于假山的布局却没有一定之规。多数还是以山水画论的许多布局法则作为参照,指导假山的堆叠。如"先定宾主之位,次定远近之形,然后穿凿景物,摆布高低"(宋·李成《山水诀》);"布山形,取峦向,分石脉"(荆浩《山水诀》)等阐述了山水布局的思维逻辑。"主峰最宜高耸,客山须是趋奔";"主山正者客山低,主山侧者客山远。众山拱伏,主山始尊。群峰互盘,祖峰乃厚"(清·笪重光《画筌》)等,成为区分山景主次的要法。画论中的三远(平远、深远、高远)构图,也成为假山布局的理论指导。同时,叠山匠师在实践过程中,口授心传,流传下一些布局法则,如"十要、二宜、六忌、四不可"等。计成在《园冶·掇山》篇中也论述了叠山的构图经营手法和禁忌,并指出叠山应做到"有真为假,做假成真"。

好的假山必须经过精心策划,结合采用的山石类型、所选之山石体量和形态、周边的环境加以设计。一般来说,假山设计要完成的图纸有:

①总平面图:标出所设计的假山在全园的位置,以及与周围环境的关系。比例根据假山的大小一般可选用1∶1 000~1∶200。

②平面图:表示主峰、次峰、配峰在平面上的位置及相互间的关系,并标上标高,如果所设计

的假山有多层,要分层画出平面图。比例根据假山的大小一般可选用 1:300~1:50。

③主要立面图:表明主峰、次峰、配峰等在立面上的关系,并画出主要的纹理、走向。比例同平面图。

④透视图:用透视图可以形象、生动地表示出设计意图,并可解决某些假山师傅不识图的问题。

⑤主要断面图:必要时可画一至数个主要横、纵断面图,比例根据具体情况而定。

3)相石与假山之风格的确定

"相"指观察和审度。相石这个术语由堪舆中的相地衍生而来。

山石原料的选择对于假山造景的效果有着直接的影响。相石主要从形态、皴纹、质地和色泽四方面来权衡。自从叠石为山的技巧发展以来,叠山匠师在识石、选石、叠山的实践中,根据山石石性不同,创造出不同的拼叠方法,产生独特艺术风格。例如湖石,具有瘦、透、漏、皱的特点,以湖石叠山多采用环透拼叠技法,外观山形讲究弧形的峦势和曲线,处处体现出湖石的自然属性,使假山多洞谷,玲珑秀美。而以"山"石类,如黄石、青石、象皮石等叠山,因山石墩状、石质坚硬、纹理古拙,则可表现出假山的壮美与雄浑之势。

作为掇山的山石和不宜掇山的山石的最大区别在于是否有供观赏的皴纹。《园冶》中有:"须先选质,无纹俟后"之说。参与造园的画家或具有绘面修养的叠山家,也常模仿绘画中表现各种峰峦山石的皴法来处理叠石的纹理拼接。山有山皴,石有石皴。掇山要求脉络贯通,而皴纹是体现脉络的主要因素。例如,黄石山多作大斧劈皴。赵之壁在《平山堂图志》中说:"堂前广庭、列莳梅花、玉兰,假山皆作大斧劈皴,其后楹则为莲壶影。"计成在《园冶·选石》中论黄石山:"匪人焉识黄山,小仿云林,大宗子久。"(黄子久,江苏常熟人)"有(人)谓其画,多做虞山石、层层驳荡者。"虞山,即黄石产地之一,悬崖绝壁层层叠叠,风景优美。而黄石假山也是横纹叠石,峭壁陡直,颇有皴法中斧劈皴的韵味。除形态、皴纹、质感外,色彩也是强化假山风格意境的重要因素。扬州个园的冬山,以白色晶莹的宣石堆叠,表现皑皑白雪的景观氛围,颇具匠心。

4)山体局部理法

明清以来的叠山,重视山体局部景观创造。虽然叠山有定法而无定式,然而在局部山景的创造上(如崖、洞、涧、谷、崖下山道等)都逐步形成了一些优秀的程式。

(1)峰 为取得远观山势以及加强山顶环境的山林气氛,而有峰峦的创作。人工堆叠的山除大山以建筑来突出加强高峻之势(如北海白塔、颐和园佛香阁)外,一般多以叠石来表现山峰的挺拔险峻之势。山峰有主次之分,主峰居于显著的位置,次峰无论在高度、体积或姿态等方面均次于主峰。峰石可为单块石块,也可多块叠掇而成。"峰石一块者……理宜上大下小,立之可观。或峰石两块三块拼缀,亦宜上大下小,似有飞舞势。或数块掇成,亦如前式,须得两三大石封顶"(《园冶·掇山》)。峰石的选用和堆叠必须和整个山形相协调,大小比例恰当。巍峨而陡峭的山形,峰态应尖削,具峻拔之势。以石横纹参差层叠而成的假山,石峰均横向堆叠,有如山水画的卷云皴,而立峰有如祥云冉冉升起,能取得较好的审美效果。

峰顶峦岭岫的区分是相对而言的,相互之间的界阈不是很分明。但峰峦连延,"不可齐,亦不可笔架式,或高或低,随致乱掇,不排比为妙"(《园冶·掇山》)。

（2）崖、岩　叠山而理岩崖，为的是体现陡险峭拔之美，而且石壁的立面上是题诗刻字的最佳处所。诗词石刻为绝壁增添了锦绣，为环境增添了诗情。若崖壁上再有枯松倒挂，更给人以奇情险趣的美感。

关于岩崖的理法，早已有成功的经验。计成在《园冶·掇山》中有："如理悬岩，起脚宜小，渐理渐大，及高，使其后坚能悬。斯理法古来罕有，如悬一石，又悬一石，再之不能也。予以平衡法，将前悬分散后坚，仍以长条堑里石压之，能悬数尺，其状可骇，万无一失。"

（3）洞府　洞，深邃幽暗，具有神秘感或奇异感。岩洞在园林中不仅可以吸引游人探奇、寻幽，还可以打破空间的闭锁，产生虚实变化，丰富园林景色，联系景点，延长游览路线，改变游览情趣，扩大游览空间等作用。

山洞的构筑最能体现传统假山合理的山体结构与高超的施工技术。山洞的结构一般有梁柱式和叠涩式两种，发展到清代，出现了戈裕良创造的券拱式山洞使用钩带法，使山洞顶壁浑然一体，如真山洞壑一般，而且结构合理。扬州个园夏山即是此例。

假山洞的堆叠技术正如《园冶》理洞法中所讲："起脚如造屋，立几柱着实，掇玲珑如门窗……合凑收顶……斯千古不朽也。"堆山洞时除追求其一般造型艺术效果外，在功能上还要注意洞内的采光不能过亮，过亮则什么都看得清清楚楚，没有了趣味；亦不能过暗，洞内漆黑一片，则令人恐惧而寸步难行。布光时应以光线明暗的变化渲染洞内空间的曲折、幽深，衬托其自然之情趣。采光口要防止雨水灌入，采光口还可以和通风口结合。因此，对采光口的位置、大小、朝向、形状、间距等均要精心考虑，创造一种神仙洞府的气氛。洞的结构有多种形式，有单梁式、挑梁式、拱券式等（见图6.9）。精湛的叠山技艺、创造了多种山洞结构形式，有单洞和复洞之分；有水平洞、爬山洞之分；有单层洞、多层洞之分；有岸洞、水洞之分等。

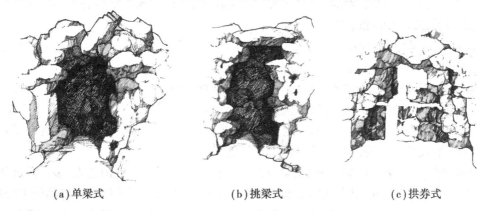

(a) 单梁式　　　　　　　(b) 挑梁式　　　　　　　(c) 拱券式

图6.9　山洞的几种形式

（4）山谷　理山谷是掇山中创作深幽意境的重要手法之一。山谷的创作，使山势婉转曲折，峰回路转，更加引人入胜。

大多数的谷，两崖夹峙，中间是山道或流水，平面呈曲折的窄长形。个园的秋山，在主山中部创造围谷景观的确别具特色。人在围谷中，四面山景各不相同，而且此处是观赏主峰的极佳场所，空间的围合限定，使得"视距缩短，仰望主峰，雄奇挺拔，突兀惊人"。

凡规模较大的叠石假山，不仅从外部看具有咫尺山林的野趣，而且内部也是谷洞相连；不仅平面上看极尽迂回曲折，而且高程上力求回环错落，从而造成迂回不尽和扑朔迷离的幻觉。

(5)山坡、石矶 山坡是指假山与陆地或水体相接壤的地带,具平坦旷远之美。叠石山山坡一般山石与芳草嘉树相组合,山石大小错落,呈高低起伏的形状,并适当地间以泥土,种植花木藤萝,看似随意之作,实则颇具匠心。

石矶一般指水边突出的平缓的岩石。多数与水池相结合的叠石山都有石矶,使崖壁自然过渡到水面,给人以亲和感。

(6)山道 登山之路称山道。山道是山体的一部分,随谷而曲折,随崖而高下,虽刻意而为,却与崖壁、山谷融为一体,创造假山可游、可居之意境。

6.3.3 传统假山的施工技术

1)施工前的准备工作

(1)制订施工计划 施工计划是保证工程质量的前提,它主要包括以下内容:

①读图。像其他工程一样要以设计图纸作为施工的依据,要想完成假山的施工必须熟读图纸,但由于假山工程的特殊性,它的设计很难完全到位,一般只能表现山形的大体轮廓或主要剖面。为更好指导施工,设计者大多同时做出模型。又由于石头的奇形怪状,不易掌握,因此,全面了解设计内容和设计者的意图是十分重要的。

②察地。施工前必须反复详细地勘察现场,其主要内容为:

a.看土质、地下水位,了解地基土的允许承载力,以保证山体的稳定。在假山施工中,确定基土承载力的方法主要是凭经验,即根据大量的实践经验,粗略地概括出各种不同条件下承载力的数值,以确定基础处理的方法。

b.看地形、地势、场地大小、交通条件、给排水的情况及植被分布等,以决定采用的施工方法,如施工机具的选择、石料堆放及场地安排等。

c.相石。相石是指对已购来的假山石,用眼睛详细端详,了解它们的种类、形状、色彩、纹理、大小等,以便根据山体不同部位的造型需要,统筹安排做到心中有数。对于其中形态奇特,石块巨大、挺拔、玲珑等出色的石块,一定要熟记,以备重点部位使用。相石的过程是对石材使用的总体规划,使石材本身的观赏特性得以充分地发挥。

(2)劳动组织 假山工程是一门造景技艺的工程。我国传统的叠山艺人,多有较高的艺术修养。他们不仅能诗善画,对自然界山水的风貌亦有很深的认识。他们有丰富的施工经验,有的还是叠山世家。一般由他们担任师傅,组成专门的假山工程队,另外还有石工、起重工、泥工、壮工等,人数不多,一般8~10人为宜,他们多为一专多能,能相互支持,密切配合。

(3)施工材料与工具准备

①山石备料。要根据假山设计意图,确定所选用的山石种类,最好到产地直接对山石进行初选,初选的标准可适当放宽。变异大的、孔洞多的和长形山石可多选些;石形规整、石面非天然生成而是爆裂面的、无孔洞的矮墩状山石可少选或不选。在运回山石过程中,对易损坏的奇石应给予包扎防护。山石材料应在施工之前全部运进施工现场,并将形状最好的一个石面向上放置。山石在现场不要堆起来,而应平摊在施工场地周围待选用。如果假山设计的结构形式是以竖立式为主,则需要长条形山石比较多;在长形石数量不多时,可以在地面将形状相互吻合的

短石用水泥砂浆对接在一起,成为一块长形山石留待选用。山石备料数量的多少,应根据设计图估算出来。为了适当扩大选石的余地,在估算的吨位数上应再增加 1/4~1/2 的吨位数,作为假山工程的山石备料总量。

②辅助材料准备。堆叠山石所用的辅助材料,主要是指在叠山过程中需要消耗的一些结构性材料,如水泥、石灰、砂石及少量颜料等。水泥需要与砂石混合,配成水泥砂浆或混凝土后再使用。在配制假山胶结材料时,应尽量用粗沙。在一些颜色比较特殊的山石的胶合缝口处理中,或是在以人工方法用水泥材料塑造假山和石景的时候,往往要使用相应的颜料来为水泥配色。石灰一般是以灰粉和素土一起,按 2∶8或 3∶7的配合比配制成灰土,作为假山的基础材料。另外,还要根据山石质地的软硬情况,准备适量的铁爬钉、银锭扣、铁吊架、铁扁担、大麻绳等施工消耗材料。

③施工工具的准备:

a.绳索。绳索是绑扎石料后起吊搬运的工具之一。一般来说,任何假山石块,都是经过绳索绑扎后起吊搬运到施工地后再进行叠置的。所以说绳索是很重要的工具之一。要根据吊运的石块的大小选择合适的绳索。绳索活扣是吊运石料的唯一正确的结绳方法,它的打结法与一般起吊搬运技工的活结法相同,同时绳索绑扎的原则是选择在石料(块)的重心位置处,或重心稍上的地方。两侧打成环状,套在可以起吊的突出部分或石块底面的左右两侧角端,这样才能在起吊时因重力作用而附着牢固的程度大(见图 6.10)。在山石吊运时严防滑脱的情况出现。

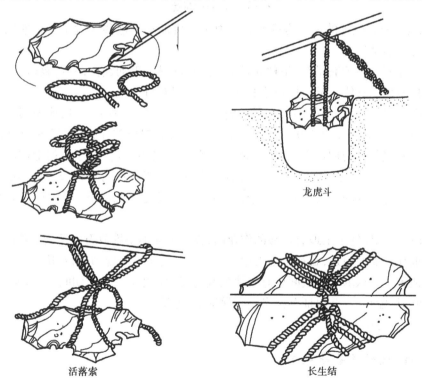

龙虎斗

活落索　　　　　　长生结

图 6.10　结绳

b.杠棒。杠棒是原始的搬抬运输工具,但因其简单、灵活、方便,在假山工程运用机械化施工程度不太高的现阶段,仍有其使用价值,所以我们还需要将其作为重要搬运工具之一来使用。

杠棒在南方取毛竹为材,北方多用柔韧的黄檀木为材。较重的石料要求双道杠棒或 3~4 道杠棒由 6~8 人抬,这时要求每道杠棒的负荷平均,避免负荷不均而造成工伤事故。

c.撬棍。是指用粗钢筋或六角空芯钢做成长 1~1.6 m 不等的直棍段,在其两端各锻打成偏宽楔形,与棍身成 45°或 60°不等的撬头,以便将其插入待撬拨的石块底下,用于撬拨要移动的石块,这是假山施工中使用最多且重要的另一手工操作的必备工具。

d.破碎工具。破碎假山石料要运用大、小榔头。一般多用 24 磅、20 磅或 18 磅大小不等的大型榔头,用于捶击石块需要击开的部位,是现场施工中破石用的工具之一。为了击碎小型石块或使石块靠紧,也需要小型榔头,其尺寸与形状是一头与普通榔头一样为平面,另一头为尖啄嘴状。小榔头的尖头是用作修凿之用,大榔头是用作敲击之用。

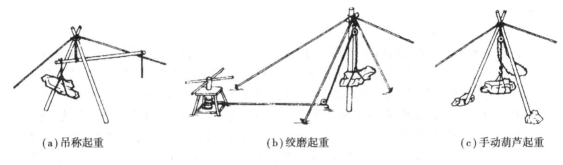

(a)吊称起重　　　　　(b)绞磨起重　　　　　(c)手动葫芦起重

图 6.11　山石的吊运

e.运载工具。石料较远的水平运输要靠人力车或机动车。这些运输工具的使用一般属于运输业务,在此不多赘述。

f.垂直吊装工具。主要有吊车、吊秤起重架、起重绞磨机、手动铁链葫芦(铁辘轳)。主要是吊运假山石材,应根据具体情况选择合适的吊装工具(图 6.11)。

g.嵌填装饰用工具。假山施工中,嵌缝修饰需用一种简单的手工工具,像泥塑艺术家用的塑刀一样,用宽约 20 mm,长约 300 mm,厚为 5 mm 的条形钢板制作,呈正反 S 形,俗称"柳叶抹"。为了修饰灰缝使之与假山混于一体,除了在水泥砂浆中加色外,还要用毛刷沾水轻轻刷去砂浆的毛渍。一般用油漆工常用的大、中、小三种型号的漆帚作为修饰灰缝表面的工具。蘸水刷光的工序,要待所嵌的水泥初凝后开始,不能早于初凝之前(嵌缝约 45 min 后),以免将灰缝破坏。

④场地安排。保证施工工地有足够的作业面,施工地面不得堆放石料及其他物品。选好石料摆放地,一般在作业面附近,石料依施工用石先后有序地排列放置,并将每块石头最具特色的一面朝上,以便施工时认取。石块间应有必要的通道,以便搬运。施工期间,山石搬运频繁,必须组织好最佳的运输路线,并保证路面平整。保证水、电供应。

⑤工期及工程进度安排。

2)假山的定位、放线及基础施工

(1)假山定位与放线　在假山周围找到可以作为定位依据的建筑边线、围墙边线或园路中心线,并标出方格网的定位尺寸(见图 6.12)。按照设计图方格网及其定位关系,将方格网放大到施工场地的地面。在占地面积较大的大型假山工程中,也可以用测量仪器将各方格交叉点测设到地面上,并钉下坐标桩。

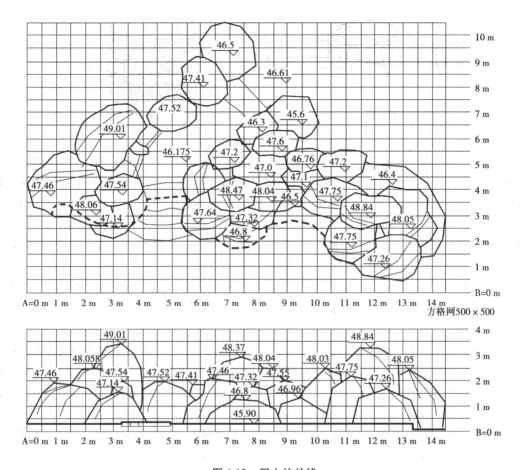

图 6.12　假山的放线

（2）假山的基础　假山像建筑一样,必须有坚固耐久的基础,假山基础是指它的地下或水下部分。通过基础把假山的质量和荷载传递给地基。在假山工程中,根据地基土质的性质、山体的结构、荷载大小等不同分别选用独立基础、条形基础、整体基础、圈式基础等不同形式的基础。基础不好,不仅会引起山体开裂破坏、倒塌,还会危及游客的生命安全,因此必须做到安全可靠。现将常用基础分别介绍如下。

①灰土基础的施工:

a.放线:清除地面杂物后便可放线。一般根据设计图纸作方格网控制,或目测放线,并用白灰划出轮廓线。

b.刨槽:槽深根据设计,一般深 50~60 cm。

c.拌料:灰土比例为 1:3,泼灰时注意控制水量。

d.铺料:一艘铺料厚度 30 cm,夯实厚 20 cm,基础打平后应距地面 20 cm。通常当假山高 2 m以上时,做一步灰土,以后山每增高 1 m,基础增加一步灰土,灰土基础牢固,经数百年亦不松动。

②铺石基础。常用的有两种,即打石钉和铺石,其构造如图 6.13 所示,当土质不好,但堆石不高时使用打石钉;当土质不好,堆石较高时使用铺石基础,一般山高 2 m 砌毛石厚 40 cm,山高 4 m 砌毛石厚 50 cm。

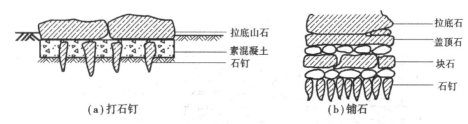

(a)打石钉　　　　　　　　　　(b)铺石

图 6.13　铺石基础

③桩基。当上层土壤松软,下层土壤坚实时使用柱基。在我国古典园林中,桩基多用于临水假山或驳岸。桩基有两种类型,一种为支撑桩,当软土层不深,将桩直接打到坚土层上起支撑作用。另一种是摩擦桩,当坚土层较深,这时打桩的目的是靠桩与土间的摩擦力起支撑作用。做桩材的木质必须坚实、挺直,其弯曲度不得超过 10%。园林中常用桩材为杉、柏、松、橡、桑、榆等,其中以杉、柏最好。桩长由地下坚土深度决定,多为 1~2 m。也可用填充桩,即用石灰桩代替木桩。做法是先将钢钎打入地下一定深度后,将其拨出,再将生石灰或生石灰与沙的混合料填入桩孔,捣实而成。石灰桩的作用是当生石灰水解熟化时,体积膨大,使土中孔隙和含水率减少,达到提高土壤承载力而加固地基,这样不仅可以节约木材,又可以避免木柱易腐烂之弊。

④混凝土基础。近代假山多采用混凝土基础。当山体高大,土质不好或在水中,岸边堆叠山石时使用。这类基础强度高,施工快捷,基础深度是依叠石高度而定,一般 30~50 cm,常用混凝土标号为 C15,配比为水泥:沙:卵石=1:2:4。基础一般各边宽出山体底面 30~50 cm,对于山体特别高大的工程,还应做钢筋混凝土基础。

假山无论采用哪种基础,其表面不宜露出地表,最好低于地表 20 cm,这样不仅美观又易在山脚种植花草。在浇筑整体基础时,应留出种树的位置,以便树木生长,这就是俗称的"留白"。如在水中叠山,其基础应与池底同时做,必要时做沉降缝,防止池底漏水。

3) 山体的堆叠

山体堆叠是假山造型最重要的部分,根据选用石材的种类不同,艺术地再现各自岩石地貌的自然景观,不同地貌有不同的山形体态,如不同的峰、峦、峭壁、峡谷、洞、岫和皱纹。

一般堆山常分为:拉底、中层、收顶三部分。

(1)拉底　拉底是在山脚线范围内砌筑第一层山石,即做出垫底的山石层。拉底的方式和拉底山脚线的处理如下。

①拉底的方式。假山拉底的方式有满拉底和周边拉底两种:

满拉底:就是在山脚线的范围内用山石满铺一层。这种拉底的做法适宜规模较小、山底面积也较小的假山,或在北方冬季有冻胀破坏地方的假山。

周边拉底:则是先用山石在假山山脚沿线砌成一圈垫底石,再用乱石碎砖或泥土将石圈内全部填起来,压实后即成为垫底的假山底层。这一方式适合基底面积较大的大型假山。

②山脚线的处理。拉底形成的山脚边线也有两种处理方式:其一是露脚方式,其二是埋脚方式。

露脚:即在地面上直接做起山底边线的垫脚石圈,使整个假山就像是放在地上似的。这种方式可以减少山石用量和用工量,但假山的山脚效果稍差一些。

埋脚:是将山底周边垫底山石埋入土下约 20 cm 深,可使整座假山仿佛是从地下长出来似的。在石边土中栽植花草后,假山与地面的结合就更加紧密,更加自然了。

在拉底施工中:第一,要注意选择适合的山石来做山底,不得用风化过度松散的山石;第二,拉底的山石底部一定要垫平垫稳,保证不能摇动,以便于向上砌筑山体;第三,拉底的石与石之间要紧连互咬,紧密地扣合在一起;第四,山石之间还是要不规则地断续相间,有断有连;第五,拉底的边缘部分,要错落变化,使山脚线弯曲时有不同的半径,凹进时有不同的凹深和凹陷宽度,要避免山脚成平直和浑圆形状。

③起脚。在垫底的山石层上开始砌筑假山,就叫"起脚"。可以采用点脚法、连脚法或块面脚法 3 种做法(图 6.14)。

a.起脚的做法:

点脚法:所谓点脚,就是先在山脚线处用山石做成相隔一定距离的点,点与点之上再用片状石或条状石盖上,这样,就可在山脚的一些局部造出小的洞穴,加强了假山的深厚感和灵秀感。

(a)点脚法 (b)连脚法 (c)块面脚法

图 6.14 起脚边线的做法

连脚法:就是做山脚的山石依据山脚的外轮廓变化,呈曲线状起伏连接,使山脚具有连续、弯曲的线形。一般的假山都常用这种连续做脚方法处理山脚。采用这种山脚做法,主要应注意使做脚的山石以前错后移的方式呈现不规则的错落变化。

块面脚法:这种脚也是连续的,但与连脚法不同的是,坡面脚要使做出的山脚线呈现大进小退的形象,山脚凸出部分与凹进部分各自的整体感都要很强,而不是像连脚法那样小幅度的曲折变化。

b.起脚的技术要求。起脚石直接作用于山体底部的垫脚石,它和垫脚石一样,都要选择质地坚硬、形状安稳、少有空穴的山石材料,以保证能够承受山体的重压。

除了土山和带石土山之外,假山的起脚安排宜小不宜大,宜收不宜放。起脚一定要控制在地面山脚线的范围内,宁可向内收一些,也不要向山脚线外突出。

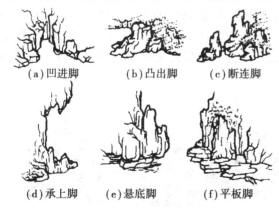

(a)凹进脚 (b)凸出脚 (c)断连脚

(d)承上脚 (e)悬底脚 (f)平板脚

图 6.15 山脚的造型

起脚时,定点、摆线要准确。先选取山脚突出点的山石,并将其沿着山脚线先砌筑上,待多数主要的凸出点山石都砌筑好了,再选择和砌筑平直线、凹进线处所用山石。这样,既保证了山脚线按照设计而呈弯曲转折状,避免山脚平直,又使山脚凸出部位具有最佳的形状和最好的皴纹,增加了山脚部分的景观效果。

④做脚。做脚就是用山石砌筑成山脚,它是在假山的上面部分山形山势大体施工完成以后,于紧贴起脚石外缘部分拼叠山脚,以弥补起脚造型不足的一种操作技法(图 6.15)。

凹进脚:山脚向山内凹进,随着凹进的深浅宽窄不同,脚坡做成直立、陡坡或缓冲坡都可以。

凸出脚:是向外凸出的山脚,其脚坡可做成直立状或坡度较大的陡坡状。

断连脚:山脚向外凸出,凸出的端部与山脚本体部分似断似连。

承上脚:山脚向外凸出,凸出部分对着其上方的山体悬垂部分,起着均衡上下重力和承托山顶下垂的作用。

悬底脚:局部地方的山脚底部做成低矮的悬空状,与其他非悬底山脚构成虚实对比,可增强山脚的变化。这种山脚最适于用在水边。

平板脚:片状、板脚山石连续地平放山脚,做成如同山边小路一般的造型,突出了假山上下的横竖对比,使景观更为生动。石块要大,坚硬、耐压、安石要曲折错落,石块之间要搭接紧密,石块摆放时大而平的面朝上,好看的面要朝外,上面要找平,塞垫要平稳。

(2)中层 堆叠时要分层进行,用石要掌握重心,挑出的部位要在后面压实。全山石材要统一,即要相同质地,纹理相通,色泽一致,咬茬合缝,亲靠牢固,浑然一体。又要注意层次、进退,有深远感。

(3)收顶 假山的顶部,对山体的气势有着重要的影响,因此一般选姿态、纹理好,体量大的石块做收顶石。根据岩石地貌类型的不同,常用的收顶方式有3种:

①峰顶(又称斧立式):选竖向纹理好的巨石作峰石,以造成一峰突起的气势,统揽全局。

②峦顶(又称堆秀式):由单块或数块粗犷而略有圆状的石块,组成连绵起伏的山头。

③流云顶(又称流云式):用于横纹取胜的山体,收顶之石有如天空行云。

(4)假山山体结构

①环透式结构。采用多种不规则孔洞和孔穴的山石,组成具有曲折环行通道或通透形空洞的一种山体结构。所用山石多为太湖石和石灰岩风化后的怪石,见图6.16(a)。

②层叠式结构。假山结构若采用层叠式,则假山立面的形象就具有丰富的层次感,一层层山石叠砌为山体,山形朝横向伸展,或是敦实厚重,或是轻盈飞动,容易获得多种生动的艺术效果。层叠式假山又可分为水平层叠和斜面层叠。层叠式假山石材一般可用片状的山石,片状山石最适于做层叠的山体,其山形常有"云山千叠"般的飞动感。体形厚重的块状、墩状自然山石,也可用于层叠式假山。而由这类山石做成的假山,则山体充实,孔洞较少,具有浑厚、凝重、坚实的景观效果,见图6.16(b)。

③竖立式结构。这种结构形式可以造成假山挺拔、雄伟、高大的艺术形象。山石全部采用立式砌叠,山体内外的沟槽及山体表面的主导皱纹线,都是从下至上竖立着的,因此整个山势呈向上伸展的状态。根据山体结构的不同竖立状态,这种结构形式又分直立结构与斜立结构两种,见图6.16(c)。

(a)环透式   (b)层叠式   (c)竖立式

图6.16 假山的山体结构

直立结构:山石全部采取直立状态砌叠,山体表面的沟槽及主要皴纹线都相互平行并保持直立。采取这种结构的假山,要注意山体在高度方向上的起伏变化和在平面上的前后错落变化。

斜立结构:构成假山的大部分山石,都采取斜立状态,山体的主导皴纹线也是斜立的。山石与地平面的夹角在45°以上,并在90°以下。这个夹角一定不能小于45°,不然就成了斜卧状态而不是斜立状态。

采用竖立式结构的假山石材,一般多是条状或长片状的山石,矮而短的山石不能多用。这是因为,只有长条形的山石才易于砌出竖直的线条。但长条形山石在用水泥砂浆粘合成悬垂状时,全靠水泥的粘结力来承受其质量,因此,对石材质地就有了新的要求。一般要求石材质地粗糙或石面小孔密布,这样的石材用水泥砂浆粘合时附着力很强,容易将山石粘合牢固。

④填充式结构。一般的土山、带土石山和个别的石山,或者在假山的某一局部山体中,都可以采用这种结构形式。这种假山的山体内部是由泥土、废砖石或混凝土材料填充起来的,因此其结构上的最大特点就是填充。主要有填土结构、砖石填充结构和混凝土填充结构。

(5)山体的堆叠手法及艺术处理

①山体的堆叠手法。无论是堆山还是叠石,要取得完美的造型并保证其坚固耐久,都必须具有合理的结构。在传统的施工中,总结出以下十字诀,见图6.17:

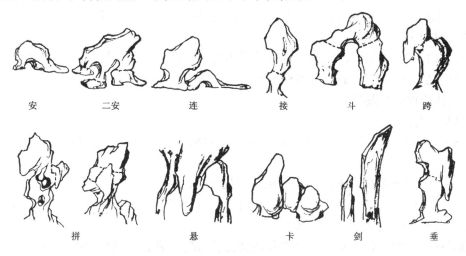

图 6.17　山体堆叠的手法

安:山石之摆放叠置均衡称"安"。

连:左右水平搭接相继者为"连"。

接:上下联合使其石体美者称"接"。

斗:置石成拱状腾空而立者称"斗"。

跨:为增加石美而旁侧挂石者称"跨"。

拼:石块体面残缺而数块拼合者称"拼"。

悬:当空下垂者称"悬"。

卡:按石多方支撑而稳其左右者称"卡"。

剑:以竖向特征取胜之安石均称"剑"。

垂:旁侧下垂之安石,称为"垂"。

②叠山的艺术处理。石料通过拼叠组合,或使小石变成大石,或使石形组成山形,这就需要进行一定的技术处理使石块之间浑然一体,作假成真。在叠山过程中要注意以下几个方面:

a.同质:指掇山用石,其品质、质地、石性要一致。如果石料的质地不同,品种不一,必然与自然山川岩石构造不同,同时不同石料的石性特征不同,强行混在一起拼叠组合,必然是乱石一堆。

b.同色:即使是同一种石质,其色泽相差也很大,如湖石类中,有黑色、灰白色、褐黄色、发青色等。黄石有淡黄、暗红、灰白色等色泽变化。所以,同质石料的拼叠在色泽上也应该一致才好。

c.接形:将各种形状的山石外形互相组合拼叠起来,既有变化而又浑然一体,这就叫做"接形"。在叠石造山这门技艺中,造型的艺术性是第一位的,因此,用石不应一味地求得石块形大。但石料的块形太小也不好,块形小,人工拼接的石缝就多,接缝一多,山石拼叠不仅费时费力,而且在观赏时易显得破碎,同样不可取。

正确的接形除了石料的选择要有大有小,有长有短等变化外,石与石的拼叠面应力求形状相似,石形互接,讲究就势顺势,如向左则先用石造出左势,如向右则先用石造出右势,欲高先接高势,欲低先出低势。

d.合纹:纹是指山石表面的纹理脉络。当山石拼叠时,合纹不仅仅指山石原来的纹理脉络的衔接,而且还包括外轮廓的接缝处理。合纹可通过横纹拼叠、竖纹拼叠、环透拼叠、扭曲拼叠和过渡拼叠来实现。

e.过渡:山石的"拼整"操作,常常是在千百块石料的拼整组合过程中进行的,因此在色彩、外形、纹理等方面有所过渡,这样才能使山体具有整体性。

(6)山体的加固与做缝

①加固措施:

a.塞——当安放的石块不稳固时,通常打入质地坚硬的楔形石片,使其垫牢,称"打塞"(图6.18)。

b.戗——为保证立石的稳固,在石块的悬空处,用石块支撑叫戗(图6.19)。

c.灌筑——每层山石安放稳定后,在其内部缝隙处,一般按1:3:6的水泥:沙:石子的配比灌筑、捣固混凝土,使其与山石结为一体。

d.铁活——假山工程中的铁活主要有铁爬钉、铁吊链、铁过梁、铁扁担等,其式样见图(图6.20)。

图6.18 打塞

图6.19 戗

铁制品在自然界中易锈蚀,因此这些铁活都埋于结构内部,而不外露,它们均系加固保护措施,而非受力结构。

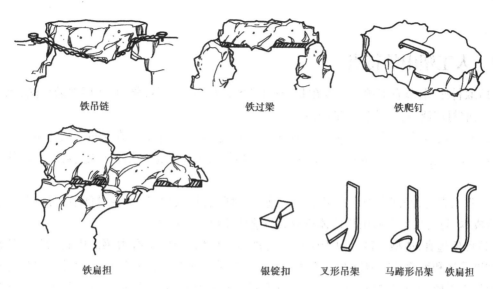

铁吊链　　　　　　　　铁过梁　　　　　　　　铁爬钉

铁扁担　　　　　银锭扣　　叉形吊架　马蹄形吊架　铁扁担

图 6.20　铁活

②做缝。做缝是把已叠好的假山石块间的缝隙,用水泥砂浆填实或修饰。这一工序从某种意义上讲,是对假山的整容。其做法是一般每堆 2~3 层,做缝一次。做缝前先用清水将石缝冲洗干净、如石块间缝隙较大,应先用小石块进行补形,再随形做缝。做缝时要努力表现岩石的自然节理,可增加山体的皱纹和真实感。做缝时砂浆的颜色应尽量与山石本身的颜色相统一。做缝的材料相传过去是用糯米汁加石灰或桐油加纸筋加石灰,捶打拌和而成,或者用明矾水与石灰捣成浆。如用于湖石加青煤,用于黄石加铁屑盐卤。现代通常用标号 C40 的水泥加沙,其配比为 3:7,如堆高在 3 m 以上则用标号 C50 水泥。做缝的形式亦根据需要做成粗缝、光缝、细缝、毛缝等。

堆山时还应预留种植穴,并处理好排水以防水土流失。

6.4　塑山、塑石工艺

人工塑山是用雕塑艺术的手法,以天然山岩为蓝本,人工塑造的假山或石块。早在百年前,在广东、福建一带,就有传统的灰塑工艺。20 世纪 60 年代塑山、塑石工艺在广州得到了很大的发展,标志着我国假山艺术发展到一个新阶段,创造了很多具有时代感的优秀作品。那些气势磅礴、富有力感的大型山水和巨大奇石与天然岩石相比,它们自重轻,施工灵活,受环境影响较小,可按理想预留种植穴。这些人工塑山具有天然山石的纹理、质感与色彩,结合现代建筑的施工技术,不仅可以创作精致细腻的山石景观,在塑造体量巨大、气势恢弘的山水景观中尤其表现出极强的优势。这类假山造型简洁、整体感极强,与现代园林风格非常协调,并且结合现代山石景观创作者对自然地貌景观的认识、理解和掌握,不断创造出新颖独特的作品,更加体现了假山源于自然、高于自然的创作原则。因此,它为设计创造了广阔的空间。塑山、塑石通常有两种做法,一为钢筋混凝土塑山,一为砖石混凝土塑山,也可以两者混合使用。现将其施工工艺简述如下:

6.4.1　人工塑山的特点

（1）取材便利，节省资源　可以在非产石地区布置营造山石景象，其适用地域广阔，无需采石、运石，取材广泛，可以节省大量的假山山石资源。

（2）施工灵活，易于操作　施工灵活方便，不受地形、地物限制。在质量大或体量大的巨型山石不宜进入的地方，如室内花园、屋顶花园等空间内，仍可塑造出结构稳定、自重较轻的巨型山石。

（3）省工省时，经济合理　人工塑山的施工工期短，见效快；造价相对低廉，可以节省运费和建造成本，与自然山石假山相比体量越大越能体现出价格优势。

（4）形象逼真，造型丰富　便于塑造较为理想的雄伟、磅礴富有力感的山石景象。特别是塑造难以采运和堆叠的巨型奇石。这种艺术造型较能与现代建筑相协调。此外还可通过仿造等艺术加工手段，表现黄蜡石、英石、太湖石等不同石材所具有的风格。因此，好的塑山无论是在色彩还是质感上都能取得逼真的石山效果。

当然，由于塑山所用的材料毕竟不是自然山石，因而在神韵上还是不及石质假山，而且使用期限较短，需要经常维护。

6.4.2　人工塑山的类型

1) 钢筋混凝土塑山

（1）基础　根据地基土壤的承载能力和山体的质量，经过计算确定其尺寸大小。通常的做法是根据山体底面的轮廓线，每隔 4 m 做一根钢筋混凝土桩基，如山体形状变化大，局部柱子加密，并在柱间做墙。

（2）立钢骨架　它包括浇注钢筋混凝土柱子，焊接钢骨架，捆扎造型钢筋，盖钢板网等。其中造型钢筋架和盖钢板网是塑山效果的关键之一，目的是为造型和挂泥之用。钢筋要根据山形做出自然凹凸的变化。盖钢板网时一定要与造型钢筋贴紧扎牢，不能有浮动现象。

钢骨架结构的钢筋网焊接和骨架的支撑，应以塑山种类的不同，采用不同的手法进行焊接。一般是将直径 6 mm 的钢筋焊接成 10~15 cm 见方的均匀网格，各焊接点的焊接质量，以行业规定为准，所焊的造型在各个立面上要达到设计图纸和模型的尺寸要求。高度在 10 m 以内的假山，一般以 10#、12#槽钢为主骨架，纵向横向间距为 1.2~1.5 m，并配以 5#角铁为副骨架，内部采用井字或米字形框架。高度在 10 m 以上的假山，主骨架纵向横向间距 0.8~1 m，也可根据实际情况酌情调整，其他结构采用同上的处理方法。

（3）面层批塑　先打底，即在钢筋网上抹灰两遍，材料配比为水泥+黄泥+麻刀，其中水泥：沙为1:2，黄泥为总质量的 10%，麻刀适量。水灰比 1:0.4，以后各层不加黄泥和麻刀。砂浆拌和必须均匀，随用随拌，存放时间不宜超过 1 小时，初凝后的砂浆不能继续使用，构造如图 6.21 所示。

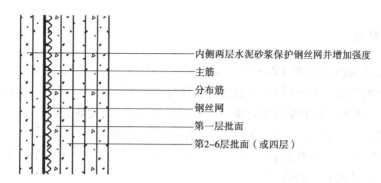

内侧两层水泥砂浆保护钢丝网并增加强度

主筋

分布筋

钢丝网

第一层批面

第2~6层批面（或四层）

图 6.21 面层批塑

（4）表面修饰　主要有两方面的工作：

①皱纹和质感：修饰重点在山脚和山体中部。山脚应表现粗犷，有人为破坏、风化的痕迹，并多有植物生长。山腰部分，一般在 1.8~2.5 m 处，是修饰的重点，追求皱纹的真实，应做出不同的面，强化力感和楞角，以丰富造型。注意层次，色彩逼真。主要手法有印、拉、勒等。山顶，一般在 2.5 m 以上，施工时不必做得太细致，可在山顶轮廓线渐收的同时使色彩变浅，以增加山体的高大和真实感。

②着色：可直接用颜料涂刷，此法简单易行，但色彩呆板。另一种方法是选用不同颜色的矿物颜料加白水泥再加适量的 107 胶配制后再着色，颜色要仿真，可以有适当的艺术夸张，色彩要明快，着色要有空间感，如上部着色略浅，纹理凹陷部色彩要深，常用手法有洒、弹、倒、甩、刷等，效果一般都很好。

光泽：可在石的表面涂过氧树脂或有机硅，重点部位还可打蜡。

还应注意青苔和滴水痕的表现，时间久了还会自然地长出真的青苔。

（5）其他

①种植池：种植池应根据植物及土壤总质量决定其大小和配筋，并注意留排水孔。给排水管道最好塑山时预埋在混凝土中，做时一定要作防腐处理。在兽舍外塑山时，最好同时做水池，可便于兽舍降温和冲洗，并方便植物供水。

②养护：在水泥初凝后开始养护，要用麻袋片、草帘等材料覆盖，避免阳光直射，并每隔2~3小时洒水一次。洒水时要注意轻淋，不能冲射。养护期不少于半个月，在气温低于 5 ℃时应停止洒水养护，采取防冻措施，如遮盖稻草、草帘、草包等。

2）砖石塑山

首先在拟塑山石土体外缘清除杂草和松散的土体，按设计要求修饰土体，沿土体外开沟做基础，其宽度和深度视地基土质和塑山高度而定。接着沿土体向上砌砖，要求与挡土墙相同，但砌砖时应根据山体造型的需要而变化，如表现山岩的断层、节理和岩石表面的凹凸变化等。再在表面抹水泥砂浆，进行面层修饰，最后着色。

塑山工艺中存在的主要问题：一是由于山的造型、皱纹等的表现要靠施工者手上功夫，因此对师傅的个人修养和技术要求高；二是水泥砂浆表面易发生龟裂，影响强度和观瞻；三是易褪色。

3）FRP 塑山、塑石

FRP 是玻璃纤维强化塑胶（Fiber Glass Reinforced Plastics）的缩写,它是由不饱和聚酯树脂与玻璃纤维结合而成的一种质量轻、质地韧的复合材料。不饱和聚酯树脂由不饱和二元羧酸与一定量的饱和二元羧酸、多元醇缩聚而成。在缩聚反应结束后,趁热加入一定量的乙烯基单体配成黏稠的液体树脂,俗称玻璃钢。下面介绍191#聚酯树脂玻璃钢的胶液配方：70%的191#聚酯树脂加30%的苯乙烯（交联剂）,然后加入过氧化环乙酮糊（引发剂）,占胶液的4%,再加入环烷酸钴溶液（促进剂）,占胶液的1%。

先将树脂与苯乙烯混合,这时不发生反应,只有加入引发剂后,产生游离基才能激发交联固化,其中环烷酸钴溶液是促进引发剂的激发作用,达到加速固化的目的。

玻璃钢成型工艺有以下几种：

(1)席状层积法　利用树脂液、毡和数层玻璃纤维布,翻模制成。

(2)喷射法　利用压缩空气将树脂胶液、固化剂（交联剂、引发剂、促进剂）、短切玻纤同时喷射沉积于模具表面,固化成型。通常空压机压力为200~400 kPa,每喷一层用辊筒压实,排除其中气泡,使玻纤渗透胶液,反复喷射直至2~4 mm厚度。并在适当位置做预埋铁,以备组装时固定,最后再敷一层胶底,调配着色可根据需要。喷射时使用的是一种特制的喷枪,喷枪头上有3个喷嘴,可同时分别喷出树脂液加促进剂,喷射短切20~60 mm的玻纤树脂液加固剂。其施工程序如下：

泥模制作→翻制模具→玻璃钢元件制作→运输或现场搬运→基础和钢骨架制作→玻璃钢元件拼装→焊接点防锈处理→修补打磨→表面处理→最后罩以玻璃钢油漆。

这种工艺的优点在于成型速度快、薄、质轻,便于长途运输,可直接在工地施工,拼装速度快,制品具有良好的整体性。存在的主要问题是：树脂液与玻纤的配比不易控制,对操作者的要求高,劳动条件差;树脂溶剂乃易燃品,工厂制作过程中有毒和气味;玻璃钢在室外强日照下,受紫外线的影响,易导致表面酥化,故此其寿命为20~30年。但作为一个新生事物,它总会在不断的完善之中发展。

4）GRC 假山造景

GRC 是玻璃纤维强化水泥（Glass Fiber Reinforced Cement）的缩写,它是将抗碱玻璃纤维加入到低碱水泥砂浆中硬化后产生的高强度的复合物。随着科技的发展,20世纪80年代在国际上出现了用GRC造假山。它使用机械制造假山石元件,使其具有质量轻、强度高、抗老化、耐水湿,易于工厂化生产,施工方法简便、快捷,成本低等特点,是目前理想的人造山石材料。用新工艺制造的山石质感和皱纹都很逼真,为假山艺术创作提供了更广阔的空间和可靠的物质保证,为假山技艺开创了一条新路,使其达到"虽为人作,宛自天开"的艺术境界。

GRC 假山元件的制作主要有两种方法：一为席状层积式手工生产法;二为喷吹式机械生产法。现就喷吹式工艺简介如下：

(1)模具制作　根据生产"石材"的种类、模具使用的次数和野外工作条件等选择制模的材料。常用模具可分为软模如橡胶模、聚氨酯模、硅模等,硬模如钢模、铝模、GRC模、FRP模、石膏模等。应选择皱纹好的天然岩石脱制模具,并便于复制操作。

（2）GRC假山石块的制作　将低碱水泥与一定规格的抗碱玻璃纤维以二维乱向的方式同时均匀分散地喷射于模具中,凝固成型。喷射时应随吹射随压实,并在适当的位置预埋铁件。

（3）GRC的组装　将GRC"石块"元件按设计图进行假山的组装。焊接牢固,修饰并做缝,使其浑然一体。

（4）表面处理　主要是使"石块"表面具憎水性,产生防水效果,并具有真石的润泽感。

5）CFRC塑石

CFRC是碳纤维增强混凝土(Carbon Fiber Reinforced Cement or Concrete)的缩写。20世纪70年代,英国首先制作了聚丙烯腈基(PAN)碳素纤维增强水泥基材料的板材,并应用于建筑,开创了CFRC研究和应用的先例。

在所有元素中,碳元素在构成不同结构的能力方面几乎是独一无二的。这使碳纤维具有高强度、高阻燃、耐高温及非常高的拉伸模量的特性,且具有电阻低和良好的电磁屏蔽效应,故在航空、航天、电子、机械、化工、医学器材、体育娱乐用品等领域中广泛应用。

CFRC人工岩是把碳纤维搅拌在水泥中,制成碳纤维增强混凝土,再造型成人工的岩石。CFRC人工岩与GRC人工岩相比较,其抗盐侵蚀、抗水性、抗光照能力等方面均明显优于RGC,并具抗高温、抗冻融干湿变化等优点。CFRC的长期强度保持力高,是耐久性优异的水泥基材料,因此适合作于河流、港湾等各种自然环境的护岸、护坡。由于其具有的电磁屏蔽功能和可塑性,因此可用于隐蔽工程等,也适用于园林假山造景、彩色路石、浮雕、广告牌等各种景观的再创造。

复习思考题

6.1　假山在园林中的作用有哪些?

6.2　园林假山的材料有哪些?

6.3　如何理解相石?

6.4　置石的形式有哪几种? 如何进行选择和布置?

6.5　山石器设有哪几种? 如何在园林中加以运用?

6.6　请简述假山的掇山机理。

6.7　请简述假山的艺术处理手法。

6.8　阐述假山的施工技术要点。

6.9　假山山体局部有哪些优秀的做法?

6.10　请举一两例人工塑山的做法。

7 种植工程

本章导读 绿化是园林建设的主要组成部分。没有绿的环境,就不可能成其为园林。按照建设施工程序,先理山水,改造地形、辟筑道路、铺装场地、营造建筑、构筑工程设施,而后实施绿化。绿化工程就是按照设计要求,植树、栽花、种草并使其成活。绿化工程的对象是有生命的植物材料,因此,每个园林工作者必须掌握有关植物材料的不同种植季节、植物的生态习性、植物与土壤的相互关系,以及种植成活的其他相关原理与技术,才能按照绿化设计进行具体的植物种植与造景。

7.1 园林种植工程概述

7.1.1 园林种植及其特点

种植,就是人为地栽种植物。人类种植植物的目的,除了依靠植物的栽培成长,取得收获物以外,另一个目的就是为了绿化环境,保护环境,营造更好的人类生存空间。前者为农业、林业的目的,后者为风景园林、环境保护的目的。园林种植即是利用植物绿化环境和保护环境,构成人类的生活空间。这个空间,小则包括日常居住场所开始,大则包括风景区、自然保护区乃至全部国土。

园林种植是利用有生命的植物材料来构成空间,这些材料本身就具有"生物的生命现象"的特点,因此园林种植就有着明显的季节性,在不同季节栽植的成活率是不一致的。同时植物有萌芽、抽梢、展叶、开花、结果、叶色变化、落叶等季节性变化,其生长而引起的年复一年的变化更显出形态、色彩等的多样性特征。

7.1.2 影响种植成活的因素

影响种植成活的因素很多,但种植时植物枯死的最大原因就是由于根部不能充分吸收水分

来保证植物的正常生理代谢。因此,园林植物根系受伤害的情况和根系再生能力直接影响其的成活和生长发育。为了保证树木移植成活,在移植时应注意以下几个方面:

①尽量在适宜季节栽植,根的再生能力是靠消耗树干和树冠下部枝叶中的储存物质而形成的。所以,最好在储存物质多的时期进行种植。种植的成活率,依据根部有无再生力、树体内储存物质的多寡、曾断根否、种植时及种植后的技术措施是否适当等等而有所不同。

②移植前可经过多次断根处理,促使其原土内的须根发达,种植时由于带有充足的根土,就能保证较高的成活率。

③保证移栽树木土球的大小适中,非适宜季节移栽时,土球应适当加大,以保证根系吸水面积。土球包扎要结实,以免运输途中破坏。

④在起苗与栽植的过程中,尽量减少搬运次数,以免破坏土球而影响根系发育。

⑤尽量缩短起苗与栽植的时间,在运输过程中注意保湿,以免植物体内水分过分蒸腾。

⑥进行适当的修剪,大的伤口应用油漆或蜡封口。

7.1.3　移植期

(1)春季移植　北方地区由于冬季寒冷干燥,故在春季移植较好,特别是在早春解冻后立即进行移植比较适宜。早春移植,树液刚刚开始流动,枝芽尚未萌发,蒸腾作用微弱,土壤温湿度已能满足根系生长要求,移植后苗木的成活率高。到了气候干燥和刮风的季节,或是气温突然上升的时候,由于新栽的树木已经长根成活,已具有抗旱、抗风的能力,便可以正常成长。春季移植的具体时间,还应根据树种的发芽时间来安排,发芽早的先移植,晚者后移植。

(2)夏季移植　南方的常绿阔叶树和北方的常绿针叶树也可在雨季初进行移植。梅雨季(6—7月)、秋冬季(9—10月)进行移植也可以。

(3)秋冬季移植　在气候比较温暖的地区以秋、初冬季移植比较相宜。这个时期的树木落叶后,对水分的需求量减少,而外界的气温还未显著下降,地温也比较高,树木的地下部分并没有完全休眠,被切断的根系能够尽早愈合,继续生长新根。到了春季,这批新根既能继续生长,又能吸收水分,可以使树木更好地生长。华东地区落叶树的移植,一般在2月中旬至3月下旬,在11月上旬至12月中下旬也可以移植。

由于某些工程的特殊需要,也常常在非植树季节移植树木,这就需要采取特殊处理措施。随着科学技术的发展,大容器育苗和移植机械的推出,终年移植已成事实。

7.1.4　种植对环境的要求

(1)对温度的要求　植物的自然分布和气温有密切的关系,不同的地区,就应选用能适应该区域条件的树种。实践证明:当日平均温度等于或略低于树木生物学最低温度时,种植成活率高。

(2)对光的要求　植物需要光合作用,即是与光反应,所以除二氧化碳和水以外,植物还需要波长为490~760 nm的绿色和红色光。一般光合作用的速度,随着光的强度的增加而加强。弱光时,光合作用吸收的二氧化碳和其呼吸作用放出的二氧化碳是同一数值时,这个数值称作

光饱和点。植物的种类不同,光饱和点也不同。光饱和点低的植物耐阴,在光线较弱的地方也可以生长。光饱和点高的植物喜阳,在光线强的情况下,光合作用强;反之,光合作用弱,植物甚至不能生长。由此可知,在阴天或遮光的条件下,对提高种植成活率有利。

(3)对土壤的要求　土壤是树木生长的基础,它是通过其水分、肥分、空气、温度等来影响植物生长的。适宜植物生长的最佳土壤是:矿物质45%,有机质5%,空气20%,水30%(以上是体积分数)。矿物质是由大小不同的土壤颗粒组成的。土壤中的土粒并非单独存在着,而是集合在一起,成块状,最好是构成团粒结构。适宜植物生长的团粒大小为1~5 mm,小于0.01 mm的孔隙,根毛不能侵入。

土壤水分和土壤的物理组成有密切的关系,对植物生长有很大影响,它是植物从根毛吸收土壤盐分的溶剂,是植物发生光合作用时水分的源泉,同时水分蒸发,还能调节地温。根据土粒和水分的结合力,土壤中的水分可分为吸附水、毛细水、重力水3种,其中,毛细水可供植物生长。当土壤不能提供根系所需的水分,植物就产生枯萎,达到永久枯萎点,植物便死亡,因此,在初期枯萎以前,必须开始浇水。

地下水位的高低,对深层土壤的湿度影响很大,种植草类必须在60 cm以下,最理想在100 cm,树木则再深些更好。在水分多的湿地里,则要设置排水设施,使地下水下降到所要求值。

植物在生长过程中所必需的元素有16种之多,其中碳、氧、氢来自二氧化碳和水,其余的都是从土壤中吸收的。一般来说,土壤有机质含量高,有利于形成团粒结构,有利于保水保肥和通气。土壤养分充足对于种植的成活率、种植后植物的生长发育有很大影响。

树木有深根性和浅根性两种。种植深根性的树木要有深厚的土壤,在种植大乔木时比小乔木、灌木需要更多的根土,所以种植地要有较大的有效深度。具体可见表7.1。

表 7.1　植物生长所必需的最低限度土层厚度　　　　　　　　单位:cm

种　　别	植物生存的最小厚度	植物培育的最小厚度
草类、地被	15	30
小灌木	30	45
大灌木	45	60
浅根性乔木	60	90
深根性乔木	90	150

一般的表土,有机质的分解物随同雨水一起慢慢渗入到下层矿物质土壤中去,土色带黑色,肥沃、松软、孔隙多,这样的表土适宜树木的生长发育。在改造地形时,往往是剥去表土,这样不能确保种植树木有良好的生长条件。因而,应保存原有表土,在种植时予以有效利用。此外,有很多种土壤不适宜植物的生长,如重黏土、砂砾土、强酸性土、盐碱土、工矿生产污染土、城市建筑垃圾等。因而如何改善土壤性状,提高土壤肥力,为植物生长创造良好的土壤环境则是一项重要工作。常用的改良方法有:采取工程措施,如排灌、洗盐、清淤、清筛、筑池等,以及采取栽培技术措施,如深耕、施肥、压砂、客土、修台等方法。此外还可采取生长措施改良土壤,如种抗性强的植物、绿肥植物、养殖微生物等。

7.2　乔灌木种植工程

7.2.1　种植前的准备

乔灌木种植工程是绿化工程中十分重要的部分,其施工质量的好坏,直接影响到景观及绿化效果,因而在施工前需做以下准备。

1)明确设计意图及施工任务量

在接受施工任务后应通过工程主管部门及设计单位明确以下问题:

(1)工程范围及任务量　包括种植乔灌木的规格和质量要求,以及相应的建设工程,如土方、上下水、园路、灯、椅及园林小品等。

(2)工程的施工期限　包括工程总的进度和完工日期以及每种苗木要求,种植完成日期。

(3)工程投资及设计概(预)算　包括主管部门批准的投资数和设计预算的定额依据。

(4)设计意图　即绿化的目的和施工完成后所要达到的景观效果。

(5)了解施工地段的地上、地下情况　了解有关部门对地上物的保留和处理要求等;地下管线特别是要了解地下各种电缆及管线情况,和有关部门配合,以免施工时造成事故。

(6)定点放线的依据　一般以施工现场及附近水准点作定点放线的依据,如条件不具备,可与设计部门协商,确定一些永久性建筑物作为依据。

(7)工程材料来源　其中以苗木的出圃地点、时间、质量为主要内容。

(8)运输情况　行车道路、交通状况及车辆的安排。

2)编制施工组织计划

在明确前项要求的基础上,还应对施工现场进行调查,主要项目有:施工现场的土质情况,以确定所需的换土量;施工现场的交通状况,各种施工车辆和吊装机械能否顺利出入;施工现场的供水、供电;是否需办理各种拆迁,施工现场附近的生活设施,等等。根据所了解的情况和资料编制施工组织计划,其主要内容有:

a.施工组织领导;

b.施工程序及进度;

c.制订劳动定额;

d.制订工程所需的材料、工具及提供材料工具的进度表;

e.制订机械及运输车辆使用计划及进度表;

f.制订种植工程的技术措施和安全、质量要求;

g.绘出平面图,在图上应标有苗木假植位置、运输路线和灌溉设备等的位置;

h.制定施工预算。

3）施工现场准备

若施工现场有垃圾、渣土、废墟建筑垃圾等要进行清除，一些有碍施工的市政设施、房屋、树木要进行拆迁和迁移，然后可按照设计图纸进行地形整理，主要使其与四周道路、广场的标高合理衔接，使绿地排水通畅。如果用机械平整土地，则事先应了解是否有地下管线，以免机械施工时造成管线的损坏。

7.2.2 定点放线

定点放线即是在现场测出苗木种植位置和株行距。由于树木种植方式各不相同，定点放线的方法也有很多种，常用的有以下3种。

1）自然式配置乔、灌木放线法

（1）坐标定点法　根据植物配置的疏密度先按一定的比例在设计图及现场分别打好方格，在图上用尺量出树木在某方格的纵横坐标尺寸，再按此位置用皮尺量在现场相应的方格内。

（2）仪器测放　用经纬仪或小平板仪依据地上原有基点或建筑物、道路将树群或孤植树依照设计图上的位置依次定出每株的位置。

（3）目测法　对于设计图上无固定点的绿化种植，如灌木丛、树群等可用上述两种方法划出树群树丛的种植范围，其中每株树木的位置和排列可根据设计要求，在所定范围内用目测法进行定点，定点时应注意植株的生态要求并注意自然美观。

定好点后，多采用白灰打点或打桩，标明树种，种植数量（灌木丛树群）、穴径。

2）整形式（行列式）放线法

对于成片整齐式种植或行道树的种植，也可用仪器和皮尺定点放线，定点的方法是以绿地的边界、园路广场和小建筑物等的平面位置作为依据，量出每株树木的位置，钉上木桩，写明树种名称。

一般行道树的定点是以路牙或道路的中心为依据，可用皮尺、测绳等，按设计的株距，每隔10株钉一木桩作为定位和种植的依据，定点时如遇电杆、管道、涵洞、变压器等障碍物应躲开，不应拘泥于设计的尺寸，而应遵照与障碍物相距的有关规定距离。

3）等距弧线放线法

若树木种植为一弧线，如街道曲线转弯处的行道树，放线时可从弧的开始到末尾以路牙或中心线为准，每隔一定距离分别画出与路牙垂直的直线，在此直线上，按设计要求的树与路牙的距离定点，把这些点连接起来就成为近似道路弧度的弧线，于此线上再按株距要求定出各点来。

7.2.3　苗木准备

1)选苗

　　苗木的选择,除了根据设计提出的规格和树形要求外,还要注意选择生长健壮、无病虫害、无机械损伤、树形端正和根系发达的苗木,而且应该是在育苗期内经过移栽,根系集中在树蔸的苗木。育苗期中没经过移栽的留床老苗最好不用,其移栽成活率比较低,移栽成活后多年的长势也很弱,绿化效果不好。做行道树种植的苗木分枝点应不低于2.5 m,由于双层大巴及集装箱运输车辆的增多,城市主干道行道树苗木分枝点应不低于3.5 m。选苗时还应考虑起苗包装运输的方便,苗木选定后,要挂牌或在根基部位划出明显标记,以免挖错。

2)掘苗前的准备工作

　　起苗时间最好是在秋天落叶后或冻土前、解冻后均可,因此时正值苗木休眠期,生理活动微弱,起苗对它们影响不大,起苗时间和种植时间最好能紧密配合,做到随起随栽。为了便于挖掘,起苗前1～3天可适当浇水使泥土松软,对起裸根苗来说也便于多带宿土,少伤根系。

3)起苗方法

　　起苗时,要保证苗木根系完整。裸根乔、灌木根系的大小,应根据掘苗现场的株行距及树木高度、干径而定。一般情况下,灌木根系可按灌木高度的1/3左右确定,而常绿树带土球种植时,其土球的大小可按树木胸径的8～10倍确定,且土球要完整。

　　起苗的方法常有两种:裸根起苗及土球起苗。裸根起苗的根系范围可比土球起苗稍大一些,并应尽量多保留较大根系,留些宿土。如掘出后不能及时运走,应埋土假植,并要求埋根的土壤湿润。

　　掘土球苗木时,土球大小视各地气候及土壤条件不同而各异。对于特别难成活的树种或非适宜季节栽植,一定要考虑加大土球。土球的高度一般可比宽度少5～10 cm。土球要削光滑,包装要严,草绳要打紧不能松脱,土球底部要封严不能漏土。

7.2.4　包装运输

　　落叶乔、灌木在掘苗后装车前应进行粗略修剪,以便于装车运输,减少树木水分的蒸发和提高移栽成活率。

　　苗木的装车、运输、卸车、假植等各项工序,都要保证树木的树冠、根系、土球的完好,不应折断树枝、擦伤树皮和损伤根系。

　　落叶乔木装车时,应排列整齐,使根部向前,树梢向后,注意树梢不要拖地。灌木可直立装车。凡远距离的裸根苗运送时,常把树木的根部浸入事先调制好的泥浆中,然后取出,用蒲包、

稻草、草席等物包装,并在根部衬以青苔或水草,再用苫布或湿草袋盖好根部,以有效地保护根系而不致使树木干燥受损,影响成活。运输过程中,还要经常向树冠部浇水,以免失水过多而影响成活。

装运高度在 2 m 以下的土球苗木,可以立放,2 m 以上的应斜放,土球向前,树干向后,土球应放稳,垫牢挤严。

7.2.5　假植

苗木运到现场,如不能及时种植,或是栽种后苗木有剩余的,都要进行假植。所谓假植,就是暂时进行的栽植。假植有带土球栽植与裸根栽植两种情况。

1)带土球苗木假植

假植时,可将苗木的树冠捆扎收缩起来,使每一棵树苗都是土球挨土球,树冠靠树冠,密集地挤在一起,然后,在土球层上面盖一层土壤,填满土球间的缝隙;再对树冠及土球均匀地洒水,使上面湿透,以后仅保持湿润就可以了。或者,把带着土球的苗木临时性地栽到一块绿化用地上,土球埋入土中 1/3~1/2 深,株距则视苗木假植时间长短和土球、树冠的大小而定,一般土球与土球之间相距 15~30 cm,苗木成行列式栽好后,浇水保持一定湿度即可。

2)裸根苗木假植

对裸根苗木,一般采取挖沟假植方式。先在地面挖浅沟,沟宽 1.5~2 m、深 40~60 cm。然后将裸根苗木一棵棵紧靠着呈 30°,斜栽到沟中,使树梢朝向西边或朝向南边;苗木密集斜栽好以后,在根蔸上分层覆土,使根系间充满土壤,以后经常对枝叶喷水,保持湿润。不同的苗木假植时,最好按苗木种类、规格分区假植,以方便绿化施工。

假植区的土质不宜太泥泞,地面不能积水,在周围边沿地带要挖沟排水。假植区内要留出起运苗木的通道。在太阳特别强烈的日子里,假植苗木上面应该设置遮光网,减弱光照强度。此外,在假植期还应注意防治病虫害。

7.2.6　挖种植穴

在栽苗木之前应以所定的灰点为中心沿四周向下挖穴,种植穴的大小依土球规格及根系情况而定。带土球的种植穴应比土球大 20~30 cm,栽裸根苗的穴应保证根系充分舒展,穴的深度一般比土球高度稍深些(10~20 cm),穴的形状一般为圆形,但必须保证上下口大小一致。

种植穴挖好后,可在穴内填些表土,如果穴内土质差或瓦砾多,则要求清除瓦砾垃圾,最好是换新土。如果种植土太瘠瘦,就先要在穴底垫一层基肥。基肥一定要是经过充分腐熟的有机肥,如堆肥、厩肥等。基肥上还应当铺一层壤土,厚度 5 cm 以上。

7.2.7 定植

1) 定植前的修剪

在种植前,苗木必须经过修剪,其主要目的是减少水分的散发,保证树势平衡以保证树木成活。

修剪时其修剪量依不同树种而有所不同,一般对常绿针叶树及用于植篱的灌木不多剪,只剪去枯病枝、伤枝即可。对于较大的落叶乔木,尤其是长势较强,容易抽出新枝的树木,如杨、柳、槐等可以多修剪,树冠可剪去 1/2 以上,这样可减轻根系负担,维持树木体内水分平衡,也使得树木栽后稳定,不致招风摇动。对于花灌木及生长较缓慢的树木可进行疏枝,截去全部叶或部分叶,去除枯病枝、过密枝,对于过长的枝条可剪去 1/3~1/2。

修剪时要注意分枝点的高度。灌木的修剪要保持其自然树形,短截时应保持外低内高。

树木种植之前,还应对根系进行适当修剪,主要是将断根、劈裂根、病虫根和过长的根剪去。修前时剪口应平而光滑,并及时涂抹防腐剂以防过分蒸发、干枯、冻伤及病虫危害。

2) 定植方法

苗木修剪后,即可定植,定植的位置应符合设计要求。

定植裸根乔、灌木的方法是一人用手将树干扶直,放入穴中,另一人将穴边的好土填入。在泥土填入一半时,用手将苗木向上提起,使根茎交接处与地面相平,这样树根不易卷曲,然后将土踏实,继续填入好土,直到与地面平齐或略高于地面为止,并随即将浇水的土堰做好。其土堰的直径应略大于种植穴的直径。堰土要拍压紧实,不能松散。

定植带土球树木时,应注意使穴深与土球高度相符,以免来回搬动土球。填土前要将包扎物去除,以利根系生长,填土时应充分压实,但不要损坏土球。

3) 种植后的养护管理

种植较大的乔木时,在种植后应设支柱支撑,以防浇水后大风吹倒苗木,见图7.1。

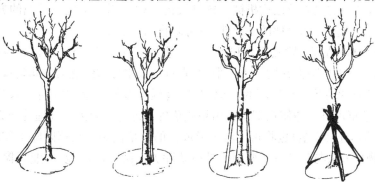

图 7.1 支柱的设立方式

种植树木后 24 h 内必须浇第一遍水,水要浇透,使泥土充分吸收水分,树根紧密结合,以利根系发育。

树木种植后应时常注意树干四周泥土是否下沉或开裂,如有这种情况应及时加土填平踩实。此外,还应进行及时的中耕,扶直歪斜树木,并进行封堰,封堰时要使泥土略高于地面。要注意防寒,其措施应按树木的耐寒性及当地气候而定。

7.3 草坪建植工程

草坪的建植工作简称"建坪",是利用人工的方法建立起草坪地被的综合技术总称。建坪是在新的场地上建立一个新的草坪地被,因此,开始工作的好坏对今后草坪的品质、功能、管理等方面均将带来深远的影响。往往因建坪之初的失误,而给将来的草坪带来杂草严重的入侵、病害的蔓延、排水不良、草皮剥落及耐践踏力差等种种弊病。也会产生草种不适宜、定植速度变缓慢、生产功能低下等问题。因此,建坪对良好草坪的形成起着极其重要的作用。

7.3.1 坪床的准备

建坪前,应对欲建立草坪的场地进行必要的调查和测定,制订实施方案,尽量避免过多的底土处理,及大型设备施工所引起土壤紧实等问题的发生。

建坪前坪床准备工作大体包括地面的清理、翻耕、平整、土壤改良、排灌系统的设置及施肥工作等。

1)坪床的清理

清理是指建坪场地内有计划地清除和减少障碍物,并做平整场地的工作。如在长满树木的场所,应完全或选择性地伐去树木或灌木;清除不利于操作和草坪草生长的石头、瓦砾;消除和杀灭杂草;进行必要的挖方和填方等。

(1)树木清理 清理的树木包括乔木和灌木以及倒木、树桩和树根等。对于树木的地上部分,清理前应准备适当的收集及运输机械。树桩及树根则应用推土机或其他的方法挖除,以避免残体腐烂后形成洼地,破坏草坪的一致性,也可防止菌类的发生。

(2)岩石和巨砾的清理 除去岩石和巨砾是清理坪床的主要工作,通常还应收坪床面以下不少于 60 cm 的不良土层除去并用好土填平,否则将形成水分供给能力不均匀现象。

(3)建植前杂草的防治 在建坪的场地,某些蔓延性多年生草类特别是禾草和莎草,能引起新草坪的严重杂草污染。即使在翻耕后用耙或草皮铲进行表面去杂处理的地方,残留的营养繁殖体(根状茎、匍匐枝、块茎)也将再度萌生形成新的杂草侵染。杂草防除工作应在坪床准备时进行,方法有物理方法与化学方法两种。具体防除方法随建坪场地、作业规模和存在的杂草种类不同而异。

①物理防除。是指用化学以外的手段杀灭杂草的方法。常以手工或土壤翻耕机具,如拖拉机牵引的圆盘耙或用手耙、锄头等,在翻挖土壤的同时清除杂草。

像匍茎冰草这类具有地下蔓生根茎的杂草,单纯用捡拾,很难一次把其清除,通常可采用土壤休闲法防除。此法宜在秋播建坪时施行。休闲是指夏季在坪床上不种植任何植物,且定期地进行耙、锄作业,以杀死杂草可能生长出来的杂草营养繁殖器官。种繁草坪地休闲期应尽量长,这样有利于杂草的彻底防除。如用草皮铺植草坪,休闲期可相应缩短,因为厚实的草皮覆盖,可抑制一年生和两年生杂草的再生。

②化学防除。化学防除是指使用化学药剂杀灭杂草的方法,其最有效的方法是使用熏杀剂和非选择性的内吸除莠剂。

常用有效的芽期除莠剂有丁草胺、异丙甲草胺、杀草丹、甲草胺、氟草胺、悉草灵、村草净、西草净等;苗期除莠剂有苯达松、2,4-D 丁酯、二甲四氯阔叶净、百草敌、草甘膦等。除莠剂应在杂草长到约 10 cm 高,并在坪床开始翻耕前 30 d 至前 7 d 施用,以便杂草除莠剂吸收并转移到地下器官。

熏蒸法是进行土壤消毒的有效方法。该法是将高挥发性的农药施入土壤,以杀伤和抑制杂草种子、营养繁殖体、致病有机体、线虫和其他可能引起麻烦的机体。床土熏蒸前应深耕,以利熏杀剂的化学蒸气向防治目标侵入。土壤应保持一定的温度,以利熏杀剂在土中的运动。土温不应低于 32 ℃,以保持熏杀剂的活性。

用于草坪的熏杀剂有溴甲烷、氯化苦、棉隆和威百亩等。溴甲烷是在聚乙烯薄膜覆盖下处理床土的高毒性、无味的气体,使用时应加入少量氯化苦("催泪气体")作警示。具体的操作是用具有自动铺膜装置的土壤熏蒸专用设备或人工在离地面 30 cm 处支起薄膜,用土密封薄膜边缘,用塑料管将桶中的熏杀剂引入薄膜中的蒸发皿中,并把它注入覆盖地段。24~48 h 后方可播种。

棉隆和威百亩可用喷雾的方式施入,使用后立即与土壤混合灌水。施药 3 周后方能播种。

2)翻耕

耕地包括为建坪种植而准备土壤的一系列操作。在大面积的坪床上它包括犁地、圆盘耙耕作和耙地等操作。耕地的目的在于改善土壤的通透性,提高持水能力,减少根系刺入土壤的阻力,增强抗侵蚀和践踏表面的稳定性。除沙土外,土壤耕作应在适宜的土壤湿度下进行,即用手可把土捏成团,抛到地下则可散开来时进行。

犁地是用犁将土壤翻转,而有将植物残体向土壤深部转移的作用。

在犁过的或疏松的地段应进行耙地,以破碎土块、草垡及表壳,以改善土壤的颗粒和表土的一致性。耙地可在犁地后立即进行,为了有利于有机质的分解也可过一段时间进行。为了防除杂草而进行夏季休闲的地段,通常进行圆盘耙耕作。

耙地是使表土形成颗粒和平滑床面为种植做准备的作业。耙地作业的质量高低,将影响草坪的质量与管理。

旋耕是一种粗放的耕地方式。它主要用于小面积坪床,如高尔夫球的发球台及住宅区庭院草坪的坪床准备。旋耕操作可达到的清除表土杂物和把肥料及土壤改良剂混入土壤的作用。

翻耕作业最好是在秋季和冬季较干燥时期进行,因为这样可使翻转的土壤在较长的冷冻作用下碎裂,也有利于有机质的分解。耕作时必须有目的地破除紧实的土层,在小面积坪床上可进行多次翻耕以松土,大面积则可使用特殊的松土机松土。

3）平整

在建坪之初，应按草坪对地形要求进行整理，如为自然式草坪，则应有适当的自然起伏，为规则式草坪则要求平整。平整是平滑地表、提供理想苗床的作业。平整有的地方要挖方，有的地方要填方，因此在作业前应对平整的地块进行必要的测量和筹划，确保熟土布于床面。坪床的平整通常分粗平整和细平整两类。

（1）粗平整　粗平整是床面的等高处理，通常是挖掉突起和填平低洼部分。作业时应把标桩钉在固定的坡度水平之间，整个坪床应设一个理想的水平面。填方应考虑填土的沉陷问题，细质土通常下沉15%（每米下沉12~15 cm），填方较深的地方除加大填量外，尚需扼压，以加速沉降。

表面排水适宜的坡度约为2%，在建筑物附近，坡度应是离开房屋的方向。运动场则应是隆起的，以便从场地中心向四周排水。高尔夫球场草坪，发球台和球道则应在一个或多个方向上向障碍区倾斜。

在坡度较大而无法改变的地段，应在适当的部位建造挡水墙，以限制草坪的倾斜角度。

（2）细平整　细平整是平滑地表为种植作准备的操作。在小面积上人工平整是理想的方法。用一条绳拉一个钢垫也是细平整的方法之一，大面积平整则需借助专用设备，包括土壤犁刀、耙、重钢垫（耱）、板条大耙和钉齿耙等。

细平整应推迟到播种前进行，以防止表土的板结，应注意土壤的湿度。

4）土壤改良

理想的草坪土壤应是土层深厚、排水性良好、pH在5.5~6.5、结构适中的土壤。然而，建坪的土壤并非完全具有这些特性，因此，对土壤必须进行改良。

土壤改良的程度将随建造草坪场地的土质条件不同而异，但是，总目标是使土壤形成良好结构，并在长期恶劣环境中仍然保持其良好性能。

土壤改良主要是在土壤中加入改良剂，以调节土壤的通透性及保水、保肥的能力。土壤改良剂一般不宜采用像沙那样的"单质"，在实际中通常使用的是大量合成的改良剂，如泥炭，其施量约为覆盖草坪床面3~5 cm。泥炭在细质土壤中可降低土壤的粘性，并能分散土粒。在粗质土壤中，可提高土壤保水、保肥的能力，在已栽植的草坪上则能改良土壤的回弹力。

其他一些有机改良剂，如锯屑等也能起到泥炭的作用，但各有特殊之点，应视具体情况而使用。

对人工建造和某些特殊（运动）用途的草坪，为了提供足够耐强烈践踏的能力，在许多情况下是将原有的土被铲除，重新铺上认真配制好的真正的土壤，而不是改良剂。

5）排灌系统

（1）土壤排水的优点　当新的场地平整好后，就可以配置排灌系统。灌溉设施主要是供给不足的水分，排水系统则是排走多余的水分。只有二者相互配合，才能给草坪提供一个良好的气、水环境。排水对大部分土壤均有良好作用，其主要是：排干过多的水分，改善土壤通气性，充分供给草坪草养料，有益于草坪草根系向深层扩展，在夏季使深层根系能获得更多的水分，可以

扩大运动场草坪的使用范围,早春使土壤升温快。

(2)排水类型 排水可分为两类:地表排水和非地表排水。两者的区别在于:非地表排水的目的是排除土壤深层过多的水分,而地表排水则是从草坪草根部附近迅速排除多余水分。

地表排水主要是使土壤具有良好的结构性。在像足球场那样践踏极强的草坪地,可设置沙槽地面排水系统。沙槽排水不仅可促进水的下渗,还能减轻土壤的紧实度,改良土壤结构,延长草坪寿命。

沙槽的设置方法是:挖宽 6 cm,深 25~37.5 cm 的沟,沟间距 60 cm,并与地下排水沟垂直。将细沙或中沙填满沟后,用拖拉机轮或碾碌压实。

地下排水系统是在地表下挖一些底沟,以排掉过多的水分。排水管式排水系统是最常采用的方式,排水管一般应铺设在草皮表面以下 40~90 cm 处,间距 5~20 m。在半干旱地带,因地下水可能造成表土盐渍化,排水管可深达 2 m。

排水管也可人字形或网格状铺设或简单地放置于水在地表的汇集处。

常用的排水管有陶管和水泥管,穿孔的塑料管也被广泛应用。在排水管的周围应放置一定厚度砾石,以防止细土粒堵塞管道。在特殊的地点,砾石可一直堆到地表,以利排低地的地表径流。

鼠道式排水系统是一种适用于城市绿地和观赏草坪的经济排水系统。该系统设置时是将排水塑孔犁平行于地表犁过土壤时,能把道边土压实,使地下形成一个圆柱形管道,而形成一个向上大约 45°的裂缝。鼠道排水管间距约 3 m,深 0.5~0.7 m,使用年限可达 9~10 年。设置鼠道式排水系统时应注意下列事项:

①欲施工处要尽快排除多余水分;

②排水沟必须平整以防淤塞;

③水道必须足够深,以获得良好的粘性和避免耕作损坏;

④排水塑孔犁最好在土壤轻度潮湿时工作;

⑤鼠道排水系统应用瓦管或 PVC 管连接;

⑥永久性排水系统应足够大,以便能排掉来自各鼠道的水;

⑦作业时宜使用链轨式拖拉机,以防止破坏土壤结构;

⑧管道直径不得小于 7.5 cm,埋深不能少于 30 cm;

⑨如果鼠道排水沟引入明渠,在道口处应放 2 m 长的水管,以防止大雨后排水沟倒塌,排水沟口应适当高出渠道,以免水量过多时污水倒流入排水沟而引起沟道倒塌;

⑩要经常保持管道口的清洁,以防止淤塞。

鼠道排水沟的作用主要是提高管道排水系统效率,并可减少土壤流失。其缺点是不宜在有较大沙穴、淤泥坑或墓穴和坡度极不规则的地段使用。

6)施肥或施石灰

(1)施基肥 草坪草从土壤中获得最主要的三种营养物是以硝酸盐存在的氮,以磷酸盐存在的磷和以钾盐存在的钾。这些元素是草坪草苗壮生长的基本物质保证,其中任何一种元素缺乏,草坪草的正常生长就会受阻。通过土壤的营养诊断,可确定它们的余缺。

在肥料中,磷肥有助于草坪草根系的生长发育,钾肥有助于草坪草越冬。土壤中若富含氮元素,草坪草将会更加多汁、色绿、叶茂。

这三种元素可做成混合肥或复合肥,高磷、高钾、低氮的复合肥可做基肥使用。如每平方米草坪,在建坪前可施含 5~10 g 硫酸铵,30 g 过磷酸钙,15 g 硫酸钾的混合肥做基肥。若草坪是在春季建植时,氮肥施量可适当增大。

(2)施石灰　在对一定深度的坪床土壤进行改良时,最好是根据土壤测定结果,预先在耕作层上施足石灰粉、氮、磷、钾复合肥及有机肥。对于很松散的沙土,应掺入适当黏土。然后用旋耕机充分拌和,直到均匀为止。氮肥一般在最后一次平整前使用,通常不宜施得过深,以利新生根的充分吸收和防止流失。

7.3.2　草坪草种的选择

选择适宜当地气候土壤条件的草坪草种,是建坪成败的关键。它将关系未来草坪的持久性、品质,及对杂草、病虫害抗性好坏的重大问题。

植物种类繁多,特性各异,作为一种特殊经济类的草坪草,从草坪的角度出发,首先要求它必须具有很好的坪用特性。如颜色、质地、均一性、对环境的适应性——抗旱、抗寒、耐热、耐阴、耐瘠、抗病虫、抗盐碱的能力;对外力的抵抗性——耐践踏性、耐磨性、耐修剪和低刈性、再生性、持久性、栽植难易程度等。各地自然气候环境不同,建坪目的要求不同,各单位的经济条件也不一样,很难制定一个统一标准。北京农业大学贾慎修教授在《牧草与草坪》一文中提出草坪品种的选育标准主要为:耐践踏、抗干旱、耐频繁的重刈、抗病力强、适应土壤能力强、韧性强、易与其他禾草混种、践踏后恢复力强、花枝整齐、具有美好适宜的夏季和冬季的颜色。

南京市花木公司药物园多年来的调查表明,在南京地区,作为好的草坪植物,应具有矮生、株密、叶细、抗炎热、耐寒冻、寿命长、耐践踏、再生力强、多年生等特点。

新疆乌鲁木齐市根据当地的自然气候条件提出,草坪草的选育标准为耐干旱、耐炎热、耐严寒、耐土壤瘠薄、容易繁殖、生长迅速、草型低矮、草色美观、保持绿色时间长等。

以上都是根据不同地区的条件和建坪要求提出来的。

1)草坪草适应的范围

草坪草都有各自适宜生长的特定的气候范围,这种适应性能够保证草坪对杂草的竞争优势。

气候的适应性必须与期望的草坪的养护水平保持一致。低维护水平的草坪必须能很好地适应当地的气候;在极少养护条件下选择的草坪草种,必须对当地的优势种具有极强的竞争力;处于高养护水平下的草坪,它的适应范围常常会超出它的正常范围,如果有适宜的养护,匍茎翦股颖在广州甚至海南岛都能够存活。

温度和降雨是对草坪草种适应范围影响最大的气候因素。草坪草通常分为暖地型草和冷地型草两类:暖地型草是在温暖和炎热的温度(26~35 ℃)下有最适宜的生长速率的草种;冷地型草是在一年中最冷的季节(15~25 ℃)有最适宜的生长速率的草种。潮湿、湿润地区会抑制一些草坪草种的生长,而半干旱地区则适宜另外的草坪草。通常来说,暖地型草种生长在南方,冷地型草种生长在北方。

2）草坪草种的选择原则

①选择在特定区域已表现出能抗最主要病害的品种；
②确保所选择的品种在外观的竞争力方面基本相似；
③至少选择出 1 个品种，该品种在当地条件下，或在某些特殊的条件（适度遮阳、碱性土）下，均能正常生长发育。

3）草坪草种的选择要点

根据建坪要求，草坪草种类、品种的选择，可从以下几方面考虑：
①适应当地气候、土壤条件（水分、pH、土性等）；
②灌溉设备的有无及水平；
③建坪成本及管理费用；
④种子或种苗获取的难易；
⑤欲要求的草坪的品质、美观及实际利用的品质（机能）；
⑥草坪草的品质；
⑦抗逆性（抗旱性、抗寒性、耐热性）；
⑧抗病虫的能力；
⑨寿命（一年生、越年生或多年生）；
⑩对外力的抵抗性（耐修剪性、耐践踏与耐磨性、对剪切的抗性）；
⑪持续性；
⑫产草皮性；
⑬有机质层的积累及形成。

4）草坪草种的选择方法

选择草坪草有多种方法，实际中较为简捷的方法有：
（1）经验法　建坪之初，对建坪地区的草坪现状进行详尽调查，弄清该地区建坪的常用草种及其对当地条件的适应性和坪用特性，进而根据建坪的要求和建坪条件，选定实践证明较为适应当地条件的草坪草种与品种。

（2）试验法　如时间允许，在建坪之前可选择一些大体适应当地条件和建坪目的的优良草坪草种及品种，在小面积上进行引种试验。经过一个生长周期后，根据试种的结果，决定草种的去留。

（3）引种区域化法　根据自然地理位置和自然气候为主要依据，将一定的地域划分成若干个建坪条件基本相近的区，然后在每个区内的典型地点设置引种试验点，通过诸草坪草种的引种栽培试验及其评价，达到确定该地区适应选种建坪的草坪草种。

（4）相似度法　草坪草的选择中，欲选草种所要求的环境条件与欲建坪地的环境条件愈相接近，其选定草种成功建坪的可行性就愈大，这就是物种引种的相似论原则。

（5）温度曲线拟合法　草坪是一高度集约的人工植物群落。因此在草种选定中，只考虑人工不易改造的温度因素，就可使草种的选定正确与快捷。具体做法是：在一直角坐标系内标出

欲选定草坪草种适应的温度范围,在该系中描出建坪地一年内的月平均温度曲线。当该曲线落入草坪草的适宜温度区内,则引种可行。

5)草坪草种的组合

草坪是由一个或者多个草种(含品种)组成的草本植物系统,其组分间、组分与环境间存在着密切的相互促进与制约关系。组分量与质的改变,亦改变草坪的特性及功能。在草坪实践中通常用单一组分的方法来提高草坪外观质量,从而提高草坪的美学价值。而更广泛采用的则是增加草坪组分的丰富度,来增加草坪系统对环境的适应性和增加草坪的坪用功能。草种的组合依据草坪的草种组成可分3类:

①混播。混播是在草种组合中含两个以上种及品种的草坪组合。其优点是使草坪具有广泛的遗传背景,因而草坪具有更强的对外界的适应能力。

②混合。混合是在草种组合中只含一个种,但含同一种中两个以上品种的草坪组合。该组合有较丰富的遗传背景,较能抵御外界不稳定的气候环境和病虫害,并具有较为一致的草坪外观。

③单播。单播是指草坪组合中只含一个种,并且只含该种中的一个品种。其优点是保证了草坪最高的纯度和一致性,可造就最美、最均一的草坪外观。由于遗传背景较为单一,因此对环境的适应能力较差,要求养护管理的水平也较高。

在草坪组合中,依各草种数量及作用,又可分为3个部分:

①建群种。体现草坪功能和适应能力的草种,通常在群落中的比例在50%以上。

②伴生种。是草坪群体中第二重要的草种,当建群种生长受到环境障碍时,由它们来维持和体现草坪的功能和对不良环境的适应,比例在30%左右。

③保护种。一般是发芽迅速、成坪快、少年生的草种,在群落组合中充分发挥先期生长优势,对草坪组合中的其他草种起到先锋和保护作用。

草种组合是多元草种的混合,在组合中应遵循下述原则:

①掌握各类草种的生长习性和主要优点,做到合理优化组合和优势互补。

②充分注意种间的亲和性,做到共生互补。

③充分考虑外观的一致性,以确保草坪的高品质。

④至少选出1个品种,该品种在当地正常条件和某些特殊条件(适度遮阳、碱性大等)下,均能正常发育。

⑤至少选择3个品种进行混合播种,但品种也不宜过多。

7.3.3 种植过程

有了合适的草源和准备好的土地,就可以种草了。用播种、铺草块、栽草根或栽草蔓等方法均可。

1)播种法

一般用于结籽量大而且种子容易采集的草种,如野牛草、羊茅、结缕草、苔草、剪股颖、早熟

禾等都可用种子繁殖。要取得播种的成功,应注意以下几个问题:

(1)种子的质量　质量指两方面:一是纯度;二是发芽率。一般要求纯度在90%以上,发芽率在50%以上。

(2)种子的处理　有的种子发芽率不高并不是因为质量不好,而是因各种形态、生理原因所致。为了提高发芽率,达到苗全、苗壮的目的,在播种前可对种子加以处理。如细叶苔草的种子可用流水冲洗数十小时;结缕草种子用0.5%的NaOH浸泡48 h,用清水冲洗后再播种;牛草种子可用机械的方法搓掉硬壳等。

(3)播种量和播种时间　草坪种子播种量越大,见效越快,播后管理越省工。种子有单播和2~3种混播的。单播时,一般用量为10~20 g/m²。应根据草种、种子发芽率等而定。混播则是在依靠基本种籽形成草坪以前的期间内,混种一些覆盖性快的其他种籽。例如:早熟禾85%~90%与剪股颖15%~10%。

播种时间:暖季型草种为春播,可在春末夏初播种;冷季型草种为秋播,北方最适合的播种时间是9月上旬。详见表7.2。

表7.2　草坪的播种量和播种期

草　种		播种量/(g·m⁻²)	播种期
狗牙根		10~15	春
羊茅		15~25	秋
剪股颖		5~10	秋
早熟禾		10~15	秋
黑麦草		20~30	春和秋
向阳地	野牛草75% 羊茅25%	10~20	秋
背阴地	野牛草25% 羊茅75%	10~20	秋

(4)播种方法　播种方法有条播及撒播,条播有利于播后管理,撒播可及早达到草坪均匀的目的。条播是在整好的场地上开沟,深5~10 cm,沟距15 cm,用等量的细土或砂与种子拌匀撒入沟内。不开沟为撒播,播种人应作回纹式或纵横向后退撒播(如图7.2)。播种后轻轻耙土覆盖使种子入土0.2~1 cm。播前灌水有利于种子的萌发。

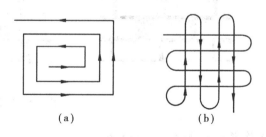

(a)　　　　　　(b)

图7.2　草种撒播方式

(5)播后管理　充分保持土壤湿度是保证出苗的主要条件。播种后根据天气情况每天或隔天喷水,幼苗长至3~6 cm时可停止喷水,但要经常保持土壤湿润,并要及时清除杂草。

2)栽植法

用植株繁殖较简单,能大量节省草源,一般1 m²的草块可以栽成5~10 m²或更多一些。与播种法相比,此法管理比较方便,因此已成为我国北方地区种植匍匐性强的草种的主要方法。

①全年的生长季均可种植。但种植时间过晚,当年就不能覆满地面。最佳的种植时间是生长季中期。

②种植方法分条栽与穴栽。草源丰富时可以用条栽,在平整好的地面以 20~40 cm 为行距,开 5 cm 深的沟,把撕开的草块成排放入沟中,然后填土、踩实。同样,以 20~40 cm 为株行距穴栽也是可以的。

③为了提高成活率,缩短缓苗期,移植过程中要注意两点:一是栽植的草要带适量的护根土(心土);二是尽可能缩短掘草到栽草的时间,最好是当天掘草当天栽。栽后要充分灌水,清除杂草。

3)铺栽法

这种方法的主要优点是形成草坪快,可以在任何时候(北方封冻期除外)进行,且栽后管理容易。缺点是成本高,并要求有丰富的草源。

①选定草源要求草生长势强,密度高,而且有足够大的面积。

②铲草皮先把草皮切成平行条状,然后按需要横切成块,草块大小根据运输方法及操作是否方便而定,大致有以下几种:45 cm×30 cm、60 cm×30 cm、30 cm×12 cm 等,草块的厚度为 3~5 cm。国外大面积铺栽草坪时,亦常见采用圈毯式草皮。

③草皮的铺栽方法常见下列 3 种:

a.无缝铺栽:这是不留间隔全部铺栽的方法。草皮紧连,不留缝隙,相互错缝。要求快速造成草坪时常使用这种方法。草皮的需要量和草坪面积相同(100%),见图 7.3(a)。

b.有缝铺栽:如图 7.3(b)所示,各块草皮相互间留有一定宽度的缝进行铺栽。缝的宽度为 4~6 cm,当缝宽为 4 cm 时,草皮必须占草坪总面积的 70%。

c.方格型花纹铺栽:如图 7.3(c)所示,这种方法虽然建成草坪较慢,但草皮的需用量只需占草坪面积的 50%。

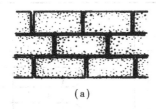 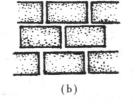 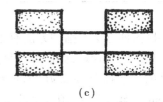

   (a)   (b)   (c)

图 7.3　草皮铺栽方式

4)草坪植生带铺栽的方法

草坪植生带是用再生棉经一系列工艺加工制成的有一定拉力、透水性良好、极薄的无纺布,

图 7.4　植生带

并选择适当的草种、肥料,按一定的数量、比例通过机器撒在无纺布上,在上面再覆盖一层无纺布,经粘合滚压成卷制成(图 7.4)。它可以在工厂中采用自动化的设备连续生产制造,成卷入库,每卷 50 或 100 m²,幅宽 1 m 左右。

在经过整理的地面上满铺草坪植生带,覆盖 1 cm 筛过的生土或河沙,早晚各喷水一次,一般 10~15 d(有的草种 3~5 d)即可发芽,1~2 个月就可形成草坪,覆盖率 100%,成草迅速,无杂草。

5)吹附法

近年来国内外也有用喷播草籽的方法培育草坪,即用草坪草种籽加上泥炭(或纸浆)、肥料、高分子化合物和水混合浆,储存在容器中,借助机械力量喷到需育草的地面或斜坡上,经过精心养护育成草坪。

7.3.4　草坪的养护管理

在漂亮的草坪上如果出现秃斑、破裂的边缘,突起或坑洼的坪面,那将引起草坪美学效果的下降、功能的低下,甚至使草坪变成废品,因此,草坪的景观管理是极其重要而实在的工作。

1)庭院草坪的景观管理

(1)破裂的草坪边缘

①切下带破裂边缘的草皮,轻轻地用铁铣将草皮撬起,使之与土壤脱离。

②将此草皮向外移动,将破裂损坏部分放在界线之外,将草皮切齐,与其他正常边缘草坪相吻合成一条线。

③在里面空出部分填上草皮或填土,压实,撒上种子。缝隙用过筛细土填满。

(2)凸、凹的草坪　突起不平的草坪地段常被剪草机铲秃,从而形成裸地。坑洼会产生集水和产生较为青绿繁茂的草斑,并增加病害发生的可能性。

①小的坑洼可用填细土的方法进行调整。每次填土厚度不应超过 1.5 cm,每隔一段时间进行一次。

②突起部分或较明显的坑洼,首先用铁铲将草皮沿边沿线切开,将草皮轻轻剥离下来。

③除去突起或填入(坑洼)土壤,以使草坪面平整。如果突起处土层很浅,则应除去一些底土,再填入表土(沃土),并夯紧翻动过的土壤。

④检查确认床面平整后,将揭起的草皮稳妥地铺回原处。

(3)秃斑　造成秃斑的原因很多:坚实和排水不良的床土;除去杂草后的裸地;机油的污染;树下的水滴及根际分泌物;动物尿的灼伤;过量施肥;剪草机对草坪突起部分的低茬修剪;人类活动的过度践踏等。

针对秃斑的改造方法有:

①重铺草皮。除去死亡的草皮块,将受损害的面积切成正方形,然后将表土翻松;用小叉将新草皮下的土壤弄松,切成大小一致的草皮块,嵌入要修补处;压紧新草坪,用过筛土壤填平接缝;及时浇水和适度镇压。

②补播。翻松受损坏草坪的表土;将土彻底耙松,除去有害杂物,形成精细种床;按约高于

正常播种量播种;用过筛细土薄覆表层,用板将已播种床镇压;必要时可进行覆盖。

（4）根出条　很多灌木和乔木都会向草坪延生根出条,如根出条长出地面,则会影响剪草和草坪的美观,因此必须排除。

①沿根出条方向切开草皮。

②剥离草皮,切断带有根出条的根。

③将揭起的草皮复位、压实、用过筛细土填平缝隙。

（5）树根　生长在草坪中的树有时根会长出地面,处理的方法是:

①如果是细根,可首先切断,然后按根出条处理。

②根很大时,在允许的条件下可将树周围的草皮铲除,对留出的空地可进行别种处理;另一种方法是在树根上覆上至少5 cm的沃土,播种或铺植草皮,形成缓坡状隆起的草坪造型。

2）幼坪的景观管理

（1）裸斑　新建草坪出现裸斑,一般是没有种子或种子未能萌发,原因可能有:

①整地不良。通常为底土位于表层所致。

②天气不好。质地轻的土壤上长期干旱或重黏土壤上的长期阴雨天气。

③鸟类和其他动物的侵害。

④采用了发芽力低下的旧种子。

⑤种子萌发不均匀。种子霉烂、土壤集水、潮湿及冷寒的天气,均会导致种子老化而失去发芽力。在播种前用杀菌剂进行种子丸衣化处理是有效的预防措施。

（2）新坪苗弱苗稀　种子正常萌发,但苗间裸地太多,原因是:a.播种量偏低,应按成坪的实际状况确定种量播种,充分考虑床土条件和管理水平,要将成坪所需的安全系数考虑在内;b.鸟类的侵袭,常常导致分散的斑块状裸地;c.整地不良,常见的问题有排水不良,表土缺少团粒结构,表层有底土。

（3）幼苗斑块状枯黄

①通常具有猝倒现象,为病害所致。造成的原因可能是播种密度过大、湿度太高、感病草种比例过高等所致。防治方法是及时将病株拔出,并喷施杀菌剂进行预防。

②枯黄但未产生猝倒症状,通常为传染病所致,是床土制备不良所引起的。带病菌土壤的进入和埋入土中的建筑垃圾是使草坪黄化的常见原因。

③不良的天气、积水往往造成幼苗生长不良与死亡。

（4）幼苗生长缓慢、黄化　新建草坪的幼苗有时变黄,甚至停止生长,如果这种现象发生在春季,则需施入氮肥来增强草坪草生长活力。此时施肥不宜过量,以液肥为佳。浇水时要注意强度,防止冲沟产生。

（5）铺设草坪上的裂缝　草皮有时会收缩,留下难看的裂缝。原因是在干旱的天气条件下,灌水量和灌水次数不够,或者是建坪时草皮未能密接,也未用沙土灌缝所致。修复的方法是先给草坪浇水,使草皮膨胀到原大为止,然后将沙土灌入裂缝,切不可灌土再浇水。

（6）播种草坪的裂缝　重黏土壤播种后缺水,也会出现坪面裂缝。全面灌水,对裂缝进行表面处理后再稀疏地撒上种子,此后充分保持水分的供给。

（7）坑洼　床土的不均匀沉降、床土过松、鸟类的侵袭、大雨或灌水产生的冲沟是产生坑洼

的原因,此时,应多次进行地面处理。

(8)杂草　用人工拔除、选用除草剂和进行修剪等方法进行防治。

(9)石头　新建草坪常有石头露出表面,应及时检查、清除,并进行相应的地面处理。

(10)新植草坪的修整　苗稀或裸露的地方应轻耙,然后用与原草坪相同的草种补播,种子最好与10倍种量的细土混合,均匀地撒在轻耙过的地方,撒后再轻耙。

3)剪草时的景观管理

(1)铲皮　铲皮就是被剪草机铲去了的高位裸点,通常是由于草皮不平或剪草高度不当所致。圆盘式剪草机比往复式剪草机易引起铲皮。防止的方法:

①如剪草机行驶不稳,可调高刀片,并通过高位修剪来提高均匀度。

②剪草过程中绝不要下压手柄,在剪草机行驶穿过草坪时绝不要进行推、拉动作。

(2)波状铲皮　是因剪草机操作不当而引起的草坪修剪后呈现波状起伏、坪面不齐的现象。防止方法是按剪草机使用说明书要求操作剪草机和进行剪草作业。

(3)黄梢　剪草后叶子伤口发黄是一个普遍性问题,最直接的原因是使用了钝刀,使草坪草创面大而毛糙所致。因此,定期打磨刀片是有效的防止方法。另外,在草湿时剪草也是引起黄梢的另一原因。

(4)肋骨状　是指草坪修剪后在草坪上形成高草与低草横布于剪草带的现象,这是由于剪草机负荷太重,刀片旋转太慢所致。解决的办法是:

①采用汽油机为动力的剪草机。

②避免在草太长(多剪几次)、剪草留茬太低(升高刀片)、草太短(剪草前应除去雨滴或露水)时剪草。

(5)纹理(搓板)状　是指草坪修剪后在草坪上留下宽而规则的皱褶横列于剪草带上的现象。其状若波浪,波幅约15~30 cm,这是总在同一方向剪草所致。解决办法是每次剪草时应有计划地变换刀片的割草方向。如果草坪已产生搓板状坪面,则应在秋季进行高茬修剪,直到坪面恢复平整为止。

4)未管好草坪的景观管理

草坪未被管好是常有的事情,其景观特征是杂草丛生,杂乱而无生气。此类草坪应在弄清缘由的前提下及时进行管理。

①如杂草和苔藓占据优势,草坪草仅星点般分布其间时应考虑重新建坪。

②若有杂草,但草坪草仍占草坪的主要部分,此时可采用以下几种方法:

a.在春季把过高的草剪至5 cm,除去草屑;

b.重新检查草坪表面,按建坪要求检查草坪存在的问题,并列出清单;

c.进行搂草作业,全面刷齐草坪表面,把死草和垃圾清除出草坪;

d.高茬修草,此后逐渐降低割草高度,直到达到额定留茬高度为止;

e.在初夏用除莠剂除草,用二氯化物类药物杀除苔藓;

f.对草坪进行必要的修复,裸地应重播草籽或铺植草皮;

g.经过一段时间后,进行通气和追肥作业,若草坪稀疏时,则应配合补播;

h.到下一个春季开始时,采用正常的方法进行管理。

7.4 大树移植

7.4.1 大树移植在城市园林建设中的意义

随着社会经济的发展以及城市建设水平的不断提高,单纯利用小苗种植来绿化城市的方法已不能满足目前城市建设的需要,尤其是重点工程,往往需要在较短的时间内就要体现出其绿化美化的效果,因而需要种植相当数量的大树。移植大树,是加速城市绿化进程,迅速展现植物造景效果,短期内改变建筑空间分割状况的一条重要途径。新建的广场、道路、公园、小游园、饭店、宾馆以及一些重点大工厂等,无不考虑采用移植大树的方法,尽快实现绿化美化的目的。

移植大树能充分地挖掘苗源,特别是利用郊区的天然林的树木以及一些闲散地上的大树。此外,为保留建设用地范围内的树木也需要实施大树移植。

随着城市建设和旅游事业的快速发展以及现代园林的审美需求,可以预测,大树移植将逐渐成为园林植物栽植的一项经常性工作。随着机械化程度的提高,大树移植将能更好地发挥作用。

7.4.2 大树的选择

凡胸径在 10~20 cm 以上,高度在 4 m 以上的树木,园林工程中均可称之"大树"。但对具体的树种来说,其划分也可有不同的标准。

1)影响大树移植成活的因素

大树移植较常规园林苗木成活困难,原因主要有以下几个方面:

①大树年龄大,发育老,细胞的再生能力较弱,挖掘和栽植过程中损伤的根系恢复慢,新根发生能力差。

②由于幼、壮龄树的离心生长的原因,树木的根系扩展范围很大(一般超过树冠水平投影范围),而且扎入土层很深,使有效的吸收根长得又深又远,造成挖掘大树时土球所带吸收根很少,且根木栓化严重,凯氏带阻止了水分的吸收,根系的吸收功能明显下降。

③大树形体高大,枝叶的蒸发面积大,为使其尽早发挥绿化效果和保持其原有优美姿态,又多不进行过重截枝,加之根系距树冠距离长,给水分的输送带来一定的困难,因此大树移植后难以尽快建立地上、地下的水分平衡。

④树木大,土球重,起挖、搬运、栽植过程中易造成树皮受损、土球破裂、树枝折断,从而危及大树成活。

2）树木选择

移植的大树其绿化装饰效果和栽植后的生长发育状况，很大程度上取决于大树的选择是否恰当。一般应按照下列要求选择移植的大树：

①能适应栽植地点的环境条件，做到适地适树。

②形态特征合乎景观要求。应该选择合乎绿化要求的树种，树种不同，形态各异，因而它们在绿化上的用途也不同。如行道树，应考虑干直、冠大、分枝点高，有良好的庇荫效果的树种，而庭院观赏树中的孤立树就应讲究树姿造型。

③幼、壮龄大树，生长健壮，无病虫害和机械损伤。

④移植时要适宜挖掘、吊装和运输操作。

⑤如在森林内选择树木时，必须选疏密度不大的林边上的，而且最近 5~10 年生长在阳光下的树，这类树易成活，且树形又美观、装饰效果佳。应尽量避免挖掘森林深处的树木，以免破坏生态环境。

选定的大树，用油漆或绳子在树干胸径处做出明显的标记，以利识别选定的单株和栽植朝向；同时，要建立登记卡，记录树种、高度、干径、分枝点高度、树冠形状和主要观赏面，以便进行分类和确定栽植顺序。

7.4.3 大树移植的时间

一般说来，如果掘起的大树带有较大的土块，在移植过程中严格执行操作规程，移植后又注意养护，那么，在任何时间都可以移植大树，但在实际中，最佳移植大树的时间是早春。在春季树木开始发芽而树叶还没有全部长成以前，树木的蒸腾还未达到最旺盛时期，这时候进行带土球的移植，缩短土球暴露在空间的时间，移植后进行精心的养护管理就能确保大树的存活。

盛夏季节，由于树木的蒸腾量大，此时移植对大树的成活不利，在必要时可采取加大土球，加强修剪、遮阴，尽量减少树木的蒸腾量，也可以成活。但在北方的雨季和南方的梅雨期，由于空气中的湿度较大，因而有利于移植，可带土球移植一些常绿树种。

深秋及冬季，从树木开始落叶到气温不低于−15℃这一段时间，也可移植大树，这个期间树木虽处于休眠状态，但是地下部分尚未完全停止活动，故移植时被切断的根系也能在这段时间进行愈合，给来年春季发芽生长创造良好的条件。

南方地区，尤其在一些气温不太低、湿度较大的地区，一年四季均可移植，落叶树还可裸根移植。

7.4.4 大树移植前的准备工作

1）切根处理

切根处理，可促进侧须根生长，使大树在移植前即形成大量可带走的吸收根。这是提高移植成活率的技术关键，同样也可以为施工提供方便条件。常用的切根方法有两种：

（1）多次移植　主要适用于专门培养大树的苗圃。一般在培育期间,速生树种的苗木可在头几年每隔1~2年移植一次,待胸径达6 cm以上时,每隔3~4年再移植一次。而慢生树种待其胸径达3 cm以上时,每隔3~4年移植一次,长到6 cm以上时,则隔5~8年移植一次,这样树苗经过多次移植,大部分的须根都聚生在一定的范围,再移植时,可缩小土球的尺寸和减少对根部的损伤。

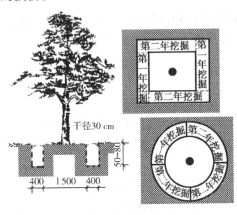

图7.5　树木缩坨断根法

（2）缩坨断根法（回根法）　该法适用于一些野生大树、具有较高的观赏价值或珍稀名贵树木的移植。一般是在移植前1~3年的春季或秋季,以树干为中心,2.5~3倍胸径为半径画一个圆或方形,再在相对的两面向外挖30~40 cm宽的沟(其深度则视根系分布而定,一般为50~70 cm),对较粗的根应用锋利的修枝剪或手锯,齐平内壁切断。如遇5 cm以上的粗根,为防大树倒伏,一般不切根而是在土球壁处行环状剥皮并涂抹20~50 mg/kg的生长素(萘乙酸等),促发新根。然后用沃土(最好是沙壤土或壤土)填平,分层踩实,定期浇水,这样便会在沟中长出许多须根。到第二年的春季或秋季再以同样的方法挖掘另外相对的两面,到第3年时,在四周沟中均长满了须根,这时便可移走(见图7.5)。挖掘时应从沟的外缘开挖,断根的时间可按各地气候条件有所不同。

2）大树的修剪

为保持树木地下部分与地上部分的水分代谢平衡,减少树冠水分蒸腾,移植前必须对树木进行修剪,至于修剪的方法各地不一,大致有以下几种:

（1）修剪枝叶　这是修剪的主要方式,凡徒长枝、交叉枝、下垂枝、病虫枝、干扰枝、枯枝及过密枝均应剪去。当气温高、湿度低、带根系少时应重剪;而湿度大,根系也大时可适当轻剪。此外,还应考虑到功能要求,如果要求移植后马上起到绿化效果的应轻剪,而有把握成活的则重剪。在修剪时,还应考虑到树木的绿化效果。如毛白杨作行道树时,就不应砍去主干,否则树梢分叉太多,改变了树木固有的形态,甚至影响其功能。

（2）摘叶　这是细致费工的工作,适用于少量名贵树种,移前为减少蒸腾可摘去部分树叶,种植后即可再萌出树叶。

（3）摘心　此法是为了促进侧枝生长,一般顶芽生长的如杨、白蜡、银杏、柠檬桉等均可用此法促进其侧枝生长,但是如木棉、针叶树种都不宜摘心处理,故应根据树木的生长习性和要求来决定。

（4）其他方法　如采用剥芽、摘花摘果、刻伤和环状剥皮等也可控制水分的过分损耗,抑制部分枝条的生理活动。

3）编号定向

编号是当移栽成批的大树时,为使施工有计划地顺利进行,可把移植穴及要移栽的大树均编上一一对应的号码,使其移植时可对号入座,以减少现场混乱及事故。

定向是在树干上标出南北方向,使其栽时仍能保持它原来的方位,以满足它对庇荫及阳光的要求。

4)清理现场及安排运输路线

在起树前,应把树干周围2~3 cm以内的碎石、瓦砾堆、灌木丛及其他障碍物清除干净,并将地面大致整平,为顺利移植大树创造条件。然后按树木移植的先后次序,合理安排运输路线,以使每棵树都能顺利运出。

5)支撑、捆扎

为了防止在挖掘时由于树身不稳、倒伏引起工伤事故及损坏树木,在挖掘前应对需移植的大树加支撑。支撑用圆木的长度不定,底脚应立在挖掘范围以外,以免妨碍挖掘工作。

6)工具材料的准备

根据不同的包装方法,准备所需的材料。

7.4.5 大树移植的方法

当前常用的大树移植挖掘和包装方法主要有以下几种:软材包装移植法、木箱包装移植法、移树机移植法、冻土移植法几种,下面将软材包装和木箱包装移植法作一简单介绍,其余方法大体相似。

1)软材包装移植法

(1)土球大小的确定 起掘前,要确定土球直径,对于未经切根处理的大树,可根据树木胸径的大小来确定挖土球的直径和高度,一般来说,土球直径为树木胸径的7~10倍,土球过大,容易散球且会增加运输困难,土球过小,又会伤害过多的根系以影响成活。实施过缩坨断根的大树,所起土球应在断根坨基础上向外放宽10~20 cm。

(2)土球的挖掘 挖掘前,先用草绳将树冠围拢,其松紧程度以不折断树枝又不影响操作为宜,然后铲除树干周围的浮土,以树干为中心,比规定的土球大3~5 cm画一圆圈,并顺着此圆圈往外挖沟,沟宽60~80 cm,深度以到土球所要求的高度为止。

(3)土球的修整 修整土球要用锋利的铁锨,遇到较粗的树根时,应用锯或剪将根切断,不要用铁锨硬扎,以防土球松散。当土球修整到1/2深度时,可逐步向里收底,直到缩小到土球直径的1/3为止,然后将土球表面修整平滑,下部修一小平底,土球就算挖好了。

(4)土球的包装 土球修好后,应立即用草绳打上腰箍,腰箍的宽度一般为20 cm左右(图7.6),然后用蒲包或蒲包片将土球包严并用草绳将腰部捆好,以防蒲包脱落,然后即可打花箍:将双股草绳的一头拴在树干上,然后将草绳绕过土球底部,顺序拉紧捆牢。草绳的间隔在8~10 cm,土质不好的,还可以密些。花箍打好后,在土球外面结成网状,最后再在土球的腰部密捆

10 道左右的草绳,并在腰箍上打成花扣,以免草绳脱落。土球打好后,将树推倒,用蒲包将底堵严,用草绳捆好,土球的包装就完成了。

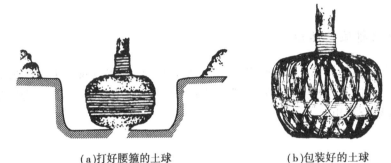

(a)打好腰箍的土球　　　　　　　(b)包装好的土球

图 7.6　土球的包装

在我国南方,一般土质较黏重,故在包装土球时,往往省去蒲包或蒲包片,而直接用草绳包装,常用的有橘子包(其包装方法大体如前)、井字包和五角包(见图 7.7)。

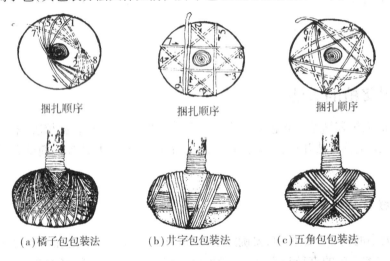

捆扎顺序　　　　　　　捆扎顺序　　　　　　　捆扎顺序

(a)橘子包包装法　　　　(b)井字包包装法　　　　(c)五角包包装法

图 7.7　土球的包装方法

2)木箱包装移植法

对树木胸径超过 15 cm,土球直径超过 1.3 m 以上的大树,由于土球体积、质量较大,如用软材包装种植时,较难保证安全吊运,宜采用木箱包装种植法。这种方法一般用来种植胸径达

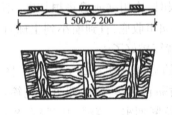

图 7.8　箱板图

15~25 cm 的大树,少量的用于胸径 30 cm 以上的,其土台规格可达 2.2 m×2.2 m×0.8 m,土方量为 3.2 m³。在北京曾成功地种植过个别的大桧柏,其土台规格达到 3 m×3 m×1 m,大树移植后,生长良好。

（1）种植前的准备　种植前首先要准备好包装用的板材:箱板、底板和上板,见图 7.8,掘苗前应将树干四周地表的浮土铲除,然后根据树木的大小决定挖掘土台的规格,一般可按树木胸径的 7~10 倍作为土台的规格,具体可见表 7.3。

（2）包装 包装种植前,以树干为中心,以比规定的土台尺寸大 10 cm,划一正方形作土台的雏形,从土台往外开沟挖掘,沟宽 60~80 cm,以便于人下沟操作。挖到土台深度后,将四壁修理平整,使土台每边较箱板长 5 cm,修整时,注意使土台侧壁中间略突出,以使上完箱板后,箱板能紧贴土台。土台修好后,应立即安装箱板。

表 7.3 土台规格

树木胸径/cm	15~18	18~24	25~27	28~30
木箱规格（上边长×高）/m	1.5×0.6	1.8×0.7	2.0×0.7	2.2×0.8

安装箱板时是先将箱板沿土台的四壁放好,使每块箱板中心对准树干,箱板上边略低于土台 1~2 cm 作为吊运时的下沉系数。在安放箱板时,两块箱板的端部在土台的角上要相互错开,可露出土台一部分（见图 7.9）,再用蒲包片将土台角包好,两头压在箱板下。然后在木箱的上下套好两道钢丝绳。每根钢丝绳的两头装好紧线器,两个紧线器要装在两个相反方向的箱板中央,以便收紧时受力均匀（见图 7.10）。

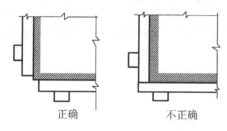

图 7.9 两块箱板的端部安放位置

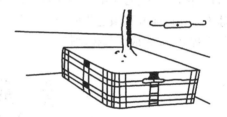

图 7.10 套好钢丝绳、安好紧线器准备收紧

紧线器在收紧时,必须两边同时进行。箱板被收紧后即可在四角上钉上铁皮 8~10 道,钉好铁皮后,用 3 根杉木将树支稳后,即可进行掏底。

掏底时,首先在沟内沿着箱板下挖 30 cm,将沟土清理干净,用特制的小板镐和小平铲在相对的两边同时掏挖土台的下部。当掏挖的宽度与底板的宽度相符时,在两边装上底板。在上底板前,应预先在底板两端各钉两条铁皮,然后先将底板的一头顶在箱板上,从两边掏底垫好木墩。另一头用油压千斤顶顶起,使底板与土台底部紧贴。钉好铁皮,撤下千斤顶,支好支墩。两边底板订好后即可继续向内掏底,见图 7.11。要注意每次掏挖的宽度应与底板的宽度一致,不可多掏。在上底板前如发现底土有脱落或松动,要用蒲包等物填塞好后再装底板,底板之间的距离一般为 10~15 cm,如土质疏松,可适当加密。

底板全部钉好后,即可钉装上板。钉装上板前,土台应满铺一层蒲包片。上板一般两块到四块,某方向应与底板垂直交叉,如需多次吊运,上板应钉成井字形,木板箱整体包装示意图见图 7.12。

3）机械移植法

近年来在国内发展一种新型的植树机械,名为树木种植机（Tree Transplanter）,又名树铲（Tree spades）,主要用来种植带土球的树木,可以连续完成挖种植穴、起树、运输种植等全部种植作业。

图 7.11　向内掏底图

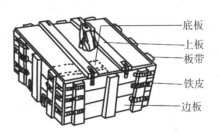

底板
上板
板带
铁皮
边板

图 7.12　木板箱整体包装示意图

树木种植机分自行式和牵引式两类,目前各国大量发展的都为自行式树木种植机,它由车辆底盘和工作装置两大部分组成。车辆底盘一般都是选择现成的汽车、拖拉机或装载机等,稍加改装而成,然后再在上面安装工作装置:包括铲树机构、升降机构、倾斜机构和液压支腿4部分,见图7.13。铲树机构是树木种植机的主要装置,也是其特征所在,它有切出土球和在运移中作为土球的容器以保护土球的作用。树铲能沿铲轨上下移动。当树铲沿铲轨下到底时,铲片曲面正好能包容出一个曲面圆锥体,这也就是土球的形状。起树时通过升降机构导轨将树铲放下,打开树铲框架,将树围合在框架中心,锁紧和调整框架以调节土球直径大小和压住土球,使土球不致在运输和移植过程中松散。切土动作完成后,把树铲机构连同它所包容的土球和树一起往上提升,即完成了起树动作。

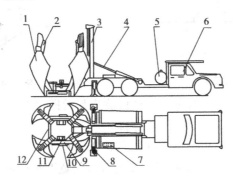

图 7.13　树木移植机结构简图

1—树铲;2—铲轨;3—升降机构;4—倾斜机构;5—水箱;6—车辆底盘;7—液压操纵阀;
8—液压支脚;9—框架;10—开闭油缸;11—调平垫;12—锁紧装置

倾斜机构是使门架在把树木提升到一定高度后能倾斜在车架上,以便于运输。液压支腿则在作业时起支撑作用,以增加底盘在作业时的稳定性和防止后轮下陷。

树木移植机的主要优点是:a.生产率高,一般能比人工提高5~6倍以上,而成本可下降50%以上,树木径级越大效果越显著;b.成活率高,几乎可达100%;c.可适当延长移植的作业季节,不仅春季而且夏天雨季和秋季移植时成活率也很高,即使冬季在南方也能移植;d.能适应城市的复杂土壤条件,在石块、瓦砾较多的地方作业;e.减轻了工人的劳动强度,提高了作业的安全性。

目前,我国主要发展3种类型移植机,即 a.能挖土球直径160 cm 的大型机,一般用于城市园林部门移植径级16~20 cm 以下的大树;b.挖土球直径100 cm 的中型机,主要用于移植径级10~12 cm 以下的树木,可用于城市园林部门、果园、苗圃等处;c.能挖60 cm 土球的小型机,主要用于苗圃、果园、林场、橡胶园等移植径级6 cm 左右的大苗。

7.4.6　大树的吊运

（1）起吊　大树挖掘包装后，就要装车运输，无论装卸都离不开起吊。因此起吊是其中关键的环节。目前，大树的吊运主要通过起重机吊运和滑车吊运，在起吊的过程中，要注意不能破坏树形、碰破树皮、更不能撞破土球。

（2）运输　树木装上汽车时，使树冠向着汽车尾部，土球靠近司机室，树干包上柔软材料放在木架或竹架上，用软绳扎紧，土球下垫一块木衬垫，然后用木板将土球夹住或用绳子将土球缚紧于车厢两侧。通常一辆汽车只装一株树，在运输前，应先进行行车道路的调查，以免中途遇故障无法通过。

7.4.7　大树的栽植

1）准备工作

在栽植前应首先进行场地的清理和平整，然后按设计图纸的要求进行定点放线，在挖移植穴时，要注意穴的大小，应根据树种及根系情况、土质情况等而有所区别，一般应在四周加大30~40 cm，深度应比木箱加20 cm，土穴要求上下一致，穴壁直而光滑，穴底要平整，中间堆一20 cm高的肥沃土壤土堆。由于城市广场及道路的土质一般均为建筑垃圾、砖瓦石砾，对树木的生长极为不利，因此必须进行换土和适当施肥，以保证大树的成活和有良好的生长条件，换土是用1:1的肥沃泥土和黄沙混合均匀施入穴内。

2）卸车

树木运到工地后要及时用起重机卸放，一般都卸放在栽植穴旁或直接放入穴内，若暂时不能栽下的则应放置在不妨碍其他工作进行的地方。

卸车时用大钢丝绳从土球下两块垫木中间穿过，两边长度相等，将绳头挂于吊车钩上，为使树干保持平衡可在树干分枝点下方栓一大麻绳，拴绳处可衬垫草，以防擦伤。大麻绳另一端挂在吊车钩上，这样就可把树平衡吊起，土球离车后，速将汽车开走，然后移动吊杆把土球降至事先选好的位置。

3）栽植

将大树轻轻地斜吊放置到早已准备好的种植穴内，撤除缠扎树冠的绳子，并以人工配合机械，将树干立起扶正，初步支撑。树木立起后，要仔细审视树形和环境的关系，转动和调整树冠的方向，使树姿和周围环境相配合，并应尽量地符合原来的朝向。然后，撤除土球外包扎的绳包或箱板，分层填土分层筑实，把土球全埋入地下。在树干周围的地面上，也要做出拦水围堰。最后，要灌一次透水。

4）移植后的养护管理

移植大树以后必须进行养护管理,一般采取的措施有:

（1）支撑树干　刚栽上的大树特别容易歪倒,要设立支架,把树牢固地支撑起来确保大树不会歪斜。支撑架桩以正三角形桩最为稳固,上支撑点应在树高的2/3处为宜,并加保护层,以防伤皮。

（2）树干包扎　为了保持树干的湿度,减少树皮蒸腾的水分,要对树干进行包裹。裹干时可用浸湿的草绳从树基往上密密地缠绕树干,一直缠裹到主干顶部。接着,再将调制的黏土泥浆厚厚地糊满草绳子裹着的树干。每天早晚对树冠喷水一次,喷水时只要叶片和草绳湿润即可,不可喷水时间过长或水滴过大,以免水分大量落入土壤,造成土壤过湿而影响根系呼吸。

（3）浇水　栽植后要立即浇一次透水,采取小水慢浇方法,必要时可用木棍插引水洞,边浇边反复插,确保水流向根的底部渗透。以后要经常检查,视土壤干湿情况酌情浇水。

（4）地面处理　在栽后浇完第3次水后,即可撤除浇水土埂,并将土壤堆积到树下成小丘状,以后经常疏松树下土壤,改善土壤的通透性。也可在树干周围种植地被植物,如细叶麦冬、马蹄金、白三叶、红花酢酱草等。

（5）搭棚遮阴　大树移植初期或在高温干燥的季节,要搭遮阴棚来降低大树周围的温度,减少水分的蒸发。

（6）其他方法　及时防治病虫害,采取各种方法促发新根、抹芽去萌、施肥等措施促进大树的健康生长。

5）促进大树移植成活的有关措施和注意事项

大树移植是园林种植施工中难度较大的栽植工程,费工且费用也大,所以确保大树移植成活尤为重要,因此移植过程中必须认真做好每一道环节并设法采取各项有利措施。

①对于需要强度修剪的大树,应尽量在移植前15~30 d进行修剪,并对3~5 cm以上口径的伤口进行保护。这样既可避免移植时树体损伤太重,树势过弱而难以成活,又可防止移植前伤口处大量萌发细嫩枝条。

②树木挖掘时,粗根必须用锋利的手锯或枝剪切断,然后用利刀削平切口,并用0.2%~0.5%的高锰酸钾涂抹伤口。这样有利于根系伤口的快速愈合并防止愈合前出现腐烂。

③在离种植穴0.5~1.0 m处开1~2个暗沟或盲沟,沟宽40~50 cm,沟深要超过种植穴深度。目的在于雨季排走地表径流,降低地下水位,排干种植穴土壤的过多水分。

④大树移植前1~2 d,用50 mg/kg的赤霉素、萘乙酸、吲哚丁酸或1~2号ABT生根粉溶液喷洒树冠枝叶;或者将这些溶液作为定根水浇灌,有利于大树成活。如果采用裸根移植,更应将根系在上述溶液中浸泡数小时。

⑤秋后及时撤除包扎在树干上的腐烂草绳,然后立即涂刷白涂剂,防止在喷水和包扎的湿润环境下的树皮出现冬季溃烂而使树木第二年死亡。

7.5 立体绿化

7.5.1 垂直绿化

垂直绿化就是使用藤蔓植物在墙面等处进行绿化。许多藤蔓植物对土壤、气候的要求并不苛刻,而且生长迅速,可以当年见效,因此,垂直绿化具有省工、见效快的特点。

墙面绿化在国外早已应用。早在 17 世纪,俄国就已将攀缘植物用于亭、廊绿化,后将攀缘植物引向建筑墙面,欧美各国也广泛应用。中华人民共和国成立后,在我国得以大量应用,尤其在近 10 年来,不少城市将墙面绿化列为绿化评比的标准之一。居住区建筑密集,墙面绿化对居住环境质量的改善更为重要。

墙面绿化是垂直绿化的主要形式,是利用具有吸附、缠绕、卷须、钩刺等攀缘特性的植物绿化建筑墙面。

1)墙面绿化植物材料

墙面绿化植物材料绝大多数为攀缘植物。攀缘植物的种类,按其攀缘方式分为:

(1)自身缠绕植物　不具有特殊的攀缘器官,而是依靠植株本身的主茎缠绕在其他植物或物体上生长,这种茎称为缠绕茎。其缠绕的方向,有向右旋的,如啤酒花、葎草等;有向左旋的,如紫藤、牵牛花等;还有左右旋、缠绕方向不断变化的植物。

(2)依附攀缘植物　具有明显的攀缘器官,利用这些攀缘器官把自身固定在支持物上向上方或侧方生长。常见的攀缘器官有:

①卷须。形成卷须的器官不同,有茎(枝)卷须,如葡萄;有叶卷须,如豌豆、铁线莲等。

②吸盘。由枝端变态而成的吸附器官,其顶端变成吸盘,如爬山虎。

③吸附。根节上长出许多能分泌胶状物质的气生不定根吸附在其他物体上,如常春藤。

④倒钩刺。生长植物体表面的向下弯曲的镰刀状逆刺(枝刺或皮刺),将植株体钩附在其他物体上向上攀缘,如藤本月季、葎草等。

(3)复式攀缘植物　具有几种攀缘能力,如具有缠绕茎又有攀缘器官的葎草。具有两种以上攀缘方式的植物,称为复式攀缘植物。

2)墙面绿化种植要素

墙面绿化是一种占地面积少而绿化覆盖面积大的绿化形式,其绿化面积为栽植占地面积的几十倍以上。墙面绿化要根据居住区的自然条件、墙面材料、墙面朝向和建筑高度等选择适宜的植物材料。

(1)墙面材料　我国住宅建筑常见的墙面多为水泥墙面或拉毛墙面、清水砖墙、石灰粉刷墙面及其他涂料墙面等。经实践证明,墙面结构越粗糙越有利于攀缘植物的蔓延与生长,反之,植物的生长与攀缘效果较差。为了使植物能附着墙面,欧美一些国家常用木架、金属丝网等辅

助植物攀援在墙面,经人工修剪,将枝条牵引到木架、金属网上,使墙面得到绿化。

(2)墙面朝向　墙面朝向不同,适宜采用的植物材料不同。一般来说,朝南、朝东的墙面光照较充足,而朝北和朝西的光照较少;有的住宅墙面之间距离较近,光照不足,因此要根据具体条件选择对光照等生态因子相适合的植物材料。如在朝南墙面,可选择爬山虎、凌霄等;朝北的墙面可选择常春藤、薜荔、扶芳藤等。在不同地区,适于不同朝向墙面的植物材料不完全相同,要因地制宜,选择植物材料。

(3)墙面高度　攀缘植物的攀缘能力不尽相同,根据墙面高度选择适宜的植物种类。高大的多层住宅建筑墙面可选择爬山虎等生长能力强的种类;对低矮的墙面可种植扶芳藤、薜荔、常春藤、络石、凌霄等。

适于墙面绿化的材料十分丰富,国外应用的种类较多,如蔷薇,枝叶茂盛,花期长;又如紫藤,种植在低矮建筑墙面、门前,使建筑焕然一新。

(4)墙面绿化的种植形式

①地栽。常见的墙面绿化种植多采用地栽。地栽有利于植物生长,便于养护管理。一般沿墙种植,种植带宽0.5~1 m,土层厚为0.5 m。种植时,植物根部离墙15 cm左右。为了较快地形成绿化效果,种植株距为0.5~1 m。如果管理得当,当年就可见到效果。

②容器种植。在不适宜地栽的条件下,砌种植槽,一般高0.6 m,宽0.5 m。根据具体要求决定种植槽的尺寸,不到半立方米的土壤即可种植一株爬山虎。种植槽需留排水孔,种植土壤要求有机质含量高、保水保肥、通气性能好的人造土或培养土。在容器中种植能达到地栽同样的绿化效果,欧美国家应用容器种植绿化墙面,形式多样。

③堆砌花盆。国外应用预制的建筑构件——堆砌花盆,在这种构件中可种植非藤本的各种花卉与观赏植物,使墙面构成五彩缤纷的植物群体。在市场上可以选购到各色各样的构件,砌成有趣的墙体表面,让植物茂密生长构成立体花坛,为建筑开拓新的空间。

随着技术的发展,居住环境质量要求不断提高,这种建筑技术与观赏园艺的有机结合使墙面绿化更受欢迎。

3)围墙与栏杆绿化

居住区用高矮的围墙、栏杆来组织空间,也是环境设计中的建筑小品,常与绿化相结合,既增加绿化覆盖面积,又使围墙、栏杆更富有生气,扩大绿化空间,使居住区增添生活气氛。有时采用木本或草本攀缘植物附着在围墙和栏杆上,有时采用花卉美化围墙栏杆。

在高低错落、地形起伏变化的居住区,有挡土墙,这些挡土墙与绿化有机结合,使居住环境呈现丰富的自然景色。另外,在一些建筑上,还可通过对女儿墙的绿化来达到美化环境的作用。屋檐女儿墙的绿化多运用于沿街建筑物屋顶外檐处。平屋顶建筑的屋顶,檐口处理通常采用挑檐和建女儿墙两种做法。屋顶檐口处建女儿墙一是出于建筑立面艺术造型需要,同时也起到屋顶护身栏杆的安全作用。沿屋顶女儿墙建花池既不破坏屋顶防水层,又不增加屋顶楼板荷载,管理浇水养护均十分方便。既可在楼下观赏垂落的绿色植物,又可在屋顶上观看条形花带。

4)墙面绿化的养护与管理

墙面绿化的养护管理一般较其他立体绿化形式要简单,因为用于立体绿化的藤本植物大多

适应性强,极少病虫害。但在城市中实施墙面绿化后,也不能放任不管。随着绿化养护管理的逐步规范和专业化,墙面绿化的养护工作也日益引起人们重视。从改善植物生长条件、加强水肥管理、修剪、人工牵引和种植保护篱等几项措施着手,全面提高了墙面绿化的养护技术。只有经过良好绿化设计和精心的养护管理才能保持墙面绿化恒久的效果。

(1)改善植物生长条件 对藤本植物所生长的环境,要加强管理。在土壤中拌入猪粪、锯末和蘑菇肥等有机质,改善贫瘠板结的土壤结构,为植物提供良好的生长基质。同时,在光滑的墙面上拉铁网或农用塑料网,或用锯末、沙、水泥按 2∶3∶5 的比例混合后刷到墙上,以增加墙面的粗糙度,有利于攀援植物向上攀爬和固定。

(2)加强水肥管理 在立体墙面上可以安装滴灌系统,一方面保证植物的水分供应,另一方面又提高了墙面的湿润程度而更利于植物的攀爬。同时,通过每年春秋季各施 1 次猪粪、锯末等有机肥,每月薄施复合肥,保证植物有足够的水肥供应。

(3)修剪 改变传统的修剪技术,采取保枝、摘叶修剪等方法,该方法主要用于那些有硬性枝条的树种,如藤本月季等。适当对下垂枝和弱枝进行修剪,促进植株生长,防止因蔓枝过重过厚而脱落或引发病虫害。

(4)人工牵引 对于一些攀援能力较弱的藤本植物,应在靠墙处插放小竹片,牵引和按压蔓枝,促使植株尽快往墙上攀援,也可以避免基部叶片稀疏,横向分枝少的缺点。

(5)种植保护篱 在垂直绿化中人为干扰常常成为阻碍藤本植物正常生长乃至成活的主要因素之一。种植槽外可以栽植杜鹃篱、迎春、连翘、剑麻等植物,既防止行人践踏和干扰破坏,又解决藤本植物下部光秃不够美观的缺点。

7.5.2 屋顶绿化

屋顶绿化,也称为屋顶花园,其历史可追溯到 2500 多年前世界七大奇观之一的空中花园。到了现代,随着建筑工程技术的进步,新型建筑材料和施工技术的发展,在屋顶上建筑花园已经是轻而易举的工程。自 20 世纪 50 年代以来,英国、美国、西德、日本等许多国家建造了屋顶花园,近二三十年来更为普遍。首先出现于公共建筑的屋顶花园,也逐渐应用于居住建筑中。某些高档的集合式住宅出现了空中花园,即一幢楼里每隔几层便设置一处花园,满足使用者的需求。花园面积越来越大,与建筑的功能和外观要求结合得更加紧密,建筑形式也更加丰富多彩。

绿化的屋顶不仅增加了绿化面积,而且使屋顶密封性好,能防止紫外线照射,使屋顶具有降温、绿化的效果,同时还可以防止火灾。因此,屋顶绿化是开拓城市绿化空间,美化城市,调节城市气候,提高城市环境质量,改善城市生态环境的重要途径之一。

1)屋顶绿化需要考虑的因素

设计一个屋顶花园需要考虑很多特殊因素,主要包括:

(1)通道 通道是从地面到屋顶的临时路,尤其是在建造阶段和建成后的养护期间,这条路尤为重要。

(2)防渗和屋顶的承载 防渗和屋顶的承载是屋顶绿化首要解决的问题。首先要考虑已建成的屋顶是否适合建造屋顶花园,或是否可以经过改进,在原有的基础上加建屋顶花园;其次,在屋顶绿化施工时做好防渗。

(3)给排水　屋顶必须有给水管道和快速有效的排水层和雨水沟槽,这样就可以防止暴雨带来的大量雨水。冬季屋顶堆积冰雪的质量必须保证不超过屋顶结构体系的承载范围。

(4)种植基质　屋顶上的种植基质必须具有以下特征:轻质,有较好的耐久性、渗透性、通透性、蓄水性和易于植物根系生长,而且有慢速且持久的灌溉用水。

(5)特色　一个有特色的设计必须保证屋顶花园的美观及结构的完整性。

(6)安全性　防火逃生需要优先考虑,而且在屋顶景观设计中必须确保逃生出口处的逃生梯没有障碍。屋顶边缘也必须设置围护栏,以确保使用者的安全。

2)屋顶绿化设计要点

规划、设计屋顶绿化时,应注意以下几个问题:植物生长必需的土壤厚度,建筑物混凝土板的承载能力,排水方法和浇灌设备的选择,防水层的保护,树木防风支架的挑选,挑选适应风害和干燥等严酷环境条件的树木等。此外,还要考虑防止落叶堵塞排水管道以及由此导致的漏水,树木生长发育过程中对周围环境的影响,树木的养护等问题。

(1)栽培基质　使用具有保水性和轻质化特点的加入改土材料的改土(相对密度为1.1~1.3)或人工轻质土壤(相对密度为0.7左右)。承载条件差的现状建筑做屋顶绿化,可利用人工轻质土壤实现。

(2)浇灌设施　在人工轻质土壤中,有一种依赖自然降水的非灌溉型土壤,它可以更多贮存雨水并供给植物吸收。如为方便养护和节能,可尽量选用此类土壤。一般屋顶绿化、灌溉采用滴灌或微喷灌式等既节能又经济的灌溉设备,并根据需要配以手工浇灌。这样,从开支与养护来讲都非常便利。此外,还有将自动灌溉装置与定时器和土壤水分检测装置联动、管理方便的全自动灌溉装置。一般草坪用移动式喷灌、升降式喷灌较为方便。

(3)雨水排除　排水坡度基本上采用的是在混凝土板上设置1%以上的坡度。环形排水管沟设置2条以上,以避免落叶等堵塞排水管造成漏水,而且环形排水设施上要安装不锈钢的顶盖(挡板),采用便于检修的构造。常用的排水方法有两种,即利用合成树脂透水管和耐压透水层面的普通集水、排水法;全部采用特殊保湿、排水两用面层的全面排水法。其中,特殊保湿、排水两用面层适用于明排水。

(4)防水层的保护　为避免植物根系破坏防水层,一般在防水层或防护混凝土之上铺布一层聚乙烯塑料布(厚0.3 mm)等防止根茎贯通材料,而且应铺至围护部分。

(5)覆盖层　在植栽的基质表面种植地被植物,或铺撒约3 cm厚的树皮屑、树皮纤维等覆盖材料,可防止地表土壤干燥、飞散,并抑制杂草生长。

(6)树木支架　如植栽土壤厚度不够,或使用人工轻质土壤,一般都使用树木支架。中木配加焊接钢丝网,高木使用带阻力板的固定根体的地下树木支架。

3)屋顶花园屋面面层结构标准层次组合

屋顶花园层面结构由上至下的顺序为:
草坪、花卉、灌木、小乔木等(含人造草皮)人工种植层,灌溉设施,喷头及置石。
栽培基质、排水口及种植穴,管线预留与找坡。

过滤层：防止种植基质内细小材料流失，以致堵塞排水系统。多用玻璃纤维布或粗砂（厚50 mm）。

排水层：陶料、碎石、砾石、焦渣或轻质骨料厚 100~200 mm。

防根层：一般和防水层结合起来，使用聚乙烯塑料布防止根的穿透，保护屋面。

防水层：油毡卷材，三元乙丙防水布，防水胶。

保温隔热层：加气混凝土 600 N/m^2、蛭石板、珍珠岩板、泡沫混凝土、焦渣。

找平层：保温隔热层与屋面建筑层结合部分，主要为水泥沙浆。

4) 屋顶绿化方式

要根据屋顶的荷载、承重墙的位置、人流量、周边环境、用途等，确立采用哪种绿化方式最适合。

（1）棚架式　在承重墙处种植藤本植物，如葡萄、猕猴桃等在屋顶做成简易棚架，高度 2 m 左右，藤本植物可沿棚架生长，最后覆盖全部棚架。棚架式绿化的种植土壤可集中在承重墙处，棚架和植物载荷较小，还可以把藤引伸到屋顶以外的空间。为减轻屋顶荷载，可以把棚架立柱都安放在承重墙上，同时也便于屋顶绿化。

（2）地毯式　在全部屋顶或屋顶的绝大部分，种植各类地被植物或小灌木，形成一层"绿化地毯"。地被植物等种植土壤厚度在 20~30 cm 即可正常生长发育，因此，对屋顶所加载荷较小，一般屋顶结构均可承受。这种绿化形式的绿化覆盖率高，而且生态效益好，特别在高层建筑前低矮裙房屋顶上，采用地毯式的绿化、图案化的地被植物覆盖屋顶，效果更好。

（3）自由式种植　采用有变化的自由式种植地被花卉灌木，一般种植面积较大，植物种植从草本至小乔木，种植土壤厚度在 200~500 mm。采用园林的手法，产生层次丰富、色彩斑斓的效果。

（4）庭院式　就是把地面的庭院绿化建在屋顶上，除种植各种园林植物外，还要建小型亭、台、浅水池、假山、园林小品、园路等，使屋顶空间变化成有山、有水的园林环境。这种方式适用于在较大的屋顶上。一般建在高级宾馆、旅游楼房等商业性用房上。

（5）自由摆放　主要用盆栽植物自由地摆放在屋顶上达到绿化的目的。此种方式灵活多变。

5) 屋顶绿化工程设计

（1）荷载　屋顶绿化设计者首先要考虑屋面荷载的大小。屋面荷载应先算出单位面积的荷载，进行结构计算。在花园布局时，尽量把质量大的部分，如小乔木、山石、亭、花架等放置在梁、柱和承重墙等主要承重结构上。为减轻荷载，应尽量采用轻质材料，如轻质种植基质、轻质建筑材料、假山石等。

（2）屋顶的生态条件　屋顶生态因子与地面不同：日照、温度、空气成分、风力等都随着层高的增加而变化。在不同地区，选择适应当地条件的植物材料。

①光照。屋顶相对比地面接受的太阳辐射、光照强度要大，光照时间较长，如 6 层屋顶，冬季光照强度比地面大 300~400 1x，夏季大 500~800 1x，因此促进植物光合作用，对生长有利。

②温度。屋顶处于较高位置，温度应低于地面，但由于屋面日照辐射强，钢筋混凝土等屋面

材料经太阳辐射升温快,反射强。夏季白天屋面温度比地面高3~5℃,晚上由于屋面风力大,温度又比地面低2~3℃。屋面温差较大,有利于植物生长。冬季屋顶花园的土温比周围地面园林土温至少高5℃以上。

③相对湿度。由于屋面地势高,日照充足,温度较高,风大,因此相对湿度比地面低10%~20%。尤其在夏季,蒸腾作用强,而且建筑材料温度高,水分蒸发快,植物对水分的需求更为重要。

④风力。一般屋面高度为十几米至几十米,风力往往比地面大1~2级。处于风口的建筑,屋面风力更大,会使屋面温度、湿度受影响,对高大体量的植物生长不利。

鉴于屋面上述生态因子的实际状况,比地面的生态环境要差得多,因此在选择树种时,宜选用耐干燥气候、浅根性、低矮健壮、能抗风、有较长耐旱能力、耐移植、生长缓慢的植物。

(3)灌溉与排水 我国屋顶花园基本上由人工灌溉,部分城市已应用自动喷灌系统。在英、美等国家的屋顶花园设有较先进的灌溉系统,配有电子控制设备进行操纵。有的使用低压滴灌系统进行灌溉。为节省水,可将降雨蓄存于地下室水罐内,需水时由泵将水输送到塑料管,分配到各个喷雾器进行灌溉。

(4)覆盖层 所谓的覆盖层,指的是在植物根部铺的防干保湿、保温、抑制杂草生长的护根覆盖物。常用的覆盖层有树皮屑、木屑、树皮纤维、火山砂砾等材料,即可防止土壤流失,又可美化景观。覆盖层的厚度一般为3 cm左右。通常草坪或地被植物等整片密铺的无需加覆盖层。

6)屋顶绿化的维护与管理

屋顶绿化不同于平地绿化,从设计到施工都必须综合考虑,所有的荷载都要计算在屋顶的承载范围内。维护屋顶绿化的成果关系到屋顶绿化综合效益的发挥,只有合理的设计,再加上正确的管理,才能达到设计的要求,充分发挥屋顶绿化的效益。

(1)屋顶绿化的施工管理 在屋顶绿化或者造园,必须严格按照设计的方案,植物的选择和屋顶的排水、防水都要与屋顶的结构相一致。在屋顶花园进行平面规划及景点布置时,应根据屋顶的承重构件布置,使附加荷载不超过屋顶结构所能承受的范围,以确保屋顶的安全。

屋顶花园工程施工前,灌水试验必不可少。为确保屋顶不渗(漏)水,施工前,应将屋顶全部下水口堵严后,在屋顶放满100 mm深的水,待24 h后检查屋顶是否漏水,经检查确定屋顶无渗漏后,才能进行屋顶花园施工。

屋顶的排水系统设计除要与原屋顶排水系统保持一致外,还应设法阻止种植物枝叶或泥沙等杂物流入排水管道。大型种植池排水层下的排水管道要与屋顶排水口相配合,使种植池内多余的浇灌水顺畅排出。

(2)屋顶绿化植物的养护管理 由于屋顶场地狭小,且位于强风、缺水和少肥的环境,所以管理上要求更加精心,更加细致,采取各种不同于平地绿化的管理措施。因此,绿化建成后的日常养护管理关系到植物材料在屋顶上能否存活。粗放式绿化屋顶实际上并不需要太多的维护与管理。在其上栽植的植物都比较低矮,不需要剪枝,抗性比较强,适应性也比较强。如果是屋顶花园式的绿化类型,绿化屋顶作为休息、游览场所,种植较多的花卉和其他观赏性植物,则需要对植物进行定期浇水、施肥等维护和管理工作。屋顶绿化养护管理的主要工作有:

①浇水和除草。屋顶上因为干燥、高温、光照强、风大,植物的蒸腾量大,失水多,夏季较强的日光还使植物易受到日灼,枝叶焦边或干枯,必须经常浇水或者喷水,产生较高的空气湿度。一般应在上午9时以前浇1次水,下午4时以后再喷1次水,有条件的应在设计施工的时候安

装滴灌或喷灌。发现杂草及时拔除,以免杂草与植物争夺营养和空间,影响花园的美观。

②施肥、修剪。在屋顶上,多年生的植物在较浅的土层中生长,养分较缺乏,施肥是保证植物正常生长的必要手段。目前,应采用长效复合肥或有机肥,但要注意周围的环境卫生,最好用开沟埋施法进行。要及时修剪枯枝、徒长枝,可以保持植物的优美外形,减少养分的消耗,有利于根系的生长。

③补充人造种植土。由于经常浇水和雨水的冲淋,使人造种植土流失,体积日渐减少,导致种植土厚度不足,一段时期后应添加种植土。另外,要注意定期测定种植土的 pH 值,不使其超过所种植物能忍受的 pH 范围,超出范围时要施加相应的化学物质予以调节。

④防寒、防风。对易受冻害的植物种类,可用稻草进行包裹防寒,盆栽的搬入温室越冬。屋顶上风力比地面上大,为了防止植物被风吹倒,对较大规格的乔灌木进行特殊的加固处理。

除此之外,还要对于屋顶绿化要经常的检查,包括植物的生长情况,排水设施的情况,尤其是落水口是否处于良好工作状态,必要时应进行疏通与维修。雕塑和园林小品也要经常地清洗以保持干净,只有这样才可能保持屋顶花园的良好状况。

7.5.3 城市桥体绿化

1)城市桥体绿化的形式

现代社会中,随着城市化的加剧,城市中人和车辆越来越多,人、车和路的矛盾日渐突出。为解决这个矛盾,交通逐渐向空中发展,各个大城市涌现出了许多高架路、立交桥和过街天桥等,城市形成立体交通新格局,这些高架路和立交桥同高层建筑一样引人注目。这些形体庞大的建筑物如不经绿化,不仅自身丧失了生机,而且显得比较突兀,与周围环境不相协调。因此桥体绿化已经纳入了城市桥梁建设的内容。桥梁建筑,除了内在的质量美和外观上的造型美外,还须和周围环境相映成趣。桥梁的美化离不开绿化,其两侧和引道也须有较大的绿化覆盖率,让桥体融入城市绿色之中。如果城市中所有的过街天桥、立交桥、高架路全部披上绿装,高架路和城市立交桥将形成城市独特的风景线。

(1)高架路桥体和立交桥体的绿化　高架路桥和立交桥展示给观赏者的是一条条上下穿行、然后又四处散开的车道,这些车道的形象主要靠车道边缘的栏杆、桥柱来表现,如果在栏杆的位置进行桥体绿化,则在视野中立交桥成了一个立体的绿带。高架路桥和立交桥的绿化设计要求真正能体现一个城市道路绿化上的特色,应结合立交桥的造型和周围环境,进行多元化的绿化设计。

高架路桥和立交桥面的绿化主要采用与墙面绿化类似的方法进行。栏杆是桥身最具装饰性的部分,也是观赏者在不同位置上都能看得到的桥体部分,其景观意义很大。对立交桥栏杆进行恰当绿化布置是增强立交桥景观艺术效果的有效手段。桥柱也是人们投以较多关注的构件,无论是沿桥侧辅路行进,还是在桥下穿行,桥柱是跟人最为接近的构件,它是立交桥底部景观的主要载体。在整个桥的立面中,桥板所占的面积比例最大,又是实体构造,往往十分引人注目。另外,桥体的绿化要考虑到夜间行车的需要,绝大多数的桥体都设置了灯柱,多个高功率的光源组成的玉兰花灯集中照明,其一起导视作用,其二有艺术效果。对以上的灯柱也可以进行绿化布置,悬挂一些吊盆或用一些藤本植物来攀附其上。

(2)过街天桥和城市河道上的桥梁绿化 这些绿化都属于城市桥体绿化的一部分,这类桥梁都不在自然的土壤之上,桥面通常是通透的,边缘不像立交桥体和高架路是实心的,一般没有预先留出种植植物的地方。因此在绿化的时候要采取各种措施增设种植池或者种植槽。

(3)高架路的边坡绿化 高架路的边坡绿化也是一个非常重要的方面。桥体的护坡,各地选用的方法千差万别,但最主要的只有5种:栽草、栽灌木、栽乔木、藤本植物覆盖及工程护坡。应根据当地的实际情况进行设计,最好选择乔、灌、草相结合的方法来对这类护坡进行绿化。护坡的绿化也可以参照坡面绿化的方法。

2)城市桥体绿化环境及植物的选择

(1)城市桥体绿化环境 立交桥、高架路和立柱的绿化条件很差,尤其是受光照条件不足,汽车废气、粉尘污染严重,土壤质地差,水分供应困难以及人为践踏等因素影响。高架路下的立柱主要是光照不足,绿化时选择植物应当充分考虑这些因素。

(2)植物选择 依据立交桥、高架路特殊的生态条件,应选择具有较强抗逆性的植物。首先应以乡土树种、草种为主,主要树种应有较强抗污染能力,以适应高速公路绿地特点。还应选用那些适应性强并且耐阴的植物种类。例如,针对土层薄的特点,植物要选耐瘠薄,耐干旱植物;针对立柱和桥底光线条件比较差的特点,在柱体绿化时,植物首先要求耐阴。

在立柱绿化中,可以选择五叶地锦、常春藤、常春油麻藤、腺萼南蛇藤、鸡血藤、爬行卫矛等藤本植物,这些植物都具有较强的耐阴能力。另外,五叶地锦抗逆性和速生性也非常好,如养护管理较好,年最大生长量可以达到6~7 m,当年可以爬上柱顶。五叶地锦具有吸盘和卷须双重固定功能,但吸盘没有爬山虎发达,墙面固着力较差。

对于其他的绿化方式,可以采用一些地被植物和盆花。桥侧面绿化的植物选择与墙面绿化的选择基本一致,应该选择抗性强的藤本植物,具体可以参照墙面绿化选择适当植物。

3)桥体绿化的方法

(1)桥体种植 桥侧面的绿化类似于墙面的绿化。桥体绿化植物的种植位置主要是在桥体的下面或者是桥体上。在桥梁和道路建设时,在高架路或者立交桥体的边缘预留狭窄的种植槽,填上种植土,藤本植物可在其中生长,其枝蔓从桥体上自然下垂,基本不需要各种固定方法。

另外是在沿桥面或者高架路下面种植藤本植物,在桥体的表面上设置一些辅助设施,钉上钉子或者利用绳子牵引,让植物从下往上攀援生长,这样也可以覆盖整个桥侧面,这类绿化常用一些吸附性的藤本植物,例如爬山虎等。对于那些没有预留种植池的高架桥体或者立交桥体,可以在道路的边缘或者隔离带的边缘设置种植槽。

桥体绿化还可以在桥梁的两侧栏杆基部设置花槽,种上木本或草本攀援植物,如蔷薇、牵牛花或者金银花等,使植物的藤蔓沿栅栏缠绕生长。由于铁栏杆要定期维护,这种绿化方式对铁栏杆不适用,而适用于钢筋混凝土、石材及其他用水泥建造的桥栅栏。

在桥面两侧栏杆的顶部设计长条形小型花槽,长1 m,深30~50 cm,宽30 cm左右。主要栽种草本花卉和矮生型的木本花卉,如一年或多年生草本花卉、矮生型的小花月季或迎春、云南迎春等中小灌木,这种绿化方式特别适用于钢筋混凝土的桥体。

（2）桥侧面悬挂　一些过街天桥和立交桥，由于桥体的下方是和桥体交叉的硬化道路，所以没有植物生存的土壤，桥下又不能设置种植池，对这类桥梁的绿化可以采取悬挂和摆放的形式。在桥梁的护栏上设置活动种植槽，并把它固定在栏杆上，也可以在护栏的基部设置种植池或者种植槽。在种植池内种植地被植物，在种植槽内种植一些垂枝的植物，让植物的枝条自然下垂。植物材料的选择要考虑种植环境的恶劣，采用的植物抗性要强。另外也可以采取摆放的方式进行绿化，在天桥的桥面边缘设置固定的槽或者平台，在上面摆设一些盆花。在桥面配置开花植物，要注意避免花色与交通标志的颜色混淆，应以浅色为好，既不刺激驾驶员的眼睛，也可以减轻司机的视觉疲劳。

（3）立体绿化　高架路众多的立柱为桥体垂直绿化提供了许多可以利用的载体。高架路上有各种立柱，如电线杆、路灯灯柱、高架路桥柱，另外立交桥的立柱也在不断增加，它们的绿化已经成为垂直绿化的重要内容之一。绿化效果最好的是边柱、高位桥柱，以及车辆较少的地段。从一般意义上讲，吸附类的攀援植物最适于立柱造景，不少缠绕类植物也可应用。上海及南京一带的高架路立柱主要选用五叶地锦、常青油麻藤、常春藤、络石、凌霄等。另外，还可选用木通、南蛇藤、络石、金银花、爬山虎、蝙蝠葛、小叶扶芳藤等植物。一般的电线杆及灯柱的绿化可选用观赏价值高的如凌霄、络石、西番莲等；对于水泥电线杆而言，由于阳光照射后温度迅速升高，容易烫伤植物的幼枝叶，可以在电线杆不同高度固定几个铁杆，在电线杆外侧 $2\sim5$ cm，外附以铁丝网，此后，每年应适当修剪，防止攀爬到电线上。

柱体绿化时，对那些攀援能力强的树种可以任其自由攀援，而对吸附能力不强的藤本植物，可以在立柱上用塑料网和铁质线围起来，让植物沿网自行攀爬。对处于阴暗立柱的绿化，可以采取贴植方式，如用 $3.5\sim4$ m 以上的女贞或罗汉松。考虑到塑料网的老化问题，为了达到稳定依附目的，可以在立柱顶部和中部各加一道用铁质线编结的宽 30 cm 的网带。铁质线是外包塑料的铁丝，具有较长的使用时间。

（4）中央隔离带的绿化　在大型桥梁上通常建造有长条形的花坛或花槽，可以在上面栽种园林植物，如黄杨球，还可以间种美人蕉、滕本月季等作为点缀。也有在中央隔离带上设置栏杆的，可以种植藤本植物任其攀援，既可以防止绿化布局呆板，又可以起到隔离带的作用。中央隔离带的主要功能是防止夜间灯光炫目，起到诱导视线以及美化公路环境，提高车辆行驶的安全性和舒适性，缓和道路交通对周围环境的影响以及保护自然环境和沿线居民的生活环境。

中央隔离带的土层一般比较薄，所以绿化时应该采用那些浅根性的植物，同时植物必须具有较强抗旱、耐瘠薄能力。

（5）桥底绿化　立交桥部分桥底部也需要绿化，因光线不足、干旱，因此栽植的植物必须具有较强的耐阴、抗旱、耐瘠薄能力。

4）桥体绿化的养护与管理

桥体绿化后养护与管理的得当与否，不仅关系到其交通功能能否全面发挥，而且也关系到桥体在美学功能方面的体现。由于桥体绿化大多位于比较特殊的环境条件，尽管采用的一些抗性较强的藤本植物，也应该比较适合桥体的环境，但仍给绿化后的养护与管理带来了一定难度。立交桥的桥面绿化与墙面绿化类似，管理也基本相同，值得注意的是由于植物生长的环境较差，同时关系到交通安全问题，所以要加强桥体绿化后的养护与管理。

（1）水肥分管理　桥体绿化由于受环境条件的限制以及一些人为因素的影响，植物生长环

境比较差,水分来源是影响植物生长的主要限制因素之一,灌水也因此显得更为重要。高架路、立交桥具有特殊的小气候环境,主要体现在夏季路面高温和高速行车中所形成的强大风力对植物的影响,使得高架路绿化的植物蒸发量更大,自然降水量根本无法满足植物生长的需要,只能依靠人工灌水补足。灌水量因树种、土质、季节以及树木的定植年份和生长状况等的不同而有所不同。一般当土壤的含水量小于田间最大持水量的70%以下时需要灌水。

在桥体绿化植物栽植时,只要施足基肥,正确运用栽植技术,浇足定根水,就可确保较高成活率和幼树正常生长。在桥体绿化中,植物生长的土壤都比较薄,土壤养分有限,当营养缺乏时,会影响植物的正常生长;另外中央分隔带的树种是多年生长在同一地点的,经过长期的生长后肯定会造成土壤营养元素的缺乏。所以要使桥体绿化的植物维持正常的生长,必须定期定量施肥,否则植物会因环境比较恶劣,缺乏养分而不能正常生长,甚至死亡。

(2)修剪及绑扎 修剪与整形是桥体绿化植物养护与管理中一项不可缺少的技术措施,也是一项技术性很强的管理措施。高架路、立交桥藤本植物由于生长的速度,藤本植物枝条不免会有些下垂,遮挡影响司机、行人视线,不利于交通安全,所以要约束植物生长的范围,不断地进行枝蔓修剪。对于中央隔离带的植物,通过修剪整形,不仅可以起到美化树形、协调树体比例的作用,而且可以改善树体间的通风透光条件,从而增强树木抗性,充分发挥绿化植物的防眩、诱导视线以及美化公路环境的功能。因此,中央分隔带树木也必须进行细致地修剪,以达到整齐、美观的效果。

(3)病虫害防治 在桥体绿化中,虽然选择的大多数藤本植物或坡面绿化植物的抗性比较强,但在植物生长过程中,也随时会遭到各种病虫害的侵袭,引起树木的枝叶出现畸形、生长受阻甚至干枯死亡的现象,从而影响整个绿化效果。为了使植物能够正常地生长发育,必须对绿化植物的病虫害进行及时的防治。植物的病虫害防治自始至终应贯彻"预防为主,综合防治"的原则,只有这样才能成本低、见效快。

(4)安全检查 桥体绿化的效果要经常检查植物的生长状况,病虫害是否发生,还要经常检查绿化植物固定是否安全牢固,是否遮挡司机的视线,以保证交通安全和行人安全,同时维护绿化的整体效果。

复习思考题

    7.1 请阐述园林种植工程的特点。

    7.2 影响园林植物栽植后成活的因素有哪些?如何加以控制?

    7.3 如何进行草坪草种的选择?草坪的建植过程中应注意哪些问题?

    7.4 简述大树移植在城市园林建设中的意义。

    7.5 请评价大树进城的利与弊。

    7.6 你认为城市绿化中有哪些垂直绿化的类型?在城市建设中有何作用?

    7.7 常见的垂直绿化植物都有哪些?

    7.8 屋顶绿化应注意考虑哪些因素?为什么?

    7.9 请阐述屋顶绿化的设计要点。

    7.10 如何选择桥体绿化植物?当地适宜于桥体绿化的植物都有哪些?

8 园林供电与照明

本章导读 本章主要介绍了园林供电的基本知识、园林施工现场临时电源设施的安装与维护园林照明和园林照明设计的基本知识及相关技术要求、园林供电设计与施工的技术要求。现代园林照明技术发展很快,新材料、新设备、新技术不断出现,读者要重点了解、全面掌握园林照明和园林照明设计的相关知识和技术要点,以适应当前园林建设发展的需要。

8.1 供电的基本知识

随着社会的发展,电的使用范围非常广泛,各行各业几乎都离不开电,园林工程中电更是必不可少的,它是更好地实现园林功能和景观效果的重要保障,所以学习园林供电与照明,就必须对供电的基本知识有所了解。

8.1.1 交流电源

交流电是指电流(电压)的大小和方向随时间作周期性的变化。以交流电的形式产生电能或供给电能的设备,称为交流电源,如发电厂的发电机、园林绿地内的配电变压器、配电盘的电源闸刀、室内的电源插座等,都可以看作是用户的交流电源。我国规定电力标准频率为50 Hz。频率、幅值相同而相位互差120°的三个正弦电动势,按照一定的方式联接而成的电源,并接上负载形成的三相电路,就称为三相交流电路。

三相交流电压是由三相发电机产生的(图8.1、图8.2)。发电机主要由电枢和磁极构成。

电枢是固定的,亦称为定子,而磁极是转动的,称为转子。在定子槽中放置了三个同样的线圈,将三相绕组的起始端分别引出三根导线,称为相线(又称火线),而把发电机的三相绕组的末端联在一起,称为中性点。由中性点引出一根导线称为中线(又称地线),这种由发电机引出四条输电线的供电方式,称为三相四线制供电方式。

三相四线制供电的特点是可以得到两种不同的电压,一是相电压 U_φ,一为线电压 U_1,在数值上,线电压为相电压的$\sqrt{3}$倍,即:

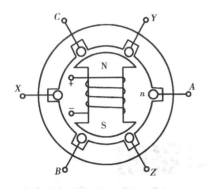

图 8.1　三相发电机原理图

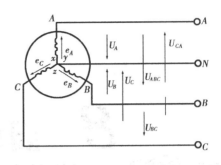

图 8.2　三相四线制供电

$$U_1 = \sqrt{3}\,U_\varphi$$

在三相低压供电系统中,最常采用的便是"380/220 V 三相四线制供电",即由这种供电制可以得到三相 380 V 的线电压(多用于三相动力负载),也可以得到单相 220 V 的相电压(多用于单相照明负载及单相用电器),这两种电压供给不同需要的负载。

8.1.2　输配电概述

发电厂、电力网和用电设备组成的统一整体称为电力系统(图 8.3)。而电力网是电力系统的一部分,它包括变电所、配电所以及各种电压等级的电力线路。其中变、配电所是为了经济输送电力以及满足用电设备对供电质量的要求,对发电机的端电压进行多次变换和分配电能的场所。根据任务不同,将低电压变为高电压称为升压变电所,它一般建在发电厂厂区内。而将高电压变换到合适的电压等级,则为降压变电所,它一般建在靠近电能用户的中心地点。单纯用来接受和分配电能而不改变电压的场所称为配电所,它一般建在建筑物内部。

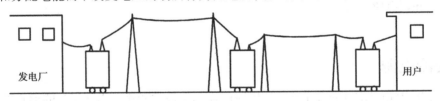

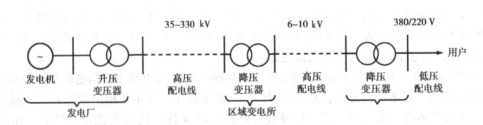

图 8.3　从发电厂到用户的输配电过程示意图

根据我国规定,交流电力网的额定电压等级有:220 V、380 V、3 kV、6 kV、10 kV、35 kV、110 kV、220 kV 等。习惯上把 1 kV 及其以上的电压称为高压,1 kV 以下的称为低压,但需特别指出的是所谓低压只是相对高压而言,绝不是说它对人身没有危险。

在我国的电力系统中,220 kV 以上电压等级都用大电力系统的主干线输送,输送距离在几百千米。110 kV 的输送距离在 100 km 左右,35 kV 电压输送距离 30 km 左右,而 6~10 kV 为 10 km 左右。一般城镇工业与民用用电均由 380/220 V 三相四线制供电。

8.1.3　配电变压器

变电所是变压的场所,变压主要是有变压器完成的。变压器是利用电磁感应原理制成的,将某一数值的交流电压转变成频率相同的另一种或几种不同数值交流电压的电气设备,可以升压也可以降压。在实际工作中选用一台变压器时,最主要的是注意它的相关参数,其应满足园林用电要求。

选择时应考虑以下条件:一是最低用电负荷不应低于变压器额定功率的30%;二是常年负荷应尽可能处在额定功率的40%~70%;三是变压器额定功率不小于实际可能出现的最大负荷。

在电力系统中广泛使用的是三相变压器,三相变压器主要有贴心、绕组、油箱、储油柜、套管和无载调压开关等几个主要部分组成。

变压器的外壳一般均附有铭牌,上面标有变压器可以供应电能的能力和使用条件,选变压器时必须根据具体工程需要并依据铭牌来进行选择。

铭牌上有型号、容量、电压等。

(1)型号　变压器的型号使用字母和数字表示,型号注明了变压器的结构特点、额定容量和高压侧的电压等级(kV)。现在变压器的型号已采用新的国家标准。

变压器型号说明:如 SL9—50/10

SL 表示基本型号:S 表示相数为三相;L 表示铝绕组(铜绕组不表示);

9 表示为系统设计序号;

50 表示为额定容量为 50 kVA;

10 表示为高压侧额定电压为 10 kV。

(2)额定容量　额定容量是指变压器在额定条件工作时,能够长时间运行的安全容量,单位为千伏安(kVA)。新系列变压器额定容量等级主要有 10 kVA、20 kVA、30 kVA、50 kVA 等多个等级。一般用电中用30~100 kVA 的较多。

(3)额定电压　额定电压是变压器长时间运行中所承受的工作电压,以 V(伏)或 kV(千伏)表示。一般常用的变压器,其高压侧电压为 9 500 V、10 000 V 等,而低压侧电压为 400 V等。

(4)额定电流　额定电流表示变压器各绕组在额定负载下的电流值,以安培表示。在三相变压器中,一般指线电流。

8.2　施工现场临时电源设施的安装与维护

施工现场临时电源设施是为保证园林工程顺利完成而修建的临时供电设施,是工程进行过程中必需的,其安装与维护的质量好坏是工程能否顺利完成的重要保障,应该按要求完成。

8.2.1 施工现场的低压配电线路

园林工程施工现场的用电问题是非常重要的,它是工程能否按时顺利完成的保障,所以进工地前就应对现场用电情况进行考察评估,做出规划设计,然后根据规划设计进行施工。

1)电源选择及配线方式

电源选择主要有以下几种形式:一是直接利用最近处单位的电力;二是可通过电力部门专线接入;三是用电机自己发电。

配线方式:根据具体情况配线可以采用架空线,也可以采用地下电缆线的形式。

2)线路敷设

施工现场临时的线路敷设要求相对低一些,因为施工完毕该线路就要撤走,但是考虑到安全问题,也应该重视临时线路的安装,另外还要根据工期等情况进行综合考虑,以安全、简便、实用为原则。

8.2.2 施工现场常用电器设备的安装

园林施工现场离不开电器设备,它的安装需要按照电器设备安装的相关规范进行。下面介绍几种电器设备安装的要点:

(1)电缆敷设

①施工准备:设备及材料的准备,电缆材料的规格、型号及电压等级应符合设计要求,并应有产品合格证,并且没有损坏。

②具体步骤:准备→挖沟敷设→覆土→管口处理→标志牌。

(2)管内穿线

①施工准备:绝缘导线、铁丝或钢丝、护口、螺旋接线钮、LC 型压线帽、套管、接线鼻、焊剂、辅助材料等的准备。

②具体步骤:选导线→扫管→穿带线→放线与断线→导线与带线的绑扎→管口带护口→导线连接→线路绝缘检测。

(3)配电箱(盘)的安装

①施工准备:配电箱(盘)的准备,配电箱(盘)应该符合设计要求并有产品合格证;绝缘导线的型号规格应符合设计要求并有产品合格证;角铁、扁铁、铁皮、螺钉、螺栓垫圈等。

②具体步骤:熟悉配电箱(盘)的安装要求→弹线定位→明装配电箱→暗装配电箱→箱盘固定→绝缘遥测。

(4)开关、插座安装

①施工准备:按照设计要求准备开关、插座,并且要有产品合格证;木板、塑料板,板面要平整无弯翘变形情况;膨胀螺栓、木螺钉等。

②具体步骤:清理→接线→安装→调试。

（5）灯具安装

①施工准备:灯具的准备,根据设计要求购买各型号的灯具,无损伤并要有产品合格证;选择导线电压等级不应低于 500 V,铜芯软线线芯最小截面为 1.0 mm²、铜线线芯最小截面为1.0 mm²、铝线线芯最小截面为 2.5 mm²;塑料木、吊管、吊钩、瓷接头、支架、卡具、胀管、木螺钉、螺栓、落幕、垫圈、铅丝、灯架、起辉器座、熔断器、软塑料管、灯罩、橡胶绝缘带、黑胶布、石棉布等。

②具体步骤:检查灯具质量→组装灯具→安装灯具→接线→调试。

（6）成套配电柜、动力照明开关箱(盘)安装

①施工准备:购买符合设计要求的设备,要有产品合格证;安装材料:镀锌螺栓、螺母、垫圈、弹簧垫、地脚螺栓等;其他材料:铅丝、防锈漆、调和漆、塑料软管、尼龙卡带、绝缘胶垫、标志牌、电焊条、锯条、氧气、乙炔气等。

②施工准备:检查设备情况→建立基座→柜、箱(盘)安装→柜(盘)上方母线配置→二次回路接线→检查整体情况→试验调整→运行试验。

8.2.3　电力设施的维护

1）电力线的维护

（1）电线杆故障及维护　经常巡查,发现电线杆破损后应及时修补或更换;电线杆歪倒,发现后应及时扶正并加固。

（2）电线故障及维护　导线由于承受压力过大出现断线现象,发现后要及时更换;接头连接不结实或氧化,发现后应及时处理,施工要按规范施工。

（3）绝缘子故障及维护　绝缘子表面闪络、烧伤、被其他物击坏,发现后要根据情况,进行刷绝缘漆或更换。

2）电缆线故障及维护

（1）漏油故障及维护　漏油是由中间接头或终端头渗漏出来的,应根据具体情况进行处理。漏油严重的需要重新制作终端头;中间接头或终端绝缘包扎不紧的,应进行重新包扎处理。

（2）断线故障及维护　断线是由于外力作用、老化、材料不合格、施工技术等原因造成的,发现后要及时修补、更换。

3）开关故障及维护

负荷开关合闸后没电,可能由于刀座接触不好,熔丝熔断或接触不良,刀座氧化或有尘污、线头氧化等,发现后要及时对刀座重新修整,对熔丝重新连接或处理,对刀座去污,对线头作更换处理;刀或刀座过热或烧坏,这种情况可能由于开关容量太小、触头烧坏、负荷过大、触刀与触刀座压力不足、分合闸动作太慢而烧坏触头,出现这些情况时要及时处理:一是严格按照规范动作进行操作,以避免出现错误;二是更换容量适当开关;三是减少负荷等。

4）配电变压器故障及维护

（1）铁心片局部短路或烧毁　由于铁心片间绝缘严重损坏,铁心或铁轭螺杆的绝缘损坏,

接地方法不正确等造成短路或烧毁,遇到这种情况要找到故障处及时维修,调换损坏的绝缘胶皮管,或改正接地错误。

(2)运行中有异常声音　这种情况是由于铁心片间绝缘损坏、铁心紧固件损坏、外加电压过高等造成的,发现后要及时进行处理,检查片间绝缘电阻进行涂漆,紧固松动的螺栓,调整外加电压。

(3)变压器漏油　由于与油箱有裂缝、密封垫老化或损坏、密封垫不正、密封填料处理不好等造成漏油,发现后要及时进行处理,对铁心放油进行补焊,调换密封垫,放正密封垫,调换填料。

(4)出现短路　出现这种情况可能是由于绕组绝缘损坏、长期过载运行、贴心有毛刺使绕组绝缘受损、引线或套管间短路等原因造成,这时需要进行修理或调换绕组、修复短路或减少负荷后修理绕组、用绝缘电阻表测试并排除故障。

5)灯具故障及维护

(1)白炽灯　白炽灯不亮,可能是由于灯丝已断、灯座已坏、线路短路、开关接触不良等原因造成,遇到这种情况要及时检查修复;灯光暗淡,可能是由于钨丝原因、电压过低、线路有漏电等原因造成,要及时查看修复;灯忽亮忽暗,是由于熔丝接触不良、灯座或开关接触不良、灯丝断后时接时离等原因造成。这些故障出现后要找出原因及时处理。

(2)日光灯故障及维护　灯管不亮,可能是由于线路接触不良、启辉器损坏、灯管损坏、镇流器断开、电源故障等原因造成,需要仔细检查及时进行相应处理,将线路接通,更换启辉器,更换灯管;灯管两端发光,可能是由于灯管本身原因、线路接触不良、镇流器问题、启辉器损坏等原因,这种情况应及时更换灯管、镇流器、启辉器,检查线路及时修复;灯管两端发黑,可能是由于启辉器接触不好或已损坏、电压过高、镇流器不合适等原因造成,需要及时更换或接牢启辉器,调低电压,更换镇流器等。

8.3　园林照明

园林照明是现代园林中不可缺少的一项重要内容,它能够为人们提供一个温馨、明亮、舒适的休闲环境,还能满足夜间游园活动、节日庆祝活动以及保卫工作的需要。随着人们生活水平的提高,对环境的要求也在逐步提高,特别是五彩斑斓的夜景,深得人们的喜爱,而各种照明正是创造新园林景色的重要手段之一。

由于科技的发展,灯光照明技术也在不断进步,它能与各种园林景物共同创造美丽丰富的夜色景观,如城市的建筑、园林建筑小品、植物、音乐喷泉等,由于灯光的照明而使整个城市夜间流光溢彩,充满活力与生机,也使得人们的生活丰富多彩,充满无限的乐趣。

8.3.1　照明技术的基本知识

照明可以分为自然照明、人工照明两类,在这里我们只对人工照明加以阐述。现代照明已经从传统意义上的照亮,得以扩展,延伸到生活和生产的各个方面,其中也包含园林景观照明。

1) 基本物理量

从物理学上讲,光作为一种电磁能量,是可以度量的。它包含了以下几个基本概念:

(1)光通量　光源在单位时间内向周围空间辐射能量的大小,称为光通量。单位是流明(lm)。

(2)发光强度　光源在空间某一方向上的光通量的辐射强度,称为光源在该方向的发光强度,简称光强。单位是坎德拉(cd)。

(3)照度　照度是指单位被照射面积上所接受的光通量,是用来表示被照面上光的强弱,单位是勒克斯(lx)。

(4)亮度　亮度是指发光体(不只是电源,其他受照物体对人眼来说也可看作间接发光体)在人眼视线方向单位投影面积上的发光强度,称为该发光体表面的亮度。单位是坎德拉/平方米(cd/m^2)。

2) 光源的颜色

光源的颜色一般用色温、显色指数来表示。

(1)色温　色温是光源技术参数之一。光源的颜色与温度有关,色度使用色温来表示。当光源的色度与某温度下黑体的色度相同时,黑体的温度即为该光源的色温。光源的色表观常常用色温(或相关色温)来表示,即用绝对温标 K 来表示。我国照明设计标准 CIE 的建议将光源的色表分为三类,分别是暖、中间、冷。例如白炽灯的色温为 2 400~2 900 K;管型氙灯为 5 500~6 000 K。

(2)显色性与显色指数　当某种光源的光照射到物体上时,所显现的色彩不完全一样,有一定的失真度。这种同一颜色的物体在具有不同光谱功率的光源照射下,显出不同的色彩的特性就是光源的显色性,它通常用显色指数(Ra)来表示光源的显色性。显示色指数越高,颜色失真越少,光源的显色性就越好,显色性低的光源对光源的再现较差,人们看到的颜色偏差就越大。国际上规定参照光源的显色指数为 100。常见光源的显色指数如表 8.1 所示。

8.3.2　园林照明的方式和照明质量

园林照明的作用主要有两方面:一是让人能识别道路、物体等;二是为了使园林要素夜间能表现出其美丽的一面,园林照明有时是二者结合在一起共同发挥作用。这样在照明时就要根据不同的需求,而使用不同的照明方式和不同的照明质量。

表 8.1　常见光源的显色指数

光　源	显色指数(Ra)	光　源	显色指数(Ra)
白色荧光灯	65	荧光水银灯	44
日光色荧光灯	77	金属卤化物灯	65
暖白色荧光灯	59	高显色金属卤化物灯	92
高显色荧光灯	92	高压钠灯	29
水银灯	23	氙　灯	94

1)照明方式

环境及景观对照明方式有不同要求,要正确把握设计主题,并且对照明方式进行了解,只有这样才能准确规划照明系统。照明方式一般可分成下列3种:

(1)一般照明 一般照明是指无特殊要求,主要能满足普通照明即可,而不考虑局部的特殊需要,为整个被照场所而设置的照明。这种照明方式主要是从功能方面来考虑的。

(2)局部照明 局部照明是对环境及某一局部有特殊要求的地方,需要对此处景观表现其夜景特色,而设置的特殊色彩及照度的照明。当照度方向有要求时,亦宜采用局部照明,但在整个景区(点)不应只设局部照明而无一般照明。

(3)混合照明 由一般照明和局部照明共同组成的照明。在需要较高照度或特殊色彩的光照,并对照射方向有特殊要求的场合宜采混合照明。这种情况下,一般照明照度按不低于混合照明总照度5%~10%选取,且最低不低于20 lx。

2)照明质量

良好的照明质量,是获得好的照明效果的必需条件,良好的视觉效果不仅是单纯地依靠充足的光通量,还需要有一定的光照质量。

(1)合理的照度 合理照度取决于所要表现的环境及景物的要求,要考虑的主要因素有:一是景观效果,二是视觉的满意度,三是能源的利用。合理照度从园林方面来讲,主要是景观效果及视觉的满意度方面。照度是决定物体明亮程度的间接指标。在一定范围内,照度增加视觉能力也相应提高。各类设施一般照明的推荐照度见表8.2。

表8.2 各类设施一般照明的推荐照度

照明地点	推荐照度/lx	照明地点	推荐照度/lx
国际比赛足球场	1 000~1 500	更衣室、浴室	15~30
综合性体育正式比赛大厅	750~1 500	库房	10~20
足球场、游泳池、冰球场、羽毛球场、乒乓球场、台球场	200~500	厕所、盥洗室、热水间、楼梯间、走道	5~20
篮球场、排球场、网球场、计算机房	150~300	广场	5~15
绘图室、打字室、字画商店、百货商场、设计室	100~200	大型停车场	3~10
办公室、图书室、阅览室、报告厅、会议室、博展室、展览厅	75~150	庭园道路	2~5
一般性商业建筑(钟表店、银行等)、旅游饭店、酒吧、咖啡厅、舞厅	50~100	住宅小区道路	0.2~1

(2)照度均匀度 照度的均匀度根据环境及景观要求,是有所不同的。游人置身园林环境中,如果有彼此亮度不相同的表面,当视觉从一个面转到另一个面时,眼睛将被迫经过一个适应过程。当适应过程经常反复时,就会导致视觉的疲劳。因此在考虑园林照明中,除力图满足景色的需要外,还要注意周围环境中的亮度分布应力求均匀。

（3）眩光限制　所谓眩光是指由于亮度分布不适当或亮度的变化幅度太大，或由于在时间上相继出现的亮度相差过大，所造成的观看物体时感觉不适或视力减低的光照。眩光是影响照明质量的主要特征之一，眩光会产生不舒适感，严重的还会损害视觉。眩光有直接眩光和反射眩光，直接眩光是由过高亮度的光线直接进入视野造成的，反射眩光是由镜面反射的高亮度造成的。为防止眩光产生，常采用的方法是：a.注意照明灯具的最低悬挂高度；b.力求使照明光源来自优越方向；c.使用发光表面面积大、亮度低的灯具。

8.3.3　园林绿地照明光源选择及其应用

电光源是将电能转换为光能，用于照明、光信息和光控制等方面的发光体。

用于照明的电光源，按发光原理可分为两大类：一类是热辐射光源，如普通照明灯泡；另一类是气体放电光源，如荧光灯等。

1) 园林中常用的照明光源

园林中常用的照明光源较多，它们主要特性、比较及适用场合列于表 8.3 中。

表 8.3　常用园林照明电光源主要特性及适用场合

光源名称 特性	白炽灯 （普通照明灯泡）	卤钨灯	荧光灯	荧光高 压汞灯	高压钠灯	金属卤 化物灯	管形氙灯
额定功率 范围	10～1 000	500～2 000	6～125	50～1 000	250～400	400～1 000	1 500～ 10 000
光效 /(lm·W^{-1})	6.5～19	19.5～21	25～67	30～50	90～100	60～80	20～37
平均寿命 /h	1 000	1 500	2 000～ 3 000	2 500～ 5 000	3 000	2 000	500～1 000
一般显色 指数(Ra)	95～99	95～99	70～80	30～40	20～25	65～85	90～94
色温/K	2 700～2 900	2 900～ 3 200	2 700～ 6 500	5 500	2 000～ 2 400	5 000～ 6 500	5 500～ 6 000
功率因数 ($\cos \omega$)	1	1	0.33～0.7	0.44～0.67	0.44	0.01～0.4	0.4～0.9
表面亮度	大	大	小	较大	较大	大	大
频闪效应	不明显	不明显	明显	明显	明显	明显	明显
耐震性能	较差	差	较好	好	较好	好	好
所需附件	无	无	镇流器 启辉器	镇流器	镇流器	镇流器 触发器	镇流器 触发器

续表

光源名称 特性	白炽灯 （普通照明灯泡）	卤钨灯	荧光灯	荧光高 压汞灯	高压钠灯	金属卤 化物灯	管形氙灯
适用场所	彩色灯泡：可用于建筑物、商店橱窗、展览馆、园林构筑物、孤立树、树丛、喷泉、瀑布等装饰照明。水下灯泡：可用于喷泉、瀑布等处装饰用。聚光灯：舞台照明、公共场所等作强光照明	适用于广场、体育场、建筑物等照明	一般用于建筑物室内照明	广泛用于广场、道路、园路运动场所等作大面积室外照明	广泛用于道路、园林绿地、广场、车站等处照明	主要可用于广场、大型游乐场、体育场照明及调整摄影等方面	有"小太阳"之称，特别适合于作大面积场所的照明，工作稳定，点燃方便

2) 光源选择

园林照明中，一般宜采用白炽灯、荧光灯或其他气体放电光源。但因频闪效应而影响视觉的场合，不宜采用气体放电光源。

振动较大的场所，宜采用荧光高压汞灯或高压钠灯。在有高挂条件又需要大面积照明的场所，宜采用金属卤化物灯、高压钠灯或长弧氙灯。当需要人工照明和天然采光相结合时，应使照明光源与天然光相协调。常选用色温为 4 000~4 500 K 的荧光灯或其他气体放电光源。

同一种物体用不同颜色的光照在上面，在人们视觉上产生的效果是不同的。红、橙、黄、棕色给人以温暖的感觉，人们称之为"暖色光"，而蓝、青、绿、紫色则给人以寒冷的感觉，就称它为"冷色光"。光源发出光的颜色直接与人们的情趣——喜、怒、哀、乐有关，这就是光源的颜色特性。这种光的颜色特性——"色调"（表 8.4），在园林中就显得更为重要，应尽力运用光的"色调"来创造一个优美的环境，或是各种有情趣的主题环境。如白炽灯用在绿地、花坛、花径照明，能加重暖色，使之看上去更鲜艳。喷泉中，用各色白炽灯组成水下灯，和喷泉的水柱一起，在夜色下可构成各种光怪陆离、虚幻飘渺的效果，分外吸引游人。而高压钠灯等所发出的光线穿透能力强，在园林中常用于滨河路、河湖沿岸等及云雾多的风景区的照明。

表 8.4 常见光源色调

照明光源	光源色调
白炽灯、卤钨灯	偏红色光
日光色荧光灯	与太阳光相似的白色光
高压钠灯	金黄色、红色成分偏多，蓝色成分不足
荧光高压汞灯	淡蓝—绿色光，缺乏红色成分
镝灯（金属卤化物灯）	接近于日光的白色光
氙灯	非常接近日光的白色光

在被观察物和背景之间适当造成色调对比,可以提高识别能力,但色调对比不宜过分强烈,以免引起视觉疲劳。我们在选择光源色调时还可考虑以下被照面的照明效果:

①暖色能使人感觉距离近些,而冷色则使人感到距离加大,故暖色是前进色,冷色是后退色。

②暖色里的明色有柔软感,冷色里的明色有光滑感;暖色的物体看起来密度大些、重些和坚固些,而冷色看起来则轻一些。在同一色调中,暗色好似重些,明色好似轻些。在狭窄的空间宜选冷色里的明色,以造成宽敞、明亮的感觉。

③一般红色、橙色有兴奋作用,而紫色则有抑制作用。

3)园林绿地照明灯具的选用

灯具的作用是固定灯泡,让电流安全流过灯泡,把光源发出的光通量分配到需要的方面,防止光源引起的眩光以及保护光源不受外力及外界潮湿气体的影响等。灯具在园林中不但是起到照明作用,而且还兼具景观作用,所以灯具的选择非常重要,无论从色彩上还是造型上都应力求美观。

(1)灯具分类 灯具有几种不同的分类。根据光源分类,可分为白炽灯灯具、荧光灯灯具、高强气体放电灯灯具等;若按结构分类,可分为开启式、闭合式、保护式、密封式及防暴式;按光通量在空间上、下半球的颁布情况,又可分为直射型灯具、半直射型灯具、漫射型灯具、半反射型灯具、反射型灯具等。而直射型灯具又可分为广照型、均匀配光型,配照型、深照型和特深照型五种。

(2)灯具应用 灯具应根据使用环境条件、景观要求、场地用途、光强分布及限制眩光等方面进行选择。在满足下述条件下应选用效率高、维护检修方便的灯具。

①在正常环境中,宜选用开启式灯具。

②在潮湿或特别潮湿的场所,可选用密闭型防水灯或带防水防尘密封式灯具。

③可按光强分布特性选择灯具。光强分布特性常用配光曲线表示。如灯具安装高度在6 m及其以下时,可采用深照型灯具;安装高度在6~15 m时,可采用直射型灯具;当灯具上方有需要观察的对象时,可采用漫射型灯具;对于大面积的绿地,可采用投光灯等高光强灯具。

各类灯具形式多样,具体可参照有关照明灯灯具手册选用。

8.3.4 园林绿地的照明原则与设计

园林绿地由于环境差别大,用途广泛,要求差别大,所以照明的原则应以因地制宜,合理照明为准。

1)园林绿地的照明原则

①不要只为照明而照明,而应结合园林景观的特点,以最能充分体现在灯光下的景观效果为原则来布置照明。

②灯光的方向和颜色的选择,应以能增加建筑及小品、乔木、灌木和地被花卉的美观为主要前提。如建筑及小品在不同环境中有的需强光,有的需弱光,有的需要色彩鲜艳明亮,有的需要色彩柔和,并且暗淡一点,要根据具体环境而变化。如针叶树只在强光下才反映良好,一般宜于

采取暗影处理法。又如,阔叶树种白桦、垂柳、五角枫等对泛光照明有良好的反映效果;卤钨灯能增加红、黄色花卉的色彩,使它们显得更加鲜艳,小型投光器的使用会使局部花卉色彩绚丽夺目;汞灯使树木和草坪的绿色鲜明夺目等。

③对于水面、水景的照明,如以直射光照在水面上,对水面本身作用不大,但却能反映其附近被灯光所照亮的小桥、树木或园林建筑呈现出波光粼粼,有一种梦幻似的意境。而瀑布和喷水池却可用直射光照处理得很美观,灯光须透过流水以造成水柱的晶莹剔透、闪闪发光。所以,无论是在喷水的四周,还是在小瀑布注入池塘的地方,均宜将灯光置于是水面之下。在水下设置灯具时,应注意使其在白天难于发现隐藏在水中的灯具,但也不能埋得过深,否则会引起光强的减弱。一般安装在水面以下 30~100 cm 为宜。

某些大瀑布采用前照灯光的效果很好,但如让设在远处的投光灯直接照在瀑布上,效果并不理想。潜水灯具的应用效果颇佳,但需特殊的设计。

④对于园林绿地的主要园路,宜采用低功率的路灯装在 3~5 m 高的灯柱上,柱距 20~40 m,效果较好。也可每柱两灯,需要提高照度时,两灯齐明。也可隔柱设置控制灯的开关来调整照明。也可利用路灯灯柱装以 150 W 的密封光束反光灯来照亮花圃和灌木。

在一些局部的假山、草坪内可设地灯照明,如要在内设灯杆装设灯具时,其高度应在 2 m 以下。

⑤在设计园路装照明灯时,要注意路旁树木对道路照明的影响,为防止树木遮挡可以采取适当减少灯间距,加大光源的功率以减少由于树木遮挡所产生的光损失,也可以根据树型或树木高度不同,采用较长的灯柱悬臂,以使灯具突出树缘外或改变灯具的悬挂方式等以弥补光损失。

⑥无论是白天或夜晚,照明设备均需隐蔽在视线之外,最好全部敷设电缆线路。

⑦彩色装饰灯可创造节日气氛,特别是安装在水中更为美丽,但是这种装饰灯光不易获得一种宁静、安详的气氛,也难以表现出大自然的壮观景象,只能有限度地调剂使用。

2) 园林照明设计

园林照明设计是指为了达到人和环境的和谐而进行的电、光相结合的工程艺术设计。它的对象主要包括:道路、广场、建筑及小品、植物、假山石、水景等,对象不同它们的照明要求也有较大的差异。

(1)收集资料

①了解设计任务书的具体要求。

②了解各照明对象的使用要求。

③对照明方式、照度、色彩的要求。

④对照明中限制眩光的要求。

⑤园林绿地的平面布置图及地形图,必要时应有该园林绿地中主要建筑物的平面图、立面图和剖面图。

⑥该园林绿地对电气的要求,特别是一些专用性强的园林绿地照明,应明确提出灯具选择意向、布置、安装等要求。

⑦电源的供电情况及进线方位。

(2)照明设计的步骤

①明确园林照明对象的功能和照明要求。

②选择照明方式,可根据设计任务书中园林绿地对电气的要求,在不同的场合和地点,选择不同的照明方式。

③光源和灯具的选择,主要是根据园林绿地的配光和光色要求、与周围景色配合等来选择光源和灯具。

④灯具高度的确定,应符合功能要求,符合限制眩光的最小高度,考虑节能,与整体环境协调。

⑤灯具的合理布置。除考虑光源光线的投射方向、照度均匀性等,还应考虑经济、安全和维修方面等。

⑥照度计算,确定照明灯具的功率,计算照明设备的总容量,以便选择电度表及各种控制设备和保护设备。

⑦检查、校验。方案确定后应按照照明设计的相关标准,进行检查,另外还需要对方案进行校验优化,评价技术经济指标,取得最佳方案。

⑧绘制照明平面图和系统图,标注型号、规格及尺寸。有的还需要绘制大样图,注意各种数据符合规范要求。

⑨绘制材料总表,编制工程概算或预算。

⑩编写照明设计说明书。

（3）照明设计内容

①园林道路:包括选择光源、灯具、布灯方式、安装高度及间距、照明控制方式等。

②园林广场:包括亮度的确定、灯具的选择、安装高度、照明控制方式等。

③园林建筑小品:包括亮度、照度及色彩的确定、布灯的方式、效果的表现等。

④园林植物:包括色彩选择、根据树木花卉形状布灯、考虑季节变化布灯、不应出现眩光。

⑤园林假山石:包括照明亮度及色彩、不等高度及照射角度、照射距离等。

⑥园林水景:包括水下防水灯具、照明的色彩、布灯的形式、照明的控制方式选择等。

8.4 园林供电设计及施工

8.4.1 园林供电设计程序及内容

园林供电设计是园林规划设计的一项重要内容,它与园林建筑小品、道路铺装、植物种植、给排水等设计紧密相联,它们之间应该相互协调,统一规划,合理布局。

（1）设计程序 园林供电设计要在了解各方面情况的基础上进行,否则有可能与其他内容出现冲突或设计错误。

①收集资料:

a.收集绿地内各建筑、用电设备、给排水、暖通等平面布置图及主要剖面图,并附有各用电设备的名称、额定容量、额定电压、周围环境(潮湿、灰尘)等。这些是设计的重要基础资料,也是进行负荷计算和选择导线、开关设备以及变压器的依据;

b.了解地形情况;

c.了解各用电设备及用电点对供电可靠性的要求;

d.供电局同意供给的电源容量；

e.供电电源的电压、供电方式（架空线或电缆线，专用线或非专用线）、进入园林绿地的方向及具体位置；

f.当地电价及电费收取方法；

g.应向气象、地质部门了解以下资料（见表8.5）。

表8.5 气象、地质资料内容及用途

资料内容	用 途	资料内容	用 途
最高年平均	选变压器	年雷电小时数和雷电日数	防雷装置
平均最热月份平均最高温度	选室外裸导线	土壤冻结深度	接地装置
最热月平均温度	选室内导线	土壤电阻率	接地装置
一年中连续3次的最热日昼夜平均温度	选空气中电缆	50年一遇的最高洪水水位	变压器安装地点的选择
土壤中0.7~1.0 m深处一年中最热月平均温度	选地下电缆	地震烈度	防震措施

②根据其他要素规划情况及各对象需电情况，确定用电总量及布线方式。

③根据对象的需求，结合其他管线进行布线设计。

④确定管线的挖沟规格，一定要按相关规范要求设计。

⑤计算土建、各规格线、各种设备需求量等，然后计算总工程量。

⑥计算工程概算或预算额。

（2）园林供电设计的内容

①确定各种园林设施中的用电量，选择变压器的数量及容量。

②确定电源供给点（或变压器的安装地点），进行供电线路的配置。

③进行配电导线截面的计算。

④绘制电力供电系统图、平面图。

8.4.2 景观绿地用电量的估算

景观绿地用电分为动力用电和照明用电，其总量为两次用电量之和，即：

$$S_{总} = S_{动} + S_{照}$$

式中 $S_{总}$——公园用电计算总量；

$S_{动}$——动力设备用电总量；

$S_{照}$——照明用电总量。

1)动力用电估算

景观绿地的动力用电具有较强的季节性和间歇性，因而在作动力用电估算时应考虑这些因

素。其动力用电可用下式进行估算:

$$S_{动} = K_c \frac{\sum P_{动}}{\eta \cos \varphi}$$

式中　$\sum P_{动}$——各动力设备铭牌上额定功率的总和,kW;

　　　　η——动力设备的平均效率,一般可取 0.86;

　　　　$\cos \varphi$——各类动力设备的功率因数,一般在 0.6~0.95,计算时可取 0.75;

　　　　K_c——各类动力设备的用电系数,具体可查有关设计手册,估算时可取 K_c 为 0.5~0.75
　　　　　　　　(一般可取 0.70)。

2)照明用电估算

照明用电分为一般照明用电、景观照明用电。一般照明设备的容量,在初步设计中可按不同性质建筑物的单位面积照明容量法来估计:

$$P = \frac{S \times W}{1\ 000}$$

式中　P——照明设备容量;

　　　　S——建筑物平面面积,m^2;

　　　　W——单位容量,W/m^2。

照明用电的估算方法:依据工程设计的建筑物的名称,查表 8.6 或有关手册,得单位建筑面积耗电量,将这些值乘以该建筑物面积,其结果即为该建筑物照明估算负荷。

表 8.6　单位建筑面积照明容量

建筑名称	功率指标/(W·m^{-2})	建筑名称	功率指标/(W·m^{-2})
一般住宅	10~15	锅炉房	7~9
高级住宅	12~18	变配电所	8~12
办公室、会议室	10~15	水泵房、空压站房	6~9
设计室、打字室	12~18	材料库	4~7
商店	12~15	机修车间	7.5~9
餐厅、食堂	10~13	游泳池	50
图书馆、阅览室	8~15	警卫照明	3~4
俱乐部(不包括舞台灯光)	10~13	广场、车站	0.5~1
托儿所、幼儿园	9~12	公园路灯照明	3~4
厕所、浴室、更衣室	6~8	汽车道	4~5
汽车库	7~10	人行道	2~3

景观照明用电,可根据设计情况估算用电量。而将动力用电量和照明总用电量(一般照明用电及景观照明用电量总和)加起来就是该景观绿地的总用电量。

8.4.3　供电线路导线截面的选择

园林绿地的供电应尽量选用电缆线。市区内一般的高压供电线路均采用 10 kW 电压级。高压输电线一般采用架空敷设方式,但在园林绿地附近应要求采用直埋电缆敷设方式。

电缆、电线截面选择的合理性直接影响到有色金属的消耗量和线路投资,以及供电系统的安全经济运行,因而在一般情况下可采用铝芯线,在要求较高的场合下则采用铜芯线。电缆、导线截面的选择的原则如下:

①按载流量选择:按载流量选择也就是按导线的允许温升选择。在最大允许连续负荷电流通过的情况下,导线发热不超过线芯所允许的温度。导线允许载流量是通过实验得到的数据。查导线的允许载流量表,使所选的导线发热不超过线芯所允许的电流强度,因而可使所选的导线截面的载流量应大于或等于工作电流。即:

$$I_{载} \geq K I_{工作}$$

式中　$I_{载}$——导线、电缆按发热条件允许的长期工作电流,具体可查有关手册;

　　　$I_{工作}$——线路计算电流;

　　　K——考虑到空气温度、土壤温度、安装敷设等情况的校正系数。

②所选用导线截面应大于或等于机械强度允许的最小导线截面。

③验算线路的电压偏移,要求线路末端负载的电压不低于其额定电压的允许偏移值,一般工作场所的照明允许电压偏移相对值是 5%,而道路、广场照明允许电压相对值为 10%,一般动力设备为±5%。

④要考虑机械强度的要求,在正常工作状态下,导线应有足够的强度以防断线,保证安全可靠运行。根据设计经验,低压动力供电线路,一般先按载流量来选择导线截面,再校验电压损耗和机械强度,低压照明供电线路,一般先按允许电压损耗来选择截面,然后校验其发热条件和机械强度。

8.4.4　景观绿地配电线路的布置

1)确定电源供给点

景观绿地的电力来源,常见的有以下几种:

①借用就近现有变压器,但必须注意该变压器的多余容量是否能满足新增园林绿地中各用电设施的需要,且变压器的安装地点与公园绿地用电中心之间的距离不宜太长。中小型公园绿地的电源供给常采用此法。

②利用附近的高压电力网,向供电局申请安装供电变压器,一般用电量较大(70~80 kW 以上)的景观绿地最好采用此种方式供电。

③如果景观绿地(特别是风景点、区)离现有电源太远或当地电源供电能力不足时,可自行设立小发电站或发电机组以满足需要。

一般情况下,当景观绿地独立设置变压器时,需向供电局申请安装。在选择地点时,应尽量靠近高压电源,以减少高压进线的长度。同时,应尽量设在负荷中心或发展负荷中心。表 8.7

为常用电力线路的传输功率和传输距离。

表 8.7　常用电力线路的传输功率和传输距离

额定电压/kV	线路结构	输送功率/kW	输送距离/km
0.22	架空线	<50	<0.15
0.22	电缆线	<100	<0.20
0.38	架空线	<100	<0.25
0.38	电缆线	<175	<0.35
10	架空线	<3 000	15~8
10	电缆线	<5 000	10

2）配电线路的布置

景观绿地布置配电线路时,应根据整体园林规划来综合考虑。

（1）布置原则

①要全面统筹安排,主要是经济合理,使用维修方便,不影响园林景观,从供电点到用电点,要尽量取近,走直路,并尽量敷设在道路一侧,不要影响周围建筑及景色和交通。

②地势越平坦越好,要尽量避开积水和水淹地区,避开山洪或潮水起落地带。

③在各具体用电点,要考虑到将来发展的需要,留足接头和插口,尽量经过能开展活动的地段。

（2）线路敷设形式　线路敷设可分为两大类:架空线和地下电缆。架空线工程简单,投资费用少,易于检修,但影响景观,妨碍种植,安全性差;地下电缆的优缺点正与架空线相反。

目前在景观绿地中都尽量采用地下电缆,尽管一次性投资大些,但从长远的观点和发挥园林功能的角度出发,还是经济合理的。架空线仅常用于电源进线侧或在绿地周边不影响园林景观处,而在公园绿地内部一般均采用地下电缆。当然,最终采用什么样的线路敷设形式,应根据具体条件,进行技术经济评估之后才能确定。

（3）线路组成

①对于一些大型公园、游乐场、风景区等,其用电负荷大,常需要独立设置变电所,其主干线可根据其变压器的容量进行选择,具体设计应由电力部门的专业电气人员设计。

②变压器—干线供电系统:

a.在前面电源的确定中已提及,在大型园林及风景区中,常在负荷中心附近设置独立的变压器、变电所,但对于中、小型园林而言,常常不需要设置单独的变压器,而是由附近的变电所、变压器通过低压配电盘直接由一路或几路电缆供给。当低压供电线采用放射式系统时,照明供电线可由低压配电屏引出。

b.对于中、小型园林,常在进园电源的首端设置干线配电板,并配备进线开关、电度表以及各出线支路,以控制全园用电。动力、照明电源一般单独设回路。仅对于远离电源的单独小型建筑物才考虑照明和动力合用供电线路。

c.在低压配电屏的每条回路供电干线上所连接的照明配电箱,一般不超过 3 个。每个用电点(如建筑物)进线处应装闸刀开关和熔断器。

d.一般园内道路照明可设在警卫室等处进行控制,道路照明各回路应有保护装置,灯具也可单独加熔断器进行保护。

e.大型游乐场的一些动力设施应由专门的动力供电系统供电,并有相应的措施保证安全、可靠供电,以保证游人的生命安全。

③照明网络。照明网络一般用 380/220V 中性点接地的三相四线制系统,灯用电压 220 V。

为了便于检修,每一回路供电干线上连接的照明配电箱一般不超过 3 个,室外干线向各建筑物供电时不受此限制。

室内照明支线每一单相回路一般采用不大于 15 A 的熔断器或自动空气开关保护,对于安装大功率灯泡的回路允许增大到 20~30 A。

每一个单相回路(包括插座)一般不超过 25 个,当采用多管荧光灯具时,允许增大到 50 根灯管。

照明网络零线(中性线)上不允许装设熔断器,但在办公室、生活福利设施及其他环境正常场所,当电气设备无接零要求时,其单相回路零线上可装设熔断器。

一般配电箱的安装高度为中心距地 1.5 m,若控制照明不是在配电箱内进行,则配电箱的安装高度可提高到 2 m 以上。

拉线开关安装高度一般在距地 2~3 m(或者距顶棚 0.3 m),其他各种照明开关安装高度宜为 1.3~1.5 m。

一般室内暗装的插座,安装高度为 0.3~0.5 m(安全型)或 1.3~1.8 m(普通型);明装插座安装高度为 1.3~1.8 m,低于 1.3 m 时应采用安全插座;潮湿场所的插座,安装高度距地面不应低于 1.5 m;儿童活动场所(如住宅、托儿所、幼儿园及小学)的插座,安装高度距地面不应低于 1.8 m(安全型插座例外);同一场所安装的插座高度应尽量一致。

8.4.5　景观照明灯具的安装

景观照明灯具种类繁多,不同类型的灯具的作用不同,照明效果各异,灯具的施工安装方法也不同。本部分仅介绍当前常见景观照明灯具的安装方法。

(1)荧光灯安装

吊杆安装荧光灯灯具固定应牢固可靠,用于每个灯具固定的螺丝或螺栓不少于 2 个。组装式吊链荧光灯包括灯架、启辉器、镇流器、灯管管座及启辉器底座等构件。目前常用电子镇流器启动荧光灯,已经不用启辉器和镇流器了。

(2)壁灯安装

壁灯是园林景观中常见的照明设施,通常安装在景观墙壁上。壁灯装在墙壁砖墙上时,需用预埋螺栓或膨胀螺丝固定,若安装在柱子上,须将绝缘台固定在预埋柱内的螺栓上,或者打眼用膨胀螺丝固定灯具绝缘台。

灯具导线应一线一孔由绝缘台出线孔引出,在灯位盒内与电源线相连,塞入灯位盒内,再把绝缘台对正灯位盒紧贴建筑物表面固定牢固后,将灯具底座用木螺钉直接固定在绝缘台上。

位于室外的壁灯须有泄水孔,绝缘台与墙面之间有防水措施。

(3)应急灯安装

在园林景观的疏散通道及安全出口应设置应急灯。疏散照明应急灯通常采用荧光灯或白

炽灯,安全照明宜采用卤钨灯或能瞬时可靠点燃的荧光灯。

疏散照明应设置在安全出口的顶部、疏散通道及其转角处距离地面 1 m 以下的墙面上。

(4)霓虹灯安装

霓虹灯是一种采用辉光放电的光源,广泛运用于现代景观设计之中,可作为商业广告或指示标记。霓虹灯主要由灯管和变压器组成。霓虹灯灯管通常用直径 10~20 mm 的玻璃管制作而成,灯管两段各装置一个电极,玻璃管内抽成真空,再充入氖、氦等惰性气体,作为发光的介质。在电极的两端加压,电极发射电子激发灯管内惰性气体发光。

(5)装饰串灯安装

装饰串灯通常安装在乔木枝干、建筑物的入口门廊等处,起着夜晚装饰性作用。装饰串灯是由若干个小电珠串联而成,每个小串珠的额定电压为 2.5 V。串灯装于软塑料管或玻璃管内。

装饰串灯可较为随意地附着在装饰物上,或将彩色串灯装于螺纹塑料管内,沿着装饰物的轮廓布置,勾画出装饰物的主要轮廓。

(6)节日彩灯安装

节日彩灯是为增加节假日气氛而设置的灯具,通常为临时性设置。节假日彩灯装置有固定式和悬挂式两种类型。

固定式安装采用固定的灯具,灯具的底座设置有溢水孔,雨水可由溢水孔自然排出。彩灯装置的通常做法:灯间距一般为 600 mm,每个灯泡的功率不超过 15 W,每一个单相回路不超过 100 个。在安装灯具时,使用钢管敷设,连接彩灯灯具的管路采用管卡子及膨胀螺丝固定,灯具管路之间用直径不小于 6 mm 的镀锌圆钢连接。

悬挂式彩灯大多结合建筑设置,通常安装在景观建筑的四角,一般采用防水吊线灯头,连同电源线悬挂于钢丝绳上。导线应采用绝缘强度不低于 500 V 的橡胶铜导线,截面一般不小于 4 mm²,灯头线与干线的连接应牢固。灯具的间距一般为 700 mm,在距离地面 3 m 的范围内不允许安装灯头。

8.4.6　景观绿地用电施工技术

景观工程用电比较复杂,内容较多,这里主要介绍电缆施工过程。在具体施工时应该按照设计线路进行施工,步骤如下:

(1)核对图纸　首先核对图纸,然后按照设计图纸要求用白灰进行放线。核对的内容主要有:电缆的规格、型号、数量,电缆支架、桥架的形式和数量,供配电设备的位置等。

(2)制订施工计划

①施工进度:主要是考虑到与其他管线安装的配合。

②人员组织:确定施工人员的名单,各项目需要的施工人数。

③敷设程序:

a.先敷设集中的电缆,再敷设分散的电缆;

b.先敷设电力电缆,再敷设控制电缆;

c.先敷设长的电缆,再敷设短的电缆。

④敷设方法:电缆敷设应根据实际情况采用正确的方法,并且应该符合《电气装置安装工程电缆线路施工及验收规范》的有关规定。

（3）敷设电缆 敷设电缆时要整齐划一,不要混乱,特别是多根电缆一起敷设时更要注意整齐。电缆敷设的一般规定如下:

①敷设前要进行全面检查,包括电缆规格、型号、外观、数量及安全保障措施等。

②电缆敷设时不应损坏电缆沟井等。

③三相四线制系统中应采用四芯电力电缆。

④并联使用的电力电缆其长度、规格、型号宜相同。

⑤电力电缆在终端头与接头附近宜留有备用长度。

⑥电缆各支点间的距离应符合设计规定。

⑦机械敷设电缆时,最大牵引强度应符合有关规定,速度不宜超过 15 m/min 等要求。

⑧在电缆终端头、接头、拐弯处等应装设标志牌,且标志牌规格应统一,在标志牌上应注明线路编号,标志牌的字迹应清晰不易脱落等。

（4）施工过程

①开挖电缆沟:放线、机械或人工按设计及相关规范要求开挖电缆沟。

②电缆保护铺设:沟底修整夯实、锯管、弯管、接口、敷设、管卡固定、刷漆、管口封堵及金属管的接地。

③顶管安装:侧位、工作坑挖填土、安装机具、顶管、接管、水冲、抽水、清理。

④电缆敷设:架盘、敷设、切割、临时封头、整理固定、制挂电缆牌。

⑤电力电缆头制作、安装:量尺寸、锯电缆、切割护层、焊接地线、压端子、加强绝缘层、浇注环氧树脂热(冷)收缩配件、校线、接线(与设备)。

⑥控制电缆头制作、安装:量尺寸、切割、固定、剥外护层、芯线校对、端子标号、接线、屏蔽电缆还包括接地。

⑦电缆线防火设施安装:防火隔板加工固定,防火有机和无机涂料的拌和,孔洞的封堵,防火涂料涂刷电缆外层前的电缆清洁、涂刷。

8.4.7 景观绿地用电安全防护

景观工程多为室外场所,通常条件较为恶劣,人员密集,人员接触用电设施的机会较大,所以对于用电安全必须高度重视。以下介绍一些必要的用电安全措施。

1）一般场所防电措施

电气设备所有带电部分采用绝缘、遮挡或者外护物保护,以免有意或者无意的直接接触。内部可能被人接触的带电部分箱体,应用钥匙或者其他工具锁住。在距离地面 2.5 m 以下开启后可以接近的电气设备的门,应用钥匙或者工具锁住。

2）潮湿场所的防电击措施

在园林绿地中,经常遇到结合水景的用电设施,如水下灯、戏水池、喷水池等,其防电措施与一般场所不同。下面主要介绍戏水池和喷水池的防电击措施。

（1）戏水池的防电击措施

戏水池是人体直接接触水体的场所，按照电气危险程度，可以将戏水池划分为3个区域：Ⅰ区，水池内部；Ⅱ区，离水池边缘 2 m 的垂直面内，其高度止于距地面或人能达到的水平面的 2.5 m 处；Ⅲ区，位于Ⅱ区外侧 1.5 m 的垂直面内，其高度止于距地面或人能达到的水平面的 2.5 m 处。

①防电击措施：

a.Ⅰ区内仅允许使用 12 V 及以下的隔离特低电压供电，且其电源应设置在Ⅰ区、Ⅱ区、Ⅲ区以外；

b.在Ⅰ区、Ⅱ区、Ⅲ区内安装的电气设备须作局部等电位联结；

c.如用隔离特低电压供电，防止直接电击须满足以下要求之一：

• 设置不低于 IP2X 防护等级的遮拦或者外护物；

• 采用能耐受持续 1 min 的 500 V 电压的绝缘。

②用电设备的安装要求：

a.在Ⅰ区内仅能安装不超过 12 V 的隔离特低电压的用电设备及水下灯具；

b.在Ⅱ区内仅能安装隔离特低电压设备，若为固定式设备时也可以采用Ⅱ类防电击类别的设备；

c.在Ⅲ区内如非隔离特低电压供电，用电设备的安装须符合下列条件之一：

• 采用Ⅱ类防电击类别的设备；

• 采用Ⅰ类防电击类别的设备时，则用额定动作电流不超过 30 mA 的剩余电流保护器作保护；

• 用隔离变压器供电。

（2）喷水池的防电击措施

喷水池和戏水池类似，但是也有很明显的不同之处。若喷水池允许游人进入，则按照戏水池的要求来处理。而作为景观的喷水池，通常游人是不进入的，并且池内的潜水泵及水下照明灯具的功率较大不得用 12 V 的电源电压供电，若水下的 22 V 设备及线路绝缘损坏时，游人误入池内或者池边的人不慎坠入池内也会引发电击事故，因此喷水池须采取适当措施避免事故的发生。

根据电击危险性，可以将喷水池划分为两个区，即Ⅰ区：水池内部；Ⅱ区：离水池边缘 2 m 的垂直面内，其高度止于距地面或者人体能到达的水平面的 2.5 m 处。

①防电击措施：

a.采用 50 V 及以下的特低电压（SELV）供电，则其电源设备（如降压隔离变压器）须设置在Ⅰ区和Ⅱ区之外；

b.220 V 电气设备装用额定动作电压 $I\Delta n$。不大于 30 mA 的剩余电流保护器，在发生绝缘故障时应立即切断电源。

c.220 V 电气设备用隔离变压器供电，每一隔离电源（一台变压器或者一个二次绕组）只供给一台电气设备。

②喷水池的布线须满足下列要求：

a.Ⅰ区内电气设备的电源电缆须尽可能远离水池的边缘，在水池内它要尽可能以最短的路径连接至设备。电缆线须穿绝缘管以方便更换电缆。

b.布线电缆须采用水下电缆,须保证电缆除符合 IEC 60245-1 及 IEC 60245-4 的规定外,还要确保该电缆与水长期接触而不劣化。

复习思考题

8.1　什么叫交流电和交流电源?

8.2　根据我国规定,交流电力网的额定电压等级有哪些?

8.3　什么叫色温、显色性和显色指数?

8.4　常见园林照明方式有哪些?

8.5　决定照明质量的因素有哪些?

8.6　常用园林照明灯具有哪几类?

8.7　如何选用园林照明灯具?

8.8　园林绿地的照明原则有哪些?

8.9　园林供电设计的内容有哪些?

8.10　如何估算公园绿地等的用电量?

8.11　如何选择公园绿地变压器?

8.12　园林绿地布置配电线路时,应遵循哪些原则?

8.13　对某一公园绿地进行配电设计。

9 园林机械

本章导读 本章重点介绍园林土方工程、混凝土及灰浆工程、种植工程中的一部分常用机械,以及部分起重机械的型号及主要技术性能,以供需要时选用。本章还介绍了园林机械的养护制度和维修方法。

随着我国现代化建设事业的不断发展,我国的园林工程建设也进入到了高速发展期。机械化生产是提高生产效率,加快工程建设进度的重要手段。机械化生产是我国园林事业中较为薄弱的环节,通过机械化提高劳动生产率、加快工程建设进度是时代的要求,近年来各地园林工作者创造和引用了多种园林工程机械和工具,改变了园林建设的面貌。但随着园林事业的飞速发展和园林工程建设水平的不断提高,目前的机械化程度还不能完全适应园林工程建设的要求,还需要更多更好的机械,尤其是节能、高效产品的使用,使园林工程建设从笨重的手工操作中逐步解放出来,以适应城市园林建设事业的发展。

9.1 园林机械及其分类

园林机械按其用途大致可分为:土方施工机械、起重机械、混凝土机械、种植养护机械、浇灌机械、整地机械、提水机械和苗木出圃机械等。

(1)土方施工机械 常用的有推土机、铲运机、平地机、挖掘装载机和夯土机等。

(2)起重机械 包括汽车起重机、桅杆式起重机、卷扬机、少先起重机、手拉葫芦和电动葫芦等。

(3)混凝土和灰浆机械 包括混凝土搅拌机、振动器、灰浆搅拌机、筛砂机、纸筋麻刀灰拌和机等。

(4)种植养护机械 可分为种植机械、整修机械、植保机械等。种植机械包括挖坑机、开沟机、液压移植机、铺草坪机等;整修机械包括油锯、电锯、剪绿篱机、割草、割灌机、轧草坪机、高树修剪机等;园林植物保护机械包括各类机动喷雾机、喷粉机、迷雾喷粉机、喷烟机和灯光诱杀虫装置等。

(5)浇灌机械 包括离心泵、潜水泵、喷灌机、滴灌装置、浇水车等。

(6)整地机械 包括各种犁和耙、旋耕机、镇压器、打垄机、筑床机等。

(7)中耕抚育机械 包括中耕机、除草机、施肥机、切根机等。

(8)苗圃机械 包括各类苗木的起挖机、苗木分选捆包机、苗木运输机等。

(9)保洁机械 包括清扫机、扫雪机、吸叶机、洒水车、吸粪车等。

9.2 园林工程机械

9.2.1 土方工程机械

应用于各类基本建设工程中,对土壤进行搬移作业的机械统称为土方工程机械,简称土方机械。诸如土方的挖(铲)运、回填,场地的平整、压实,以及路基填筑、基坑开挖、沟槽挖掘、大坝修建等,多属工程量大、劳动强度高、耗用人力多、工期长的土方工程,其中大部分工序都要使用相应的施工机械。

在园林工程施工中,不管是挖湖堆山还是道路铺装以及埋砌管道和种植工程等,都包括数量较大的土方工程施工。因此,采用挖掘机械施工并配合运输和装载等机械,可进行土方的挖、运、填、夯、压实、平整等工作,不但可以使施工达到设计要求,还能提高工程质量,缩短工期,降低成本,高效、快捷地完成施工任务。现就推土机、铲运机、平地机、挖掘装载机和夯土机等土方机械进行介绍。

1)推土机

推土机是土石方工程施工中的主要机械之一,它由拖拉机与推土工作装置两部分组成。其行走方式,有履带式轮胎式两种,传动系统主要采用机械传动和液力机械传动,工作装置的操纵方法分为液压操纵与机械操纵。图9.1是履带式推土机外形结构和轮胎式推土机外形结构示意图。推土机具有操纵灵活、运转方便、工作面积小,既可挖土,亦可较短距离(100 m以内,一般30~60 m)运送,行驶速度较快,易于转移等优点。适用于场地平整、开挖基坑、堆山筑路、回填管沟、推运碎石等。根据需要,也可配备多种作业装置,如松土器、除根器等,还可以用来清除作业地段内的树木、石块和耙松路面等,是应用广泛的土方机械。

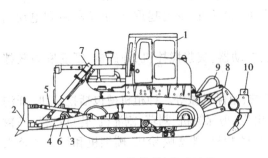

(a)履带式推土机的外形和构造示意

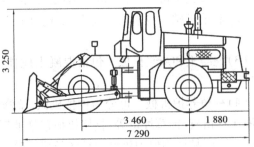

(b)轮胎式推土机外形结构示意图

图9.1 推土机外形及结构

2）铲运机

铲运机是利用装在前、后轮轴之间的铲运斗，在行驶中顺序进行土壤铲削、装载、运输和铺卸土壤作业的铲土运输机械。它能独立地完成铲、装、运、卸各个工序，还兼有一定的压实和平整土地的功能，主要用于土方挖填和场地平整，有较高的生产效率，是土方工程中应用最广的机种。

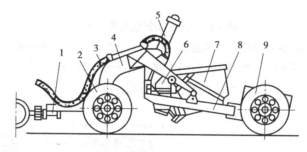

图9.2 C_6—2.5型铲运机

铲运机按其行走方式分，有拖式铲运机和自行式铲运机两种；按铲斗的操纵方式分，有机械操纵（钢丝绳操纵）和液压操纵两种。拖式铲运机，有履带拖拉机牵引，并使用装载拖拉机上的动力绞盘或液压系统进行操纵，目前普遍使用的铲斗有2.5 m^3和6 m^3两种。图9.2系C_6—2.5型铲运机，它的斗容量平装为2.5 m^3，尖装为3 m^3。这种铲运机需用40~55 kW的履带式拖拉机牵引，并使用拖拉机上的液压系统实行操纵，它具有强制切土和机动灵活等特点。这种铲运机一般适用于运距在50~150 m的范围内零星和小型的土方工程，也适合于开挖1~2级土壤。在开挖3级以上土壤时，应预先进行疏松。

C_5—6型拖式铲运机的斗容量，平装为6 m^3，尖装为8 m^3。需用58.8~73.5 kW的履带式拖拉机牵引，利用装在拖拉机上的绞盘钢丝绳操纵。这种铲运机一般用于运距在80~500 m范围内的大面积施工场地，适于开挖1、2级土壤。当开挖3级以上土壤时，应先进行疏松或采用推土机助铲。

自行式铲运机由牵引车和铲运斗两部分组成。目前普遍使用的斗容量有6 m^3和7 m^3两种。C_4—7型自行式铲运机由单轴牵引车和铲运斗两部分组成，其构造见图9.3。适用于开挖1~3级土壤、运距在500~3 500 m的大型土方工程。如运距在800~1 500 m时，3台铲运机可配备一台58.8~73.5 kW履带式推土机或117.6 kW轮胎式推土机助铲。如运距在1 500~3 500 m时，5台铲运机可配一台推土机助铲。

3）平地机

平地机是用自带的位于机械中央的刮土刀进行土壤的切削、刮送和整平作业的施工机械。在园林土方工程施工中，平地机主要用于平整路面和大型场地，还可以用来铲土、运土、挖沟渠、刮坡、拌和沙石水泥材料等作业。装有松土器时，可用于疏松硬实土壤及清除石块。也可加装推土装置，用于代替推土机的各种作业。

平地机有自行式和托式之分。自行式平地机工作时依靠自身的动力设备，托式平地机工作时需要由履带式拖拉机牵引。图9.4所示为P_4—160型平地机的构造示意图。该机具有牵引

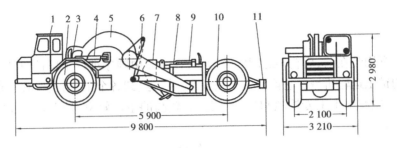

图 9.3　C₄—7 型铲运机的构造

1—驾驶室;2—前轮;3—中央抠架;4—转向油缸;5—辕架;6—提斗油缸;

7—斗门;8—铲斗;9—斗门油缸;10—后轮;11—尾架

力大,通过性好,行驶速度高,操作灵活,动作可靠等特点。

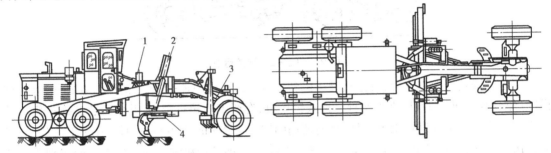

图 9.4　P₄—160 型平地机的构造示意图

1—平衡箱;2—传动轴;3—车架;4—刮土刀

4)液压挖掘机

挖掘机是用斗状工作装置挖取土壤的土方工程施工机械,它的挖土效率高,产量大,能在坚实的土壤和爆破后的岩石中进行挖掘作业,如开挖路堑、基坑、沟槽和取土等。还可在更换各种工作装置后,进行修筑道路、疏通河道、清理废墟、挖掘水库、剥离表土、开挖矿石等。如果和自卸汽车等运输设备配合进行远距离的土石方转移,则具有很高的生产效率。

早年生产的挖掘机都是履带式机械传动型,将挖掘装置更换起重装置后就可以作为履带式起重机,因此又称起重、挖掘机。这种挖掘机因结构复杂、性能差、效率低而逐步被液压传动式替代。

液压传动式挖掘机因行走机构的不同,又有履带式和轮胎式之别。一般生产厂将挖掘机制成上车相同,仅行走机构不同的履带式和轮胎式两种挖掘机。由于履带式挖掘机具有良好的通过性能,适用于场地不平的土方开挖,因而得到广泛应用。

挖掘机采用液压传动后,使结构简化,技术性能提高。和机械传动挖掘机相比,挖掘能力可增加 30%,整机质量可减少 30%,并可适当加大铲斗容量。由于行走牵引力和整体质量之比的提高,使行走速度、爬坡能力等也相应提高。

液压挖掘机主要由工作装置、回转机构、动力装置、传动机构、行走装置和辅助设备等组成。其动力装置、传动机构的主要部分、回转机构、辅助设备和驾驶室等均装在可回转的平台上,简称上部平台。因而也可将挖掘机的构造概括为由工作装置、上部平台和行走装置三大部分以及液压传动系统等组成。

5) 压实机械

在园林工程施工中,特别是在园路路基、驳岸、水闸、挡土墙、水池、假山等基础的施工过程中,为了使基础达到一定的强度,以保证其稳定性,就需要使用各种形式的压实机械把新筑的基础土方进行压实。

压实机械类型繁多,这里介绍几种简单的小型夯土机械——冲击作业式夯土机。冲击作业式夯土机有内燃式和电动式两种。它们的共同特点是构造简单、体积小、质量小、操作和维护简便、夯实效果好、生产率高,所以可以广泛适用于各类园林工程的土壤夯实工作。特别是在工作场地狭小,无法使用大中型机构的场合,更能发挥其优越性。

(1)内燃式夯土机 内燃式夯土机是根据两冲程内燃机的工作原理制成的一种夯实机械。除具有一般的夯实机械的优点外,还能在无电源地区工作。在经常需要短距离变更施工地点的工作场所,更能发挥其独特的优点。

内燃式夯土机主要由汽缸头、汽缸套、活塞、卡圈、锁片、连杆、夯足、法兰盘、内部弹簧、密封圈、夯锤、拉杆等部分组成。

(2)电动式夯土机

① 蛙式夯土机。蛙式夯土机是我国在开展群众性的技术革新中创造的一种独特的夯实机械。它适用于水景、道路、假山、建筑等工程的土方夯实及场地平整,也适用于槽宽 500 mm 以上、长 3 m 以上的基础、基坑夯实,以及较大面积的填方及一般洒水回填土的夯实等。

蛙式夯土机主要由夯头、夯架、传动轴、底盘、手把及电动机等部分组成,见图 9.5。

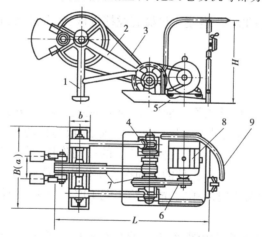

图 9.5 蛙式夯土机外形尺寸和构造示意

1—夯头;2—夯架;3、6—三角胶带;4—传动轴;
5—底盘;7—三角胶带轮;8—电动机;9—手把

②电动振动式夯土机。HZ—380A 型电动振动式夯土机是一种平板自行式振动夯实机械。适用于含水率小于 12% 和非黏土的各种沙土、砾石及碎石和建筑工程中的地基、水池的基础及道路工程中铺设小型路面、修补路面路基等的夯实工作。其外形尺寸和构造如图 9.6 所示。它以电动机为动力,经二级三角皮带减速,驱动振动体内的偏心转子高速旋转,产生惯性力使机械

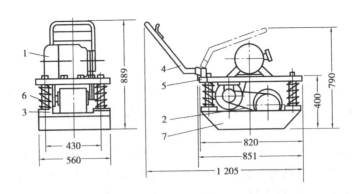

图 9.6　HZ—380A 型电动振动式夯土机外形尺寸和构造示意
1—电动机；2—传动胶带；3—振动机；4—手把；
5—支撑板；6—弹簧；7—夯板

发生振动,以达到夯实土壤的目的。

振动夯实土机具有结构简单、操作方便、生产效率高和振动密实度高等特点,密实度能达到 0.85~0.90,可与 10 t 静作用压路机密实度相比。使用要点可参照蛙式夯土机有关要求进行。在无电的施工区,还可用内燃机代替电动机产生振动力,这样使得振动式夯土机能在更大范围内得到应用。

9.2.2　混凝土机械

按照混凝土施工工艺的需要,混凝土机械有搅拌机械、输送机械、成型机械 3 类。这里仅介绍成型机械中的振动器。

1)外部振动器

外部振动器是在混凝土的外表面施加振动,而使混凝土得到捣实。它可以安装上模板上,成为"附着式"振动器;也可以安装在木质或铁质底板下,成为移动的"平板式"振动器。除可用于振捣混凝土外,还可夯实土壤。由于机械所产生的振动作用,使受振的面层密实,提高强度。对于混凝土基础面层和一般混凝土构件的表面振实工作均能适应,并可装于各种振动台和其他振动设备上使用。浇灌混凝土时应用它,能节约水泥 10%~15%,并且提高劳动生产率,缩短混凝土浇灌工程的周期。

各种外部振动器的构造基本相同,所不同的是有些振动器为便于散热,机壳铸有环状和条状凸肋;为减轻轴承负荷,当振动力较大时,有的振动器在端盖上增加两个轴承。如 HZ_2—5 型外部振动器结构,它是特别铸铝外壳的三相两级工频电动机,在电动机转子轴的两个伸出端,各固定一个偏心轮,偏心部分用端盖封闭。端盖与轴承座用三只长螺栓紧固,以便于维修。外壳上有四个地脚螺栓孔,使用时用地脚螺栓将振动器固定到模板或平板上。

2)内部振动器

内部振动器亦称插入式振动器、混凝土振捣棒。它的作用和使用目的与外部振动器相同。

浇灌混凝土厚度超过 25 cm 以上者,应用插入式混凝土振捣棒。

内部振捣器主要由电动机、软轴组件、振动棒体等 3 部分组成。根据振动棒产生的振动方式不同,振动棒分高频行星式振动器和中频偏心式振动器等类型。高频行星外滚软轴插入式振动器是使用最多的一种,在数量上占我国插入式振捣器的 90% 左右。

9.2.3　起重机械

起重机械在园林工程施工中,用于装卸物料、移植大树、山石掇筑、拔除树根,带上附加设备还可以挖土、推土、打桩、打夯等。起重机械种类很多,在园林施工中常用汽车式起重机、少先起重机、卷扬机、手葫芦和电动葫芦等。

1)汽车起重机

汽车起重机是一种自行式全回转,起重机构安装在通用或特制汽车底盘上的起重机。起重机构所用动力,一般由汽车发动机供给。汽车起重机具有行驶速度高,机动性能好,所以适用范围较广。

（1）Q1—5 型起重机　Q1—5 型起重机是用解放牌汽车做底盘,利用车上的发动机为动力,经过一系列的机械变速和传动来实现起重机的回转、起重和变幅工作。

（2）Q2 型汽车起重机　Q2 型汽车起重机,是全回转伸缩臂式,采用全液压传动和操纵,其结构简单,自重较轻,能无级变速,操纵轻便灵活,安全可靠。

Q2 型汽车起重机有安装在解放牌汽车底盘上的 Q2—5 型和 Q2—5H 型,安装在黄河牌汽车底盘上的 Q2—8 型和 Q2—12 型,以及安装在特制的专业底盘上的 Q2—16 型。

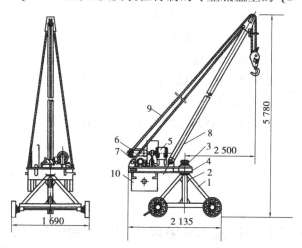

图 9.7　少先起重机的外形及构造示意图

2)少先起重机

少先起重机是人力移动的全回转轻便式单臂起重机。工作时不能变幅,这种起重机在园林施工中可用于规模不大或大中型机械难以达到的施工现场。常用的少先起重机有 0.5 t、0.75 t、

1 t、1.5 t 等几种。少先起重机的外形及构造如图 9.7。它由机架和工作装置等组成,四轮机架 1 的中央装有短柱 2,回转平台 4 安装在短柱轴颈 3 上旋转,回转平台的后半部上装有电动机 5, 蜗轮减速器 6,卷扬机 7,下部备有配重箱 10;回转平台 4 的前部装有起重臂 8,并用拉索 9 拉住 使倾角固定。工作时由电动机驱动经减速器带动卷扬机 7 旋转,回转时用人力推动。

3)卷扬机

卷扬机是以电动机为动力,通过不同传递形式的减速、驱动卷筒运转作垂直和水平运输的 一种常见的机械。其特点是具有结构简易紧凑、易于制造、操作简单、转移方便。在园林工程施 工中常配以人字架、拔杆、滑轮等辅助设备作小型构件的吊装用。

(1)单筒慢速卷扬机　单筒慢速卷扬机的构造及外形尺寸如图 9.8 所示。它以电动机 2 为 动力,通过联轴器 3,传给蜗轮减速器 5 及开式传动齿轮组 6,再驱动卷筒 7 旋转。

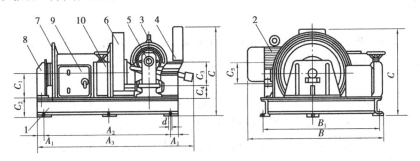

图 9.8　JJM—3、5、8、10、12 型构造及外形尺寸
1—机架;2—电动机;3—联轴器;4—重锤电磁制动器;5—涡轮减速器;
6—开式传动齿轮组;7—卷筒;8—支架;9—电气箱;10—凸轮控制器

(2)环链手拉葫芦和电动葫芦　环链手拉葫芦又称差动滑车、倒链、车筒、葫芦等。它是一 种使用简易、携带方便的人力起重机械。适用于起重次数较少、规模不大的工程作业,尤其适用 于流动性及无电源、作业面积小的工程施工。

电动葫芦是一种简便的起重机械。由运行和起升两大部分组成,一般安装在直线或曲线工 字梁的轨道上,用以起升和运输重物。

电动葫芦具有尺寸小、质量轻、结构紧凑、操作方面等特点,所以越来越广泛的代替手拉葫 芦,用于园林施工的各个方面。

9.2.4　抽水机械

工农业生产中常用的抽水机械是水泵,在园林工程中应用也很广泛,在土方、给水、排水、水 景、喷泉等工程中均有应用,在园林植物栽培中,灌溉排涝、施肥、防治病虫害也会使用。

1)水泵型号和结构

水泵的型号很多。目前园林中使用得最多的是离心泵。离心泵的品种也很多,各种类型泵 的结构又各不相同,下面简单地介绍一下单级单吸悬臂式离心泵。

单级悬臂式离心泵结构简单,使用维护方便,应用也很广。此类泵的扬程从几米到近

100 m,流量 4.5~360 m³/h,口径 3.75~20 cm。

悬臂式离心泵主要由泵体、泵盖、叶轮、泵轴和托架等组成。泵进口在轴线上,叶出口在泵轴线成垂直方向,并可根据需要将泵体旋转 90°、180°、270°。泵由联轴器直接传动,或通过皮带装置进行传动。采用皮带传动时,托架靠皮带轮一侧安装两个单列向心球轴承。

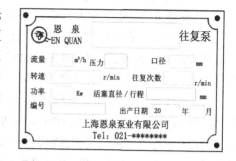

图 9.9 水泵的铭牌

2)水泵的性能

水泵的铭牌是水泵的简单说明书,从铭牌上可以了解水泵的性能和规格。图 9.9 是一个铭牌的例子,铭牌上的数据很多,现在把其中主要技术数据分别介绍如下。

(1)型号 水泵的类型很多,为了选型配套方便起见,制造部门根据水泵的尺寸、扬程、流量、转速和结构等特点,给水泵编出型号。我国水泵有新、旧两种型号,都是用汉语拼音字母和数字组成的。为了便于认识和区别新旧型号,举例如下。

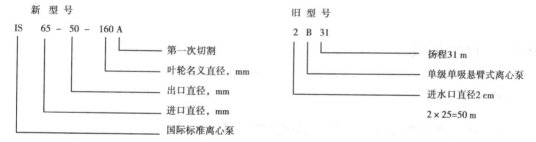

(2)流量 Q 水在 1 h 之内的出水量叫做流量,单位是 m³/h 或 L/s,也有用 kg/s 或 t/h 来表示。

$$1 \text{ L/s} = 3\,600 \text{ L/h} = 3.6 \text{ m}^3/\text{h} = 3.6 \text{ t/h}$$

(3)扬程 H 通俗的说,扬程就是水泵的扬水高度,单位是 m。

水泵的扬程是实际扬程(进水水面至出水水面的垂直高度)和损失扬程之和。损失扬程在管道不长的情况下,可按实际扬程的 15%~30% 估算。

(4)功率 N 与效率 功率 N 是指水泵的轴功率,即原动机传输给水泵的功率,单位为 kW。

水泵的流量与扬程的乘积为有效功率,用 $N_{效}$ 表示,单位为(kg·m)/s。用公式表示:

$$N_{效} = \gamma Q H$$
$$N_{效} = \gamma Q H / 120$$

式中 γ——水的容重,kg/L;

Q——水泵的流量,L/s;

H——水泵的扬程,m。

水泵的有效功率(输出功率)与轴功率(输入功率)之比是泵的效率 η,它是用来衡量泵的功率损失的,用公式表示:

$$\eta = N_{效} / N_{轴} \times 100\%$$

一般离心泵的最高效率为 60%~80%，大型的水泵则大于 80%。

（5）转速 n　是指水泵的叶轮每分钟旋转的次数，单位为 r/min。

（6）允许吸上真空高度 H　为了保证离心泵运行时不发生气蚀现象，通过实验规定出一个尽可能大的吸上高度，并留有 0.3 m 的安全量，为允许吸上真空高度，单位为 m。它表示水泵吸水能力的大小，是确定安装高度的依据。

（7）比转数 n_s　比转数又称比速，是指一个假想的叶轮与该泵的叶轮几何形状完全相似时，它的扬程为 1 m，流量为 0.075 m³/s 时的转数。它是表示水泵特性的一个综合数据。一般地说，比转数高的水泵流量大、扬程低；比转数低的水泵流量小、扬程高。比转数还表示了水泵的形状和各部位尺寸的比值，水泵可根据它进行分类。

9.3　种植养护机械

在绿化工程中，种植和养护是两个主要的工作环节，也是耗费人力较多、劳动强度比较大的工作环节，因而也亟待机械化。

9.3.1　种植机械

1）整地挖坑机

（1）整地挖坑机的功用和分类　整地挖坑机主要用于植树前的穴状整地作业，也可用于挖追肥穴或埋桩柱的坑等，又称穴状整地机，主要有便携式和悬挂式两类。便携式又有手提式、手推式和背负式之分。以手提式和悬挂式使用比较普遍。

图 9.10　手提式挖坑机

（2）手提式挖坑机　手提式挖坑机由发动机、离合器、减速器、钻头及操纵装置等组成，如图 9.10 所示。发动机多采用功率为 1.2~3.7 kW 的二冲程风冷汽油机，通过离合器和减速器驱动钻头进行作业。离合器是发动机和工作部件间的连接装置，一般采用离心式摩擦离合器。当发动机达到一定转速时，离合器主动盘重锤所产生的离心力克服了弹簧的拉力，离合器就自动接合，并经减速器将动力传递给钻头。减速器是挖坑机的重要部件，其作用是将发动机的转速变为钻头的工作转速，有圆柱齿轮减速器、蜗轮蜗杆减速器和摆线针齿减速器等类型。以采用摆线针齿减速器较普遍，它具有减速比较大、体积小、质量轻、噪声低和传动平稳等特点。操纵装置常采用可拆卸式的手柄结构，可配置成单人或双人操作。钻头由钻尖、刀片、导土片和钻杆组成。钻尖起定位作用，刀片用于切削土壤，导土片则主要起升土作用。作业时钻头垂直向下运动，在扭矩和轴向力的作用下切削土壤，切下的松碎土壤沿导土片工作面上升，运到地表后被抛离到坑的周围。钻头上还可备有钻杆套和防护罩，以防止钻杆被草缠住并起安全保护作用。

为使挖坑机钻头能自动出土,机上多装有逆转机构。钻头的转速一般为200~300 r/min,其圆周线速度为3 m/s左右,以保障升运出的土壤不致甩得过远,且利于回填覆埋树苗。

手提式挖坑机结构紧凑,体积小,质量轻,机动灵活,适宜于山地、丘陵和35°以下坡度的荒山荒地的造林挖坑作业。

(3)背负式挖坑机 背负式挖坑机与背负式割灌机相似,利用防震架将发动机背在背后,通过挠性传动软轴,将发动机扭矩传给钻头。作业原理、主要工作部件与手提式挖坑机类同。整机重量轻、动力强劲、外形美观、操作舒适、劳动强度低,适合各种地形。

(4)手推式液压挖坑机 手推式液压挖坑机(图9.11)由汽油机(柴油机)提供动力,通过液压系统带动钻杆转动。并且钻头能正反转,随时调整转速,可根据钻孔直径,随时更换不同直径的钻头。该机可边行走边挖坑。一人即可操作,省工省力,该机配有行走轮,根据不同的挖坑深度,可随时调整支臂长短。另外,根据用户的要求,可安装行走驱动装置,整机能自动行走,大大降低人工的劳动强度。该机操作简单、维修方便,是植树造林挖坑的理想机械。

(5)悬挂式挖坑机 悬挂式挖坑机(图9.12)由传动轴、减速器、钻头、拉杆和机架等组成。

图9.11 手推式液压挖坑机

图9.12 悬挂式挖坑机

挖坑作业时,拖拉机液压悬挂装置处于浮动状态,使钻头对准挖坑标记中心靠自重落下,拖拉机的动力输出轴通过传动轴和减速器带动钻头旋转入土,钻头切去中心部分土壤,进而钻头叶片下端的刀片切削土壤,切下的土壤在离心力作用下被抛向穴壁,并在摩擦力作用下沿着叶片螺旋向上升到地面被抛到穴的周围,挖到预定深度时,通过液压悬挂装置提升钻头到运输状态,再转移到下一个挖坑地点。

钻头一般采用双螺旋型。有的挖坑机装有两个或两个以上的钻头,称多钻头挖坑机,能充分利用拖拉机功率和提高生产率。为使钻头在工作时不因遇到石块、树根等障碍物超负荷时受损,在传动轴上装有牙嵌式离合器。在超负荷状态下,离合器自动打滑,从而切断动力的传递。悬挂式挖坑机由于动力较大,功效高,可挖较大的坑穴,适宜于地形平缓或拖拉机能通过的地区。

2)开沟机

开沟机除用于种植外,还用于开掘排水沟渠和灌溉沟渠,主要类型有铧式和旋式两种。

铧式开沟机由大中型拖拉机牵引,犁铧入土后,土垄经翻土板、两翼板推向两侧,侧压板将沟壁压紧即形成沟道。

旋转圆盘开沟机是由拖拉机的动力输出轴驱动,圆盘旋转抛土开沟,其优点是牵引阻力小、沟形整齐、结构紧凑、效率高。圆盘开沟机有单圆盘式和双圆盘式两种。双圆盘式开沟机行走稳定,工作质量比单圆盘开沟机好,适于开大沟。旋转开沟机作业速度较慢(200~300 m/h),需要在拖拉机上安装变速箱和减速箱。

3)液压移植机

液压移植机是用液压操作供大乔灌木移植用的移植机械,亦称为自动植树机。

图9.13 所示为液压移植机,它起树和挖坑部件为四片液压操纵的弧形铲,所挖坑形呈圆锥状。机上备有给水桶,如土质坚硬时,可一边浇水一边向土中插入弧形铲以提高工作效率。

液压移植机在国外使用普遍,分自行式或牵引式两类。自行式多以汽车、拖拉机为底盘组装而成;牵引式的作业机与汽车、拖拉机用销子连接,其本身备

图9.13 液压移植机

有专用的动力机。

液压移植机的型号很多。我国引进美国的液压移植机挖坑直径为 198 cm、深 145 cm,能移植胸径 25 cm 以下的树木。

9.3.2 整形修剪机械

整形修剪是植物养护中的一项重要工作,它直接影响到植物的外观以及生长和寿命。不单乔木整修,灌木、花卉及地被植物均要整修。用来整修植物的机具很多,但主要是使用简单的手工工具,劳动强度大,生产率低,亟待改革。现介绍几种国内生产用于整修的机械。

1)油锯及电链锯

油锯又称汽油动力锯,是现代机械化伐木的有效工具。在园林工程中不仅可以用来伐木、截木、去掉粗大枝杈,还可应用于树木的整形、修剪。油锯的优点是生产率高,生产成本低,通用性好,移动方便,操作安全。

目前生产的油锯有两种类型。图9.14(a)是 015 型油锯,又称高把油锯。它的锯板可根据

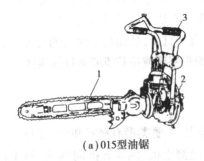

(a)015型油锯　　　　　　　　　　　　(b)YJ—4型油据

图9.14 油锯
1—锯木结构;2—发动机;3—把手

作业需要调整成水平或垂直状态。它的锯架把手是高悬臂式的,操作者以直立姿势平稳地站着工作,无需大弯腰,可减轻操作时的疲劳。图9.14(b)是 YJ—4 型油锯,它的锯板在锯身上所处的状态是不可改变的。由于采用了特殊的构造,保证了油锯在各种操作状态下均能正常工作,因此操作姿势可随意。这种类型的锯更适于园林工程的需要。

还有一种用途与工作装置和油锯相同的锯——电链锯,其不同点在于是由电力驱动的。电链锯具有质量小、震动小、噪声小等优点,是园林树木修剪较理想的机具,但需有电源或供电机组,一次投资成本高。

2) 小型动力割灌机

割灌机主要清除杂木、剪整草地、割竹、间伐、打权等。它具有质量轻、机动性能好、对地形适应性强等优点,尤其适用于山地、坡地。

小型动力割灌机可分为手扶式和背负式两种。一般由发动机、传动系统、工作部分及操纵系统四部分组成,手扶式割灌机还有行走系统。目前小型动力割灌机的发动机大多采用单杠二冲程风冷式汽油机,发动机功率在 0.735~2.2 kW 范围内。传动系统包括离合器、中间传动轴、减速器等。中间传动轴有硬轴和软轴两种类型。侧挂式采用硬轴传动,后背式采用软轴传动。

图9.15 所示为 DG—2 型割灌机,由发动机、传动系统、工作部分及操纵系统四部分组成。

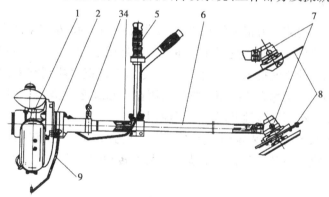

图9.15 DG—2 型割灌木机总图

1—发动机;2—离合器;3—吊挂机构;4—传动部分;5—操纵手油门;
6—套管;7—减速器;8—工作件;9—支脚

DG—2 型割灌机的工作部件有两套:一套是圆锯片,用于切割直径 3~18 cm 的灌木和立木。另一套是刀片,圆形刀盘上均匀安装着三把刀片,刀片的中间有长槽,可以调节刀片的伸长度,主要用于切割杂草、嫩枝条等。切割嫩枝条时伸出长度相同。刀片只用于切割直径为3 cm 以下的杂草及小灌木。

3) 动力铡草机

铡草机主要用于大面积草坪整修。铡草机轧草的方式有两种:一种是滚刀式,一种是旋刀式。国外轧草机型号种类繁多。我国各地园林工人亦试制成功多种铡草机,对大面积草坪整修,基本实现了机械化,但还没有定型产品。

4)高枝修剪机

高树修枝是园林绿化工程中的一项经常性的工作,人工作业条件艰苦、费工时、劳动强度大,迫切需要草用机械作业。近年来,园林系统研制了各种修剪机,在不同程度上改善了工人的劳动条件。

高枝修剪机(整枝机)是以汽车为底盘,全液压传动,两节折臂的机械,除修剪10多米以下高树外,还能起吊树土球。具有车身轻便、操作灵活等优点。适应高枝修剪、采种、采条、森林瞭望等作业,亦可用于修房、电力、消防等部门所需的高空作业。

高枝修剪机由大折臂、小折臂、取力器、中心回转接头、转盘、减速机构、绞盘机、吊钩、支腿、液压系统等部分组成。大折臂、小折臂可在360°全空间内运动,其动作可以在工作斗和转台上分别操纵。工作斗采用平行四连杆机构,大折臂、小折臂伸起到任何位置,工作斗都是垂直状态,确保了斗内人员的安全,为了防止作业时工人触电,四个支腿外设置绝缘橡胶板与地隔开。

9.3.3 浇灌机械

浇灌作业是一项花费劳动力很大的作业,在绿化养护和苗木、花卉生产中,几乎占全部作业量的40%。由此可见浇灌作业机械化是十分重要的降低成本、提高生产率的措施。

喷灌是一种较先进的浇灌技术,它是利用一套专门设备把水喷到空中,然后像自然降雨一样落下,对植物进行灌溉,又称人工降雨。喷灌适用在水源缺乏、土壤保水性差及不宜地面灌溉的丘陵、山地等,几乎所有园林绿地及场圃均可应用。

喷灌系统一般由水源、抽水装置(包括水泵等)、动力机、主管道(包括各种附件)、竖管、喷头等部分组成。喷灌机械按其各部分的安装情况及可转动的程度,可分为固定式、移动式和半固定式3种形式。

喷灌机一般包括发动机(内燃机、电动机等)、水泵、喷头等部分。

喷头(灌溉机)是喷灌机与喷灌系统的主要组成部分,它的作用是把有压力的集中水流喷射到空中,散成水滴并均匀的散布在它所控制的灌溉面积上,因此喷头的结构形式及其制造质量的好坏将直接影响喷灌的质量。按照喷头的结构形式与水流形状可以分为射流式、固定式、孔管式等。

9.3.4 病虫害防治机械

1)园林植物病虫害防治机械的种类

园林植物病虫害防治机械的种类很多,由于农药剂型、防治对象、植物种类以及施药场所和环境的多样性,防治方法也是不同的,这就决定了防治机械的多样性。目前,从手持式小型喷雾

器到应用于树木防治的大型喷雾器,形式多种多样,主要分类方法有:

(1)按照施用的农药剂型和用途分类 分为喷雾机械、喷粉机械、烟雾机械等。其中应用最为广泛的是喷雾机械。喷雾机按照喷雾原理不同,又可分为液力喷雾机、气力喷雾机(风送喷雾机)、离心喷雾机(超低量喷雾机)、静电喷雾机等。按施液量多少可分为常量喷雾、低量喷雾、微量(超低量)喷雾。

(2)按照配套动力分类 分为人力植保机具、畜力植保机具、小型动力植保机具、大型机引或自走式植保机具、航空喷洒装置等。

(3)按操作、携带、运载方式分类 人力植保机具可分为手持式、手摇式、肩挂式、背负式、胸挂式、踏板式等;小型动力植保机具可分为担架式、背负式、手提式、手推车式等;大型动力植保机具可分为牵引式、悬挂式、自走式等。

2)喷雾机械

喷雾机械是将药液雾化成雾滴喷洒在园林植物上进行病虫害防治的机械。根据单位面积上喷施的液体量划分为高容量喷雾器、低容量喷雾器和超低容量喷雾器。根据药液雾化和喷送方式分为液力式、风送式和离心式3种。气力喷雾机起初常利用风机产生的高速气流雾化,称为弥雾机。另一种较常用的是利用高压气泵(往复式或回转式空气压缩机)产生的压缩空气进行雾化,由于药液出口处极高的气流速度,形成与烟雾尺寸相当的雾滴,称为常温烟雾机或冷烟雾机。该机由于雾滴细,雾滴可长时间悬浮于空气中,可应用于温室、大棚病虫害的防治。离心喷雾机是利用高速旋转的转盘或转笼,靠离心力把药液雾化成雾滴的喷雾机。如手持式电动离心喷雾机,由于喷量小,雾滴细,可以用于要求施液量少的作业。通常习惯上还把手动的称喷雾器,机动的称喷雾机。

背负式喷雾器是我国目前使用得最广泛、生产量最大的一种手动喷雾器。近几年研制的 NS—15 型(图9.16)、WS—16 型塑料喷雾器,其活塞泵与空气室合二为一置于药液箱内,在泵体上设置了可调式限压阀,在药液箱盖上设置了防溢阀(平阀),配有多种喷洒部件,在园林中应用广泛。

压缩喷雾器是靠预先压缩的气体使药液桶中的液体具有压力的喷雾器。按喷雾器的携带方式有肩挂式和手提式两种,喷雾器容量 6~8 L,近几年 3WS—8 型、WS—5Y 型应用广泛。

图9.16 NS—15 型喷雾器

压缩喷雾器是利用打气筒将空气压入药液桶液面上方的空间,使药液承受一定的压力,经出水管和喷洒部件呈雾状喷出。当将喷雾器塞杆上拉时,泵筒内皮碗下方空气变稀薄,压强减小,出气阀在吸力作用下关闭。此时皮碗上方的空气把皮碗压弯,空气通过皮碗上的小孔流入下方。当塞杆下压时,皮碗受到下方空气的作用紧抵着大垫圈,空气只好向下压开出气阀的阀球而进入药液桶。如此不断地上下压塞杆,药液桶上部的压缩空气增多,压强增大。这时打开开关,药液就通过喷洒部件,雾化喷出。

踏板式喷雾器是一种喷射压力高、射程远的手动喷雾器。操作者以脚踏机座,用手推摇杆前后摆动,带动柱塞泵往复运动,将药液吸入泵体,并压入空气室,形成 0.8~1.0 MPa 的压力,即可进行正常喷雾。踏板式喷雾器目前在苗圃、温室、绿地养护中应用广泛。踏板式喷雾器按泵的结构不同大致可分单缸和双缸两类。丰收—3型喷雾器的最高工作压力可达 1.8 MPa,垂直射程 2~4 m,水平射程 3~7 m,喷射流量可达 3.3~3.7 L/min。

3)其他喷雾机械

背负式电动喷雾器在药液箱内装有电动液泵,可大大减轻劳动强度。如山东××公司生产的 WS—18D 型背负式电动喷雾器,采用自动喷洒系统和药箱一体化设计,装有可充电的高压隔膜泵,蓄电池为 12 V、7 A,电池容量大,电能转换效率高。

手持电动离心式喷雾器,是采用微型电机,驱动离心式喷头进行离心喷雾的一种手持式喷雾器。常用的有 3wD—60 型手持电动离心喷雾器。在空心的塑料手柄中装有 8 节 1 号干电池,喷头的旋转动力为 7~8 W 的微型电机,喷头转速为 7 000~8 000 r/min。工作时,药液瓶中的药液在自重下经过离心式喷头的中心喷嘴,流入双齿盘(雾化盘)的夹缝中,双齿盘在微电机驱动下高速旋转,在离心力作用下将药液甩出雾化。

弥雾喷粉机是多用途的喷洒机械。它的特点是用一台机器更换少量部件即可进行弥雾、超低量喷雾、喷粉、喷洒颗粒、喷烟等作业。背负式弥雾喷粉机由于具有操纵轻便、灵活、生产效率高等特点,广泛用于较大面积的草坪养护、苗圃和农林业生产中。

(1)背负式弥雾喷粉机的种类 目前我国生产的背负式弥雾喷粉机品种有 10 余种,其主要差别在于风机工作转速、功率、风机结构、输粉结构上,目前园林生产中常用的为转速高、功率大的机型。

(2)背负式弥雾喷粉机的结构 背负机主要由机架、离心风机、汽油机、油箱、药箱和喷洒装置等部件组成。

9.4 园林机械维修与养护

9.4.1 概 述

各种园林绿化机械在使用过程中随着使用时间的增加,各部技术状况会逐渐变差,这种变化会通过各种形式表现出来。如:功率下降、耗油率增加、润滑油消耗量增大、牵引力减小、行驶速度降低、操纵沉重、振动和噪声加大、异响增多、排气中有害气体和烟度增加,故障率上升,总之,动力性、经济性、安全性和可靠性全面下降并越来越严重。此时,只有通过修理,恢复机器原有的技术性能,才能重新投入使用。

机器的技术状况下降到一定程度时,应进行检测、诊断及技术鉴定,确定是否需要进行修理。因此,有必要研究机器技术状况的变化规律,对机器修理制定出切合实际的维护和修理制度,从而控制其技术状况的变化速度和延长使用寿命。园林机械的维修应贯彻预防为主、强制维护和视情修理的原则。

预防为主、强制维护是指在正常使用中,要严格按照机器的维护保养制度进行日常维护和

保养,使机器处于良好的技术状态,保证使用安全和降低消耗、发挥最大效能,并使各部技术状况达到平衡,从而提高机器大修间隔。

视情修理是指在对机器的技术状况检测、诊断和技术鉴定的基础上,视机器的状况对安全和经济的影响程度而决定修理内容和实施修理时间的修理制度。

1)评价园林机械技术状况的主要指标

机器的性能是否良好有3个主要指标:动力性、经济性和可靠性。

(1)动力性　对于车辆、拖拉机、发动机等动力机械,动力性是最重要的指标。对车辆主要是指最高车速、加速能力和爬坡能力;对拖拉机主要是指各档位下的最大牵引力或各档位最大牵引力下的前进速度;对内燃发动机主要是指有效功率和有效扭矩。

(2)经济性　经济性是指燃油耗油率和润滑油耗油量。

(3)可靠性　可靠性是指机器在较长时间的使用过程中无故障工作的能力。

2)影响机器技术状况的因素

(1)机器的构造及制造工艺　园林机械产品名目繁多,有来自国内各厂家和世界各国的机器和设备,各国和各厂家的产品其构造、性能、使用的材料以及加工工艺各不相同,技术水平也参差不齐,而这些都是影响机器的技术状况的根本性因素。因此,在选购机器时一定要选择有实力的厂家生产的产品。

(2)燃料和润滑剂的品质　为使机器正常运行,延长使用寿命,一定要选用规定品质的燃油和润滑油,否则各部零件的磨损会加快,技术状况会迅速变坏。

(3)工作负荷　工作负荷对机器技术状况会有很大影响。负荷过大会导致工作状况不稳定,磨损加快。冷却系统的水温和润滑系统的油温过高,发动机过热,会引起磨损加快,燃烧不良。

(4)工作环境和气候条件　工作环境恶劣,空气中尘土较多,地面条件差、高低不平或杂物较多,造成工作阻力加大,机器受到冲击载荷频繁,工作速度经常变化,都会影响发动机的寿命。环境气温也会对机器工作造成影响,过高会影响发动机正常工作和轮胎寿命;过低使发动机难以启动,磨损加剧等。

3)机器技术状况变化的原因

(1)自然磨损　每一台机器都是由很多零件组成的,机器运行过程中,零件表面的相互摩擦会引起自然磨损,将导致零件尺寸的变化、相互装配的位置和配合间隙的改变。如活塞环的磨损造成间隙加大、产生漏气和润滑油上窜,最终造成功率下降、烧机油、排烟增加等现象。

(2)零件腐蚀　由于零件表面与化学腐蚀介质接触会引起表面腐蚀。如汽油在燃烧时生成二氧化硫、三氧化硫等硫化物,硫化物与水蒸气形成亚硫酸对汽缸有强烈的腐蚀性。燃料不完全燃烧时产生的有机酸对金属同样有腐蚀作用。

(3)零件的疲劳损伤　机器的零部件长期处在交变载荷作用下会产生疲劳损伤。初期时,零件会出现疲劳裂纹,随着时间的增长逐渐增多、加深,最后产生疲劳剥蚀。如滚动轴承、齿轮等零件,由于疲劳剥蚀,在滚珠、滚道、齿牙的表面形成麻点及剥落。

(4)零件变形　机器在超过设计强度的载荷条件下或恶劣环境中长时间工作会造成零件的塑性变形(不能恢复的变形),使零件不能正常工作。

另外,一些塑料件、橡胶件的老化,或由于维护不及时产生的螺丝松动或丢失,或操作不当引起的事故等都会造成机器技术状况的变坏。这就要求管理者和操作者加强责任心,严格执行操作规程和维护保养制度,以延缓机器技术状态的变坏,延长使用寿命。

4)机器修理的制度

园林机械的修理类别目前尚无统一的制度,专用车辆和自行式机械可以参照汽车修理制度进行。对于专用车辆、拖拉机、大型自行式机械应送到专门的检修厂进行检测修理,对于手扶、便携式等小型机械和机具一般可由本部门设立的维修车间或机构自行修理。

9.4.2　园林机械的验收、解体和清洗

1)验收

如由专门检修部门和机构进行检修时,应对送修的机器进行检查验收,确定机器的技术状态,并向使用和送修者了解机器使用情况、状态恶化特征,以估计修理工时,确定更换的零部件。

2)解体

将发动机从机架上拆下,然后对其他部件进行解体。发动机解体时,首先拆下发动机附件,如油箱、油管、化油器、磁电机、起动器、空气滤清器等,继而对发动机本体进行解体。按顺序拆下进、排气管、消声器、汽缸盖、气门机构、活塞连杆组、凸轮轴、曲轴。

3)清洗

解体后进行零件清洗,基本上是清洗油污、积炭和水垢。

(1)清洗油污　经过长期使用的发动机及拆下的零部件,大部分都沾有油污。油污是油脂、尘土和铁屑等杂质的粘着物,沉积在金属表面易堵塞油道、滤网,阻碍零件传热、散热。清除油污可采用除油液,除油液有有机溶剂和无机溶剂两类。

有机溶剂有汽油、煤油、酒精和丙酮等。这些溶剂去污力强,对金属无腐蚀作用,但不宜用于橡胶、塑料件清洗,并要注意防火。

无机溶剂(如碱溶液)适用于钢铁零件清洗,有较强腐蚀作用。铝质零件不应用碱溶液清洗。碱溶液应加热至80 ℃左右,零件浸煮15 min,然后刷洗,最后用清水冲刷零件表面碱溶液。

(2)清除积炭　积炭是燃油和润滑油在高温及氧的作用下生成的,常常堆积在燃烧室内壁、汽缸盖、活塞顶等处。积炭是一层坚硬、附着力很强的物质。附着在汽缸壁和汽缸盖上的积炭影响热量传递,可形成炽热点,导致燃烧异常。积炭清除有机械清除法和化学清除法。

①机械清除。可用刮刀、金属刷等手工清除,简易但效率不高,清除不彻底,并可留下划痕。

为了提高效率也可用电钻带动金属刷清除。

②化学清除。采用溶剂与零件表面积炭发生物理和化学作用,破坏积炭结构,软化、松散积炭。退炭化学溶剂有无机和有机两类。无机退炭剂用无机药品配制而成。无机退炭剂毒性小、成本低、原料易取得,但退炭效果较差,需加温使用,使用不当可能对零件产生腐蚀。无机退炭剂工作温度为80~90 ℃,零件在溶液中浸放2~3 h,待积炭充分软化后用毛刷刷净,用热水清洗,最后用压缩空气吹干。

有机退炭剂有退炭能力强、常温使用、对有色金属(铜除外)无腐蚀作用等优点。但成本较高、易挥发、可燃、有毒性污染,使用中应采取保护措施,平时应密封保存。

(3)清除水垢　水冷式发动机冷却系统的水套和散热器内壁常沉积水垢。水垢影响导热,造成散热不良,发动机过热,影响正常工作,加快磨损,修理时应彻底清除。

水垢的主要成分是碳酸钙、碳酸镁、硫酸钙和硅酸盐等。水质不同,水垢的主要成分也不同。对碳酸钙和硫酸钙较多的水垢可用8%~10%的盐酸溶液并加适量乌洛托品(每升加3~4 g,乌洛托品为防止零件腐蚀的抑制剂)作为除垢剂,溶液应加热至50~60 ℃,清洗持续时间50~70 min。处理后,用加有重铬酸钾的清水清洗。对含有二氧化硅较多的水垢,可用2%~3%的苛性钠溶液加热至30 ℃进行处理。

采用3%~5%的磷酸三钠溶液可清除任何成分的水垢,溶液加热至60~80 ℃,处理后用清水清洗。

清除铝质零件水垢的配方如下:磷酸(H_3PO_4)100 g,铬酐(GrO_3),水1 000 g配制时,应在水中加磷酸,再加铬酐并仔细搅拌。

清除水垢时的顺序如下:先将溶液加热至30 ℃,然后将零件放入溶液中浸泡30~60 min,取出零件后先用清水清洗,然后在温度为80~100 ℃的含30%的重铬酸钾的水溶液内清洗,最后吹干。

9.4.3　园林机械工作部件的修理

机器中完成不同作业的装置称为工作装置。工作装置中对工作对象直接进行作业的部件称工作部件。园林机械的工作部件就是对土壤、乔灌木、树苗、草坪草、花卉、种子等工作对象进行工作的零部件。例如:草坪养护机械的切割刀具的刀片、滚刀、梳草刀、打洞头,耕作机直接对土壤进行加工的犁铧、耙片、旋耕刀片,锯切树木和枝丫的油锯锯链,割灌机的刀片等都是机器的工作部件。本节仅对其中的几种典型部件的修理作简单介绍。

1)草坪养护机械切割刀的修理

草坪养护机械切割刀如修剪机的旋刀片、甩刀片、往复切割刀片、滚刀,梳根机的梳根刀片,打洞机的打孔刀具,起草皮机的起草皮铲刀等,其主要破坏形式是刃口磨损、崩刃、变形、折断、裂纹等。

刀片修理时,在卸下刀片后应先检查刀片是否弯曲,刃口是否有裂痕,刃口的角度和锐利程度。如磨钝应进行刃磨,弯曲应校正,有裂痕应更换。

(1)旋刀片的修理　旋刀磨钝后可用锉刀或砂轮进行刃磨。刃磨后刀片刃口角度要达到原规定标准。修好后的刀片应检查其平衡状况。检查时用小轴或起子插入刀片中心孔,然后水平夹在台钳上。若刀片任何一边向下转动,说明该边偏重,可用砂轮或锉刀将该边多余材料锉磨掉,刀片处于水平状不转动时说明刀片平衡。

(2)滚刀的修理　滚刀和定刀磨钝后也需刃磨。滚刀的刀片在圆柱面沿螺旋线布置,刃磨困难,必须在专门的滚刀磨床上磨削。滚刀和定刀按不同方法装夹在磨床床面上,用砂轮自动进行磨削。

2)割灌机圆锯片的修理

割灌机锯片卸下后,应先检查有无缺齿、裂纹、翘曲及失圆状况。发生裂纹可用平头冲子在裂纹的尽头打印防止再延伸;翘曲及失圆在平板上整平修圆;对缺齿或裂纹的锯片可锉磨得短一些。

一般割灌机配有修磨器附件,主要由薄片砂轮和砂轮架、锯片支承等组成。修磨时,拆下锯片,安上修磨器,利用发动机的动力进行修磨。

3)油锯锯链修磨

油锯工作一段时间后,齿刃变钝,锯截效率降低,因此对锯链要经常进行锉磨,一般每锯4 h应锉磨一次,质量差的锯链更要经常锉磨。

锉磨锯链要保证锯齿形状(角度、爬棱和拨料)。锉磨时,锯齿的形状很难掌握,需用角度量规来检验。下面以YJ—4油锯锯链切齿的修磨为例来说明刃磨的要求。

锯链切齿的刀刃由水平刃和侧刃组成。水平刃和侧刃的主要参数有水平刃的切削角、倾斜角,侧刃的倾斜角。另外,锯齿的切入量是保证一定切削深度的主要参数。

为了保证刀刃的锋利和适当的切割深度,切齿需经常修锉,各部修锉的技术要求应符合以下规范:倾斜角为30°~35°,水平刃切削角为60°,侧刃的倾斜角为90°。锯齿切入量用深度规来测量,深度规高度差为0.76 mm。修锉时应注意左、右切齿的刃角和锯齿切入量保证一致,以免锯切时跑偏。

复习思考题

9.1　园林工程机械有哪几类?常见的种植养护机械都有哪些?

9.2　影响机器技术状况的因素有哪些?

9.3　从哪几个方面来评价园林机械技术状况?

10 园林工程竣工验收与养护期管理

本章导读 主要介绍园林工程竣工验收的依据和标准,竣工验收时整理工程档案应汇总的资料,竣工验收应检查的内容,编制竣工图的依据、内容和要求,竣工验收对技术资料的主要审查内容,正式竣工验收的准备工作和验收程序,竣工验收时对工程的质量验收,园林工程项目的交接内容,技术资料移交的内容,水景、假山、园路等维修与管理、园林植物养护管理、树木的越冬防寒措施,常见的园林植物病虫害,常见园林植物病虫害防治农药等内容。

10.1 园林工程竣工验收概述

10.1.1 园林工程竣工验收的概念和作用

当园林工程按设计要求完成全部施工任务并可供开放使用时,施工单位就要向建设单位办理移交手续,这种接交工作称为项目的竣工验收。竣工验收既是项目进行移交的必须手续,又是通过竣工验收对建设项目成果的工程质量、经济效益等进行全面考核评估的过程。凡是一个完整的园林建设项目,或是一个单位的园林工程建成后达到正常使用条件的,都要及时组织竣工验收。

园林建设项目的竣工验收是园林建设全过程的一个阶段,它是由投资成果转为使用、对公众开放、服务于社会、产生效益的一个标志,因此竣工验收对促进建设项目尽快投入使用、发挥投资效益,对建设与承建双方全面总结建设过程的经验或教训,都具有十分重要的意义和作用。

10.1.2　园林工程竣工验收的依据和标准

1)竣工验收的依据

　　a.上级主管部门审批的计划任务书、设计文件等；

　　b.招投标文件和工程合同；

　　c.施工图纸和说明、图纸会审记录、设计变更签证和技术核定单；

　　d.国家或行业颁布的现行施工技术验收规范及工程质量检验评定标准；

　　e.有关施工记录及工程所用的材料、构件、设备质量合格文件及验收报告单；

　　f.施工单位提供的有关质量保证等文件；

　　g.国家颁布的有关竣工验收文件。

2)竣工验收的标准

　　园林建设项目涉及多种门类、多种专业,且要求的标准也各异,加上艺术性较强,故很难形成国家统一标准,因此对工程项目或一个单位工程的竣工验收,可采用分解成若干部分,再选用相应或相近工种的标准进行(各工程质量验评标准内容详见有关手册)。一般园林工程可分解为土建工程和绿化工程两个部分。

　　(1)土建工程的验收标准　凡园林工程、游憩、服务设施及娱乐设施等建筑,应按照设计图纸、技术说明书、验收规范及建筑工程质量检验评定标准验收,并应符合合同所规定的工程内容及合格的工程质量标准。不论是游憩性建筑还是娱乐、生活设施,不仅建筑物室内工程要全部完工,而且室外工程的明沟、踏步斜道、散水以及应平整的建筑物周围场地,都要清除障碍物,并达到水通、电通、道路通。

　　(2)绿化工程的验收标准　施工项目内容、技术质量应达到设计要求、验收标准及各工序的质量要求,如树木的成活率、草坪铺设的质量、花卉的品种等都必须符合设计或规范的要求。

10.2　园林工程竣工验收的准备工作

　　竣工验收前的准备工作,是竣工验收工作顺利进行的基础,施工单位、建设单位、设计单位和监理工程师均应尽早做好准备工作,其中以施工单位和监理工程师的准备工作尤为重要。

10.2.1　施工单位的准备工作

1)工程档案资料的汇总整理

　　工程档案是园林工程的永久性技术资料,是园林工程项目竣工验收的主要依据。因此,档

案资料的准备必须符合有关规定及规范的要求,必须做到准确、齐全,能够满足园林建设工程进行维修、改造和扩建的需要。一般包括以下内容:

　　a.该工程的有关技术决定文件;

　　b.竣工工程项目一览表,包括名称、位置、面积、特点等;

　　c.地质勘察资料;

　　d.工程竣工图、工程设计变更记录、施工变更洽商记录、设计图纸会审记录;

　　e.永久性水准点位置坐标记录,建筑物、构筑物沉降观察记录;

　　f.新工艺、新材料、新技术、新设备的试验和鉴定验收记录;

　　g.工程质量事故发生情况和处理记录;

　　h.建筑物、构筑物、设备使用注意事项文件;

　　i.竣工验收申请报告、工程竣工验收报告、工程竣工验收证明书、工程养护与保修证书等。

2)施工自检

　　施工自检是施工单位资料准备完成后,在项目经理组织领导下,由生产、技术、质量、预算、合同和有关的工长或施工员组成预验小组,根据国家或地区主管部门规定的竣工验收标准、施工图和设计要求、国家或地区规定的质量标准,以及合同所规定的标准和要求,对竣工项目分段、分层、分项进行全面检查,预验小组成员按照自己所主管的内容进行自检,并做好记录,对不合要求的部位和项目,要制定修补处理措施,并限期补好。施工单位在自检的基础上,对已查出的问题全部修补处理后,项目经理应报请上级再进行复检,为正式验收作好充分准备。

　　园林工程中的竣工验收检查主要有以下方面的内容:

　　a.对园林建设用地内的各项目进行全面检查;

　　b.对场区内、外邻接道路进行全面检查;

　　c.临时设施工程;

　　d.整地工程;

　　e.管理设施工程;

　　f.服务设施工程;

　　g.园路铺装;

　　h.运动设施工程;

　　i.游戏设施工程;

　　j.绿化工程(主要检查高、中树栽植作业,灌木栽植,移植工程,地被植物栽植等)包括以下具体内容:对照设计图纸,检查是否按设计要求施工,植株数有无出入;支柱是否牢靠,外观是否美观;有无枯死的植株;栽植地周围的整地状况是否良好;草坪的栽植是否符合规定;草和其他植物或设施的接合是否美观。

3)编制竣工图

　　竣工图是如实反映施工完成后园林工程的图纸。它是工程竣工验收的主要文件,园林施工项目在竣工前,应及时组织有关人员进行测定和绘制,以保证工程档案的完备和满足维修、管理养护、改造或扩建的需要。

（1）竣工图编制的依据　施工中未变更的原施工图、设计变更通知书、工程联系单、施工洽商记录、施工放样资料、隐蔽工程记录和工程质量检查记录等原始资料。

（2）竣工图编制的内容要求

①施工中未发生设计变更，按图施工的项目，由施工单位负责在原施工图纸上加盖"竣工图"标志，可作为竣工图使用。

②施工过程中有一般性的设计变更，但没有较大结构性的或重要管线等方面的设计变更，而且可以在原施工图上进行修改和补充，可不再绘制新图纸的，由施工单位在原施工图纸上注明修改和补充后的实际情况，并附以设计变更通知书、设计变更记录和施工说明，然后加盖"竣工图"标志，也可作为竣工图使用。

③施工过程中凡有重大变更或全部修改的，如结构形式改变、标高改变、平面布置改变等，不宜在原施工图上修改补充时，应重新绘制实测改变后的竣工图，施工单位在新图上加盖"竣工图"标志，并附上记录和说明作为竣工图使用。

竣工图必须做到与竣工的工程实际情况完全吻合，不论是原施工图还是新绘制的竣工图，都必须是新图纸，必须保证绘制质量完全符合技术档案的要求，坚持竣工图的校对、审核制度。重新绘制的竣工图，一定要经过施工单位标志后才可使用。

4）设施、设备的试运转和试验的准备工作

一般包括：安排各种设施、设备的试运转和考核计划；各种游乐设施尤其是关系到人身安全的设施，如缆车等的安全运行应是试运行和试验的重点；编制各运转系统的操作规程；对各种设备、电气、仪表和设施做全面的检查和校验；进行电气工程的全面负责试验，管网工程的试水、试压试验；喷泉工程试水等。

10.2.2　监理工程师的准备工作

园林建设项目竣工验收前，监理工程师首先应提交验收计划，计划内容分竣工验收的准备、竣工验收、交接与收尾3个阶段的工作。每个阶段都应明确其时间、内容及要求。该计划应事先征得建设单位、施工单位及设计等单位的意见，并取得一致。

1）整理、汇集各种经济与技术资料

总监理工程师于项目正式验收前，应督促其所属的各专业监理工程师，按照原有的分工，对各自负责管理监督的项目的技术资料进行一次认真的清理。大型的园林工程项目的施工期往往是1~2年或更长的时间，因此必须借助以往收集的资料，为竣工验收提供有益的数据和情况，其中有些资料将用于对施工单位所编的竣工技术资料的复核、确认和办理工程结算和工程移交。

2）拟定竣工验收条件、验收依据和验收必备技术资料

拟定验收条件、验收依据和验收必备技术资料是监理单位必须要做的又一重要准备工作。监理单位应将上述内容拟定好后发给建设单位、施工单位、设计单位及现场的监理工程师。

（1）竣工验收条件

a.合同所规定的承包范围的各项工程内容均已完成；

b.各分部、分项及单位工程均已由施工单位进行了自检自验（隐蔽的工程已通过验收），且都符合设计、国家施工及验收规范及工程质量验评标准、合同条款的规定等；

c.电力、上下水、通讯等管线等均与外线连通，经过试运行，并有相应的记录；

d.竣工图已按有关规定如实绘制，验收的资料已备齐，竣工技术档案按档案部门的要求进行整理。对于大型园林建设项目，为了尽快发挥园林建设成果的效益，也可分期、分批地组织验收，陆续交付使用。

（2）竣工验收的依据　列出竣工验收的依据，并进行对照检查。

（3）竣工验收必备的技术资料　大中型园林建设工程，往往是由验收委员会（验收小组）来验收。而验收委员会（验收小组）的成员经常要先进行中间验收或隐蔽工程验收等，以全面了解工程的建设情况。为此，监理工程师与施工单位应主动配合验收委员会（验收小组）的工作，验收委员会（验收小组）对一些问题提出的质疑，应给予解答。需给验收委员会（验收小组）提供的技术资料主要有：a.竣工图；b.分项、分部工程检验评定的技术资料（如果是对一个完整的建设项目进行竣工验收，还应有单位工程竣工验收的技术资料）。

（4）竣工验收的组织　一般园林建设工程项目多由建设单位邀请设计单位、质量监督及上级主管部门组成验收小组进行验收，由当地工程质量监督站核定工程质量等级。

10.3　竣工验收程序

一个园林工程项目的竣工验收，一般按以下程序进行。

10.3.1　竣工项目的预验收

竣工项目的预验收，是在施工单位完成自检自验并认为符合正式验收条件，在申报工程验收之后和正式验收之前的这段时间内进行的。委托监理的园林工程项目，总监理工程师应组织其所有各专业监理工程师来完成。竣工预验收要吸收建设单位、设计、质量监督人员参加，而施工单位也必须派人配合竣工验收工作。

竣工预验收的时间长，有各方面派出的专业技术人员参加，发现的问题多在此时解决，为正式验收创造条件。因此为做好竣工预验收工作，总监理工程师要提出一个预验收方案，这个方案含预验收需要达到的目的和要求；预验收的重点；预验收的组织分工；预验收的主要方法和主要检测工具等，并对参加预验收的人员进行必要的培训，使其明确以上内容。

预验收工作大致可分为以下两大部分：

1）竣工验收资料的审查

认真审查好技术资料，不仅是满足正式验收的需要，也是为工程档案资料的审查打下基础。

（1）技术资料主要审查的内容

①工程项目的开工报告；

②工程项目的竣工报告；

③图纸会审及设计交底记录；

④设计变更通知单；

⑤技术变更核定单；

⑥工程质量事故调查和处理资料；

⑦水准点、定位测量记录；

⑧材料、设备构件的质量合格证书；

⑨试验、检验报告；

⑩隐蔽工程记录、施工日志、竣工图、质量检验评定资料、工程竣工验收有关资料。

（2）技术资料审查方法

①审阅。边看边查，把有不当的及遗漏或错误的地方记录下来，然后再重点仔细审阅，作出正确判断，并与施工单位协商更正。

②校对。监理工程师将自己日常监理过程中所收集积累的数据、资料，与施工单位提交的资料一一校对，凡是不一致的地方都记载下来，然后再与施工单位探讨，如果仍然有不能确定的地方，再与当地质量监督站及设计单位来共同核定。

③验证。若出现几个方面资料不一致而难以确定时，可重新测量实物予以验证。

2）工程竣工的预验收

园林工程的竣工预验收，在某种意义上说，比正式验收更为重要。因为正式验收时间短促，不可能详细、全面地对工程项目一一查看，而主要依靠对工项目的预验收来完成。因此所有参加预验收的人员均要以高度的责任感，对工程数量、质量进行全面地确认，特别对那些重要部位和易于遗忘的都应分别登记造册，作为预验收的成果资料，提供给正式验收的验收委员会参考和施工单位进行整改。

预验收主要进行以下几方面工作：

（1）组织与准备　参加预验收的监理工程师和其他人员，应按专业或区段分组，并指定专人负责。验收检查前，先组织预验收人员熟悉有关验收资料，制订检查方案，并将检查项目的各子目及重点检查部位以表或图列示出来。同时准备好工具、记录、表格，以供检查中使用。

（2）组织预验收　检查中，分成若干专业小组进行，划定各自工作范围，以提高效率并可避免相互干扰。园林建设工程的预验收，要全面检查各分项工程。检查方法有以下几种：

①直观检查。直观检查是一种定性的、客观的检查方法，采用手摸眼看的方式，只有经验丰富和熟练掌握标准的人员才能胜任此工作。

②测量检查。对能测试的工程部位都应通过实测获得真实数据。

③点数。对各种设施、器具、配件、栽植苗木，都应一一点数、查清、记录，如有遗缺不足的或质量不符合要求的，都应通知施工单位补齐或更换。

④操作。实际操作是对功能和性能检查的好办法，对一些水电设备、游乐设施等应通过实际操作来检查。

⑤上述检查之后，各专业组长应向总监理工程师报告检查验收结果。如果查出的问题较多

较大,则应指令施工单位限期整改并再次进行复验,如果存在的问题仅属一般性的,除通知施工单位抓紧整修外,总监理工程师应编写预验报告一式三份,一份交施工单位供整改用,一份准备正式验收时转交验收委员会,一份由监理单位自存。这份报告除文字论述外,还应附上全部检查的数据。与此同时,总监理工程师应填写竣工验收申请报告送项目建设单位。

10.3.2　正式竣工验收

正式竣工验收是由主管部门、建设单位、设计单位、施工单位、监理单位以及有关专家参加的最终整体验收。大中型园林建设项目的正式验收,一般由竣工验收委员会(或验收小组)的主任(组长)主持,具体的事务性工作可由总监理工程师来组织实施。正式竣工验收的工作程序如下:

1)准备工作

①向各验收单位发出通知,并明确时间、地点等有关事项。
②拟订竣工验收的工作议程,报验收委员会主任审定。
③选定会议地点。
④准备好一套完整的竣工验收的报告及有关技术资料。

2)正式竣工验收程序

①由验收委员会主任主持验收委员会会议。会议首先宣布验收委员会组织名单,介绍验收工作议程及时间安排,简要介绍工程概况,说明此次竣工验收作的目的、要求及做法。
②由设计单位汇报设计情况及对设计的自检情况。
③由施工单位汇报施工情况以及自检自验的结果。
④由监理工程师汇报工程监理的工作情况和预验收结果。
⑤在实施验收中,验收人员可先后对竣工验收技术资料及工程实物进行验收检查;也可分为两组,分别对竣工验收的技术资料及工程实物进行验收检查。在检查中可吸收监理单位、设计单位、质量监督人员参加。在广泛听取意见、认真讨论的基础上,统一提出竣工验收的结论意见,如无异议,则予以办理竣工验收证书和工程验收鉴定书。
⑥验收委员会主任或副主任宣布验收委员会的验收意见,举行竣工验收任务书和鉴定书的签字仪式。
⑦建设单位代表发言。
⑧验收委员会会议结束。

10.3.3　工程质量验收方法

园林建设工程质量的验收是按工程合同规定的质量等级,遵循现行的质量评定标准,采用相应的手段对工程分阶段进行质量认可与评定。

（1）隐蔽工程验收　隐蔽工程是指那些在施工过程中上一工序的工作结束,被下一工序所掩盖,而无法进行复查的部位。例如种植坑、直埋电缆等管网。因此,对这些工程在下一工序施工前,现场监理人员应按照设计要求、施工规范,采用必要的检查工具,对其进行检查验收。如果符合设计要求及施工规范规定,应及时签署隐蔽工程记录交施工单位归入技术资料;如不符合有关规定,应以书面形式告知施工单位,令其处理,处理符合要求后再进行隐蔽工程验收与签证。

隐蔽工程验收通常是结合质量控制中技术复核、质量检查工作来进行,重要部位改变时可摄影以备查考。

隐蔽工程验收项目及内容以绿化工程为例,包括:苗木的土球规格、根系状况、种植穴规格、施基肥的数量、种植土的处理等。

(2)分项工程验收 对于重要的分项工程,监理工程师应按照合同的质量要求,并参照质量评定标准进行验收。

在分项工程验收中,必须按有关验收规范选择检查点数,然后计算出基本项目和允许偏差项目的合格或优良的百分比,最后确定出该分项工程的质量等级,从而确定能否验收。

(3)分部工程验收 根据分项工程质量验收结论,参照分部工程质量标准,可得出该工程单位工程质量等级,以便决定能否验收。

(4)单位工程竣工验收 通过对分项、分部工程质量等级的统计推断,再结合对质保资料的核查和单位工程质量观感评分,便可系统地对整个单位工程作出全面的综合评定,从而决定是否达到合同所要求的质量等级,进而决定能否验收。

10.4　园林工程项目的交接

园林工程的交接,一般主要包含工程移交和技术资料移交两大部分内容。

10.4.1　工程移交

一个园林工程项目虽然通过了竣工验收,并且有的甚至还获得验收委员会的高度评价,但实际中往往还是或多或少地存在一些漏项以及工程质量方面的问题。因此监理工程师要与施工单位协商一个有关工程收尾的工作计划,以便确定正式办理移交。由于工程移交不能占用很长的时间,因而要求施工单位在办理移交工作中,力求使建设单位的接管工作更简便。当移交清点工作结束后,监理工程师签发工程竣工交接证书(见表10.1)。签发的工程交接书一式三份,建设单位、施工单位、监理单位各一份。工程交接结束后,施工单位即应按照合同规定的时间抓紧完成临建设施的拆除和施工人员及机械的撤离工作,并做到工完场地清。

10.4.2　技术资料的移交

园林建设工程的主要技术资料是工程档案的重要部分。因此在正式验收时就应提供完整的工程技术档案。由于工程技术档案有严格的要求,内容很多,又不仅仅是施工单位一家的工

作,所以常常只要求施工单位提供工程技术档案的核心部分,而整个工程档案的归整、装订则留在竣工验收结束后,由建设单位、施工单位和监理工程师共同来完成。在整理工程技术档案时,通常是由建设单位与监理工程师将保存的资料交给施工单位来完成,最后交给监理工程师校对审阅,确认符合要求后,再由施工单位档案部门按要求装订成册,统一上交保存。此外,在整理档案时一定要注意份数备足,具体内容见表 10.1、表 10.2。

表 10.1　竣工移交证书

工程名称：　　　　　　　　合同号：　　　　　　　　监理单位：

致建设单位＿＿＿＿＿＿＿＿＿＿＿＿＿＿＿＿＿＿＿＿＿＿＿＿＿＿＿＿：   　兹证明＿＿＿＿＿＿＿＿＿＿＿＿＿＿＿＿＿＿号竣工报验单所报工程＿＿＿＿＿＿   已按合同和监理工程师的指示完成,从＿＿＿＿＿＿＿＿＿＿开始,该工程进入保修阶段。   　附注:(工程缺陷和未完成工程)   　　　　　　　　　　　　　　　　　监理工程师：　　　　　日期
总监理工程师的意见：   　　　　　　　　　　　　　　　　　签名：　　　　　　日期

注:本表一式三份,建设单位、施工单位和监理单位各一份。

表 10.2　移交技术资料内容一览表

工程阶段	移交档案资料内容
项目准备 施工准备	1.申请报告,批准文件; 2.有关建设项目的决议、批示及会议记录; 3.可行性研究、方案论证资料; 4.征用土地、拆迁、补偿等文件; 5.工程地质(含水文、气象)勘察报告; 6.概预算; 7.承包合同、协议书、招投标文件; 8.企业执照及规划、园林、消防、环保、劳动等部门审核文件。

续表

工程阶段	移交档案资料内容
项目施工	1.开工报告； 2.工程测量定位记录； 3.图纸会审、技术交底； 4.施工组织设计等； 5.基础处理、基础工程施工文件； 6.施工成本管理的有关资料；隐蔽工程验收记录；项目施工； 7.工程变更通知单，技术核定单及材料代用单； 8.建筑材料、构件、设备质量保证单及进场试验单； 9.栽植的植物材料名单、栽植地点及数量清单； 10.各类植物材料已采取的养护措施及方法； 11.假山等非标工程的养护措施及方法； 12.古树名木的栽植地点、数量、已采取的保护措施； 13.水、电、暖、气等管线及设备安装施工记录和检查记录； 14.工程质量事故的调查报告及所采取措施的记录； 15.分项、单项工程质量评定记录； 16.项目工程质量检验评定及当地工程质量监督站核定的记录； 17.其他（如施工日志等）； 18.竣工验收申请报告。
竣工验收	1.竣工项目的验收报告； 2.竣工决算及审核文件； 3.竣工验收的会议文件； 4.竣工验收质量评价； 5.工程建设的总结报告； 6.工程建设中的照片、录像，以及领导、名人的题词等； 7.竣工图（含土建、设备、水、电、暖、绿化种植等）。

10.5 园林工程的养护及保修、保活

10.5.1 园林工程养护内容

园林工程的养护管理是指对园林工程的全部施工内容进行养护、维修与管理，使其在使用的过程中符合人们对其安全性、完整性、观赏性等方面的要求。主要包括水景、假山、园路等的维修与管理和园林植物的养护与管理工作。

园林工程的养护，在城市园林绿化建设中占有十分重要的地位，并且是一项经常性工作。科学、及时、规范地进行园林工程的养护，能有效的延长园林设施的使用寿命，提高园林设施的

安全性和观赏效果。根据不同的园林树木的生长发育规律及市政建设与园林景观等的特定要求,科学、及时地对园林绿化树木进行浇水、施肥、中耕除草、病虫害防治和整形修剪等管理,能很好地保证园林树木的健壮生长,使其能按照人们的需要而发展。

1)水景、假山、园路等的维修与管理

(1)水景、假山、园路等的维修与管理的意义　水景、假山、园路等是构成园林景观的重要部分,也是游人经常光顾的地方。由于自然或人为的一些因素,这些设施在使用的过程中会受到一定的损坏,因此对其进行科学的、及时的维修和管理,可保持其使用安全与美观。

(2)水景、假山、园路等的维修与管理的措施

①科学使用。一些设施或设备都有它的使用规范,在允许的范围内,对其进行合理利用,是园林工程养护管理的基本原则。如:绿地或游园内的道路,对机动车辆经过要有明确的规定和限制,否则很容易造成路面的损伤;有的假山是禁止游人攀爬的;有的水体是禁止戏水或游泳的等。

②定期维修养护。园林内的一些设施,如抽水机械、用于攀登的假山、园路等,要定期进行维修、检查,并进行保养,使其运转正常,满足使用要求。

③适时更换材料。一些材料或设施都有它的使用寿命,到期要及时进行更换。如水泥制作的水景、假山、园路等,由于水泥的不同标号,要注意它们的使用寿命,到期要更换或拆除,保证其使用的安全性。

④做好宣传教育工作。园林公共设施,需要大家共同来维护、管理。要不断提高人们的素质,增强人们的公德意识。施工时按要求,保质保量;使用时要爱护,共同管理我们的公共设施。

2)园林植物的养护管理

园林植物栽植后,能否成活、生长良好并尽快发挥园林绿化的效果,在很大程度上取决于养护管理水平。俗话说"三分种,七分养",即说明养护管理工作的重要性。其主要内容包括浇水、施肥、中耕除草、病虫害防治、整形修剪、越冬防寒、植物补栽等。

(1)浇水与排水

①浇水:

a.浇水时期。浇水时期主要根据园林植物各个物候期需水特点、当地气候和土壤内水分变化的规律以及树木栽植的时间长短而定。

新栽植的大苗大树,为保证成活和生长,应经常浇水使土壤处于湿润状态,并视情况向枝干喷水。

原先定植的树木,根据不同的季节及干旱程度,进行相应的浇水。在春季干旱严重的地区,需浇花前水。夏季需水量大,要多浇水。喜阴湿的叶大而薄的园林树木,耐旱力弱,全年都应注意加强水分的管理。

浇水时应按轻重缓急安排顺序,新植树、阔叶树、春花植物优先安排,针叶树及原先定植的树木略缓。

b.浇水次数。一年中的浇水次数因植物、地区和土质而异。雨水较充沛的东、南部,在树木生长盛期及秋旱时灌水2~3次;在春季干旱、多风少雨的北方,灌水次数要增加。一旦发现土

壤水分不足应立即浇水。

c.浇水方法：

● 漫灌：群植或片植的树木及草地，当株行距小而地势较平坦时，采用漫灌，但较费水。

树盘灌溉：于每株树木树冠投影圈内，扒开表土做一圈土埂，埂内灌水至满，待水分慢慢渗入土中后，将土埂扒平复土，或松土以减少土壤中水分的蒸发。此灌水法，可保证每株树木均匀灌足水分，一般用于行道树、庭荫树、孤植树及分散栽植的花灌木。

● 喷灌：在大面积绿地如草坪、花坛或树丛内，安装隐蔽的喷灌系统，既可以湿润土壤又能喷湿树冠，效果好。

● 沟灌：在成排防护林及片林中，可于行间挖沟灌溉。

d.浇水注意事项：井水、河水、湖水可直接用来进行灌溉，自来水与生活污水等需经相应处理才可利用。浇水前先松土，浇水后待水分渗入土壤，土表层稍干时再进行松土保墒。夏季浇水在早晚进行，冬季应在中午前后为宜。如有条件可掺薄肥一道灌入，以提高树木的耐旱力。

②排水。树木的生长发育需要大量的水分，但过多的水分却会严重影响树木的生长。我国东南沿海地区位于亚热带北缘，雨量充沛，但下雨不均，夏季常有大暴雨等集中降水过程。同时地下水位较高，所以，这些地区的排水措施比抗旱浇水更为重要。

a.对于地形较低、地下水位较高的地域，应更换耐湿涝的树种；

b.由于很多绿地土壤结构性差、土层坚硬、孔隙小、透水性差、田间持水量大等，因而在降雨量大时排水不畅，造成土壤积水，因此，可采用冬季翻土及增施有机肥料等措施，使土壤变得疏松多孔，增加透水性；

c.利用地面一定的坡度，保证暴雨时雨水从地面流入江河、湖海，或从下水道内排走，这是大面积绿地如草坪、花灌木丛常用的排水方法；

d.利用沟渠排水，在地表挖沟，或在地下埋设管道，引走低洼处的积水，使其汇集于江湖。

（2）施肥　为了保持树木的正常生长，必须向土壤补充肥料，即进行施肥。肥料不仅能营养树木，而且能调节土壤反应，改善土壤结构，协调土壤中水、肥、气、热，从而有利于树木的生长。

①肥料的种类。肥料的种类很多，按其来源及特征，可以分为有机肥、无机肥等。

a.有机肥料：是指由有机物质组成的肥料。有机肥料中的养分含量虽然不是很高，但养分比较全面，除含有氮、磷、钾三要素外，还含有各种植物生长所需的微量元素。常用的有机肥料有：人畜粪便、堆肥、饼肥、禽粪便、腐殖酸类肥料等。

b.无机肥料：所含的营养元素都以无机化合物状态存在，大多由化学工业生产，因此又称化学肥料或矿质肥料，常用的有尿素、过磷酸钙、磷酸二氢钾、硫酸亚铁、硼酸等。

②施肥原则。树木施肥的原则是"适树适时，薄肥勤施"。

所谓"适树"，就是根据不同树种或同一树种的不同生长情况，进行合理施肥；所谓"适时"，就是根据树种不同生长发育时期进行施肥。所谓"薄肥勤施"就是要控制施肥的浓度与用量，增加施肥的次数。肥料的用量并非是愈多愈好，特别是沙质土壤含细土料少，其吸收容量小，保肥能力弱，在施用无机肥过多时，容易造成养分的流失，所以沙土更应薄肥勤施。

③施肥时期。同一种类、同一数量的肥料，给同一种植物施肥时，因施入的时期不同，收到的效果也不同。只有在植物生长最需要营养物质时施入，才能取得事半功倍的效果。

首先，施肥期应扣紧植物生长的物候期，即根系活动、萌芽抽梢、开花结果和落叶休眠期。

在每个物候期即将到来之前,施入当时生长所需的营养元素,才能使肥效充分发挥作用,树木才能生长良好。

其次,施肥期与树种及其用途有关。园林绿地上栽植的树木种类很多,有观叶、观花、观果及行道树等之分,它们对营养元素的要求在种类上、时期上是不同的。

一年多次抽梢多次开花的植物,如月季、紫薇、白兰等,除休眠期施基肥外,每次开花后应及时补充因抽梢、开花消耗掉的养料,才能长期保持不断的抽梢开花,否则会因消耗太大开花不良、植株早衰。一般是花后立即施以氮、磷为主的肥料,既促枝叶又促开花。

④施肥方法:

a.基肥。基肥的施用方法主要有环状施肥、放射性施肥、穴施及全面施肥等。

●环状施肥法:简称环施,在树冠投影的外缘,挖 30~40 cm 宽、20~50 cm 深的环状沟,沟的深度视树种、树龄及肥料种类等因素而定。此法施肥时,肥料与树的吸收根接近,因而容易被根系吸收,但受肥面积小,同时在挖沟时常会损伤部分根系。

●放射状施肥法:又称辐射状施肥,其方法是以树干为中心,向树冠外缘呈放射状方向挖沟,一般每株树挖 5~6 条均匀分布的沟,沟深随着向树干外缘方向由浅而深,挖沟后将肥料均匀撒于沟内后覆土填平。这种方法伤根少,树冠投影范围内的根系都能吸收养分。施肥沟的位置应不断更换,以扩大施肥面积。

●穴状施肥法:又称穴施,在树冠投影范围内,按一定距离挖穴。挖穴的数量根据树的大小而定,即大树多挖些,小树少挖些。在一株树周围,外缘多挖些,近树干处少挖些。穴的直径约为 30 cm。肥料施入穴中后,覆土填平。这种方法操作比较简单,吸收面积大。

●全面施肥法:常结合冬季深耕,将肥料撒于土面,然后翻土时将肥料拌入土中。这种方法的吸收面积大,分布均匀,但肥料中的磷钾肥容易被土壤吸附固定。

b.追肥。追肥是在树木生长发育时期施用速效肥料。追肥时间及追施肥料的种类,应根据树木的生长规律而定。追肥主要施用速效性肥料,树木追肥可将肥料溶解于水后,喷施于土壤,或将肥料进行沟施或穴施。

c.根外追肥。根外追肥也称叶面喷肥,是将肥料配成溶液后喷洒在树木的枝叶上,营养元素通过气孔和皮孔进入植株体内供树木利用的一种施肥方法。通常在出现缺素症或花芽分化和结果时采用。

(3)越冬防寒 在冬季降温之前,根据各种树木耐寒能力的强弱,采取适当的方法预防冻害的发生。

①加强栽培管理。在生长期内适时、适量施肥与灌水,促进树木健壮生长,叶量、叶面积增多,光合效率提高,光合产物丰富,使树体内积累较多的营养物质与糖分,增强抗寒力。

②灌冻水与春灌。北方地区冬季严寒,土温低,易冻结,根系会受冻。应在封冻前灌一次透水,称为灌冻水。早春土地解冻及时灌春水,降低土温,推迟根系的活动期,延迟花期萌动与开花,免受冻害。

③树干保护:

a.卷干:入冬前用稻草或草绳将不耐寒的树木或新栽植树木的主干包起,卷干高度在1.5 m或至分枝点处。

b.涂白与喷白:用石灰水加盐,或石灰水加石硫合剂,对枝干进行涂白,可反射阳光,减少树干对太阳辐射热的吸收,降低树体昼夜温差,避免树干冻裂,还可杀死在树皮内越冬的害虫。

④打雪与堆雪:

a.打雪。多风雪的地区,降大雪之后,堆积在树冠上的雪会在融解时吸收热量,使树体降温,应及时组织人力打落树冠上的积雪,特别对树冠大、枝叶浓密的常绿树、针叶树和竹类等打雪尤为重要。同时,打雪还能防止发生雪折、雪压、雪倒树木,避免损失。

b.堆雪。降大雪后,将雪堆积在树根周围,保护土壤阻止深层冻结,可以防止对根的较大冻害。同时春季融雪后,土壤能充分吸水,增加土壤的含水量,降低土温,推迟根系与萌芽的时期,又可避免晚霜或寒潮的危害。

(4)病虫害防治　病虫害防治是保持绿地面貌、保护花木不受有害生物危害的一项十分重要的工作。

①虫害的防治:

a.防治的原则和方法。防治虫害,必须贯彻"预防为主,综合防治"的基本原则。

●栽培技术防治:合理栽植,建设绿地时要选用无虫树,同时注意栽种的密度和树种间的配置。栽植树木不可过密,注意加强通风透光性,栽植和配置树木时要考虑到害虫的食性,尽量避免将同一昆虫喜食的不同树种栽植在一起。中耕除草可以清除很多害虫的发源地和潜伏场所。一些害虫的幼虫、蛹、卵等生活在浅土层中,可通过中耕让其暴露在地表或直接杀伤。杂草是许多害虫寄生繁殖的潜伏场所,清除杂草可降低虫害。合理施肥可以使树木生长健壮,从而提高抗虫害能力。施肥不当,如多施氮肥,会使树木的枝叶徒长,抵抗力减弱,加重虫害发生,所以应增施磷钾肥。未经腐熟的厩肥施用后常易导致蝼蛄等虫害发生,应待腐熟后施用。合理的修剪可调整树体营养,增强树势,并改善通风透光条件,可减少病虫的危害。对已枯死和严重受昆虫危害并已成为传播虫源的树木应随时挖除。修剪下来的枝条,也要及时清除。

●生物防治:生物防治是应用某些生物,或应用生物代谢产物以防治害虫的一种方法。它不但对人畜无毒、无害、不污染环境,对天敌和自然界有益生物无不良影响,有的还具有预防的作用,并能收到较长期的控制效果。生物防治的种类,有捕食性天敌、寄生性天敌、昆虫病原微生物等。

●化学防治:化学防治是用化学农药防治树木虫害的一种手段。化学防治可以取得较好的防治效果,并且见效快。但是,化学农药除了直接影响人类健康外,可能某些害虫还会产生不同程度的抗药性,同时害虫的天敌也会被杀死,破坏了自然界的生态平衡,造成喷药后害虫更为猖獗。有些农药残留在花木和土壤中污染环境,对人、畜、鱼、鸟的安全造成威胁。所以在虫害防治中应与其他防治方法相互配合,才能达到理想的效果。

●物理及机械防治:物理及机械防治害虫,是利用简单器械和各种物理因素,如光、热、电、温度、湿度和放射能等防治害虫。常用的方法有捕杀、摘除和诱集、诱杀等。

b.常用农药:

●B.t乳剂:又称苏芸金杆菌乳剂,为细菌性微生物农药,属胃毒剂,可破坏害虫的中肠组织,致使害虫因饥饿和败血病而死亡。B.t乳剂是目前世界上应用量很多的生物农药,可防治180多种鳞翅目食叶性害虫,如各种刺蛾、夜蛾、天蛾、舟蛾、蝶类等不同虫龄的食叶幼虫,但对毒蛾、灯蛾效果较差。对人畜、植物安全,对环境无污染。喷药稀释比例为 $1:(500\sim800)$。B.t乳剂不怕冻,但忌太阳曝晒。可与其他杀虫剂混用,但严禁与杀菌剂混用。

●灭蛾灵悬浮剂:为微生物杀虫剂,具有胃毒作用,杀虫机理主要是利用苏芸金杆菌产生毒素,感染害虫。喷药 $6\sim8$ h后,害虫停止取食,$2\sim3$ 天后即死亡。能有效地防治刺蛾、螟蛾、尺蛾

等多种食叶害虫,对人畜无毒害,对环境无污染,不伤害天敌。喷药稀释比例为 1:(800~1 000)。

●灭幼脲 1 号:又称 20%除虫脲悬浮剂。为激素药剂,具有触杀和胃毒作用,兼有杀卵作用,无内吸及渗透作用。杀虫机理主要是抑制害虫几丁质合成酶的形成,使幼虫蜕皮时不能形成新表皮,虫体畸形死亡。该药药效高,成本较低,残效期可达一个月左右。不污染环境,耐雨水冲刷,对人畜、鸟类、天敌安全。适用于防治鳞翅目害虫的幼虫,喷药后 3~4 天药效逐渐增大明显。喷药稀释比例为 1:(8 000~10 000)。

●7501 杀虫素:又称 1%杀虫素乳油、杀虫灵。它是一种杀虫螨的抗生素药剂,杀虫机理是利用阿维菌素产生的毒素杀死害虫。主要用于防治蚜虫、螨、梨网蝽等刺吸式害虫,对抗性强的害虫也有良好效果。低毒,对人畜无害。喷药稀释比例为 1:(1 500~2 000)。

●20%米满悬浮剂:为昆虫蜕皮促进剂,具有触杀和胃毒作用。杀虫机理是加快鳞翅目害虫幼虫产生蜕皮反应,扰乱害虫生长规律。喷药 6~8 h 后,害虫停止取食,2~3 天内脱水,饥渴死亡。具有高效低毒、无污染、残效期长、耐雨水冲刷的特点。防治对象为鳞翅目食叶性害虫的幼虫,是夜蛾科害虫的专用药剂。喷药稀释比例为 1:(1 500~2 000)。

●杀灭菊酯:又称速灭杀丁、JS—5602、敌虫菊酯,为合成菊酯,是一种广谱性杀虫剂,以触杀为主,兼有胃毒和拒食作用。常用剂型为 20%乳油。喷药稀释比例:防治蚜虫、叶蝉、蓟马为 1:(2 000~3 000);防治鳞翅目食叶害虫为 1:(1 500~2 000)。

●50%杀螟松乳油:又称杀螟硫磷、速螟松。为广谱性触杀剂,兼有胃毒、杀卵作用。可有效防治蚜、蚧、叶蝉、盲蝽、潜叶蛾、卷叶蛾、刺蛾、蓑蛾、梨网蝽,并可兼治梨网蝽的卵和有效防治梨圆蚧的若虫。喷药稀释比例为 1:(1 000~2 000)。

●40%氧化乐果乳油:为高效、广谱、有较强内吸作用的杀虫、杀螨剂,具有触杀和胃毒作用,残效期长,对人畜的毒性高,属高毒性农药。喷药稀释比例:防治蚜虫、叶螨、叶蝉、椿象、蓟马、蚧类及多种食叶性害虫为 1:1 500,防治褐软蚧、吹绵蚧、考氏白盾蚧、红蜡蚧为 1:1 000。氧化乐果对梅花、碧桃、榆叶梅、无花果、柑橘等易产生药害,使用时不能与碱性农药混用。

●50%辛硫磷乳油:又称肟硫磷、倍腈松,具触杀和胃毒作用,防治多种鳞翅目和鞘翅目幼虫效果好,对多种同翅目若虫及地下害虫也有良好的防治效果。喷药稀释比例为 1:(1 000~3 000)。残效期 3 天,施于土中,则可长达 15 天以上。

②病害的防治:

a.常用杀菌剂:

●烯唑醇(12.5%力克菌超微量可湿性粉剂):防治真菌病害药剂,是高效广谱杀菌剂,具有防护、治疗、铲除真菌等作用。用于防治白粉病、锈病、黑星病、轮纹病、灰霉病、黑斑病、白绢病、立枯病等。喷药稀释比例为 1:(2 000~3 000)。

●百菌灵:是一种高效低毒、水溶性、内吸性强的广谱杀菌剂,可用于由真菌引起的多种病害,对防治枯萎病、白粉病、白绢病有特效。使用时要注意现配现用,不能与其他农药混用。喷药稀释比例为 1:(800~1 000)。

●40%植物病毒灵可溶粉剂:为生物制剂,是防治植物病毒病的首选药剂,可防治花卉病毒病。使用安全、无毒、无污染。喷药稀释比例为 1:(800~1 000),每隔 7~10 天喷药一次,连续3~4次。

●80%大生:广谱性杀菌剂,对多种真菌病害有预防作用,在发病前或发病初期使用,雨前喷药最好,连续使用3~4次效果更佳。它的黏着性很强,能持久保持药效,同时含有植物所需的微量元素锰、锌等离子,能促进植物生长,可用作叶面追肥。喷药稀释比例为1:(500~800)。

- 62%仙生:三唑类杀菌剂与大生M—45的混配杀菌剂,具有内吸传导性,对黑星病、白粉病具有治疗、铲除和预防等作用,并对其他真菌病有广谱预防等作用。它为混合可湿性粉剂,粘着性强,耐雨水冲刷,可与其他非强碱性农药配合使用。喷药稀释比例为1:600,白粉病、黑星病喷1次即可,其他真菌性病7~10天喷1次,连续2次。

- 75%百菌清可湿性粉剂:又名四氯间苯二腈,为广谱杀菌剂。主要起防护作用,对某些病害有治疗作用。其化学性质稳定,在酸性和碱性条件下不易分解,但不耐强碱,无腐蚀作用,对人畜低毒,可防治白粉病、霜霉病、黑斑病等多种真菌性病害。喷药稀释比例为1:(600~1 000)。它对梅花、玫瑰花、桃、梨易产生药害,使用浓度不宜过大。有的人接触后皮肤会出红疹,使用时需注意防护。

- 50%多菌灵粉剂:为高效低毒的广谱内吸必杀菌剂,对植物具有防护和治疗作用。对人畜的毒性低,对植物安全。可防治真菌性叶部病害(如白粉病、黑斑病)和茎腐病。喷药稀释比例为1:(600~1 000);根灌防治根腐病、茎腐病为1:500。

- 甲基托布津:又名甲基硫菌灵。具内吸防护和治疗作用,对人畜低毒,可防治白粉病、灰霉病、炭疽病、褐斑病、黑斑病等多种真菌病害。喷药稀释比例为:50%可湿性粉剂1:(700~1 000),70%可湿性粉剂1:(800~1 200)。甲基托布津长期使用会使病菌产生抗药性,应与其他药剂轮换使用,但不得与多菌灵轮换使用,同时不能与含铜药剂混合使用。

- 粉锈宁:又名三唑酮、百理通,是一种内吸性很强的杀菌剂,具防护和治疗作用。在酸、碱介质中较稳定,粉锈宁用药量低,持效期长,为高效低毒药剂。对白粉病有显著的防治效果,对锈病和叶斑病也有良好的防治效果。喷药稀释比例为:25%可湿性粉剂1:(2 000~3 000),20%乳油1:(1 000~2 000)。

b.常见病害与防治:

- 松柏-梨锈病:由于这种病害能转株寄主,所以发生在梨树上时称为梨锈病,发生在松柏、塔柏和侧柏上时称松、柏锈病,如桧柏锈病。防治方法:在生长蔷薇科树种的5 km范围内不种松柏,防止感染;发病前(3月中下旬)喷洒力克菌1:2 000液预防,7~10天1次,连续2~3次。

- 金叶女贞斑点落叶病:在叶片上散生有5 mm左右的圆形斑点,在病斑上有明显的小黑点(分生孢子)。发病后常导致落叶,在雨水多的年份,落叶严重。特别在通风不良、郁闭度高、排水不畅时,发病落叶更为严重,甚至出现开"天窗"的现象。防治方法:a.清理场地。修剪后,要将剪下的枝叶及时清除,并随时清除杂草,减少越冬菌丝体,堵住病菌源头。b.适时修剪。进入雨季后应避免修剪或少作修剪,以降低病菌从伤口入侵的可能性,修剪后应及时喷施杀菌剂防护。在5月下旬至9月每隔10天左右交替喷1次多菌灵、百菌清、力克菌等药物防治。

- 狭叶十大功劳白粉病:发病时叶片有圆形白粉斑,严重时连成一片,叶面上铺满一层白色粉状物,严重影响生长,使叶片变黄卷曲,最终导致叶片早落。发病与栽植密度和环境有关,要注意修剪。防治方法有喷粉锈宁1:(2 000~3 000)液,10天喷1次,连续3次。

- 月季黑斑病:又称月季褐斑病,为世界性病害。发病时叶片表面出现黑色或深褐色圆斑,常有黄色晕圈包围。病斑周围叶片大面积变黄,并导致落叶,发病严重时整个植株的叶片大部甚至全部脱落。防治方法有:冬季扫除落叶,清除越冬病原。每隔10天喷洒1次大生1:2 000液,连续3次。

● 煤污病：煤污病主要寄生在蚜虫、蚧壳虫、粉虱等排泄的粪便和分泌物上，在这些虫害严重时，为煤污菌提供了营养，并迅速发生蔓延。此外，在过于隐蔽、通风不良、透光条件差、湿度大等条件下，更易发生此病。煤污病在树上发生极广泛，主要危害叶片，有时也危害嫩枝和花。防治方法有：防止煤污病的根本措施是防治蚜虫、蚧壳虫、粉虱等害虫；适当修剪，以增加树冠内部的通风透光条件，增强树势；发病严重时，可喷洒花保乳剂 1∶（50~100）液，或煤污净1∶200液。

● 竹丛枝病：又称多枝病、扫帚病、雀巢病。被害竹的小枝长出许多细小侧枝，枝上无叶或有鳞片状小叶。病枝节间短，侧枝丛生成鸟巢状或成团下垂，严重时全部枯死。危害刚竹、淡竹、苦竹、乌哺鸡竹、毛竹等刚竹属竹种，以及短穗竹、麻竹等竹种，以刚竹受害最重。防治方法有：加强抚育管理，砍除病竹；喷洒甲基托布津 1∶（600~800）液。

（5）园林植物的补栽　在绿地中，新栽的或原有的树木死亡后要及时挖除，以免影响观赏。并在季节适宜的情况下，及早补植。补植的树木，应与死亡树木的粗细、高度相同或相近。在特殊场所栽植的树木，除要求补植的树木粗细与高度相同外，还要求树木的姿态和形状相一致，如种植在河边的树木要求临水横斜，种植在假山上的树木要凌空悬挂等，使补植的树木与环境协调一致。

原来栽植的树木死亡后，要分析死因，然后才能补植，如银杏、广玉兰、雪松等喜干燥、忌水湿的树种，因种植在低湿地而死亡时，必须加土改造地形后才能补植。若不宜加土改造地形，应更换耐水湿的树种。又如香樟、栀子花等树种因黄化病严重而死亡，说明土质碱性较强，一般不宜再种植香樟、栀子花等喜酸植物。如因种植土质太差造成树木死亡的，应换土后再行补植。

10.5.2　园林工程回访与保修保活管理

园林工程项目交付使用后，在一定期限内施工单位应到建设单位进行回访，对该项工程的相关内容实行养护管理和维修。对由于施工责任造成的使用问题，应由施工单位负责修理，直至达到能正常使用为止。

回访、养护及维修，体现了承包者对工程项目负责的态度和优质服务的作风，并在回访、养护及保修的同时，进一步发现施工中的薄弱环节，以便总结经验，提高施工技术和质量管理水平。

1）回访的组织与安排

在项目经理领导下，由生产、技术、质量及有关方面人员组成回访小组，必要时，邀请科研人员参加。回访时，由建设单位组织座谈会或听取会，听取各方面的使用意见，认真记录存在的问题，并查看现场，落实情况，写出回访记录或回访纪要。通常采用下面 3 种方式进行回访：

（1）季节性回访　一般是雨季回访屋面、墙面的防水情况，自然地面、铺装地面的排水组织情况，植物的生长情况；冬季回访植物材料的防寒措施搭建效果，池壁驳岸工程有无冻裂现象等。

（2）技术性回访　主要了解园林施工中所采用的新材料、新技术、新工艺、新设备的技术性能和使用后的效果；新引进的植物材料的生长状况等。

（3）保修期满前的回访　主要是保修期将结束，提醒建设单位注意对各设施的维护、使用和管理，并对遗留问题进行处理。

保修期内对植物材料的浇水、修剪、施肥、打药、除虫、搭建风障、间苗、补植等日常养护工作，应按施工规范经常性地进行。

2）保修、保活的范围和时间

（1）保修、保活范围　一般来讲，凡是园林施工单位的责任或者由于施工质量不良而造成的问题，都应该实行保修。

（2）养护、保修、保活时间　自竣工验收完毕次日起，绿化工程的保修保活时间一般为一年。由于竣工当时不一定能看出栽植的植物材料的成活，因此，需要经过一个完整的生长期的考验，因而一年是最短的期限。土建工程和水、电、卫生和通风等工程，一般保修期为一年，采暖工程为一个采暖期。保修期长短也可依据承包合同的规定。

3）经济责任

园林工程一般比较复杂，项目损坏往往由多种原因造成，所以，经济责任必须根据修理项目的性质、内容和修理原因诸多因素，由建设单位、施工单位和监理工程师共同协商认定和处理。一般分为以下几种：

①养护、修理项目确实由于施工单位的施工责任或施工质量不良所造成，应由施工单位承担全部检修费用。

②养护、修理项目是由建设单位和施工单位双方的责任造成的，双方应实事求是地共同商定各自承担的修理费用。

③养护、修理项目是由于建设单位的设备、材料、成品、半成品等的不良等原因造成的，应由建设单位承担全部修理费用。

④养护、修理项目是由于用户管理使用不当，造成建筑物、构筑物等功能不良或苗木损伤死亡时，应由建设单位承担全部修理费用。

4）养护、保修、保活期阶段的管理

实行监理工程的监理工程师在养护、保修期内的监理内容，主要是检查工程状况，鉴定质量责任，督促和监督养护、保修工作。

养护保修期内监理工作的依据是有关建设法规、有关合同条款（工程承包合同及承包施工单位提供的养护、保修证书）。有些非标施工项目，则可以合同方法与施工单位协商解决。

（1）保修、保活期内的监理方法

①定期检查：当园林建设项目投入使用后，开始时每旬或每月检查一次，如3个月后未发现异常情况，则可每3个月检查一次。如有异常情况出现则缩短检查的间隔时间。当经受暴雨、台风、地震、严寒后，监理工程师应及时赶赴现场进行观察和检查。

②检查的方法：检查的方法有访问调查法、目测观察法、仪器测量法3种，每次检查不论什么方法都要记录。

③检查的重点：园林建设工程状况的检查重点应是主要建筑物、构筑物的结构质量，水池、

假山等工程是否有不安全因素出现。在检查中要对结构的一些重要部位、构建重点观察检查，对已进行加固的部位等要进行重点观察检查。

（2）养护、保修、保活工作　养护、保修工作主要内容是对缺陷的处理，以保证新建园林项目能以最佳状态面向社会，发挥其社会、环保及经济效益。监理工程师的责任是督促完成养护、保修的项目，确认养护、保修质量。各类质量缺陷的处理方案一般由责任方提出、监理工程师审定执行。如责任方为建设单位时，则由监理工工程师代拟，征求实施的单位同意后执行。

（3）养护、保修、保活工作的结束　监理单位的养护、保修责任为一年，在结束养护保修期时，监理单位应做好以下工作：

①将养护、保修期内发生的质量缺陷的所有技术资料归类整理。

②将所有期满的合同书及养护、保修书归整之后交还给建设单位。

③协助建设单位办理养护、维修费用的结算工作。

④召集建设单位、设计单位、施工单位联席会议，宣布养护、保修期结束。

复习思考题

10.1　园林工程竣工验收的依据和标准是什么？

10.2　园林工程竣工验收时整理工程档案应汇总哪些资料？

10.3　园林工程竣工验收应检查哪些内容？

10.4　编制竣工图的依据及内容要求有哪些？

10.5　竣工验收时技术资料的主要审查内容有哪些？

10.6　简述正式竣工验收的准备工作和验收程序。

10.7　竣工验收时对工程质量如何验收？

10.8　园林工程项目的交接包括哪几方面的内容？技术资料移交的内容有哪些？

10.9　水景、假山、园路等维修与管理的意义和措施有哪些？

10.10　园林植物养护管理的内容有哪些？

10.11　如何进行科学合理的浇水、施肥？

10.12　树木的越冬防寒有哪些措施？

10.13　常见的园林植物病虫害有哪些？

10.14　常见园林植物病虫害防治农药有哪些种类？

10.15　如何进行园林植物的补栽？

10.16　试述园林植物病虫害综合防治方法。

10.17　浅谈养护、保修、保活期阶段的管理。

11 风景园林工程项目的组织与管理

本章导读 主要介绍了园林工程施工的组织设计及施工的组织管理。通过本章学习,学生应熟悉园林工程施工中组织设计和施工管理的主要内容,并理解组织设计及施工管理,在保证园林工程的质量、控制投资、合理安排施工队伍、保证施工安全和按期完工中的重要作用。

风景园林工程施工组织与管理是园林工程项目自开工至竣工整个过程中的重要控制手段,它对于提高风景园林工程项目的质量水平、工程进度控制水平、保证施工安全和提高工程建设投资效益等起着重要的保证作用。风景园林工程施工组织与管理是园林工程企业运用系统的观点、理论和方法,对工程项目进行决策、计划、组织、控制、协调等过程的全面管理的一项重要工作。园林工程施工组织与管理涉及面广,实践性强,影响因素多。近年来,园林工程施工组织与管理在工程建设中越来越显出它的重要性,作为工程技术人员和工程管理人员,必须掌握好这方面的知识。一项工程从施工承包合同签订之时就表明已正式进入施工组织与管理阶段。为了能按时、保质、安全、高效地完成施工任务,实现项目管理目标,科学的施工组织与管理是工程实施的关键。本章系统地阐述了园林工程施工组织与管理的理论、方法,主要内容包括:园林工程施工组织总设计、施工组织与管理、园林工程项目施工管理。

11.1 园林施工组织设计

风景园林工程施工组织与管理是为实现工程目标的重要方法和手段。管理需要科学地组织,组织为了更好地管理,但组织是管理的核心。组织的科学性决定了管理水平的先进性,也就决定了实现项目目标的可靠性。园林工程施工组织有两重含义,一是园林工程项目的组织结构,二是园林工程施工组织设计。

11.1.1 园林工程施工项目的组织结构

通常将园林建设中各方面的项目,统称为园林建设项目,如一个景区、一座公园、一个游乐园、一组居住小区等。而通常将处于项目施工准备、施工规划、项目施工、项目竣工验收及养护

阶段的建设工程统称为园林施工项目。

园林施工项目管理的组织结构,也就是园林工程管理体系,包括质量保证体系、安全生产管理体系。工程项目组织是项目管理目标能否实现的决定性因素,控制园林工程项目管理目标的主要措施包括组织措施、经济措施、技术措施,其中组织措施是最重要的措施。只有合理的工程项目组织结构和明确项目部各部门的分工和职能,才能做到各司其职、人尽其能、物尽其用,才能使项目经理部指挥有序,杜绝项目管理的混乱状态。这是园林工程顺利进行和保证施工工期、工程质量和成本控制的良好开端,是实现项目管理目标的前提。

11.1.2 园林工程施工组织设计的作用

园林工程施工组织设计是以园林工程(整个工程或若干单项工程)为对象编写的,用来指导工程施工的技术性文件。其核心内容是如何科学合理地安排好劳动力、材料、设备、资金和施工方法这5个主要的施工因素。根据园林工程的特点和要求,以先进的、科学的施工方法与组织手段使人力和物力、时间和空间、技术和经济、计划和组织等诸多因素合理优化配置,从而保证施工任务依质量要求按时完成。

园林工程施工组织设计是应用于园林工程施工中的科学管理手段之一,是长期工程建设中的总结实践经验,是组织现场施工的基本文件和法定性文件。因此,编制科学的切合实际的、可操作的园林工程施工组织设计,对指导现场施工、确保施工进度和工程质量、降低成本等都具有重要意义。

园林工程施工组织设计中,应明确采取的技术措施,工期、成本、安全和质量控制措施,主要施工方案和方法,设备、材料的选用,成品的保护,文明施工和动态管理控制的安排。主要包括工程概况,工程施工组织设计说明,项目管理机构设置及职能,材料供应和资金管理,施工现场平面布置,施工进度计划,施工工艺及技术措施和施工方案,工程质量和施工标准及保证措施,施工技术质量标准的采用,保证施工工期的措施;降低施工成本措施,新工艺新设备新技术的应用措施,安全生产保证措施和特殊气候条件下施工技术保证措施,文明施工、防止扰民保证措施及工程保修服务承诺等。因此,编制出系统的、切实可行的园林工程施工组织设计,对于做好施工准备是至关重要的。园林工程施工组织也体现在施工组织设计上,合理地组织施工过程是施工管理的重要内容。施工方案重点研究工艺流程的组织,科学的工艺流程,合理安排各分项、分部工程、隐蔽工程的工序,劳力、材料、机械、资金的配置。良好的工艺组织决定了项目的施工成本控制、施工质量控制、施工安全控制等目标的实现。

园林工程施工组织设计,首先要符合园林工程的设计要求,体现园林工程的特点,对现场施工具有指导性。在此基础上,要充分考虑施工的具体情况,完成以下四部分内容:一是依据施工条件,拟定合理施工方案,确定施工顺序、施工方法、劳动组织及技术措施等;二是按施工进度搞好材料、机具、劳动力等资源配置;三是根据实际情况布置临时设施、材料堆置及队伍进场;四是通过组织设计协调好各方面的关系,统筹安排各个施工环节,做好必要的准备和及时采取相应的措施确保工程顺利进行。

11.1.3　园林施工的组织设计的类型及编制程序

　　园林工程不是一个单纯的栽植工程,而是与土建等其他行业协同工作的综合工程。因此,精心做好施工的组织设计是施工准备的核心。园林施工组织设计又分为投标前施工组织设计和中标后施工组织设计,中标后施工组织设计又包括园林建设项目施工组织总设计、单项工程施工组织设计和分项工程施工作业设计。

1)投标前施工组织设计

　　投标前施工组织设计,是作为编制投标书的依据,其目的是中标。投标前施工组织设计的主要内容包括:

　　①施工技术方案、施工方法的选择,对关键部位和工序采用的新技术、新工艺、新机械、新材料,以及投入的人力、机械设备的决定等。

　　②施工进度计划,包括横道计划、网络计划、开竣工日期及说明。

　　③施工质量计划,包括施工质量保证、制定施工质量控制点、施工质量保证的技术措施等。

　　④施工平面布置,水、电、路、生产、生活用地及施工的布置,用以与建设单位协调用地。

　　⑤保证质量、进度、安全、环保等项计划实现而必须采取的措施。

　　⑥其他有关投标和签约的措施。

2)中标后施工组织设计

　　一般又可分为施工组织总设计、单位工程施工组织设计和分项工程作业设计3种(图11.1)。

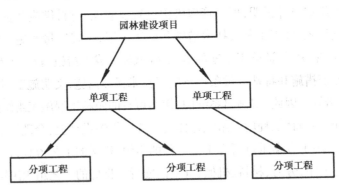

图11.1　园林工程施工项目结构图

　　(1)园林工程施工组织总设计　施工组织总设计是以整个工程为编制对象,园林建设项目施工组织总设计编制依据园林建设项目基础文件,工程建设政策、法规和规范资料,建设地区原始调查资料,类似施工项目的初步设计文件,拟定的总体施工规划。一般由施工单位组织编制,目的是对整个工程进行全面规划和有关具体内容的布置。

　　施工组织总设计的作用是为判定按设计方案施工的可行性和经济合理性提供科学依据;为整个建设项目或建筑群体工程的施工做出全局性的战略部署,为组织全工地的施工作业提供科学的施工方案和实施步骤;为做好施工准备工作,合理组织技术力量,确保各项资源的供应提供可靠的依据;为施工企业编制施工生产计划和单位工程施工组织设计提供依据;为建设单位编制基本建设计划提供依据。主要内容包括:

①工程概况:主要包括工程的构成,设计、建设承包单位,施工组织总设计目标,工程所在地的自然状况及经济状况,施工条件等。

②施工部署:建立项目管理组织,作好施工部署和项目施工方案。

③全场性施工准备工作计划(见第1章)

④施工总进度计划:

a.编制施工总进度计划:科学安排分项工程的顺序、衔接,分项工程、单位工程的工程量,人员的调配计划,对初始计划的优化选择。

b.制订施工总进度的保证措施:组织、技术、材料供应、经济保证、合同保证等措施。

⑤施工总质量计划:质量要求、达到的目标、各单项质量目标、确定施工质量控制点、施工质量保证措施等。

⑥施工总成本计划:施工成本要包括直接成本和间接成本。施工成本的主要形式有施工预算成本、计划成本和实际成本。编制施工总成本计划包括确定单项工程施工成本计划、编制施工总成本计划、制订施工总成本保证措施。

⑦施工总资源计划:包括劳动力需要量、材料需要量、机具设备需要量等计划。

⑧施工总平面布置的原则:

a.原则:布置要紧凑合理,保护古树名木文物,保证施工所需水、电、路等的畅通,尽量利用永久性建筑;

b.依据:主要依据建设项目总平面图、施工部署和方案、施工计划等;

c.布置内容:施工范围内的地形、等高线,地上地下已有和拟建工程的位置、标高,施工布置、安全防火布置等;

d.建设施工设施需要量。

⑨主要技术经济指标:施工工期、成本和利润、施工总质量、施工安全、施工效率及其他评价指标。

(2)单位工程施工组织设计　单位工程施工组织设计是根据经会审后的施工图,以单位工程为编制对象,由施工单位组织编制的技术文件。编制单位工程施工组织设计的要求为:单位工程施工组织设计编制的具体内容,不得与施工组织总设计中的指导思想和具体内容相抵触;按照施工要求,单位工程施工组织方案的编制深度,以达到工程施工阶段即可;应附有施工进度计划和现场施工平面图;编制时要做到简练、明确、实用,要具有可操作性。编制单位工程施工组织设计的内容主要包括以下6个方面:

①说明工程概况和施工条件。

②说明实际劳动资源及组织状况。

③选择最有效的施工方案和方法。

④确定人、材、物等资源的最佳配置。

⑤制定科学可行的施工进度。

⑥设计出合理的施工现场平面图等。

(3)分项工程作业设计　多由最基层的施工单位编制,一般是对单位工程中某些特别重要部位或施工难度大、技术要求高,需采取特殊措施的工序,才要求编制出具有较强针对性的技术文件。例如园林喷水池的防水工程,瀑布出水口工程,园路中健身路的铺装,护坡工程中的倒渗层,假山工程中的拉底、收顶等。其设计要求具体、科学、实用并具可操作性。

3) 园林工程施工组织总设计编制程序

园林工程施工组织总设计编制程序如图 11.2。

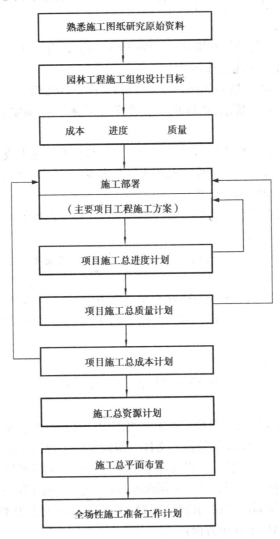

图 11.2　施工组织总设计编制程序

11.2　园林工程项目管理概述

园林工程施工项目,就是建筑施工企业的生产对象。施工单位通过工程施工投标取得工

程施工承包合同,并以施工合同所界定的工程范围,组织项目施工与管理。施工项目管理是施工企业为履行工程承包合同和落实企业生产经营方针目标的重要工作内容。在项目经理负责条件下,依靠企业技术和管理的综合实力,对工程施工全过程所进行的计划、组织、指挥、协调和监督控制等系统管理活动。施工管理的任务主要是施工安全管理、施工成本管理、施工进度管理、施工质量管理、施工合同管理、施工信息管理、施工组织与协调等。施工管理贯穿整个工程的始终,园林施工项目管理是园林工程施工单位进行企业管理的重要内容,它是指从承接施工任务开始,经过施工准备、技术设计、施工方案、施工组织设计到组织现场施工,一直到工程竣工验收、交付使用的全过程中的全部监控管理工作。其中施工阶段是工程实体化的过程,是资金、劳力、机械、材料各项投入最大,也是管理对象之间关系最复杂、最能体现管理水平的过程。

11.2.1　园林工程施工管理的任务与作用

1)园林工程施工管理的任务

园林工程施工管理是施工管理单位在特定的地域,按照设计图纸和与建设单位签订的合同进行的园林工程施工的全部综合性管理活动。其基本任务是根据建设项目的要求,依照已审批的技术图纸和制定的施工方案,对现场进行全面合理组织,使劳动资源得到合理配置,按预定目标按期优质、低成本、安全地完成园林建设项目。

2)园林工程施工管理的作用

园林工程在施工的过程中,既包含园林建筑施工技术,又有树木花草的种植养护技术,是一项涉及广泛而复杂的建设施工项目。随着现代高科技的发展、新材料的开发利用,使园林工程日趋综合化、复杂化和技术的现代化,因而对园林工程施工的科学组织与管理要求也越来越高。综合来看,园林工程施工管理的作用主要是:①保证项目按计划顺利完成的重要条件,是在施工全过程中落实施工方案和遵循施工进度的基础;②保证园林工程质量达到设计目标,确保园林经管艺术通过工程手段充分表现出来;③使施工单位的资源得到合理配置和利用,减少资源浪费,降低施工成本;④通过园林工程施工的安全与健康管理与控制,有利于劳动保护和施工的安全;⑤通过园林工程施工管理可以促进施工新技术的应用与发展,提高工效和施工质量。

3)园林工程施工管理的主要内容

园林工程施工管理是一项综合性的管理活动,其主要内容包括:园林工程的进度控制、质量管理、安全管理、成本管理、资源和劳动管理。施工项目管理的全过程可分5个阶段:①投标签约阶段,主要内容有投标决策、搜集信息、制定标书、签订合同;②施工准备阶段;③施工阶段;④验收交工与结算阶段;⑤用后服务阶段。

11.2.2　施工项目管理组织的建立

1) 建立施工项目管理组织

施工项目管理组织机构与企业管理组织机构是局部与整体的关系。项目管理组织机构设置的目的是为了充分发挥项目管理功能,提高项目整体管理效率,实现施工项目管理的最终目标。施工项目管理组织机构的设置原则如下:

①目的性原则:施工项目管理组织机构设置的根本目的,是为了产生组织功能,实现施工项目管理的总目标。从这根本目的出发,因目标设事,因事设机构定编制,按编制设岗位定人员,以职责定制度授权力。

②精干高效原则:施工项目管理组织机构的人员设置,以能实现施工项目所要求的工作任务为前提,尽可能简化组织机构、减少层次,尽可能精干组织人员,充分发挥项目部人员的才能和积极性,提高工作效率。

③弹性和流动性原则:施工项目管理的不同阶段其管理内容差异很大,这就要求管理工作和组织机构要随之进行调整,要按照弹性和流动性的原则建立组织机构,以使组织机构适应施工任务的变化。

④项目组织与企业组织一体化原则:施工项目管理组织是企业管理组织的有机组成部分,企业组织是它的母体。从管理方面来看,企业是项目管理的主体,项目层次要服从于企业层次。项目管理人员全部来自企业,项目管理组织解体后,人员进入企业人才市场。因此,施工项目管理组织与企业组织是一体的。

2) 施工项目管理组织机构的主要形式

(1)工作队式项目组织形式

①工作队式项目组织形式具有如下特征:项目经理在企业内部招聘,并抽调职能部门人员组成施工项目管理组织机构(工作队),由项目经理指挥,独立性强;项目管理班子成员与原所在部门脱钩,原部门负责人仅负责对被抽调人员的业务指导,但不能随意干预其工作或调回人员;项目管理组织与施工项目同寿命,项目结束后机构撤销,所有人员仍回原部门。

②适用范围:这种项目组织形式适用于大型项目、工期紧迫的项目、要求多部门多工种配合的项目。它要求项目经理素质高,指挥能力强,有快速组织队伍及善于指挥来自各方人员的能力。

③优缺点:优点是选调人员可以完全为项目服务;项目经理权力集中,干扰少,决策及时,指挥灵便;项目管理成员来自各职能部门,在项目管理中配合工作,有利于取长补短,培养一专多能人才;各专业人员集中在现场办公,减少协调和等待时间,提高办事效率。其缺点是各类人员来自不同部门、不同的专业,相互不熟悉,难免配合不力;各类人员同一时段内的工作差异很大,容易出现忙闲不均,可能导致人才浪费;职能部门的优势无法发挥作用等。

(2)部门控制式项目组织形式

①部门控制式项目组织形式的特征。不打乱企业原有建制,把项目委托给企业某一专业部

门或某一施工队组织管理,由被委托的部门领导在本部门选人组成项目管理班子,项目结束后,项目班子成员恢复原职。

②适用范围。这种形式的项目组织一般适用于小型的、专业性较强的、不需涉及众多部门的施工项目。

③优缺点。该组织形式的优点是:人员熟悉,人才的作用能充分发挥;从接受任务到组织运转启动时间短;职责明确,职能专一,关系简单,易于协调。其缺点是:不利于精简机构;不利于对固定建制的组织机构进行调整;不能适应大型项目管理的需要。

3)施工项目经理部的建立

(1)施工项目经理部的作用 施工项目经理部是项目管理的组织机构和项目经理的办事机构,它是代表企业履行工程承包合同的主体,是对建筑产品和业主全面、全过程负责的管理实体。施工项目经理部组织机构设置的质量将直接影响到施工项目目标的全面实现。项目经理部在项目经理的领导下,作为项目管理的组织机构,负责施工项目从开工到竣工的全过程施工生产的经营管理。项目经理部为项目经理决策提供信息和依据,同时须执行项目经理的决策意图,并起着沟通信息、组织协调、实现以成本为中心的各项管理目标等作用。

(2)施工项目经理部的规模和部门设置 各企业应根据所承担项目的规模、特点,并结合企业的管理水平来确定项目经理部的规模和部门设置,以利于把项目建成市场竞争的核心、企业管理的重心、成本控制的中心、代表企业履行项目合同的主体和工程管理的实体为原则。一般应设置以下5个部门:

①工程技术部门:负责施工组织设计、生产调度、技术管理、文明施工、计划统计等工作。

②经营核算部门:负责预算、合同、索赔、财务、劳动工资管理等工作。

③物资设备部门:负责材料采购、供应、运输、仓储;负责工具用具管理和机械设备的租赁、配套使用等工作。

④监控管理部门:负责工程质量控制、安全管理、消防保卫和环境保护等工作。

⑤测试计量部门:负责试验、测量、计量等工作。

(3)施工项目经理部的解体 施工项目经理部是一次性的管理机构。工程临近结尾时,各类人员应陆续撤走;施工项目在全部工程办理交接后,由项目经理部在规定时间内向企业主管部门提交项目经理部解体报告,同时确定留用善后人员名单,经批准后执行,并妥善处理解聘人员和退场后劳务队伍的安置问题;项目留用善后人员负责处理工程项目的遗留问题,做好工程项目的善后工作。

4)施工项目经理

(1)施工项目经理的地位 确定施工项目经理的地位是搞好施工项目管理的关键。施工项目经理是指施工企业法人代表在项目上的全权委托代理人,对工程项目施工过程全面负责的项目管理者,是建筑施工企业法定代表人在工程项目上的代表人。施工项目经理在项目管理中处于中心地位,在项目的施工管理活动中占有举足轻重的地位;项目经理是实现项目目标的最高责任者,责任是实现项目经理负责制的核心,它构成了项目经理的工作压力,是确定项目经理权力和利益的依据;项目经理在项目上有经营决策权、生产指挥权、人财物统一调配使用权、内部分配奖罚权等。没有必要的权力,项目经理无法对其工作负责;项目经理也是项目的利益主体,按照责、权、利相统一的原则,施工项目经理的利益,是项目经理负有相应责任所应得到的报酬。

(2)施工项目经理应具备的基本条件　合格的项目经理应具备:

①较高的政治素质,包括自觉遵守国家的法律和法规,执行国家的方针、政策和上级主管部门的有关决定;自觉维护国家利益,能正确处理国家、企业和职工三者的利益关系;坚持原则,不怕吃苦,勇于负责,具有高尚的道德品质和高度的事业心、强烈的责任感。

②必须具有较高的领导素质,具备组织才能和管理能力,要求掌握现代管理理论,熟悉各种现代管理工具、管理手段和管理方法;具有多谋善断、灵活应变的能力;知人善任,善于团结别人共同工作;处事公道,为人正直,以身作则;铁面无私,赏罚分明。具有灵活处理各方面的工作关系,合理组织施工项目各种生产要素,提高施工项目经济效益的能力。

③懂得建筑施工技术知识、经营管理知识和法律知识,熟悉施工项目管理的有关知识,掌握施工项目管理规律,具有较强的决策能力。项目经理应在建设部认定的项目经理培训单位进行专门的学习,并取得培训合格证书。同时还必须按规定经过一段时间的实践锻炼,具备较丰富的实践经验。这样,才能处理好各种可能遇到的实际问题。

④施工项目经理应具有强健的身体和充沛的精力。

(3)施工项目经理的培养与选聘

①施工项目经理的培养。培训内容包括现代项目管理的基本知识和现代项目管理的主要技术两个方面。现代项目管理的基本知识培训包括项目及项目管理的特点和规律,管理思想,管理程序,管理体制,组织机构,项目控制,项目合同,项目经理,项目谈判等。主要技术培训包括项目管理的主要管理技术,即网络技术、项目计划管理、项目成本控制、项目质量控制等,以及与上述有关的管理理论,计算机应用及信息管理系统等。然后给从事项目管理者锻炼的机会,锻炼的重点内容是项目的设计、施工、采购和管理知识及技能,对项目计划安排、网络计划编排、工程概算和估算、招标投标工作、合同业务、质量检验、技术措施制定及财务结算等工作,都要给予学习和实践的机会。

②施工项目经理的选聘。施工项目经理的选聘必须坚持公开、公平、公正的原则,选择具备任职条件的称职人员担任项目经理。项目经理的选聘一般有3种方法:竞争招聘制、法定代表委任制和基层推荐制。

施工项目经理群体的数量、资质层次结构,总体素质是企业的一笔巨大无形资产,这些人员是企业施工经营中最富有活力的骨干力量,是实现施工企业生产经营方针和目标的重要人力资源。施工企业必须以项目经理资质为中心,加强项目经理人才的培养,全面提高其整体素质以增强企业的人才实力,通过发挥他们的骨干作用来创造业绩,创造企业文化和企业形象。

11.3　施工进度控制与管理

园林工程施工进度控制必须在确保工程质量、安全生产的前提下,遵循批准的施工进度计划,动态地调整和控制工程进度。施工过程中不能盲目赶工,以降低质量,甚至以安全为代价。

11.3.1　影响施工进度的因素

影响工程进度的因素很多,如人的因素、材料因素、技术因素、资金因素、工程水文地质因素、气象因素、环境因素、社会环境因素以及其他难以预料的因素。其中,尤以人的因素影响最多也最严重。这些因素有来源于开发商及上级主管机构的,有来源于设计单位的,有来源于承包商(分包商)及上级主管机构的,有来源于材料设备供应商的,有来源于监理单位的,有来源于政府主管部门的,这些因素都或多或少影响到工程的施工进度。

11.3.2　施工进度控制的措施

园林工程项目的组织和管理者要有效地进行进度控制,就必须对影响进度的各种因素进行全面的评估和分析。一方面,可以促进对有利因素的充分利用和对不利因素的妥善预防及克服,使进度目标制订得更科学合理、更符合实际、更具有操作性;另一方面,也有利于事先制订预防措施,施工过程中采取有效控制,事后进行妥善补救措施,尽量缩小实际进度与计划进度的偏差,实现对施工进度的主动控制和动态控制的目的。

1)组织措施

组织措施主要是指落实各级进度控制的人员的具体任务和工作责任,建立组织系统,制订进度计划,建立进度控制的工期目标体系,建立进度控制的工作制度,定期检查,制订调整施工实际进度的组织措施。

施工进度计划主要有横道计划和网络计划。分别用施工进度横道图(见表11.1)和网络图(图11.2、图11.3)来表示。

表11.1　施工进度横道图

序号	分项工程	2月						3月					
		1–5	6–10	11–15	16–20	21–25	26–30	1–5	6–10	11–15	16–20	21–25	26–30
1	土方工程	▬▬▬	▬▬										
2	水池工程		▬▬▬	▬▬▬	▬▬▬								
3	凉亭工程				▬▬▬	▬▬▬	▬▬▬	▬					
4	园路工程				▬▬▬	▬▬							
5	种植工程									▬▬▬	▬▬▬	▬▬▬	▬

(1)横道计划　从表11.1中可以看出:横道计划是以时间为横坐标,以施工过程的顺序为纵坐标绘制而成的一系列上下分段相错的水平线段,分别表示各施工过程在各施工段上各项工作的起止时间和先后顺序的横线状图形。横道计划的优点:①编制比较容易,绘图比较简单;

②表达形象直观,排列整齐有序;③便于用叠加法在图上统计劳动力、材料、机具等各项资源的需要量。但不能反映各施工过程之间和在各施工段上的各项工作之间的相互制约、相互依赖的逻辑关系;不能明确地指出哪些施工过程在哪一段上的工作是关键工作,更不能明确地表示某项工作的推迟或提前完成,对工程总工期的影响程度;横道计划方法的最大缺点是不能利用计算机进行计算,更不能对计划进行科学合理的调整和优化处理。

横道计划方法是园林建筑企业施工管理人员和技术工人所熟悉和掌握的传统计划方法,因为有上述许多适用性较强的优点,因此至今仍被广泛应用。

(2)网络图计划 网络图计划又称网络图法或统筹法。它是以网络图为基础,用来指导施工的全新的计划管理的方法。其基本原理是将某一工程划分为多个工序或项目,按各工序或项目间的逻辑关系,分析后找出"关键"线路后,编制成网络图,用以调整控制计划,以求得计划的最佳方案,并以形成的最佳方案对工程施工进行全面监测和指导,以求获得最大的经济效益。网络图是此法的基础。

网络图有"单代号"网络图和"双代号"网络图之分(见图11.3)。网络图主要是由工序、事件和线路3部分组成。其中每道工序均用一根箭线和一个或两个节点表示。用一个节点就是

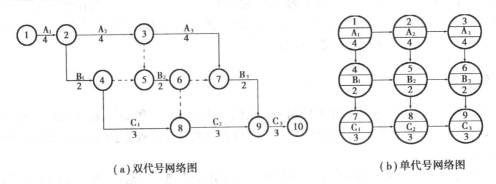

（a）双代号网络图　　　　　　　　　　（b）单代号网络图

图 11.3　网络计划图

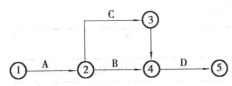

图 11.4　"双代号"网络图工序逻辑关系
A—紧前工序;B—本工序;
C—平行工序;D—紧后工序

"单代号"网络图,用两个节点表示的称为"双代号"网络图,箭线表示工序的前进方向。图11.4是"双代号"网络图工序间逻辑关系表示方法。从图中可以看出,该工程可以划分为5个工序,由A开始,A完成后B、C动工;B、C完成后开始D工序;B、C要开始必须待A完工;D要动工则必须等B、C结束。就B而言,A为其紧前工序,C为其平行工序,D为其紧后工序。

网络计划的优点:

①能全面而明确表达各施工过程在各阶段上各项工作时间的先后顺序和相互制约、相互依赖的逻辑关系,使一个流水组中的所有施工过程及其各项工作组成了一个有机整体。

②能对各项工作进行各种时间参数的计算,从名目繁多、错综复杂的计划中找出决定施工进度和总工期的关键线路,能从许多可行施工方案中选出较优施工方案,并可再按某一目标进行优化处理,从而获得最优施工方案。

③网络计划的编制、计算、调整、优化都可通过计算机协助完成,为计算机在施工管理中的

应用提供了可能。

其缺点：①表达计划不直观、不形象，一般施工人员和工人看不懂，因而阻碍了网络计划的推广和使用。

②网络图不能反映流水施工的特点和要求。

③普通网络计划不能在图上反映出劳动力等各项资源使用的均衡情况，并不能在图上统计资源的日用量。

2）合同措施

施工过程中保证施工总进度与合同总工期一致；分包施工的工期与分包合同工期一致。

3）技术措施

采用先进的、能加快工程进度的技术措施，保证如期竣工。

4）经济措施

通过工程用资金按计划到位加以实现。

5）信息措施

通过对工程全过程监测、反馈、分析、调整，连续对施工全过程实行监控。

11.4　施工质量控制与管理

园林工程质量标准是从园林工程的性能、寿命、可靠性、安全性和经济性5个方面综合考虑制定的。在园林工程施工建设中，只有质量合乎要求的工程才能投入生产和交付使用，才能发挥其投资效益。园林工程施工质量是园林企业的生命线，是园林企业发展的根本保证。在园林建设市场竞争激烈的今天，如何提高工程质量水平是每位管理者必须思考的问题。同时，确保工程质量也是节约成本，避免浪费最好的途径。在施工过程中，工程质量不能与安全生产、进度、成本等对立起来，不能为了其他目标而影响工程质量。应该在保证施工质量的前提下来控制成本和进度。园林工程施工质量控制的首要工作是确保质量保证体系的建立和正常运行，并按照事前、事中、事后控制相结合的原则予以实施。在园林工程施工合同签订后，项目经理部应建立起完善的工程项目管理机构和严密的质量保证体系，以及制订完善的质量责任制，紧紧地抓住制订质量计划、质量计划的实施和质量计划（目标）的实现这3个环节，并要求项目部各部门各负其责，担负起质量管理的责任，以各自的工作质量来保证整体工程质量。

11.4.1　基本概念

（1）质量管理　国家标准 GB/T 6583—94 对质量管理的定义：确定质量方针、目标和职责，并在质量体系中通过诸如质量策划、质量控制、质量保证和质量改进,实施其全部管理职能的所有活动。施工项目质量管理的首要任务是确定质量方针、目标和职责,核心是建立有效的质量体系,通过质量策划、质量控制、质量保证,确保质量方针、目标的实施和实现。

(2)全面质量管理　国家标准 GB/T 6583—94 对全面质量管理的定义:一个组织以质量为中心,以全员参与为基础,目的在于让顾客满意和本组织所有成员及社会受益而实施的长期、全面的质量管理。

(3)质量控制　国家标准 GB/T 6583—94 对质量控制的定义:为达到质量要求所采取的作业技术和活动。

园林工程施工质量管理的主要内容包括质量策划、质量控制、质量保证和质量改进四方面的内容。

11.4.2　质量策划

质量策划是质量管理的一部分,致力于设定质量目标并规定必要的作业过程和相关资源以实现其质量目标。施工项目的质量策划的具体内容如下:

①根据工程项目特点(包括建筑物特点、工程环境特点、外部各相关主体的特点),策划应达到的质量目标。

②选择有效的程序和过程实现质量目标,包括确定各种可以量化的指标、目标的分解、工序的质量管理点(控制点)。

③策划实现质量目标所需的资源,如人、材料、机械设备及机具、技术(方法)和信息、资金等。

④通过上述的策划活动编制质量计划,从而完成工程项目的质量策划。

11.4.3　质量控制

园林工程施工质量控制包括施工项目外部(园林施工监理)的质量控制和施工企业内部的质量控制。施工单位对施工项目的质量控制可分为系统控制、因素控制和阶段控制。

1)园林工程施工质量的系统控制

一个园林工程项目由若干单项工程组成,一个单项工程由若干单位工程组成,并可以单独发挥经济效益和使用功能;一个单位工程由多个分部工程组成;若干个分项工程组成一个分部工程。每一个分项工程是由若干个施工过程(工序)来完成的,所以整个施工项目是一个系统,而最基本元素就是工序,所以工序质量是形成分项、分部、单位、单项和整个园林工程项目质量的基础,要保证项目的施工质量,就必须实行系统控制。

2)园林工程施工质量的因素控制

影响施工项目的质量主要有 5 大因素,通常称为 4M1E,即人(Man)、材料(Material)、机械(Machine)、方法(Method)、环境(Environment)。

（1）人的控制　控制对象包括管理者和操作者。主要从人的技术水平、人的生理状况、人的心理、人的行为等方面加以控制。

（2）材料的控制　材料包括原材料、成品、半成品、构配件，是工程施工的物质条件。材料质量是工程质量的基础，所以加强材料的质量控制是提高工程质量的重要保证。材料的质量控制应从以下几个方面入手：

①掌握材料信息，优选供货厂家。

②合理组织材料的供应，确保工程正常进行。

③合理组织材料的使用，减少使用中的浪费。

④严格检查验收，把好质量关。

⑤重视材料的性能、质量标准、适用范围，以防错用或使用不合格材料。

（3）机械的控制　机械的控制，包括生产机械设备和施工机械设备的控制。施工项目的质量控制中主要指对施工机械设备的控制。机械的控制有以下要点：a.机械设备的选型；b.主要性能参数；c.机械设备的使用、操作。

（4）方法的控制　方法控制包括工程项目在整个周期内所采取的施工技术方案、工艺流程、组织措施、检测手段、施工组织设计等方面的控制。

（5）环境的控制　对影响工程项目质量的诸多环境因素加以控制。环境因素可概括为以下3种：a.工程技术环境，如工程地质、水文、气象等；b.工程管理环境，包括质量管理体系、质量保证体系、各项质量管理制度等；c.劳动环境，如劳动组合、劳动工具、工作面、作业场所等。

3）园林工程施工质量的阶段控制

施工阶段是项目质量的形成阶段，也是施工项目质量控制的重点阶段。按顺序可分为事前控制、事中控制和事后控制3阶段。

（1）园林工程施工事前的质量控制　事前控制具体是指施工前应围绕影响质量的5大因素作准备。

①技术准备。包括图纸的熟悉和会审，编制施工组织设计，编制施工图预算及施工预算，对项目所在地的自然条件和技术经济条件的调查和分析，技术交底等。

②物质准备。包括施工所需原材料的准备，构配件和制品的加工准备，施工机具准备，生产所需设备的准备等。

③组织准备。包括选聘委任施工项目经理，组建项目组织班子，编制并评审施工项目管理方案，集结施工队伍并对其培训教育等，建立各项管理制度，建立完善质量管理体系等。

④施工现场准备。包括控制网、水准点、标桩的测量工作，协助业主方实施"七通一平"（给水、排水、供电、道路、热力、燃气、通讯以及场地平整），临时设施的准备，组织施工机具、材料进场，拟定试验计划及贯彻"有见证试验管理制度"的措施，技术开发和进步项目计划等。

（2）园林工程施工事中的质量控制　事中质量控制是保证工程质量一次交验合格的重要环节，没有良好的作业自控和监控能力，工程质量的受控状态和质量标准的达到就会受到影响。事中质量控制的策略是全面控制施工过程，重点控制工序质量。事中质量控制的措施包括：工序交接有检查、质量预控有对策、施工项目有方案，技术资料有交底，图纸会审有记录，配制材料有试验，隐蔽工程有验收，测量监控装置有校准，设计变更有手续，钢筋代换有制度，质量处理有复查，成品保护有措施，行使质控有否决，质量文件有档案。

（3）园林工程施工事后的质量控制　事后的质量控制是指对施工项目竣工验收的控制。竣工验收前施工单位必须完成工程设计和合同约定的各项内容，对工程质量进行检查，确认工程质量符合有关法律、法规和工程建设强制性标准，符合设计文件及合同要求，并提出工程竣工报告。工程竣工报告应经项目经理和施工单位有关负责人审核签字，监理单位对工程质量评估报告应经总监理工程师和监理单位有关负责人审核签字，建设行政主管部门及其委托的工程质量监督机构等有关部门责令整改的问题全部整改完毕。由建设单位组织工程竣工验收。

11.4.4　质量保证

施工项目质量保证分对外质量保证和对内质量保证。对外质量保证是对业主（顾客）的质量保证和对认证机构的保证。对业主（顾客）的质量保证主要是提供符合业主要求的园林工程。对认证机构的保证是指通过国家质量技术监督局下属的认证机构，对园林施工产品的生产组织的质量管理体系的认证来实现其质量保证，现在许多园林施工企业已经通过了国家的质量管理体系的认证。对内质量保证是施工项目经理部向企业经理（组织最高管理者）的保证。其保证的内容是施工项目质量管理的目标符合企业的生产经营总目标。企业以利润为中心，项目管理以成本为中心，项目的质量保证不能脱离降低成本、为企业盈利的总目标。

11.4.5　质量改进

园林工程施工的质量改进是园林施工企业为满足不断变化的顾客的需求和期望而进行的各项活动。

11.4.6　全面质量管理的程序

质量管理和其他各项管理工作一样，要做到有计划、有措施、有执行、有检查、有总结，才能使整个管理工作循序渐进，保证工程质量不断提高。为不断揭示项目施工过程中在生产、技术、管理诸方面的质量问题，通常采用 PDCA 法。PDCA 法有 4 个阶段，即计划（Plan）、执行（Do）、检查（Check）、处理（Action）阶段。该方法就是先进行现状分析，掌握质量规格、特性，制订目标，找出影响质量因素，安排计划；按计划执行；执行中进行动态检查、控制和调整；执行完成进行后总结处理，处理检查结果；出现异常时，调查原因，解决尚未解决的问题，通过循环，再次检查、处理，使工程质量更加完善。

要做到科学操作 PDCA，必须制订行之有效的措施，有一种被称作"5W1H"工作法就很有现实意义。其中"5W"代表：Why（为什么要制定这些措施或手段）；What（这些措施的实施应达到什么目的）；Where（这些措施应实施于哪个工序，哪个部门）；When（什么时间内完成），和 Who（由谁来执行）。"1H"代表 How（实际施工中应如何贯彻落实这些措施）。5W1H 工作法的实施保证了 PDCA 的实现，从而保证了工程施工进度和质量，最终达到施工管理的目标，是一种值得推广的施工调度方法。

11.5 施工项目成本控制

施工企业项目成本控制在整个项目管理体系中处于十分重要的地位。园林工程项目成本控制的目的就是在保证工期和质量满足要求的情况下,对工程施工中所消耗的各种资源和费用,进行指导、监督、调节和限制;及时纠正可能发生的偏差,把各项费用的实际发生额控制在计划成本的范围之内,以保证成本目标的实现,创造较好的经济效益。

11.5.1 施工项目成本控制概述

1)施工项目成本的概念

成本是指企业为生产和销售一定种类、一定数量的产品所发生的物化劳动和活劳动的耗费。园林工程施工项目成本是项目经理部在完成施工项目的过程中所发生的全部生产费用的总和。

2)施工项目成本的主要形式

按成本发生的时间可划分为:

(1)预算成本 按项目所在地区园林业平均成本水平编制的该项目成本。编制依据:a.施工图纸;b.同一的工程计划规则;c.统一的工程定额;d.项目所在地区的各项价差系数;e.项目所在地区的有关取费费率。其作用是确定工程造价的基础、编制计划成本的依据和评价实际成本的依据。

(2)计划成本 项目经理部编制的该项目计划达到的成本水平。编制依据:a.公司下达的目标利润;b.该项目的预算成本;c.项目的组织设计及成本降低措施;d.同行业同类项目的成本水平等;e.施工定额。计划成本的作用是为建立健全项目经理部的成本控制责任、控制生产费用、加强经济核算与降低工程成本。

(3)实际成本 项目在施工阶段实际发生的各项生产费用。编制依据是实际成本的核算。其作用主要是反映项目经理部的生产技术、施工条件和经营管理水平。

除按成本发生的时间划分外,还可按生产费用计入成本的方法,把施工项目成本划分为直接成本和间接成本。其中直接成本包括人工费、材料费、机械费和其他直接费,间接成本包括在施工现场(项目经理部)发生的现场管理费和临时设施费。

11.5.2 施工项目成本控制

1)施工项目成本控制

施工项目成本控制是项目经理部在项目施工的全部过程中,为控制人工、机械、材料消费和费用支出,达到预期的项目成本目标或降低成本,所进行的成本预测、计划、实施、检查、核算、分析、考评等一系列活动。

2)施工项目成本控制的原则

(1)全面控制的原则

①全员控制。建立全员参加的责权利相结合的项目成本控制责任体系。项目经理、各部门、施工队、班组人员都负有成本控制的责任,在一定的范围内享有成本控制的权利,在成本控制方面的业绩与工资挂钩,从而形成一个有效的成本控制责任网络。

②全过程控制。成本控制贯穿项目施工过程的每一个阶段,每一项经济业务都要纳入成本控制的轨道。

(2)动态控制的原则 分段进行控制,如投标阶段、施工准备阶段、施工阶段、竣工阶段、养护阶段进行控制。

①在施工开始之前进行成本预测,确定目标成本,编制成本计划,制订或修订各种消耗定额和费用开支标准。

②施工阶段重在执行成本计划,落实降低成本措施,实行成本目标管理。

③建立灵敏的成本信息反馈系统,使有关人员能及时获得信息、纠正不利成本偏差。

④制止不合理开支。

⑤竣工阶段,成本盈亏已成定局,主要进行整个项目的成本核算、分析和考评。

(3)开源节流的原则 坚持增收和节约;核查成本费用是否符合预算收入,收支是否平衡;严格财务制度,对各项成本费用的限制和监督;提高施工项目的科学管理水平,优化施工方案,提高生产效率,降低人、财、物的消耗。

11.6 施工项目安全控制与管理

11.6.1 概 述

风景园林建设施工是多工种、多环节的联合作业,且具有自身的特点,在建设施工中潜在着一定的危险性和不安全因素。在施工中由于安全管理不善,对各种安全风险认识的不足而引发各种安全事故。这些事故的产生必然导致以下重大损失:人员、财产的损失;施工中断,施工效率降低,直接影响施工企业的经济效益;事故的发生亦会造成恶劣的社会影响,损坏企业的声誉,影响施工企业的持续发展。由此可见施工安全的风险管理成为园林建设企业的"瓶颈",需要引起重视。

(1)概念 安全生产管理是施工中避免发生事故,杜绝人身伤害,保证良好施工环境的管理活动。它是保护职工安全健康的企业管理制度,是搞好工程施工的重要措施。

(2)基本原则 管生产必须管安全,安全第一,预防为主,动态控制,全面控制,现场安全为重点的原则。

11.6.2　安全管理的主要内容

建立安全生产管理制度,贯彻安全技术管理,坚持安全教育和安全培训,组织安全检查,进行事故处理,强化安全生产指标。

11.6.3　安全管理制度

(1)建立健全必要的安全制度　如安全技术教育制度、安全保护制度、安全技术措施制度、安全考勤制度和奖惩制度、伤亡事故报告制度及安全应急制度等。

(2)安全生产责任制　建立完善的安全生产管理体系。要有相应的安全组织,配备专人负责,做到专管成线,群管成网。

(3)安全技术措施计划　严格贯彻执行各种技术规范和操作规程。如苗木花卉安全越冬技术要求、电气安装安全规定、起重机械安全技术管理规程、建筑施工安全技术规程、交通安全管理制度、架空索道安全技术标准、防暑降温措施实施细则、砂尘危害工作管理细则及危险物安全管理制度等。

(4)制订具体的施工现场安全措施　必须详细、认真按施工工序或作业类别,制订相应的安全措施,并做好安全技术交底工作。现场内要建立良好的安全作业环境,例如悬挂安全标志,标贴安全宣传品,佩戴安全袖章、徽章,举办安全技术讨论会、演示会,召开定期安全总结会议等。

11.7　施工项目劳动管理

11.7.1　概述

施工项目劳动管理是项目经理把参加园林项目生产活动的人员作为生产要素,对其所进行的培训、计划、组织、控制、协调、教育等工作的总称。工程施工应注意施工队伍的建设,特别是对施工人员的园林植物栽培管理技术的培训,除必要的劳务合同、后勤保障外,应做好劳动保险工作。加强职业的技术培训,采取有竞争性的奖励制度,调动施工人员的积极性。与此同时,也要制订生产责任制,确定先进合理的劳动定额,保障职工利益,明确其施工责任。

11.7.2　施工项目劳动组织管理

(1)对外包、分包劳务的管理　项目经理通过与其签订合同进行管理,合同一定要全面、合理、准确。

(2)项目经理部直接组织的管理　项目经理部提出要求、标准,并负责检查、考核,对提供劳务的个人、班级、施工队进行直接管理,或与劳无原属组织部门共同管理。

(3)与企业劳务管理部门共同管理

11.7.3 劳动定额与定员

1) 劳动定额

劳动定额是指在正常生产条件下,为完成单位工作所规定的劳动消耗的数量标准,有时间定额和产量定额。时间定额是指完成合格工程(工件)所必须的时间;产量定额是指在单位时间内应完成的合格工程(工件)。劳动定额是制订施工作业计划、工资计划的依据;是成本控制和经济合算的基础;是项目经理部合理定编、定员、定岗的依据;也是考评员工劳动效率、按劳分配的依据。

2) 劳动定员

劳动定员是指根据施工项目的规模和技术特点,为保证工程的顺利进行,在一段时间内项目必须配备的各类人员的数量和比例。劳动定员是合理用人、提高劳动生产率的重要措施之一。

11.8 施工项目材料管理及现场管理

施工材料管理是建筑工程项目管理的重要组成部分,在园林工程建设过程中建筑材料的采购管理、质量控制、环保节能、现场管理、成本控制是园林建设工程施工管理的重要环节。搞好施工材料的管理,对于加快施工进度、保证工程质量、降低工程成本、提高经济效益,具有十分重要的意义。

11.8.1 施工项目材料管理

施工材料供应主要包括编制材料供应采购计划,组织施工材料及制品的订货、采购、运输及加工和储备,保质保量按时满足施工要求。

施工项目的材料管理主要包括园林工程施工中所需要的全部原材料、工具、构件以及各种加工订货的供应与现场管理。

施工材料的现场管理主要包括材料的进场验收、材料的储存与保管、材料的领发、材料的使用监督和周转材料的现场管理等方面的工作。

1) 材料的采购管理

(1)确定施工材料的采购计划　工程项目部依据项目合同、设计文件、项目管理实施规划和有关采购管理制度编制采购计划。采购计划包括:采购工作范围、内容及管理要求;采购信息,包括产品或服务的数量、技术标准和质量要求;检验方式和标准;供应方资质审查要求;采购

控制目标及措施。

（2）合理选择材料经营企业和生产企业　为了选择优质园林建筑材料，必须要选择合格的供应商。除了公司已有的合格供应商以外，还可以通过以下方式对新的供应商进行考察。

①审核查验材料生产经营单位的各类生产经营手续是否完备齐全。

②实地考察原材料生产企业的生产规模、诚信观念、销售业绩、售后服务等情况。

③重点考察园林建筑材料生产企业的质量控制体系是否具有国家及行业的产品质量认证，以及材料质量在同类产品中的地位。

④从业界同行中了解该企业的情况，获得更准确、更细致、更全面的信息。根据以上的调查和考察，选择新的材料供应商和生产企业。

（3）材料价格的控制　园林企业应通过市场的调研，组织对已选的合格供应商的报价进行比较，货比三家，对于相同质量的材料，选择较合理的材料采购价格。同时，要合理地组织材料的运输，在材料价格相同时，就近购料，选用最经济的运输方法，以降低运输成本。要合理地确定进货的批次和批量，还要考虑资金的时间价值，确定经济批量。如果所需材料量很大，还可以通过招标的方式进行。

（4）材料的进场检验　园林建筑材料验收入库时必须向供应商索要国家规定的有关质量合格及生产许可证明。项目采用的工具、机械设备、材料应经检验合格，并符合设计及相应现行标准要求才能入库。主要建筑材料的检验单位必须具备相应的检测条件和能力，经省级以上质量技术监督部门或者其授权的部门考核合格后，方可承担检验工作。对于已采购的机械设备、建筑材料，在检验、运输、入库保管等过程中，应按照国家职业健康安全和环境管理要求进行，避免对职业健康安全、环境造成影响。

2）材料验收管理办法

①施工项目所购材料必须由现场材料验收员、材料采购员共同参加两次过磅验收计量。必须在发票或入库验收单上注明生产厂家、经营单位、材料名称型号、销售人员姓名、采购人员姓名、验收人员姓名。

②施工现场必须建立车辆进出台账，现场守卫人员负责车辆进出的登记，记录上必须注明车牌号及材料名称。项目负责人在审核入库验收单据时，应与车辆进出台账核对无误后方可签字认可。

③施工现场夜间22:00点以后原则上不验收任何材料，如因特殊情况需要当晚验收的，必须请示项目分管领导同意后方可验收。

④材料验收人员在验收进场材料时，必须旁站监督，直至材料全部卸车后方可离开。

⑤施工项目部报送入库验收单据时，必须与公司材料部办理好交接手续。交接手续必须注明入库验收单份数、单据编号、项目名称，报送人及接收人均应签字。

3）材料存放管理

（1）材料入库管理　建筑材料应根据材料的不同性质存放于符合要求的专门材料库房，应避免潮湿、雨淋、防爆、防腐蚀。一个园林工程工地所用材料较多，同一种材料有诸多规格，比如钢材从直径几毫米到几十毫米有几十个品种；水泥有标号高低之分，品种不一；各种水电配件品种繁多,所以各种材料应标识清楚,分类存放。

(2)材料发放管理　项目经理部必须准确地把握工程进展的情况,严格执行限额领料制度。在下达施工任务书中,附上完成该项施工任务的限额领料单,作为发料部门的控制依据,防止错发、滥发等无计划用料,从源头上做到材料的"有的放矢"。

要周密安排月、旬领料计划。根据施工程序及工程形象进度周密安排分阶段的领料计划,这不仅是保证工期与作业的连续性,而且是用好用活流动资金、降低库存、强化材料成本管理的有效措施,在资金周转困难的情况下尤为重要。

建立限额领料制度,执行限额领料。对于材料的发放,要实行"先进先出,推陈储新"的原则,项目经理部的物资耗用应结合分部、分项工程的核算,严格实行限额领料制度,在施工前必须由项目施工人员开签限额领料单,限额领料单必须按栏目要求填写,不可缺项。对易破损的物品,材料员在发放时需作较详细的验交,并由领用双方在凭证上签字认可。对贵重和用量较大的物品,可以根据使用情况,凭领料小票分多次发放。

4)施工过程中的材料管理

这是现场材料管理和管理目标的实施阶段,其主要内容如下:

①现场材料平面布置规划,做好场地、仓库、道路等设施的准备。

②履行供应合同,保证施工需要,合理安排材料进场,对现场材料进行验收。

③掌握施工进度变化,及时调整材料配套供应计划。

④加强现场物资保管,减少损失和浪费,防止物资丢失。

⑤施工收尾阶段,组织多余料具退库,做好废旧物资的回收和利用。

11.8.2　施工项目的现场管理

施工现场管理是指项目经理部门按照《施工现场管理规定》和城市建设管理的有关法规,科学合理地安排使用施工现场,协调各专业管理和各项施工活动,控制污染,创造文明安全的施工环境和严谨和谐的施工秩序所进行的一系列管理工作。

合理规划施工用地,科学设计施工总平面图,并随施工进展,不断调节、完善。建立施工现场管理组织和管理规章制度,班组实行自检互检交接班制度。施工场地入口处应有施工单位标志、现场平面图、现场规章制度及岗位责任制。

11.9　园林工程施工合同的管理

11.9.1　园林工程施工合同管理的目的和任务

园林工程施工合同,是项目法人单位与园林工程施工企业进行承包、发包的主要法律文件,是进行工程施工、监理和验收的主要法律依据。订立和履行园林工程施工合同,直接关系到建

设单位和园林工程施工企业的根本利益。

　　因此,园林工程施工合同管理的目的是建立现代园林工程施工企业制度,规范园林工程施工的市场主体、市场价格和市场交易,并通过加强合同管理,提高园林工程施工合同的履约率。同时,通过园林工程施工的合同管理,才能保证园林企业间的"平等互利,形式多样,讲求实效,共同发展"的经济合作方针和企业本身"守约、保质、薄利、重义"的经营原则。加强园林工程施工合同管理,也是我国园林工程施工合同管理与国际园林工程施工惯例接轨的迫切需要。

　　园林工程施工合同管理的任务:①发展和培育园林工程施工市场,努力推行法人责任制、招标投标制、工程监理制和合同管理制,全面提高园林工程建设管理水平;②控制工程质量、进度和造价;③保证园林工程项目的顺利完成,维护当事人双方的合法权益。

11.9.2　园林工程施工合同管理的方法和手段

1)园林工程施工合同管理的方法

　　(1)健全园林工程合同管理法规,依法管理　在园林工程建设管理活动中,要使所有工程建设项目从可行性研究开始,到工程项目报建、工程项目招标投标、工程建设承发包,直至工程建设项目施工和竣工验收等一系列活动全部纳入法制轨道,就必须增强发包商和承包商的法制观念,保证园林工程建设项目的全部活动依据法律和合同办事。

　　(2)建立和发展有形园林工程市场　发展我国园林工程发包承包活动,必须建立和发展有形的园林工程市场。有形园林工程市场必须具备及时收集、存储和公开发布各类园林工程信息的3个基本功能,为园林工程交易活动,包括工程招标、投标、评标、定标和签订合同提供服务,以便于政府有关部门行使调控、监督的职能。

　　(3)完善园林工程合同管理评估制度　完善的园林工程合同管理评估制度是建立有形的园林工程市场的重要保证,是提高我国园林工程管理质量的基础,也是发达国家经验的总结。我国在园林工程合同管理方面还存在一定的差距,要使我国的园林工程合同管理评估制度符合以下几点要求,才能实现与国际惯例接轨。第一,合法性,指工程合同管理制度符合国家有关法律、法规的规定;第二,规范性,指工程合同管理制度具有规范合同行为的作用,对合同管理行为进行评价、指导、预测,对合同行为进行保护奖励,对违约行为进行预测、警示和制裁等;第三,实用性,指园林工程合同管理制度能适应园林建设工程合同管理的要求,以便于操作和实施;第四,系统性,指各类工程合同的管理制度是一个有机结合体,互相制约、互相协调,在园林工程合同管理中,能够发挥整体效应的作用;第五,科学性,指园林工程合同管理制度能够正确反映合同管理的客观经济规律,保证人们运用客观规律进行有效的合同管理。

　　(4)推行园林工程合同管理目标制　园林工程合同管理目标制,就是要使园林工程各项合同管理活动要有明确的目标并达到预期结果。其过程是一个动态过程,具体讲就是指工程项目管理机构和管理人员为实现预期的管理目标和最终目的,运用管理职能和管理方法对工程合同的订立和履行施行管理活动的过程。其过程主要包括:合同订立前的目标制管理、合同订立中的目标制管理、合同履行中的目标制管理和减少合同纠纷的目标制管理等4部分。

　　(5)园林工程合同管理机关必须严肃执法　合同法、行政法规,是规范园林工程市场主体的行为准则。在我国园林工程市场不断发展和完善的今天,具有法制观念的园林工程市场参与者,要学法、懂法、守法,依据法律、法规进入园林工程市场,签订和履行工程建设合同,维护自身的合法权益。而合同管理机关,对违犯合同法律、行政法规的应从严查处。

2) 园林工程施工合同管理的手段

园林工程施工合同管理是一项复杂而广泛的系统工程,必须采用综合管理的手段,才能达到预期目的,其常用的手段有:

(1)普及合同法制教育,培训合同管理人才　认真学习和熟悉必要的合同法律知识,以便合法地参与园林工程市场活动。发包单位和承包单位应当全面履行合同约定的义务,不按照合同约定履行义务的,要依法承担违约责任。工程师必须学会依据法律的规定,公正地、公开地、独立地行使权力,努力作好园林工程合同的管理工作。这就要进行合同法制教育,通过培训等形式,培养合格的合同管理人才。

(2)设立专门合同管理机构并配备专业的合同管理人员　建立切实可行的园林建设工程合同审计工作制度,设立专门合同管理机构,并配备专业的管理人员,以强化园林建设工程合同的审计监督,维护园林工程建筑市场秩序,确保园林建设工程合同当事人的合法权益。

(3)积极推行合同示范文本制度　积极推行合同示范文本制度,是贯彻执行中华人民共和国合同法,加强建设合同监督,提高合同履约率,维护园林建筑市场秩序的一项重要措施。一方面有助于当事人了解、掌握有关法律、法规,使园林工程合同签订符合规范,避免缺款少项和当事人意思表达不真实,防止出现显失公平和违约条款;另一方面便于合同管理机关加强监督检查,也有利于仲裁机构或人民法院及时裁判纠纷,维护当事人的合法权益,保障国家和社会公共利益。

(4)开展检查评比活动,促进企业重合同、守信用　园林工程建设企业应牢固树立"重合同,守信用"的观念。在开拓园林工程建筑市场的活动中,园林工程建设企业为了提高竞争能力,应该认识到"企业的生命在于信誉,企业的信誉高于一切"的原则的重要性。因此,园林工程建设企业各级领导应该经常教育全体员工认真贯彻岗位责任制,使每一名员工都关心工程项目的合同管理,认识到自己的每一项具体工作都是在履行合同约定的义务,从而保证工作项目合同的全面履行。

(5)建立合同管理的微机信息系统　建立以微机数据库为基础的合同管理系统。在数据收集、整理、存贮、处理和分析等方面,建立工程项目管理中的合同管理系统,可以满足决策者在合同管理方面的信息需求,提高管理水平。

(6)借鉴和采用国际通用规范和先进经验　现代园林工程建设活动,正处在日新月异的新时期,我国加入"WTO"后园林工程承发包活动的国际性更加明显。国际园林工程市场吸引着各国的业主和承包商参与其流转活动。这就要求我国的园林工程建设项目的当事人学习、熟悉国际园林工程市场的运行规范和操作惯例,为进入国际园林工程市场而努力。

复习思考题

11.1 试述园林工程施工组织的作用、分类和原则。

11.2 园林工程施工组织设计的主要内容是什么？

11.3 针对某一园林工程，画出一张施工现场平面布置图。

11.4 请简述项目经理的作用和作为项目经理所应具备的条件。

11.5 针对某一园林工程，做出该园林工程的施工组织设计。

11.6 园林工程施工管理的主要内容和作用有哪些？

11.7 何为施工进度控制？施工成本控制的原则是什么？

11.8 何为施工质量管理？质量控制？质量控制可分为哪几类？其内容是什么？

11.9 简述全面质量管理的程序。

11.10 何为施工成本控制？施工成本控制的原则是什么？

11.11 安全施工管理的主要内容是什么？要做到安全生产，应做好哪几方面的工作？

11.12 试述园林工程施工合同的概念、作用及特点。

11.13 试述园林工程施工合同签订的条件、原则及程序。

11.14 按园林工程施工合同示范文本的要求模拟签订一份某一园林工程施工合同。

11.15 试述园林工程施工合同的履行、变更、转让和终止的概念及相关法律规定。

11.16 园林工程施工合同管理的目的和任务是什么？

11.17 园林工程施工合同管理方法和手段有哪些？

附录　风景园林工程实训教学

实训 1　地形测量与土方量计算

一、实训目的

通过实地地形测量和土方量的计算,使学生掌握土方量的计算方法。

二、实训方法

选择一高低不平的实地进行测量并记录结果,分别用求体积类似法和方格网法计算场地平整的土方量。

三、实训报告

实地测量结果和土方量的计算方法及结果。

四、实训要求

要求每5人一组进行测量,每位学生按测量结果独自完成土方量计算。

实训 2　给排水观察及某公园给排水设计

一、实训目的

通过某一公园实地考察,了解公园内的主要给排水系统的详细情况,并知道如何在实际施工中正确运用。

二、实训方法

对某一公园实地考察,调查公园内的主要给排水系统的详细情况,如给水方式、给水管道的布置、排水类型、排水管网的布置、地表排水的方式、窨井的主要结构及分布等。教师与学生一起分析公园的给排水情况,并最后作总结。

三、实训报告

1.绘出公园局部给排水管网图。

2.分析该公园给排水系统的优缺点。

实训3　公园给水管网的布置与计算

一、实训目的

熟悉公园的给水管网的布置,并能够计算各用水点的用水量计算。

二、实训方法

设定一个公园的地形图及各不同用水点的用水量和已知主要供水管的自由水头,计算不同用水点的饮水管径、水头损失及水压线标高,并复核主要供水点的自由水头是否能满足各用水点的需要。

三、实训报告

主要计算步骤及结果。

实训4　园林中常用管件、喷头的识别及水景组合安装

一、实训目的

能够识别各种管件及加压、控制装置,熟练安装各种水管及管件,并能充分利用现有喷头和管件组装不同的喷泉水景(组合)。

二、实训材料与方法

1.实训材料

不同类型、不同管径的水管,弯头,等径三通,变径三通,内接、外接等不同种类管件,控制器,电磁阀,过滤器,单向阀,加压泵,各种喷头,如喷灌用喷头、水景用喷头等。

2.实训方法

(1)识别各种管件,喷头及加压,控制装置;

(2)熟练安装各种水管及管件,并能充分利用现有喷头和管件组装不同的喷泉水景(组合)。

三、实训报告

1.写出所见的各种园林水景用喷头名称;

2.绘出所制作的水景组合平面图及效果图;

3.说明控制器、电磁阀、过滤器、单向阀、加压泵等在园林水景中的作用。

四、实训要求

4人或5人一组进行喷泉水景的安装,每人设计一种喷头组合,学生之间讨论各喷头组合的优缺点,最后教师点评。实验报告要求独立完成。

实训5　瀑布的设计与施工

一、实训目的

能够熟悉瀑布的结构、设计及施工中应注意的问题。

二、实训材料与方法

学生独立完成一个瀑布的设计并进行假山(虚拟)施工。

三、实训报告

1.每位学生要独立完成一个瀑布的设计,包括瀑布的平面图、立面图及剖面图。

2.写出该瀑布的施工工艺流程及关键技术。

3.写出所见的各种园林水景用喷头名称。

实训6 假山石的识别及假山的评价

一、实训目的

能够分辨出不同的假山石;并对已建假山进行评价;通过对假山的评价,提高学生对假山的审美水平和制作技巧。

二、实训材料与方法

到假山石或山石盆景销售市场,观察各种假山石的特点;参观著名(或已建)假山,根据掇山手法,让学生从山形山势、山石的同质、同色、接形、合纹等方面入手,观察并评价该假山制作的优缺点,并指出在建造假山时应注意的事项。

三、实训报告

假山实习的心得体会。

实训7 假山的设计和模型制作

一、实训目的

1.了解假山的设计与制作怎样与周围的环境相协调;了解不同假山石建造的假山山形与山势的不同点;

2.掌握假山模型的制作方法。

二、实训方法

1.给出不同的环境和假山石材,根据环境和石材绘制假山;

2.每2人一组,用泡沫塑料制作假山模型,并突出不同假山石的皱纹变化。

三、实训报告

1.假山设计的平面图、立面图;

2.假山模型。

实训8 园路的设计与施工(广场砖路面)

一、实训目的

熟悉各种园路的基本结构,掌握园路施工的基本程序和方法。

二、实训材料与方法

1.材料

广场砖、山沙、混凝土、碎石。

2.方法：

（1）自行设计园路的基本结构和路面图案并编制施工方案；

（2）计算每平方米主要材料的用量并组织材料；

（3）园路的施工（面积 2 m²）：放线、挖路槽、平整夯实、铺碎石、混凝土基层、结合层、面层及图案。

三、实训报告

1.所设计的路面图案和园路结构图；

2.施工方案和材料用量的计算。

四、实训要求

4 人或 5 人一组，根据要求每人做一项园路结构和路面图案设计，并按其设计进行施工。

实训 9　广场的设计与施工

一、实训目的

熟悉广场的设计所要考虑的因素及广场的基本结构，掌握广场施工的基本程序和方法。

二、实训材料与方法

1.材料：

自选。

2.方法：

（1）自行设计广场，包括广场的平面布置、广场的基本结构，并编制施工方案；

（2）计算每平方米主要材料的用量并组织材料；

（3）广场的施工（面积 2 ㎡）：放线、挖路槽、平整夯实、铺碎石、混凝土基层、结合层、面层及图案。

三、实训报告

1.广场的平面图、效果图和结构图；

2.施工方案和材料用量的计算。

四、实训要求

4 人或 5 人一组，根据要求每人做一项广场结构和图案设计，并按其设计进行施工。

实训 10　草坪建植施工

一、实训目的

掌握草坪的几种建植方式。

二、实训方法

1.草坪播种建植　草坪的播种量、播种密度及播种方法的确定，播后的复土与管理；

风景园林工程

2.草皮铺栽建植　满铺(无逢铺栽)、有逢铺栽、方格型花纹铺栽,压实与浇水的方法。

三、实训报告

不同草坪建植方法的比较。

四、实训要求

每4人一组,草皮满铺(无逢铺栽)、有逢铺栽、方格型花纹铺栽各 2 m²,同一块地可重复使用。

实训 11　草坪的养护管理

一、实训目的

了解草坪植物浇水与施肥的时间、方法、数量及应注意事项,了解浇水、施肥在草坪植物养护管理中的重要作用。

二、对象选择

选择一块或几块街道绿地、居住区绿地、单位附属绿地、中小型公共绿地中的草坪绿地作为浇水施肥对象,可做整体浇水施肥,也可进行局部浇水施肥。

三、工具与材料

30~50 m 浇水管、移动式喷灌机、复合肥、胶靴等。

四、实训方法

1.用撒施的方法将肥料施于草坪上。

2.用浇水管浇水。

3.用喷灌机浇水。

五、实训要求

1.以小组为单位进行实训。

2.将浇水与施肥的时间、方法和浇水施肥量记录并整理,评述不同浇水施肥方法的优点和不足,提出不同季节、不同草坪浇水施肥的最佳时间、方法和数量。

实训 12　园林照明、供电设计

一、实训目的

了解基本的园林照明、供电设计基本知识,掌握不同性质、功能的园林工程所采用相应的园林照明、供电设计。

二、实训材料与方法

1.选择一在建或拟建的园林工程,或园林工程设计图纸,作为实训对象,进行相关园林照明供电设计。

2.针对实训对象进行照明供电线路设计、配电设备布置、灯具的选择等。

三、实训报告

将所设计的照明线路、设备和使用的灯具等进行记录整理,并自我评述其优点和不足之处。

实训 13 园林机械的识别及使用

一、实训目的

了解当前园林工程中常用的园林机械类型和当地常用的园林机械种类,掌握不同的园林工程应用相应的园林机械。

二、实训方法

1.选择规模较大的园林机械厂、园林机械销售公司、园林工程公司或其他相关实训基地,作为实训场所,进行相关园林机械的识别;

2.在实训场所内,选择园林工程施工与管理中应用的园林机械,详细观察其外形、组成,了解其功能及在园林工程中的不同应用;

3.实习部分园林机械,如草坪机械、绿篱机械、灌溉机械、植保机械等的使用与维修。

三、实训报告

1.将所观察的各类园林机械的名称、外形、组成和功能记录并整理,并自我评述其优点或提出不足之处。

2.所操作的园林机械的名称、组成、功能和操作方法要点进行详细记录整理,并写出操作心得体会。

实训 14 园林工程施工方案的编制

一、实训目的

掌握一般园林工程施工组织设计编制技术,能够完成中、小型园林工程施工方案的编制任务,为进行施工与管理打下基础。

二、实训材料与方法

为某一园林工程编制施工方案

1.资料准备

(1)审批后的施工图纸。

(2)依法成立的招、投标文件及中标签订的合同。

(3)建设双方达成的协议及相关文件。

(4)绘图工具等。

2.方法步骤

(1)熟悉施工图纸,研究相关资料。

(2)确定施工规划的目标。

(3)完成施工组织设计图。

(4)编制施工方案。

三、实训报告

该园林工程施工方案。

四、实训要求

每个学生独立完成一套完整的单项工程施工方案。

实训 15　施工总平面图在施工管理中的应用

一、实训目的

通过实训使学生能够运用已有的施工总平面图,进行现场施工的调度和检查,培养发现问题、及时处理问题的能力。

二、实训材料与方法

1.材料准备

(1)某园林工程施工现场总平面图一份。

(2)必要的表格和有关计算、绘图、填写的工具和材料等。

2.方法步骤

(1)某一园林工程施工工地;

(2)熟悉、完善施工现场情况和施工总平面图;

(3)运用总平面图进行现场施工调度(也可模拟);

(4)进行施工现场检查和评定;

(5)发现问题及时处理。

三、实训报告

每组或每人完成一份实训报告,内容为:

(1)工程概况及实训情况简介。

(2)施工总平面图及其要点说明。

(3)施工调度、检查记录。

(4)发现的问题及处理意见和结果。

(5)实训体会。

四、实训方式

1.实训时间:分组进行,3 天时间完成实训任务。

2.可在施工现场,结合课堂教学一次完成。

3.也可作为毕业实习的一个内容安排完成。

参考文献

[1] 孟兆祯. 园林工程[M].北京:中国林业出版社,2008.

[2] 杨至德. 园林工程[M]. 武汉: 华中科技大学出版社,2009.

[3] 赵兵. 园林工程学[M]. 南京:东南大学出版社,2003.

[4] 梁盛任.园林建设工程[M].北京:中国城市出版社,2000.

[5] 陈永贵,吴戈军.园林工程[M].北京:中国建材工业出版社,2010.

[6] 韩玉林.园林工程[M]. 重庆: 重庆大学出版社,2006.

[7] 张长友.建筑装饰施工与管理[M]. 北京:中国建筑工业出版社,2000.

[8] 彭圣洁.建筑工程施工组织设计实例应用手册[M].北京:中国建筑工业出版社,1996.

[9] 董三孝.园林工程施工与管理[M].北京:中国林业出版社,2004.

[10] 陈科东.园林工程施工与管理[M].北京:高等教育出版社,2002.

[11] 张守健.施工组织设计与进度管理(修订版)[M].北京:中国建筑工业出版社,2002.

[12] 吴根宝.建筑施工组织[M].北京:中国建筑工业出版社,1995.

[13] 唐来春.园林工程与施工[M].北京:中国建筑工业出版社,1999.

[14] 毛鹤琴.土木工程施工[M].武汉:武汉工业大学出版社,2000.

[15] 张京.园林施工工程师手册[M].北京:北京中科多媒体电子出版社,1996.

[16] 周初梅.园林建筑设计与施工[M].北京:中国农业出版社,2002 .

[17] 孟兆祯.园路工程[M]. 北京:中国林业出版社,1995 .

[18] 耿美云.园林工程[M]. 北京:化学工业出版社,2008.

[19] 张文英.风景园林工程[M].北京:中国农业出版社,2007.

[20] 梁永基.王莲清.道路广场园林绿地设计[M]. 北京:中国林业出版社,2001.

[21] 中国风景园林学会园林工程分会,中国建筑业协会古建施工分会.园林绿化工程施工技术
    [M].北京:中国建筑工业出版社,2008.

[22] 吴为廉.景观与景园建筑工程规划设计[M]. 北京:中国建筑工业出版社,2004.

[23] 毛培琳.园林铺地设计[M].北京:中国林业出版社,2003.

[24] 李欣.最新园林工程施工技术标准与质量验收规范[M].合肥:安徽音像出版社,2004.

[25] 中国建筑标准设计研究所.环境景观[M]. 北京:中国建筑标准设计研究所出版,2003.

[26] 邢道清,于恩波,等. 电力电缆检修与安装[M]. 北京:机械工业出版社,2009.

[27] 朱照红.电气设备安装工(初级)[M].北京:机械工业出版社,2010.

[28] 郎永强.电工技能学用速成[M].北京:机械工业出版社,2010.

[29] 陈家斌,陈雷.电气照明实用技术[M].郑州:河南科学技术出版社,2008.

[30] 阎伟,左恒.图解电气照明维修技术[M].北京:人民邮电出版社,2009.

[31] 徐云,刘付平.节能照明系统工程设计[M].北京:中国电力出版社,2009.

[32] 张国栋.电气设备安装工程[M].北京:化学工业出版社,2009.

[33] 张长友.建筑装饰施工与管理[M].北京:中国建筑工业出版社,2000.

[34] 彭圣洁.建筑工程施工组织设计实例应用手册[M].北京:中国建筑工业出版社,1996.

[35] 吴根宝.建筑施工组织[M].北京:中国建筑工业出版社,1995.

[36] 李广述.园林法规[M].北京:中国林业出版社,2003.

[37] 肖斌.城市园林经济管理学[M].西安:陕西科学技术出版社,2001.

[38] 全国建筑企业项目经理培训教材编委会.施工组织设计与进度管理[M].北京:建筑工业出版社,1995.

[39] 曹露春.建筑施工组织与管理[M].南京:河海大学出版社,1999.

[40] 赵香贵.建筑施工组织与进度控制[M].北京:金盾出版社,2003.

[41] 李广述.园林法规[M].北京:中国林业出版社,2003.

[42] 肖斌.城市园林经济管理学[M].西安:陕西科学技术出版社,2001.

[43] 谷学良,孙波.工程招标与投标合同[M].哈尔滨:黑龙江科学与技术出版社,2000.